普通高等教育"十一五"国家级规划教材
国家林业和草原局普通高等教育"十四五"规划教材

# 测 量 学

（第5版）

柳瑞武　主编

中国林业出版社
China Forestry Publishing House

## 内容简介

为便于学生系统学习测量学知识，本书分篇设章，全书共分4篇12章。第一篇测量学基础知识，包括绪论、水准测量、角度测量、距离测量与直线定向、坐标测量；第二篇地形图测绘，包括小区域控制测量、大比例尺地形图测绘、大比例尺数字化测图；第三篇地形图应用，包括地形图基本知识、地形图应用；第四篇工程测量，包括测设的基本工作、施工测量；附录 测量学实验指导。

本教材面向测量学的初学者，从学习的认知和思维规律出发，逐步引导学生掌握知识；兼具不同专业的广泛适用性，侧重传授基本知识和技能。全书内容充实，层次分明，文字简练，概念清楚，图文并茂。既介绍了常规测量仪器的使用，又反映了代表当今测绘行业发展现状，还介绍了全站仪、GNSS定位、数字化测图以及相关专业所涉及的工程测量方面的内容。每章都附有本章提要、精辟扼要的小结和适量的复习思考题。

本教材适于作为高等院校土地资源管理、环境工程、水土保持与荒漠化防治、土木工程、城乡规划、水利工程、园林、林学、旅游等专业测量学课程的基本教材，也可作为其他有关专业师生、成人教育及科技人员的学习或参考用书。

**图书在版编目(CIP)数据**

测量学／柳瑞武主编．—5版．—北京：中国林业出版社，2023.12

普通高等教育“十一五”国家级规划教材　国家林业和草原局普通高等教育“十四五”规划教材

ISBN 978-7-5219-2374-2

Ⅰ.①测…　Ⅱ.①柳…　Ⅲ.①测量学-高等学校-教材　Ⅳ.①P2

中国国家版本馆CIP数据核字(2023)第189956号

责任编辑：范立鹏
责任校对：苏　梅
封面设计：周周设计局

---

出版发行：中国林业出版社
（100009，北京市西城区刘海胡同7号，电话83143626）
电子邮箱：cfphzbs@163.com
网址：www.forestry.gov.cn/lycb.html
印刷：北京中科印刷有限公司
版次：2003年2月第1版
2007年7月第2版
2013年7月第3版
2017年12月第4版
2023年12月第5版
印次：2023年12月第1次印刷
开本：787mm×1092mm　1/16
印张：18.5
字数：438千字
定价：56.00元

教学+思政资源

# 《测量学》(第5版)

## 编写人员


**主　　编：** 柳瑞武

**副 主 编：** 王建雄　陈　影　邱健壮

**编　　者：** (按姓氏笔画排序)

王建雄(云南农业大学)
叶　青(吉林农业大学)
刘世男(广西大学)
张　利(河北农业大学)
张宏贞(中国矿业大学)
宋培豪(河南农业大学)
邱健壮(山东农业大学)
陈　影(河北农业大学)
赵传华(山东农业大学)
柳瑞武(河北农业大学)
董　强(海南大学)
樊仲谋(福建农林大学)

#《测量学》(第1版)
## 编写人员


**主　　编**：李秀江

**副 主 编**：栾志刚　董　斌

**编写人员**：(按姓氏笔画排序)

安广义(河北农业大学)
何瑞珍(河南农业大学)
何立衡(南京林业大学)
李秀江(河北农业大学)
李雅素(西北农林科技大学)
张建生(甘肃农业大学)
柳瑞武(河北农业大学)
栾志刚(南京林业大学)
董　斌(安徽农业大学)

# 第5版前言

本教材自2003年出版发行以来，历经多次修订，迄今已逾20载。多年来，教材在测量学教学中发挥了积极的作用，第2版被列入“普通高等教育‘十一五’国家级规划教材”，得到了读者的广泛肯定，为实施科教兴国战略、强化现代化建设人才支撑作出了应有的贡献。为了不断打造“精品”、培育“品牌”，以适应时代和社会发展的需求，再次对教材进行修订。

“教育是国之大计、党之大计”，教材是教学思想、教学体系、教学内容的集中体现，是教学工作的基本遵循。只有使用具备科学的、系统的、反映时代进步知识体系的教科书，才能促进教学工作达到预期效果。测绘科学技术的发展日新月异，党的二十大报告就加快建设数字中国做出新部署，而数字中国建设很重要的一步就是把物理世界精确映射到数字世界，映射过程的精准和可靠需要新的理论、方法、仪器和技术手段不断涌现。唯有与时俱进地更新、充实与优化教材内容，才能跟上时代的发展，也才能适应现代化建设人才培养的需要。根据相关标准和要求，本教材编写组于2023年1月在线上召开了由9所高校教师参加的教材修订研讨会，各位编委积极建言献策、集思广益，确定了教材修订的基本原则和大纲，对提高教材质量起到了很好的保障作用，有力促进了教材结构合理性、内容先进性和形式生动性的提升。

编者力求保持原教材简明扼要、文字精炼、图文并茂、重点突出、内容丰富、理论联系实际、实用性强的特点，也充分考虑测绘行业新技术和传统技术并存的现状，力求做到既保持教材的基础性，又增强其先进性，但重点仍放在阐明测绘的基本原理、测绘的发展方向、新型测量仪器的基本使用、数字化成图的基本原理与方法、农林工程测量的基本方法等方面。因此，此次修订内容的调整主要聚焦于进一步丰富测绘新知识、新技术，并摒弃一些过时的、陈旧的内容，压缩精简相关内容，使其成为一本实用而又别具特色的教材。

修订后的教材具有如下几个特点：

1. 有些章节做了大幅调整，例如，第5章坐标测量，以坐标测量为主线，把GNSS控制测量技术和GNSS碎部测量技术单列成节，详细介绍了GNSS坐标测量的技术和方法，删除了手持GPS的使用等内容；第8章大比例尺数字化测图，增加了数字测图的基本思想、数字地形图图形的描述、野外地面数字测图作业模式、GNSS接收机野外数据采集、数字化成图方法等内容，使内容更具先进性、科学性和合理性。

2. 有些章节的顺序做了适度调整，例如，水准测量部分把水准测量的校核、高差闭合差的分配、待定点高程的计算等内容单列一个标题，并把仪器的检验与校正调整到最后一节，以利于根据教学时数安排讲授或自学；地形图应用部分，把面积测定合并到地形图室内应用一节；调绘填图部分删除了精度不高的手持GPS测量法，并调整了内容次序，以利于学生对知识的理解和掌握。

3. 每章前设有内容提要，章后附有本章小结和复习思考题，以便于学员预习、复习及自学。

本教材适用于高等院校相关专业 32～48 学时授课，内容精炼，图文并茂，重点突出，注重理论联系实际，并体现了教材的实用性和先进性。在编写过程中，参阅和引用了国内外许多文献资料尤其是国内同类教材的部分内容，并在参考文献中列出，在此向文献的作者表示诚挚的谢意。对专业名词的解释，仍然以《测绘学名词》和《测绘词典》为准。

本教材由柳瑞武担任主编，王建雄、陈影和邱健壮担任副主编，各章编写分工如下：柳瑞武编写前言、第 1 章和测量学实验指导；赵传华编写第 2 章；樊仲谋编写第 3 章；董强编写第 4 章；王建雄编写第 5 章；刘世男编写第 6 章；宋培豪编写第 7 章；邱健壮编写第 8 章；张利编写第 9 章；陈影编写第 10 章；叶青编写第 11 章；张宏贞编写第 12 章。王建雄、陈影、邱健壮参加了部分统稿及相关工作，最后由柳瑞武对全书进行了统一修改和定稿。

由于编者水平有限，书中难免存在一些问题和不足，敬请广大读者批评指正，以便再版时进一步完善和提高。

编　者

2023 年 9 月

# 第 1 版前言

教材是教学信息的主要载体，是学生知识的直接来源，教材改革一直是教学改革的工作“重心”。为了把新的教学思想、教学体系和教学内容与测绘新理论、新技术和新仪器融于教材之中，以满足现代化人才培养的需要，中国林业出版社及时组织编写了本书。对传统的测量学教材在体系和内容上进行了较大改革，使其成为一本别具特色的教材。

首先，破除了以地形测图为中心的编排旧结构，建立了以地形图应用和园林工程测量为主干的教材新体系。由于传统的仪器和方法仍在广泛采用，此次对教材内容的增删也做了适当处理，删去了一些陈旧内容，并尽可能多地介绍符合发展方向的新内容。

其次，大幅度增加了地形图的基本知识，地形图应用以及农林工程测量的基本原理和方法。注意了与专业课的渗透与衔接，以显著提高学生在地形图上获收空间信息的能力和解决实际问题的能力，有利于学生朝着横向综合型人才的方向发展。

本书设篇列章，教材的系统性更加明确。

第 1 篇　介绍测量学的基础知识。测量误差精简后并于第 1 章；罗盘仪测量经缩减后与距离测量合为一章；增加了地心坐标系和参心坐标系概念，高斯坐标系移至第 7 章；结合角度、距离和高差三项测量工作，介绍了测绘技术的新成就、新仪器和新方法，以适应科技发展的方向。

第 2 篇　介绍地形测图的过程。平面控制测量和高程控制测量精简合为小区域控制测量，且仅讲解导线测量，删除农林院校基本不用的三角测量。同时介绍了 GPS 定位原理，数字测图的概念及方法。

第 3 篇　介绍地形图基本知识和识图用图的多种方法。电子地图和数字地图也编入其中；增加了 GPS 样点定位和测定面积的方法，以拓宽专业口径，开阔学生的知识视野。

第 4 篇　介绍农林工程测量。新辟了园林工程测量一章；土地资源开发测量一章涵盖了土地平整测量、梯田和果园的规划设计等内容；林区公路测量和渠道测量两章满足了农林工程建设的需求，本篇内容可有力地提高学生的适应能力。

本书既考虑到相关专业对测量学知识的要求，又照顾了不同地区的需要。力求做到重点突出，概念清楚，定义准确，利于教学。侧重传授基本知识和基本技能，注重理论联系实际，并体现教材的先进性、实用性。在编写中参阅了大量国内外文献，尤其是吸收了国内同类教材之精华，在此对这些文献的作者表示诚挚的谢意。在编写过程中，始终得到中国林业出版社教材建设与出版管理中心和河北农业大学有关领导的大力支持和帮助，在此表示感谢。

编写分工如下：李秀江编写第 1 章、第 3 章、第 2 章的第五节、第 7 章的第六节及第 6 章的第七节；董斌编写第 2 章；何瑞珍编写第 4 章、第 9 章；李雅素编写第 5 章、第 6 章；柳瑞武编写第 7 章，并绘制了部分插图；安广义编写第 8 章；张建生编写第 10 章、第 11 章；栾志刚编写第 12 章；何立衡编写第 13 章。最后由主编李秀江对全书进行了认真地编纂统稿，并对大部分插图进行了计算机制作。

本书由于涵盖面宽，涉及学科多，又是跨入新世纪的“十五”规划教材，要求高，因此，难度较大。虽然在编审人员的共同努力下完成了这一繁重任务，但编者深感在基础理论、业务水平，无论在深度还是广度都难以胜任，时间又较仓促，书中讹误及不妥之处在所难免。殷切希望使用本教材的师生及广大读者提出宝贵意见，供再版时参考。

编　者

2002年9月

# 目　录

## 第二篇 地形图测绘

## 第三篇 地形图应用

## 第四篇 施工测量

# 第一篇

# 测量学基础知识

# 第 1 章

# 绪　论

【**内容提要**】本章介绍了测量学的一些基本概念，包括测量学的定义、任务及其作用；地球的形状、大小与参考椭球定位；为确定地面点三维位置而建立的不同测量坐标系和高程系及其特点；水平距离、水平角和高差是确定地面点位置的 3 个基本要素；测量工作的基本概念以及地球曲率对测量工作的影响；测量工作必须遵循的“先控制后碎部”基本原则；测量误差计算等内容。

## 1.1　测量学的定义及作用

### 1.1.1　测量学的定义

测量学是研究地球的形状和大小，以及测定地面点的平面位置和高程，将地球表面上的地形及其他信息测绘成图的学科。

### 1.1.2　测量学的分支学科

测量学按其研究的对象和范围不同，可分为以下几个分支学科：

**(1) 普通测量学**

普通测量学是研究地球表面局部地区测绘工作的基本理论、技术、方法和应用的学科，不考虑地球曲率的影响，把地球局部表面当作平面，是测量学的基础。该学科的主要研究任务是图根控制网的建立、地形图测绘及一般工程施工测量。具体工作有距离测量、角度测量、高程测量、观测数据的处理和绘图等。

**(2) 大地测量学**

大地测量学是研究和确定地球的形状、大小、重力场、整体与局部运动和地表面点的几何位置以及它们的变化理论和技术的学科。其基本任务是建立国家大地控制网，为地形测图和各种工程测量提供基础起算数据；为空间科学、军事科学及研究地壳变形、地震预报等提供重要资料。由于空间科学技术的发展，常规的大地测量已发展到遥感大地测量，测量对象也由地球表面扩展到外层空间，由静态发展到动态。

**(3) 摄影测量学**

摄影测量学是通过摄影影像研究信息的获取、处理、提取和成果表达以确定被摄物体的形状、大小、性质和相互关系的学科。根据摄影方式的不同，摄影测量又分为地面摄影测量、航空摄影测量、航天摄影测量和水下摄影测量。

**(4) 工程测量学**

工程测量学是研究各种工程建设和自然资源开发在勘测设计、施工建设和运营管理阶段所进行的控制和地形测绘、施工放样、变形监测的理论和技术的学科。

**(5) 海洋测量学**

海洋测量学是以海洋水体、港口、航道及海底为研究对象，所进行的测量和海图编制理论、技术与方法的学科。

本教材属于普通测量学范畴，主要介绍测量学的基本知识、测量的基本工作、大比例尺地形图测绘、地形图的识读与应用以及施工测量的基本方法等内容。

### 1.1.3 测量学的任务

**(1) 测图**

使用测量仪器和工具，对小区域的地形进行测量，并按一定的比例尺绘制成图，供规划设计和研究使用。

**(2) 测设**

将图上已规划设计好的工程建(构)筑物的平面位置和高程，准确地测设到实地上，作为施工的依据。

**(3) 用图**

用图泛指识别和使用地形图的知识、方法和技能。主要内容是地物地貌判读、地图标定、确定站立点和利用地图研究地形等，以解决工程的若干基本问题。

### 1.1.4 测量学的发展概况

测量学有着悠久的历史。它起源于社会的生产需求，并随着社会的进步而发展。司马迁在《史记·夏本纪》中记述，早在公元前 21 世纪夏禹治水时，就已采用“准、绳、规、矩”4 种简易测量工具进行测量。在古埃及，原始的测量技术也曾应用于尼罗河泛滥后的农田整治和地块恢复。

在天文测量方面，远在颛顼时代(公元前 2513—公元前 2434 年)就已开始观测日月星辰，用来确定一年的长短；战国时，我国首先制出世界上最早的恒星表。

在地图测绘方面，目前见于记载的最早古地图是西周初年洛邑城址附近的地形图，距今已 3000 多年。长沙马王堆汉墓出土了公元前 168 年陪葬的古长沙国地图和驻军图，图上已有山脉、河流、居民地、道路和军事要素的标识。公元 2 世纪，古希腊数学家托勒密在《地理学指南》中首先提出了用数学的方法将地球曲面表示为平面的地图投影问题。公元 3 世纪，我国西晋的裴秀总结了前人的制图经验，创立了“制图六体”的制图法则，是世界上最早的制图规范之一。

在研究地球的形状和大小方面，公元前 3 世纪，古希腊数学家、天文学家和地理学家——埃拉托色尼采用在两地观测日影的方法，首次推算出地球子午圈的周长和地球的半径。公元724年，在我国唐代僧人一行主持下，于河南由测绳丈量的距离和由日影长度测得的纬度推算出了纬度为1°的子午弧长。1849年，英国人斯托克斯(George Gabriel Stokes)提出了用大地水准面代表地球形状，从此确立了大地水准面比椭球面更接近地球真实形状的观念。

在测量仪器方面，我国古代制造出丈杆、测绳、步车、记里鼓车等丈量长度的工具，矩和水平等测量高度的工具，望筒和指南针等测量方向的工具。1611年，德国开普勒(Johannes Kepler)望远镜的出现，标志着光学测量仪器发展的开端。1903年，飞机的发明为航空摄影测量的产生创造了契机。

20世纪中期，随着电子学、信息学、电子计算机科学和空间科学的发展，为测量学科的发展开拓了广阔的空间，推动着测量仪器和技术的进步。1947年，电磁波测距仪的问世，1968年，全站仪及数字化仪、扫描仪、绘图仪等仪器设备的相继出现，AutoCAD等计算机辅助制图软件的不断开发为自动化数字测图奠定了坚实的基础。20世纪80年代，全球定位系统(GPS)的建成，实现了全球、全天候、实时、高精度的定位、导航和授时，对测量工作产生了革命性的影响，被广泛应用于各领域。此外，数字水准仪及数字摄影测量系统的问世，也为测绘事业的发展拓宽了空间。

全球卫星定位系统(GNSS)、遥感(RS)、地理信息系统(GIS)技术已成为当前测绘工作的核心技术。计算机和网络通信技术已普遍采用，测绘技术也从模拟转向数字，从地面转向空间，从静态转向动态，并进一步向网络化、集成化、自动化和智能化的方向发展，也把测绘科学技术推向了前所未有的崭新时代。

### 1.1.5 测量学的作用

测量学在国民经济建设、国防建设和科学研究等各个方面都有着重要作用。

在国民经济建设中，测绘工作是基础性和前瞻性的工作，测绘信息是重要的基础信息之一。从大江南北、天涯海角的施工现场，到南极冰盖最高点和珠峰高程的测量，随处可见测绘工作者的英姿。城乡建设、能源开发、江河治理、交通运输、资源调查、环境保护、道路管线等工程的勘测设计与施工，都离不开测绘工作。

在国防建设方面，地形图和电子地图被称为军事指挥员的“眼睛”，一切战略部署、战役指挥、战术进攻和各项国防工程建设的实施，以及远程导弹、人造卫星和航天器的发射等，必须以精确的测量定位数据作支撑，测绘技术发挥着无与伦比的作用。

在科学研究方面，从研究地球的形状和大小、地震预测预报、地壳升降、海陆变迁，到土地资源的利用与监测等，没有高精度的测绘技术提供保障将会一事无成。在农林业科学研究中，测量学也处处大显身手，如森林和土地资源清查、农林业区划、农田基本建设；作物产量和病虫害的预测预报；荒山荒地调查、宜林地的造林设计、苗圃的布局与建立；农田防护林、水土保持林的营造；小流域综合治理与开发、退耕还林还草和风沙源治理；农业科技示范园、森林公园及园林工程和果园的规划设计、施工；森林旅游资源的开发，林区道路和排灌渠道勘测、设计等，都需要测图和用图，测量学提供的地理空间信息发挥着其他学科不可替代的重要作用。

总之，当今信息社会中的诸多行业都离不开测绘学的支持。测量学是现代化建设不可缺少的基础性学科，测量工作也因此被赞誉为国民经济建设的先锋和尖兵。在21世纪“智慧农业”“智慧林业”等现代化生产模式和技术体系的建设中，地球空间信息技术、全球卫星定位技术和遥感技术等现代测绘技术和手段将会大显身手。测绘工作者作为21世纪的专业科技人才，只有掌握了扎实的测绘理论和专业技能，才能在激烈的市场竞争中立于不败之地，也才能更好地为现代化建设贡献力量。

## 1.2　地球的形状和大小

### 1.2.1　地球的形状与大小

地球的形状和大小，一直是测量人员研究的重点之一。这不仅因为地球是我们赖以生存的家园，而且也因为我们所进行的测绘工作往往都是在地球表面上进行的。地球表面是一个高低不平，极其复杂的自然表面，陆地最高的珠穆朗玛峰海拔高达8848.86 m，海底最低的马里亚纳海沟约深11 022 m，但这样的高低起伏相对于平均半径为6371 km的庞大地球而言却是微不足道的。由于海洋约占地球表面的71%，陆地仅占29%，因此，地球整体形状可以认为是被海水包围的球体。可以假设，将静止的海水面延伸到大陆和岛屿内部，形成一个封闭曲面，这个静止的海水面称为水准面。海水有潮汐变化，时高时低，所以水准面有无数个，其中通过平均海水面的一个水准面称为大地水准面，它所包围的形体称为大地体。如图1-1所示，它非常接近一个两极扁平、赤道隆起的椭球。大地水准面的特性是处处与铅垂线正交。然而，由于地球内部物质分布不均匀，从而引起重力方向发生变化，使大地水准面成为一个不规则的复杂曲面，且不能用数学公式来表达，因此，大地水准面还不能作为测量成果的基准面。为了便于测量、计算和绘图，选用一个椭圆绕它的短轴旋转而成的椭球体来表示地球形体，称为参考椭球体，如图1-2所示。椭球体形状、大小与大地体非常接近，通常用椭球面作为测量与制图的基准面，并在这个椭球面上建立大地坐标系。

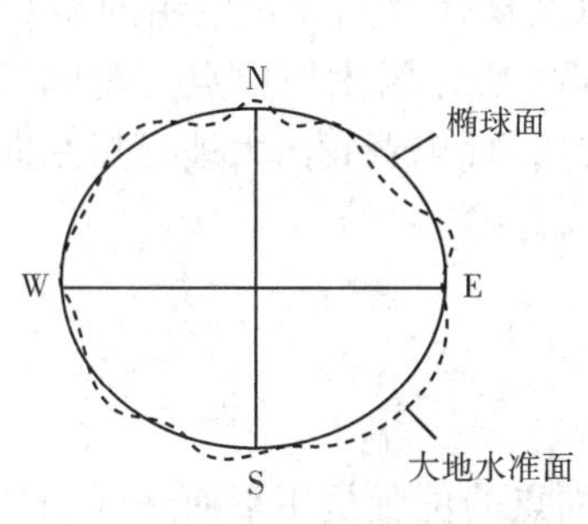


**图1-1　大地水准面与椭球面**

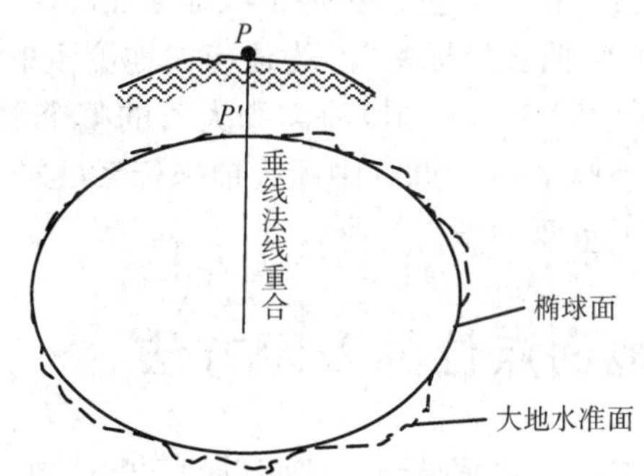


**图1-2　参考椭球定位**

决定地球椭球体形状大小的参数为椭圆的长半轴 $a$ 和短半轴 $b$，还可根据 $a$ 和 $b$ 定义扁率 $\alpha$ 和第一偏心率 $e$，公式如下：

$$\alpha=\frac{a-b}{a} \tag{1-1}$$

$$e^2=\frac{a^2-b^2}{a^2} \tag{1-2}$$

新中国成立后，我国采用过的参考椭球参数以及GNSS定位系统使用的参考椭球参数见表1-1。

由于参考椭球体的扁率很小，当测区面积不大时，可以把地球视为圆球，其半径

$$R=(2a+b)/3\approx 6371(\text{km}) \tag{1-3}$$

**表1-1 几种参考椭球参数值**

| 坐标系名称 | $a$(m) | $b$(m) | $\alpha$ | $e^2$ |
| --- | --- | --- | --- | --- |
| 1954年北京坐标系 | 6 378 245 | 6 356 863. 019 | 1∶298. 3 | 0. 006 738 525 414 683 |
| 1980年西安坐标系 | 6 378 140 | 6 356 755. 288 | 1∶298. 257 | 0. 006 739 501 819 47 |
| 1984年世界大地坐标系(WGS-84，GPS用) | 6 378 137 | 6 356 752. 314 | 1∶298. 257 223 563 | 0. 006 739 496 742 23 |
| 2000国家大地坐标系(CGCS 2000) | 6 378 173 | 6 356 752. 314 | 1∶298. 257 222 101 | 0. 006 694 380 022 9 |

### 1.2.2 参考椭球定位

在一定条件下，确定参考椭球与大地水准面的相关位置，使参考椭球在一个国家或地区范围内与大地水准面最佳拟合，称为参考椭球定位。地球的形状确定后，还应进一步确定大地水准面与旋转椭球面的相对关系，才能把观测结果换算到椭球面上。如图1-2所示，在一个国家的适当地点，选择一点$P$，设想把椭球与大地体相切，切点$P'$点位于$P$点的铅垂线方向上，这时椭球面上$P'$的法线与大地水准面的铅垂线重合，使椭球的短轴与地轴保持平行，且椭球面与这个国家范围内的大地水准面差距尽量小，于是椭球与大地水准面的相对位置便固定下来，这就是参考椭球的定位工作。根据定位的结果，确定大地原点的起算数据，并由此建立国家大地坐标系。我国大地原点位于陕西省西安市附近，在大地原点上进行了精密测量，获得了大地原点的点位基准数据，根据该原点推算而得的坐标系称为“1980年西安坐标系”。为适应大地测量的发展以及现代空间技术应用的需要，20世纪末至21世纪初，我国以海洋和大气的整个地球质量中心作为大地原点，建成了新一代国家大地坐标系——2000中国大地坐标系(CGCS 2000)，标志着我国大地坐标系向现代化目标迈出了重要一步。

## 1.3 地面点位的表示方法

测量工作的实质是测定地面点的空间位置，而地面点的位置是用平面坐标和高程来表示的。

### 1.3.1 平面坐标

#### 1.3.1.1 地理坐标

用经纬度表示地面点位置的球面坐标称为地理坐标，依据采用的投影面不同，又分为

天文地理坐标和大地地理坐标。

**(1)天文地理坐标**

以大地水准面和铅垂线为基准建立的坐标称为天文坐标，用天文经度 $\lambda$ 和天文纬度 $\varphi$ 表示。它可以用天文测量的方法测出。

如图 1-3 所示，过地面点与地轴的平面为子午面，该子午面与首子午面(起始子午面)间的两面角为经度 $\lambda$，过 $P$ 点的铅垂线与赤道面的交角为纬度 $\varphi$。由于地球离心力的作用，过 $P$ 点的垂线不一定经过地球中心。垂直于地轴并通过地球中心 $O$ 的平面为赤道面，赤道面与球面的交线为赤道。

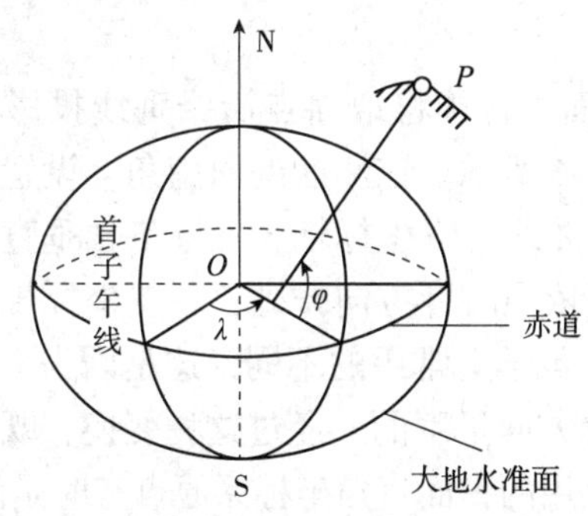


**图 1-3　天文地理坐标**

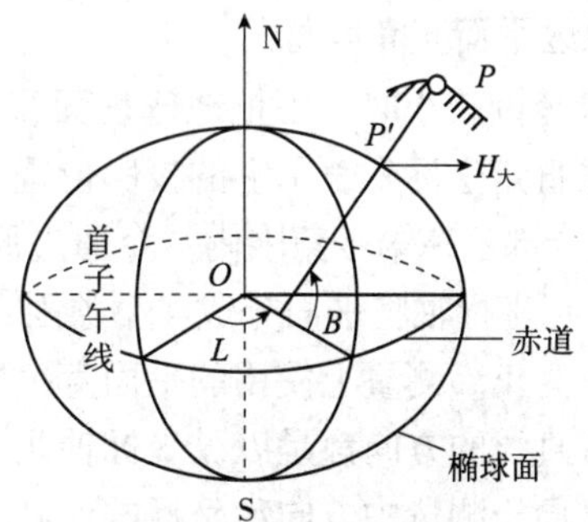


**图 1-4　大地地理坐标**

**(2)大地地理坐标**

该坐标系用于表示地面点在参考椭球面上的位置。用大地经度 $L$、大地纬度 $B$ 和大地高程 $H$ 表示地面点的空间位置。确定球面坐标($L$，$B$，$H$)所依据的基本线为椭球面的法线，以椭球体面为基准面。如图 1-4 所示，地面点 $P$ 沿着法线投影到椭球面上为 $P'$。$P'$与椭球短轴构成子午面和首子午面间的两面角为大地经度 $L$，过 $P$ 点的法线与赤道面的交角为大地纬度 $B$。过 $P$ 点沿法线到椭球面的高程称为大地高，用 $H_{大}$ 表示。大地经纬度是根据大地原点按大地测量所得的数据推算而得。

### 1.3.1.2　地心坐标

以地球质心为原点的坐标称为地心坐标，属空间直角坐标，用于卫星大地测量。如图 1-5 所示，$Z$ 轴指向北极且与地球自转轴相重合，$X$、$Y$ 轴在地球赤道平面内，首子午面与赤道平面的交线为 $X$ 轴，$Y$ 轴垂直于 $XOZ$ 平面。地面点 $A$ 的空间位置用三维直角坐标($x_A$，$y_A$，$z_A$)表示。WGS-84 是地心坐标的一种，应用于 GNSS 卫星定位测量，并可将该坐标换算为大地坐标或其他坐标。

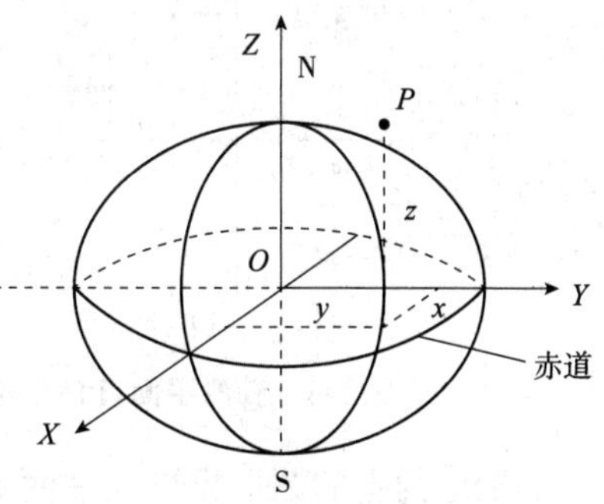


**图 1-5　地心坐标**

地面点既可以用大地坐标表示，也可以用空间直角坐标表示，两种坐标之间可以进行转换。设地面点 $P$ 的大地坐标为($B$，$L$，$H$)，空间直角坐标为($x$，$y$，$z$)，则由大地坐标换算为空间直角坐标的公式为：

$$
\begin{aligned}
x &= (N+H)\cos B\cos L \\
y &= (N+H)\cos B\sin L \\
z &= [N(1-e^2)+H]\sin B
\end{aligned}
\tag{1-4}
$$

式中，$e$ 为第一偏心率；$N$ 为 $P$ 点的卯酉圈曲率半径。

$N$ 的表达式为：

$$
N=\frac{a}{\sqrt{1-e^2\sin^2 B}}
\tag{1-5}
$$

#### 1.3.1.3 平面直角坐标

**(1)地区平面直角坐标**

当测量范围较小时，可把地球表面视为水平面，直接将地面点沿铅垂线投影到水平面上，用平面直角坐标来表示它的投影位置。如图1-6所示。在测区的西南角，设置一个原点 $O$，使测区全部落在第一象限内。令通过原点的南北线为纵坐标轴 $X$，与 $X$ 轴垂直的方向为横坐标轴 $Y$，坐标轴将平面分成4个象限，其顺序依顺时针方向排列，各点坐标规定由原点向上、向右为正。测量上使用的平面直角坐标系与数学上常用的不同，这是因为，测量工作中规定所有直线的方向都是以纵坐标轴北端顺时针方向量度的。经过这种变换，既不改变数学公式，又便于测量中方向和坐标的计算。测量上用的平面直角坐标系原点有时是假设的。

**(2)高斯平面直角坐标**

高斯平面直角坐标采用高斯-克吕格投影(简称高斯投影)的方法建立。高斯投影是按照一定的数学法则，把参考椭球面上的点、线投影到可展开面上，是实现球面与平面间转换的科学方法。如图1-7所示，设想用一个椭圆柱面横套在地球椭球体外面，使它与椭球面上的某一子午线(称为中央子午线)相切，椭圆柱的中心轴通过椭球体中心，然后将中央子午线两侧一定经差范围内的图形投影到椭圆柱面上，再将此柱面展开成为平面。故高斯投影又称为横轴椭圆柱投影。

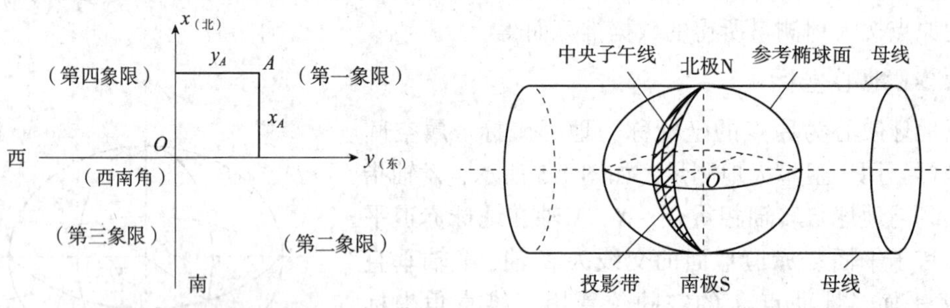


图1-6 测量平面直角坐标　　图1-7 高斯投影

把球面上的图形投影到平面上，将会出现3种投影变形：距离变形、角度变形和面积变形。在制作地图时，可根据需要来控制变形或使某一种变形为零，如等角投影(又称正形投影)、等距投影以及等积投影等。高斯投影是正形投影的一种。

高斯投影具有如下特点：椭球体面上的角度投影到平面上之后，其角度相等；中央子午线投影后为直线且长度不变，其余子午线投影均为凹向中央子午线的对称曲线；赤道投影后也为直线，并与中央子午线垂直，其余纬线的投影均为凸向赤道的对称曲线。

高斯投影中，除中央子午线外，各线均存在长度变形，且距中央子午线越远，变形越大。如图 1-8 所示，为了控制长度变形，将地球椭球面按一定的经差分成若干范围不大的带，称为投影带。带宽一般分为经差 6°和 3°，分别称为 6°带和 3°带。

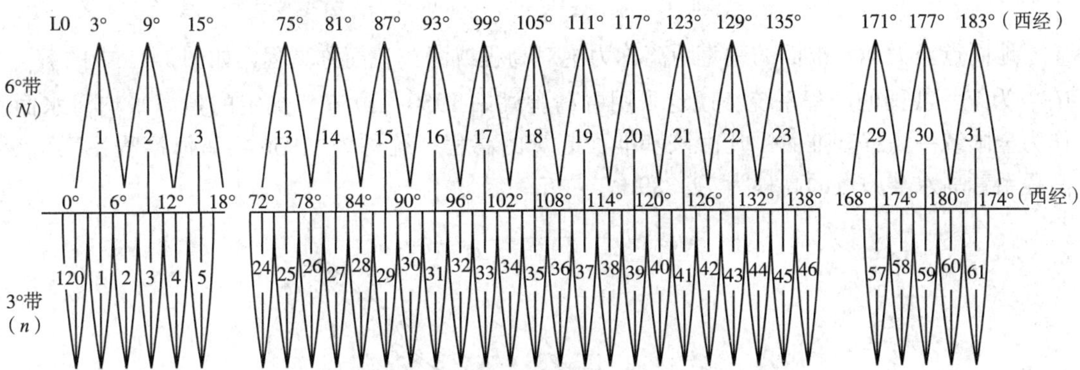

图 1-8　高斯分带投影

6°带：从 0°子午线起，自西向东每隔经差 6°分带，依次用 1~60 编号。带号 $N$ 与相应的中央子午线经度 $L_0$ 的关系是：

$$N=[L/6°]+1 \tag{1-6}$$

$$L_0=6°N-3° \tag{1-7}$$

式中，[ ]表示向下舍入取整。

3°带：自东经 1. 5°子午线起，自西向东每隔经差 3°分带，依次用 1~120 编号。带号 $n$ 与相应的中央子午线经度 $l_0$ 的关系是：

$$n=[L/3°+0.5] \tag{1-8}$$

$$l_0=3°n \tag{1-9}$$

如图 1-9 所示，利用高斯投影，以中央子午线投影为纵轴 $X$，以赤道投影为横轴 $Y$ 所构成的平面直角坐标，称为高斯平面直角坐标。

我国位于北半球，在高斯平面直角坐标系内，$X$ 坐标值均为正值，而 $Y$ 坐标值有正有负。为避免 $Y$ 坐标值出现负值，规定将纵坐标轴向西平移 500 km，即所有点的 $Y$ 坐标值均加上 500 km，如图 1-10 所示。此外为便于区别某点位于哪一个投影带内，还应在横坐标值前冠以投影带带号，这种坐标称为通用坐标。

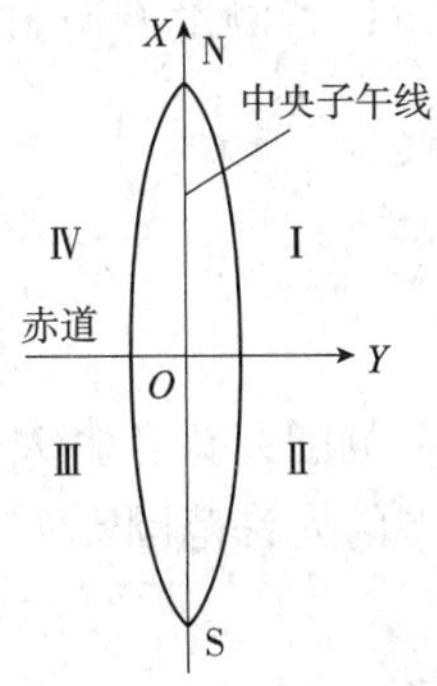

图 1-9　高斯平面直角坐标

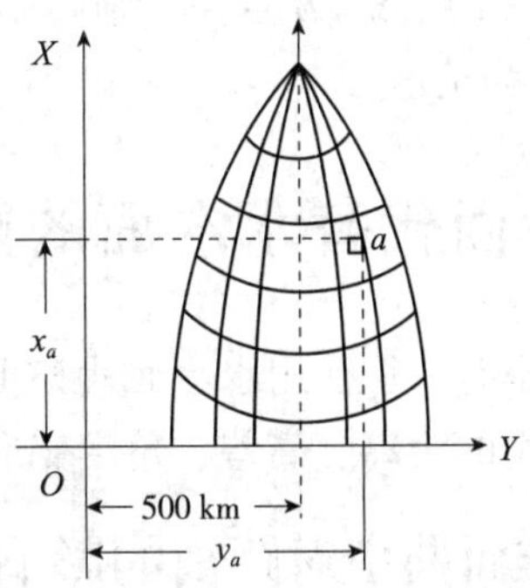

图 1-10　高斯通用坐标

例如，$a$ 点的高斯平面直角坐标 $Y_a = 176\ 543.211$ m，若该点位于第 21 带内，则 $a$ 点的国家通用坐标表示为 $Y_a = 21\ 676\ 543.211$ m。

### 1.3.2　高程

地面点至大地水准面的垂直距离称为绝对高程或海拔，简称高程，如图 1-11 中的 $H_A$、$H_B$。为统一我国的高程系统，规定采用青岛验潮站 1950—1956 年测定的黄海平均海水面作为全国统一高程基准面，凡由该基准面起算的高程，统称为“1956 年黄海高程系”，该高程系青岛水准原点的高程为 72.289 m。

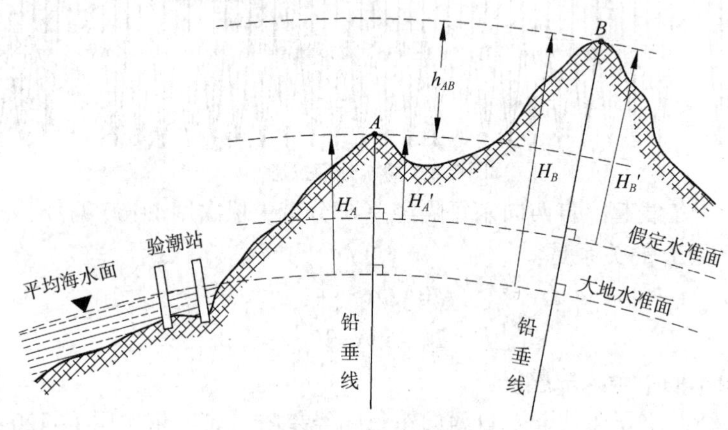


图 1-11　高程与高差

随着观测数据的积累，20 世纪 80 年代，我国又利用青岛验潮站 1953—1979 年潮汐连续观测资料计算出平均海水面，重新推算出水准原点的高程为 72.260 m。我国自 1987 年开始启用新的高程系，并命名为“1985 国家高程基准”。

为便于施工或当远离国家高程控制点时，在局部地区也可建立假定高程系统，地面点到假定水准面的垂直距离称为相对高程或假定高程。如图 1-11 所示，$A$、$B$ 两点的相对高程分别为 $H'_A$、$H'_B$。两点高程之差称为高差，以 $h$ 表示。即

$$h_{AB} = H_B - H_A = H'_B - H'_A \tag{1-10}$$

可见，两点之间的高差与高程起算面无关。高差是相对的，其值有正、负，如果测量方向由 $A$ 到 $B$，$A$ 点低、$B$ 点高，则高差 $h_{AB} = H_B - H_A$ 为正值；若测量方向由 $B$ 到 $A$，则高差 $h_{BA} = H_A - H_B$ 为负值。

## 1.4　水平面代替水准面的限度

当测区较小时，往往用水平面代替水准面，那么，这个范围究竟有多大时用水平面代替水准面所产生的距离、高差、角度变形才不超过测图误差的允许范围呢？

### 1.4.1　水准面曲率对距离的影响

在图 1-12 中，设 $AB$ 为水准面一段弧长 $D$，所对圆心角为 $\theta$，地球半径为 $R$，另自 $A$

点作切线 $AB'$，设长为 $l$。若将切于 $A$ 点的水平面代替水准面的圆弧，则在距离上将产生误差 $\Delta D$。

$$\Delta D=AB'-\widehat{AB}=l-D=R(\tan\theta-\theta) \tag{1-11}$$

将 $\tan\theta=\theta+\frac{1}{2}\theta^3+\cdots$ 代入，得

$$\Delta D=\frac{D^3}{3R^2} \tag{1-12}$$

两端用 $D$ 去除，得相对误差为：

$$\frac{\Delta D}{D}=\frac{D^2}{3R^2} \tag{1-13}$$

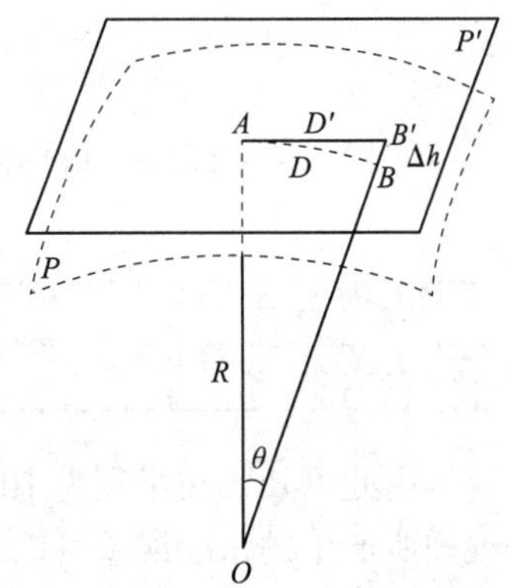

图 1-12 地球曲率的影响

取 $R=6371$ km，$\Delta D$ 值见表 1-2。由该表可知，当 $D=10$ km 时，$\Delta D/D=1/1\ 210\ 000$，小于目前精密的距离测量误差，即使在 $D=20$ km 时，$\Delta D/D=1/300\ 000$，实际上将水准面当作水平面，即沿圆弧丈量的距离作为水平距离，其误差可忽略不计。

表 1-2 地球曲率对距离和高差的影响

| 误差(cm) | 圆弧长度(km) | | | | | | | |
|---|---|---|---|---|---|---|---|---|
| | 0.1 | 0.2 | 0.4 | 1 | 5 | 10 | 50 | 100 |
| $\Delta h$ | 0.08 | 0.31 | 1.3 | 8 | 196 | 785 | | |
| $\Delta D$ | | | | 0.001 | 0.10 | 0.82 | 103 | 820 |

## 1.4.2 水准面曲率对高差的影响

由图 1-12 可知，$A$、$B$ 两点在同一水准面上，高程相等，若以水平面代替水准面，则 $B$ 点移到 $B'$ 点，高差误差为 $\Delta h$，可知

$$(R+\Delta h)^2=R^2+l^2 \tag{1-14}$$

$$\Delta h=\frac{l^2}{2R+\Delta h} \tag{1-15}$$

若 $D$ 代替 $l$，同时略去分母中的 $\Delta h$，则

$$\Delta h=\frac{D^2}{2R} \tag{1-16}$$

不同 $D$ 值的 $\Delta h$ 仍列于表 1-2 中。当 $D=1$ km 时，高差误差 $\Delta h$ 也有 8 cm。可见地球曲率对高差的影响，即使在很短距离内也必须考虑。

## 1.4.3 水准面曲率对角度测量的影响

如果把水准面近似地看作圆球面，则野外实测的水平角应为球面角，3 点构成的三角形应为球面三角形。用水平面代替水准面，角度就变成用平面角代替球面角，三角形就变成用平面三角形代替球面三角形(表 1-3)。由于球面三角形内角之和较平面三角形内角之和 180°大一个 $\delta$，故 $\delta$ 称为球面角超，其表达式为：

$$\delta=\frac{A}{R^2}\rho'' \tag{1-17}$$

式中，$A$ 为球面三角形面积，$km^2$；$R$ 为地球半径，km；$\rho''=206\ 265''$。

表 1-3 水平面代替水准面对角度的影响

| 面积 $A(km^2)$ | 10 | 100 | 1000 | 10 000 |
|---|---|---|---|---|
| 角度误差 $\delta('')$ | 0.05 | 0.51 | 5.08 | 50.82 |

由此可知，在半径为 10 km 的范围也就是面积为 320 $km^2$ 的范围内，以水平面代替水准面所产生的角度误差可以忽略不计。

## 1.5 测量工作概述

### 1.5.1 测量的基本问题

普通测量学的任务之一是测定地球表面的地形并绘制成图。而地形是错综复杂的，在测量时可将其分为地物和地貌两大类。地物就是地表面的固定性物体，如居民地、道路、水系、独立地物等。地貌是指地球表面各种起伏的形态，如高山、丘陵、盆地等。

根据点、线的几何关系可知，地物的轮廓线是由直线和曲线组成的，曲线又可视为由许多短直线段所组成。对于房屋而言，其特征点是房屋的拐角点 $a$、$b$、$c$、$d$，如图 1-13(a)所示；对于河流，虽然边线不规则，但仍可将弯曲部分看成由许多折线段组成，如图 1-13(b)所示。

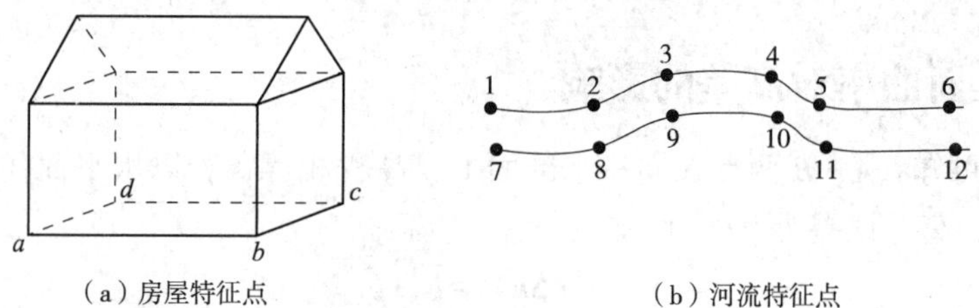

(a) 房屋特征点　　(b) 河流特征点

图 1-13 地物特征点

图 1-14 为一山地地形，其地形变化情况可用坡度变换点 1、2、3、4 等点组成的线段表示。由于相邻点内的坡度认为是一致的，因此，只要把 1、2、3、4 等点的高程和平面位置确定，地形变化的情况也就基本反映出来了。

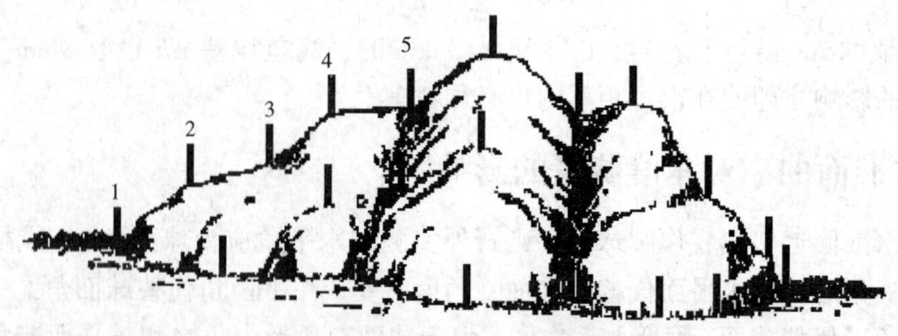

图 1-14 地貌特征点

上述所示的1，2，3，4等点，分别称为地物特征点和地貌特征点。地物特征点是地物的方向变换点，地貌特征点是地貌的坡度变化点。

综上所述，不难看出：地物和地貌的形状是由自身的特征点构成的，只要实地测绘出这些特征点的位置，它们的形状和大小就能在图上得到正确反映。因此，测量的基本问题就是测定地面点的平面位置和高程。

## 1.5.2 测量的基本工作

为了确定地面点的位置，需要进行哪些测量工作呢？如图1-15所示，设$A$、$B$为地面上的两点，投影到水平面上的位置分别为$a$、$b$。若$A$点的位置已知，要确定$B$点的位置，除需丈量$A$、$B$两点间的水平距离$D_{AB}$之外，还需知道$B$点在$A$点的哪一方向。图上$ab$的方向可用过$a$点的指北方向与$ab$的水平夹角$\alpha$表示，$\alpha$角称为方位角。有了$D_{AB}$和$\alpha$，$B$点在图上的位置$b$就可确定。如果还需确定$c$点在图上的位置，需丈量$B$、$C$的水平距离$D_{BC}$与$B$点上相邻两边的水平角$\beta$。因此，为了确定地面点的平面位置，必须测定水平距离和水平角。

在图1-15中还可以看出，$A$、$B$、$C$ 3点不是等高的，要完全确定它们在三维空间内的位置，还需要测量其高程$H_A$、$H_B$、$H_C$或高差$h_{AB}$、$h_{BC}$。

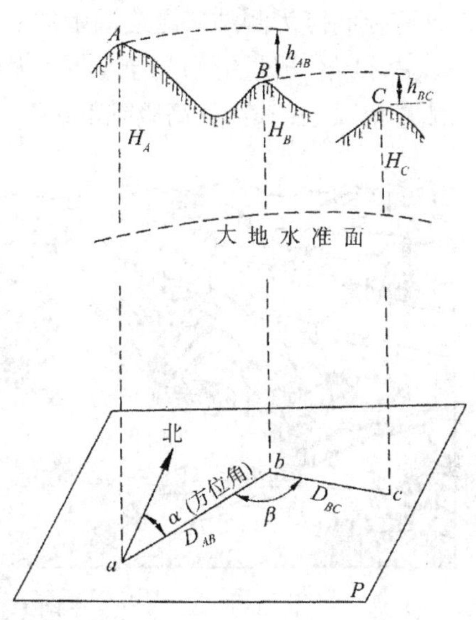


图1-15 地面点位的确定

由此可见，距离、角度和高程是确定地面点位置的3个基本几何要素，距离测量、角度测量与高程测量是测量的基本工作。

## 1.5.3 测量的基本原则

测绘地形图时，一般情况下，要在一个测站点上将该测区的所有地形测绘出来是不可能的。如图1-16所示，一开始在测区内的第一点$A$连续进行测量，即在测完$A$站附近的地形之后，测定第二测站$B$的位置。然后将仪器搬到$B$站测绘，继而又测定$C$站的位置，又在$C$站继续测绘，如此将一幅图测完，是不可行的。由于测定每一测站均存在误差，且前一站的误差会传递至后一站，并使误差逐站积累。如图1-16所示，测定$B$点时有误差$\Delta\beta_1$及$d_1$，使其位置移至$B'$，测$C$点时，由于前站$B$点误差的影响，$C$点位置移至$C'$，又因测定$C$点时的误差$\Delta\beta_2$与$d_2$，致使它的位置移至$C''$，由此所测的房屋，从正确位置6、7、8、9移至6″、7″、8″、9″。测站越多，误差积累越大，也就不可能得到一张符合精度要求的地形图。一幅图如此，就整个测区而言，就更难保证精度，因此不

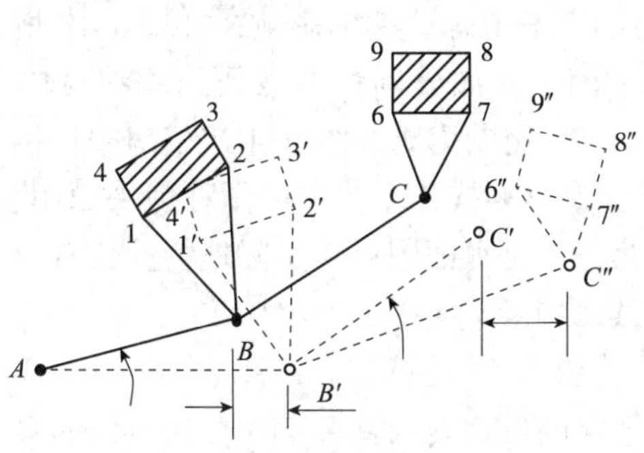


图1-16 测量误差的积累与影响

能采用这种方法测量。

为了防止误差积累，确保测量精度，测量工作必须按照下列程序进行。

首先在整个测区内选择一些密度较小、分布合理且具有控制意义的点作为控制点，如图 1-17 中的 $A$，$B$，$C$，…，然后用比较精密的仪器和方法，把它们的位置测定出来，以保证整体的精度。测定控制点的工作称为控制测量。

通过必要的计算，精确求出这些控制点的平面位置和高程，并将点展绘到图上。然后以这些控制点为测站来测绘周围的地形，直至测完整个测区，这部分工作称为碎部测量。

总之，在测量的布局上，是“由整体到局部”，在测量次序上，是“先控制后碎部”，在测量精度上，是“从高级到低级”，这就是测量工作应遵循的基本原则。

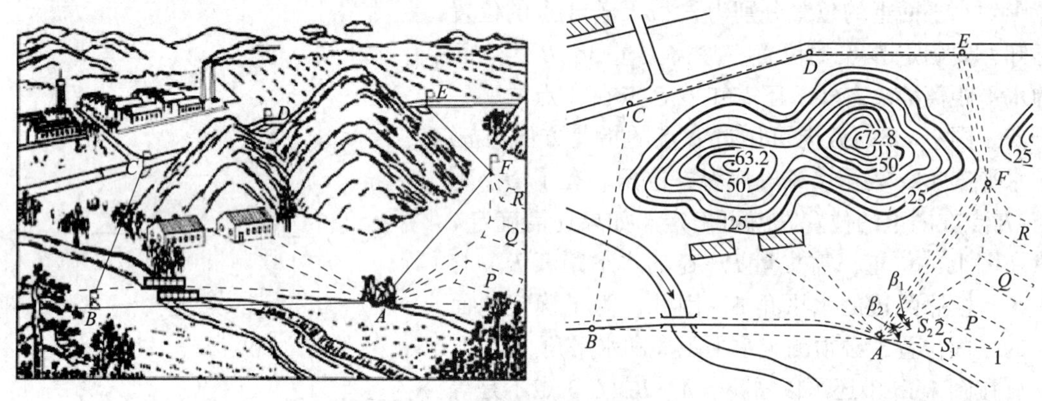


图 1-17 控制测量与碎部测量

测量工作有外业与内业之分。在野外利用测量仪器和工具，在测区内进行实地勘查、选点，以及测定地面点间的距离、角度和高程，称为外业；在室内将外业测量的数据进行处理、计算和绘图，称为内业。

## 1.6 几种常见的图

测量成果之一是以图的形式表示。根据成图要求、测区面积、内容表示的特点和制图方法的不同，可分为平面图、地图、地形图、影像地图和断面图等。

**(1) 平面图**

由前述知，可把小地区的地球表面当成平面而不考虑地球曲率的影响，如图 1-18 所示，地面上图形 $A$、$B$、$C$、$D$ 各点位于不同的水平面上，如分别过各点作铅垂线 $AA'$、$BB'$、$CC'$、$DD'$，它们必与水平面正交且相互平行。若将交点构成的图形 $A'B'C'D'$ 按比例尺缩小，便得到图形 $abcd$。这种不计地球曲率投影变形影响描述小范围的图称为平面图。它是地面图形在水平面上的正射投影的缩小图形，其特点是平面图形与实际地物的位置成相似关系。平面图一般只表示地物，不表示地貌，其比例尺不应小于 1∶5000。

**(2) 地图**

按一定的数学法则，运用符号系统，以图形或数字的形式表示具有空间分布特性的自然与社会现象的载体，称为地图。它具有严密的数学基础、统一的符号系统和文字注记。

按表示内容，分为普通地图、专题地图；按比例尺，分为大、中、小比例尺地图；按表示方法、制作材料、使用情况，分为挂图、立体地图、桌图、影像地图、地球仪等。广义的地图包括剖面图、三维空间图(如地理模型、地球仪等)和其他星球图。随着计算机技术和数字化技术的发展，地图还包括数字地图、电子地图等。

**(3)地形图**

按一定的比例尺，表示地表上地物、地貌平面位置及基本的地理要素且高程用等高线表示的一种普通地图。比例尺大于1∶100万。地貌一般用等高线表示，能反映地面的实际高度、起伏特征，具有一定的立体感。地物用图式符号加注记表示。地形图具有存储和传输地物、地貌的类别、数量、形态等信息的空间分布、联系和变化的功能，是经过实地测绘或根据遥感图像并配合有关调查资料编制而成的，地形图是编制其他地图的基础。

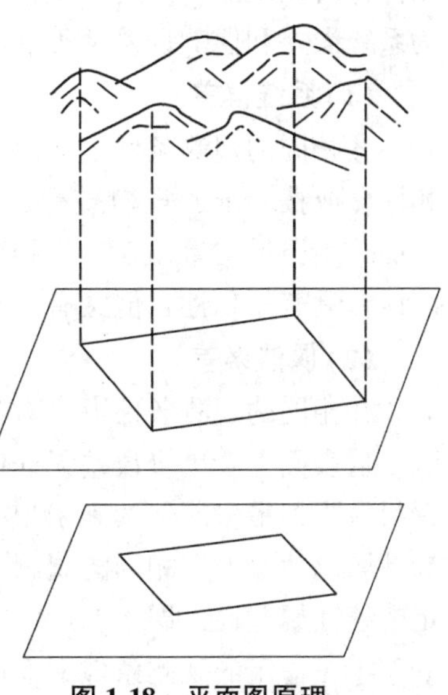

图1-18 平面图原理

**(4)影像地图**

地形图是通过对地形作正射投影获取的，航测像片则是由投影线交于一点的中心投影所获取的影像。由于地面的起伏和航空摄影时不能把投影轴线始终处于绝对垂直位置，致使初始航摄像片存在地面起伏引起的投影误差和像片倾斜造成的像点位移。所以，各点的比例尺不一致。把初始的像片经过倾斜纠正和投影差纠正，像片各点比例尺就均一了。把这种经过纠正的像片拼接起来，再绘上图廓线和千米网格制成的图就成为像片平面图。

像片平面图虽然平面位置上可像地形图一样使用，但像片上没有注记和等高线，阅读和量算很不方便。因此，在像片平面图上加绘等高线、注记和某些地物、地貌符号，得到一种新的地形图，称为影像地图。其特点是：既有航摄像片的内容，又有地形图的特点，信息丰富，成图速度快，现势性强，便于读图和分析，因此日益得到广泛地应用。

**(5)断面图**

假想用剖切面剖开物体后，仅画出该剖切面与物体接触部分所得到的图形称为断面图或剖面图。它既能准确表达地形垂直方向的形态，也可表达物体详细的内部结构。如道路断面图、景观断面图等。

## 1.7 测量误差概述

### 1.7.1 观测误差及其分类

测量工作中，对某未知量进行多次观测，各次所得结果总存在差异。例如，对地面上某一距离往返丈量若干次，每次观测结果之间都可能存在差值，这说明观测值中存在误差。

观测误差来源于仪器误差、人的感官能力限制和外界环境(如温度、湿度、风力、大气折光等)的影响，这3方面的客观条件统称观测条件。因为任何测量工作都离不开观测条件，所以观测误差的产生是不可避免的。按观测误差对观测结果影响性质的不同，可分为系统误差和偶然误差两类。

**(1) 系统误差**

在相同的观测条件下，对某量进行一系列观测，若误差的出现在数值大小和符号上均相同，或按一定的规律变化，这种误差称为系统误差。如某 30 m 钢尺与标准尺比较短 1 cm，用该尺丈量 300 m 的距离就会产生 10 cm 误差，量距越长，则误差积累越多。故系统误差具有累积性，但又有一定规律，因而可设法加以消除或减弱。

**(2) 偶然误差**

在相同的观测条件下，对某量进行一系列观测，若误差出现的符号和数值大小均不一致，从表面上看单个误差无任何规律性，这种误差称为偶然误差。例如，用刻至 1 mm 的钢尺量距，最多能估读到 1/10 mm，且每次估读又不能绝对正确，也不会绝对相等，其差异纯属偶然。但在相同的观测条件下重复多次观测某量后，在大量的偶然误差中也具有一定的统计规律性，即

①在一定的观测条件下，偶然误差的绝对值不会超过一定的限值(有界性)；

②绝对值小的误差比绝对值大的误差出现的可能性大(密集性)；

③绝对值相等的正误差与负误差出现的机会相等(对称性)；

④当观测次数无限增多时，偶然误差的算术平均值趋向于零(抵偿性)，即

$$\lim_{n\to\infty}=\frac{[\Delta]}{n}=0 \tag{1-18}$$

式中，[　]表示总和；$n$ 表示观测次数；$[\Delta]$表示真误差总和，$[\Delta]=\Delta_1+\Delta_2+\cdots\Delta_n$。

实践证明，偶然误差不能用计算改正或用一定的观测方法简单地加以消除，只能根据偶然误差特性来改进观测方法，并合理地处理观测数据，以减少观测误差的影响。

偶然误差产生的原因十分复杂，又找不到完全消除其影响的办法，观测结果中就不可避免存在着偶然误差的影响，因此，在实际测量工作中，为了检核观测值中有无错误，提高成果的质量，必须进行多余观测，即观测值的个数多于确定未知量所必须的个数。如丈量距离往返各测一次，则有一次多余观测。有了多余观测，势必在观测结果间产生不符值，也称闭合差。对带有偶然误差的观测结果进行处理的工作，称为测量平差。

### 1.7.2　评定观测值精度的标准

为了衡量测量结果的精度，必须统一衡量精度的标准，才能进行比较鉴别。

**(1) 中误差**

在一定的观测条件下，观测值 $l$ 与其真值 $X$ 之差称为真误差 $\Delta$，即

$$\Delta_i=l_i-X \qquad (i=1,\ 2,\ \cdots,\ n) \tag{1-19}$$

这些独立误差平方和的平均值的极限称为中误差的平方，即

$$m^2=\lim_{n\to\infty}=\frac{[\Delta\Delta]}{n} \tag{1-20}$$

式(1-20)是理论上的数值，实际测量中观测次数不可能无限多，因此在实际应用中取以下公式：

$$m=\pm\sqrt{\frac{[\Delta^2]}{n}} \tag{1-21}$$

式(1-21)说明，中误差代表一组同精度观测误差的几何平均值，中误差越小表示该组观测值中绝对值小的误差越多。

**(2)容许误差**

容许误差又称极限误差。根据误差理论及实践证明，在大量同精度观测的一组误差中，绝对值大于2倍中误差的偶然误差出现的概率约为5%；大于3倍中误差的偶然误差出现的概率仅有0.3%，且认为是不太可能出现的。因此，一般取3倍中误差作为偶然误差的极限误差。

$$\Delta_{容}=3m \tag{1-22}$$

有时对精度要求较严，也可采用 $\Delta_{容}=2m$ 作为容许误差。

**(3)相对误差**

在某些测量工作中，有时用中误差还不能完全反映测量精度，例如，测量某两段距离，一段长200 m，另一段长1000 m，它们的中误差均为±0.2 m，但因量距误差与长度有关，则不能认为两者的精度相同。为此，用观测值的中误差与观测值之比，并将其分子化为1，即用1/K形式表示，称为相对误差。上例前者的相对误差为0.2/200=1/1000，后者的相对误差为0.2/1000=1/5000，可见后者的精度高于前者。

## 1.7.3　误差传播定律

以上介绍了相同观测条件下的观测量，以真误差来评定观测值的精度问题。但在实际工作中，有一些量往往不能直接测得，而是由其他观测量，通过相关的函数关系间接计算出来的，例如，坐标正算是通过距离和方位角来计算的。这样，它们就构成以下函数关系：

$$Z=f(x_1,\ x_2,\ \cdots,\ x_n) \tag{1-23}$$

式中，$x_i$ 为独立观测值，$i=1,\ 2,\ \cdots,\ n$。

已知其中误差为 $m_i$，$i=1,\ 2,\ \cdots,\ n$，试求观测值函数的中误差 $m_z$。当 $x_i$ 的观测值 $l_i$ 分别具有真误差 $\Delta x_i$ 时，则函数随之产生相应的真误差 $\Delta z$。由数学分析可知，变量的误差与函数的误差之间的关系，可近似的用函数的全微分表示如下：

$$\mathrm{d}z=\frac{\partial f}{\partial x_1}\mathrm{d}x_1+\frac{\partial f}{\partial x_2}\mathrm{d}x_2+\cdots+\frac{\partial f}{\partial x_n}\mathrm{d}x_n \tag{1-24}$$

因误差 $\Delta x_i$ 及 $\Delta z$ 均很小，用误差 $\Delta x_i$ 及 $\Delta z$ 代以微分 $\mathrm{d}x_i$、$\mathrm{d}z$，于是有：

$$\Delta z=\frac{\partial f}{\partial x_1}\Delta x_1+\frac{\partial f}{\partial x_2}\Delta x_2+\cdots+\frac{\partial f}{\partial x_n}\Delta x_n \tag{1-25}$$

式中的$\frac{\partial f}{\partial x_i}$是函数对各变量 $x_i$ 取的偏导数。对它进行进一步分析，并根据偶然误差的抵偿特性和中误差定义，可得出下式：

$$m_z^2=\left(\frac{\partial f}{\partial x_1}\right)^2 m_{x_1}^2+\left(\frac{\partial f}{\partial x_2}\right)^2 m_{x_2}^2+\cdots+\left(\frac{\partial f}{\partial x_n}\right)^2 m_{x_n}^2 \tag{1-26}$$

式(1-26)就是按观测值中误差计算观测值函数中误差的公式，即为误差传播定律。表1-4列出了按式(1-26)导出的误差传播定律的几个主要关系式。

**表1-4 误差传播定律主要关系式**

| 函数名称 | 函数式 | 函数的中误差 |
|---|---|---|
| 一般函数 | $z=f(x_1,\ x_2\cdots x_n)$ | $m_z=\pm\sqrt{\left(\frac{\partial f}{\partial x_1}\right)^2 m_1^2+\left(\frac{\partial f}{\partial x_2}\right)^2 m_2^2+\cdots+\left(\frac{\partial f}{\partial x_n}\right)^2 m_n^2}$ |
| 和差函数 | $z=x_1\pm x_2\pm\cdots\pm x_n$ | $m_z=\pm\sqrt{m_1^2+m_2^2+\cdots+m_n^2}$ |
| 倍数函数 | $z=kx$ | $m_z=km_x$ |
| 线性函数 | $z=k_1x_1+k_2x_2+\cdots+k_nx_n$ | $m_z=\pm\sqrt{k_1^2m_1^2+k_2^2m_2^2+\cdots+k_n^2m_n^2}$ |

## 1.7.4 等精度直接平差

**(1)求最或然值**

设对某一量进行等精度的直接观测，观测值为$l_1$，$l_2$，…，$l_n$，未知量的最或然值为$x$，观测值的改正数为$v_i$，则根据最小二乘法原理推导得，观测值$l$的算术平均值就是未知量的最或然值$x$，它被认为最接近于该量的真值，即

$$x=\frac{[l]}{n} \tag{1-27}$$

**(2)精度评定**

①观测值中误差。由前可知，在已知真误差Δ的情况下，同精度观测值中误差为：

$$m=\pm\sqrt{\frac{[\Delta^2]}{n}}$$

但是，未知量的真值往往无法知道，因此真误差Δ也无法求得，为此，又推导出用改正数$v_i$计算观测值中误差的实用公式为：

$$m=\pm\sqrt{\frac{[vv]}{n-1}} \tag{1-28}$$

式中，$n$为观测值个数。

②算术平均值中误差。已知未知量的算术平均值公式为：

$$x=\frac{[l]}{n}=\frac{1}{n}l_1+\frac{1}{n}l_2+\cdots+\frac{1}{n}l_n \tag{1-29}$$

按误差传播定律可得：

$$m_x=\pm\frac{m}{\sqrt{n}} \tag{1-30}$$

式(1-30)即为算术平均值中误差$m_x$的计算公式。

将式(1-28)代入式(1-30)，得到用改正数计算最或然值中误差的公式：

$$m_x = \pm\sqrt{\frac{[vv]}{n(n-1)}} \tag{1-31}$$

## 本章小结

测量学的任务是测图与测设。测图的过程是从“地面→图上”，测设的过程是由“图上→地面”。研究地球的形状和大小是为了确定测量数据处理和制图的基准面——参考椭球面，确定参考椭球在地球体内的位置和方向，称为参考椭球定位。

测绘工作的实质是确定地面点的位置。地球是球体，地图是平面，将地球表面的景物测绘到平面图纸上必然产生球面与平面间的矛盾。高斯投影是实现球面与平面间转换的科学方法。它使球面坐标与平面直角坐标间建立起一定的函数关系。每个高斯投影带为一个独立的平面直角坐标系。地面点的空间坐标与选用的椭球及坐标系统有关。常用的坐标系有地理坐标系、高斯平面直角坐标系、独立平面直角坐标系和地心坐标系。我国的大地坐标系为“2000 中国大地坐标系(CGCS 2000)”。

地面点的高程是以大地水准面为基准起算的，我国现行的高程系统为“1985 国家高程基准”。

测量的基本问题是测定地面点的平面位置和高程，角度测量、距离测量和高程测量是测量的基本工作，为确保测量精度，应遵循“先控制后碎部”的测量原则。

受观测条件的影响，产生的误差具有传递性和积累性。可通过适宜的观测程序和方法加以消除或减弱其影响，以获取预期的测量成果。

## 复习思考题

1. 水准面有何特性？大地水准面是如何定义的？
2. 天文地理坐标与大地地理坐标有什么区别？
3. 地心坐标与参心坐标有什么不同？
4. 测量的基本问题、基本工作和基本原则分别是什么？
5. 测量工作为什么要遵循“从整体到局部”“先控制后碎部”的原则？
6. 什么叫平面图、地图、地形图、影像地图？其特点是什么？
7. 观测值中为什么会存在误差？如何发现？
8. 偶然误差与系统误差有何区别？偶然误差有哪些特性？
9. 何谓多余观测？为什么要进行多余观测？
10. 什么叫中误差、容许误差、相对误差？
11. 何谓误差传播定律？
12. 试述 $m=\pm\sqrt{\frac{[\Delta\Delta]}{n}}$ 与 $m=\sqrt{\frac{[vv]}{n-1}}$ 两式中各元素的含义，两式各在什么情况下使用？
13. 高斯坐标与数学坐标的区别？

# 第 2 章

# 水准测量

【内容提要】高程是确定地面点相对位置的 3 个基本要素之一。利用仪器测定地面点高程的工作称为高程测量。根据所用仪器、方法和精度的不同，高程测量可分为水准测量、三角高程测量、GNSS 高程测量和气压高程测量等。其中，水准测量的精度最高，应用最为广泛。本章从水准测量的原理入手，重点介绍微倾水准仪的构造和操作步骤、普通水准测量的方法、水准路线的形式、内业成果整理、水准测量过程中的误差来源及消减方法等内容。

## 2.1 水准测量原理

水准测量是利用仪器提供的水平视线配合水准尺测得两点之间的高差，由已知点的高程推算未知点的高程。

如图 2-1 所示，$A$、$B$ 为地面上任意两点，已知 $A$ 点高程为 $H_A$，欲求得 $B$ 点高程 $H_B$。先在 $A$、$B$ 两点上各立一根带有刻度的尺子(水准尺)，并在两点间安置一台能提供水平视线的仪器(水准仪)，通过观测计算进而可求得 $B$ 点的高程 $H_B$。

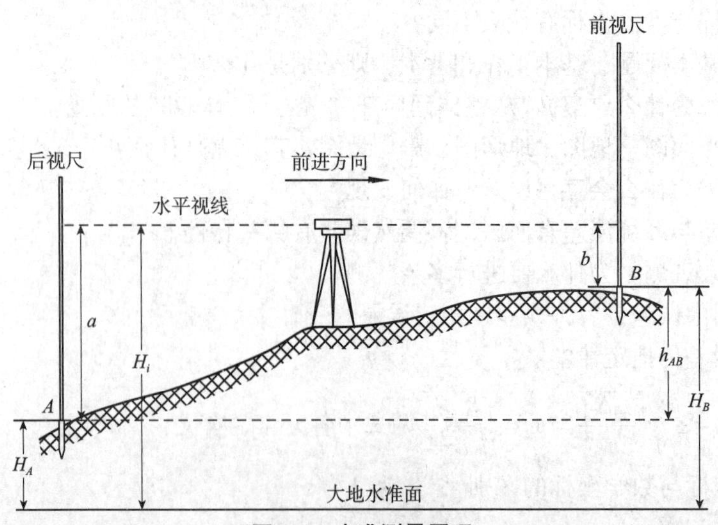


图 2-1 水准测量原理

### 2.1.1　高差测量

假设测量工作的前进方向是从 $A$ 到 $B$，则称 $A$ 点为后视点，$B$ 点为前视点，$A$、$B$ 处竖立的尺子分别称为后视尺和前视尺。设水平视线在 $A$、$B$ 尺上的读数分别为 $a$、$b$，则 $a$ 称为后视读数、$b$ 称为前视读数。从图 2-1 可知，$A$、$B$ 两点间的高差等于后视读数 $a$ 减去前视读数 $b$，即

$$h_{AB}=a-b \tag{2-1}$$

当 $a>b$ 时，高差为正，说明 $B$ 点高于 $A$ 点；当 $a=b$ 时，高差为零，说明 $A$、$B$ 两点等高；当 $a<b$ 时，高差为负，说明 $B$ 点低于 $A$ 点。另外，$h_{AB}$ 与 $h_{BA}$ 数值相等、符号相反，即 $h_{AB}=-h_{BA}$。

### 2.1.2　高程计算

高程的计算有两种方法：高差法和视线高法。

**(1)高差法**

$A$ 点的高程 $H_A$ 已知，$A$、$B$ 两点间的高差 $h_{AB}$ 已测得，则 $B$ 点高程为：

$$H_B=H_A+h_{AB}=H_A+(a-b) \tag{2-2}$$

此方法称为高差法，适用于路线水准测量。

**(2)视线高法**

如图 2-1 所示，水平视线到大地水准面的铅垂距离称为视线高程，简称视线高，用 $H_i$ 表示。由图 2-1 可知：

$$H_i=H_A+a \tag{2-3}$$

则 $B$ 点的高程为：

$$H_B=H_i-b=(H_A+a)-b \tag{2-4}$$

此方法称为视线高法。该方法只需安置一次仪器就可测出多个前视点的高程，适用于面水准测量，在工程测量中应用广泛。

## 2.2　水准测量仪器及使用

水准测量使用的仪器和工具主要有：水准仪、水准尺和尺垫。水准仪是水准测量的主要仪器，按其精度可分为 $DS_{05}$、$DS_1$、$DS_3$、$DS_{10}$ 和 $DS_{20}$ 五个等级。“D”和“S”分别表示“大地测量”和“水准仪”中首个汉字汉语拼音的首字母；下标“05”“1”“3”等数字表示精度，即该类仪器每千米往返测量高差中数的中误差，单位为毫米(mm)。$DS_{05}$ 和 $DS_1$ 水准仪称为精密水准仪，$DS_3$ 和 $DS_{10}$ 水准仪称为普通水准仪。

水准仪按其结构可分为微倾式水准仪、自动安平水准仪和电子水准仪等类型。本节主要介绍工程上常用的 $DS_3$ 型微倾式水准仪及常用测量工具。

### 2.2.1　微倾式水准仪的构造

图 2-2 为 $DS_3$ 型微倾水准仪，主要由望远镜、水准器和基座 3 部分组成。

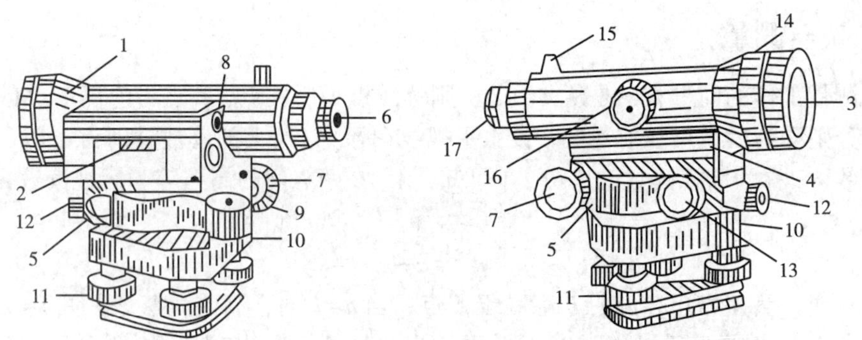

1. 望远镜；2. 符合水准器；3. 物镜；4. 连接弹簧；5. 支架；6. 目镜；7. 微倾螺旋；
8. 符合水准器观察窗；9. 圆水准器；10. 基座；11. 脚螺旋；12. 制动螺旋；
13. 微动螺旋；14. 准星；15. 照门；16. 物镜调焦螺旋；17. 目镜调焦螺旋。

**图 2-2　$DS_3$ 型微倾水准仪的结构**

**(1) 望远镜**

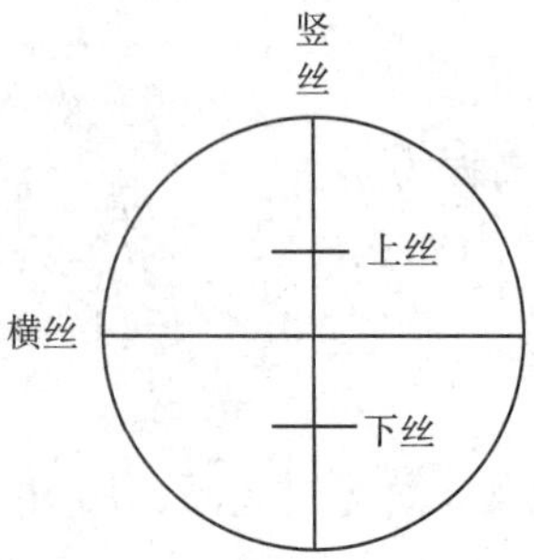

竖丝

上丝

横丝

下丝

**图 2-3　十字丝示意**

望远镜的主要作用是瞄准目标，并提供一条水平视线。望远镜由目镜、物镜、调焦透镜和十字丝分划板等部件组成。

观测目标经过物镜进入水准仪，通过调节调焦螺旋可改变调焦透镜的位置，使观测目标的像清晰地落在十字丝的分划板上。目镜能将十字丝和目标像同时放大。十字丝分划板是安装在物镜与目镜之间的一块平板玻璃，上面刻有两条相互垂直的细线，称为十字丝，如图 2-3 所示。竖的称为竖丝，中间横的一条称为中丝(或横丝)。上下两根短丝称为视距丝，又称上丝和下丝。十字丝的作用是精确瞄准目标。瞄准目标或在水准尺上读数时，应以十字丝交点为准。十字丝交点与物镜光心的连线称为视准轴。人眼通过目镜看到的目标像的视角与肉眼直接看到目标的视角之比称为望远镜的放大倍数。$DS_3$ 型微倾水准仪望远镜的放大倍数一般不小于 30。

为方便快速地瞄准目标，望远镜上安置了准星与照门。为控制望远镜的左右转动和精确瞄准目标，水准仪上安装了制动和微动螺旋，用来固定望远镜或使其微小转动，确保精确瞄准目标。

**(2) 水准器**

水准器有圆水准器和长水准管两种。

①圆水准器。是一个安装在基座上的圆柱形玻璃盒，顶面内壁为球面，其内装有乙醇和乙醚的混合液，加热密封冷却后形成圆气泡。顶面内壁中央刻有直径 5~8 mm 的圆圈，其圆心即是水准器的零点，连接零点与球心的直线为圆水准器的水准轴，简称圆水准轴。气泡居中时，圆水准轴处于铅垂位置，如图 2-4 所示。此时只要圆水准轴平行仪器竖轴，则仪器竖轴就处于铅垂位置。

气泡不居中时，每偏离 2 mm，圆水准轴所倾斜的角度称为圆水准器分划值，用“$\tau$”表示。$DS_3$ 型微倾水准仪圆水准器的分划值一般为 8′/2 mm，灵敏度较低，只能用于仪器的粗略整平。

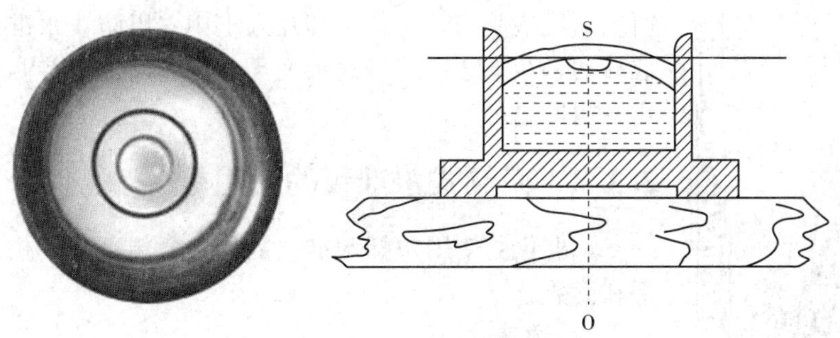


图 2-4　圆水准器

②长水准管。又称管水准器，是内壁纵向磨成圆弧状的玻璃管，其内装有乙醇和乙醚的混合液，加热密封冷却后形成一个长气泡，管上对称刻有间隔为 2 mm 的分划线，如图 2-5 所示。长水准管内壁圆弧中心点称为长水准管的零点。管内圆弧中点处的切线称为水准管轴。当气泡居中时，长水准管轴水平，此时若水准管轴平行于视准轴，则视准轴也水平。

长水准管每 2 mm 弧长所对应的圆心角称为水准管分划值。$DS_3$ 型微倾水准的长水准管分划值一般为 20″/2 mm，其灵敏度较高，因此长水准管用于精平视线。

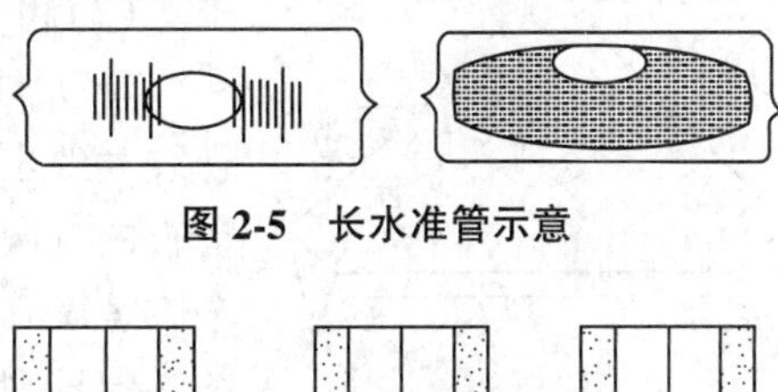

图 2-5　长水准管示意

如图 2-6 所示，为了提高水准管气泡居中精度，便于观测，在长水准管上方装有一组棱镜，将长水准管气泡两端的影像同时反射到目镜旁边的气泡观察孔中。当气泡居中时，两个半气泡的影像就符合在一起，如图 2-6(a)所示；若两个半气泡互相错开，如图 2-6(b)所示，则表明长水准管气泡不居中，此时可旋转微倾螺旋使气泡符合。测量上将这种带有符合棱镜的水准器称为符合水准器。

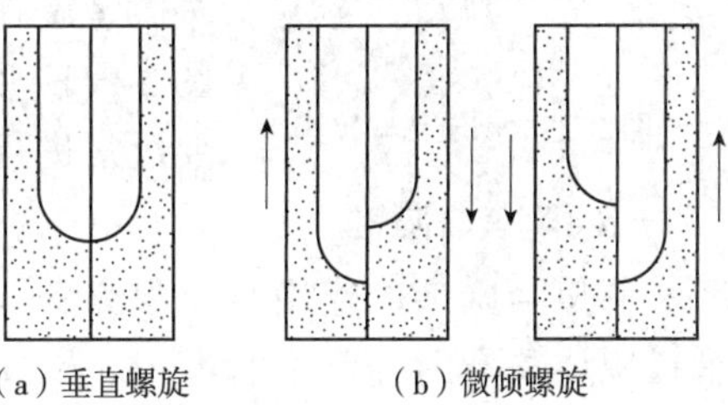

（a）垂直螺旋　　（b）微倾螺旋

图 2-6　符合气泡

**(3) 基座**

基座由轴座、脚螺旋和连接螺旋组成。轴座用来支撑仪器上部；脚螺旋用来调节圆水准器，使圆水准器气泡居中，从而实现仪器粗平；连接螺旋用来连接仪器与三脚架。

## 2.2.2　水准尺与尺垫

**(1) 水准尺**

水准尺是带有刻度的标尺。水准尺按尺形分为直尺、折尺和塔尺等，如图 2-7(a)所示。直尺和塔尺较为常用，并按尺面分为单面尺和双面尺。单面水准尺起始读数为零，按 1 cm 的分划涂以黑白相间的分格。双面水准尺又称黑、红面尺，成对使用，尺长通常为 3 m；尺子黑面起始读数为 0，按 1 cm 的分划涂以黑白相间的分格；尺子红面起始读数为 4687 mm 或 4787 mm，按 1 cm 的分划涂以红白相间的分格。这样注记的目的在于校核观测时的读数，提高精度，一般用于精度要求较高的水准测量。

**(2) 尺垫**

尺垫一般呈三角形，用生铁铸成，下有 3 个尖脚，中央有一突起的小半球，如图 2-7(b)

所示。尺垫使用时将其尖脚踩入土中，以防止水准尺下沉和点位移动。在半球顶部竖立水准尺。但在已知或待测的水准点禁止使用尺垫。

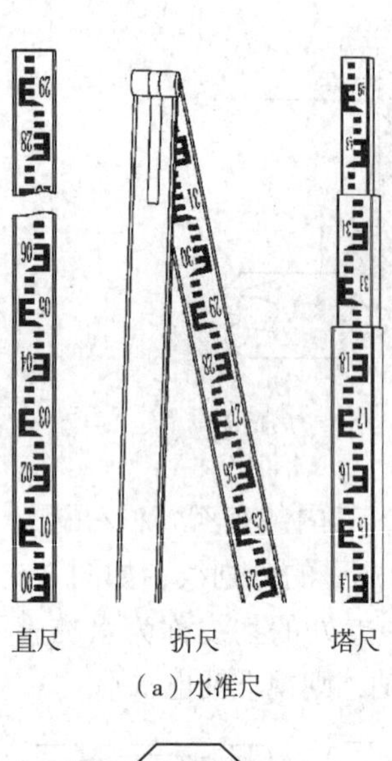

(a) 水准尺

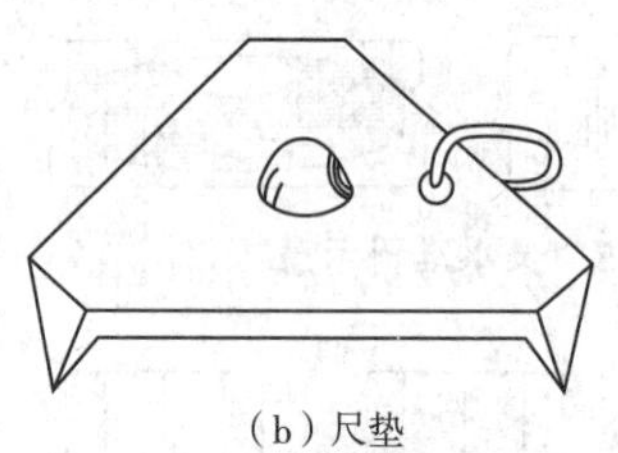
(b) 尺垫

图 2-7 水准尺与尺垫

## 2.2.3 微倾式水准仪的使用

水准仪的使用包括水准仪的安置、粗平、调焦与瞄准、精平和读数。

**(1) 安置**

打开三脚架，调节架腿长度，张开放置脚架，使其角度、高度适中，并目估架头大致水平。然后从箱中取出仪器，并记住仪器在箱中的位置，将仪器放在架头上，用连接螺旋将水准仪固定在三脚架上，最后将三脚架踩实。

**(2) 粗平**

转动脚螺旋使圆水准器气泡居中，目的是使仪器竖轴铅直，视线大致水平。如图 2-8(a)所示，先任选一对脚螺旋，按气泡运行的方向与左手大拇指旋转方向一致，双手同时反向转动两个脚螺旋，将气泡调至这两个脚螺旋连线的垂直平分线上，如图 2-8(b)所示，再调节第三个脚螺旋使气泡居中。此项操作需要反复进行，直至圆水准气泡居中为止。

**(3) 调焦与瞄准**

调焦与瞄准的作用是使观测者能通过望远镜看清并瞄准水准尺，以便正确读数。

①目镜调焦。将望远镜照准远处一明亮背景，转动目镜调焦螺旋使十字丝成像清晰。

②粗略瞄准。转动望远镜，借助准星和照门瞄准水准尺后，拧紧制动螺旋。

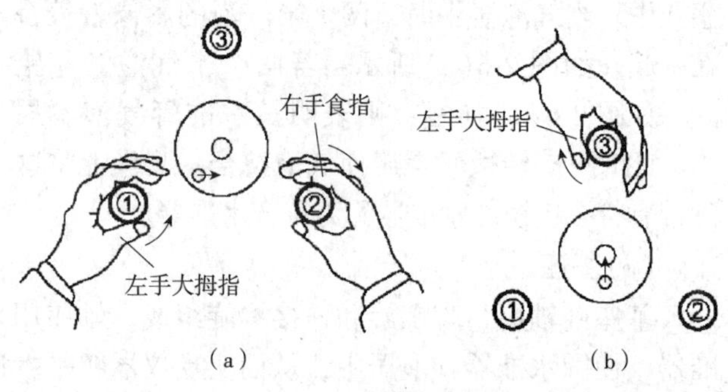

图 2-8 圆水准器调节示意

③物镜调焦。转动物镜调焦螺旋，使水准尺成像清晰。

④精确瞄准。转动水平微动螺旋使十字丝竖丝照准水准尺的中间或一侧。

⑤消除视差。当眼睛在目镜前微微上下移动，若十字丝与尺像之间有相对移动的现象，称为视差。产生视差的原因是由于调焦不准，水准尺的像没有严格落在十字丝分划板上。视差的存在会影响测量结果的准确性，因此必须消除。消除视差的方法是反复进行目镜调焦和物镜调焦，使十字丝调至最清晰，水准尺的像清晰、稳定地落在十字丝分划板上。

**(4) 精平**

为使视准轴精确水平，需要进行精平，使长水准管气泡严格居中。旋转微倾螺旋，右手大姆指的运动方向与符合气泡中左侧半个气泡像的移动方向一致，直至两侧符合。精平需要反复操作，并且在读数之前都要进行精平。

**(5) 读数**

精平后立即在水准尺上进行读数，读数要迅速准确。无论望远镜成正像还是倒像，读数时应遵循从小到大的原则，倒像按照从上往下读，正像按照从下往上读，分别读出米、分米、厘米，并估读至毫米，四位注记。例如，图 2-9 所示的中丝读数为 0713，单位为毫米(mm)。

精平和读数是两个不同的操作步骤，但在水准测量中，常把这两个操作视为一个整体，即读数前要看长水准气泡是否符合，如不符合必须精平后再读数。

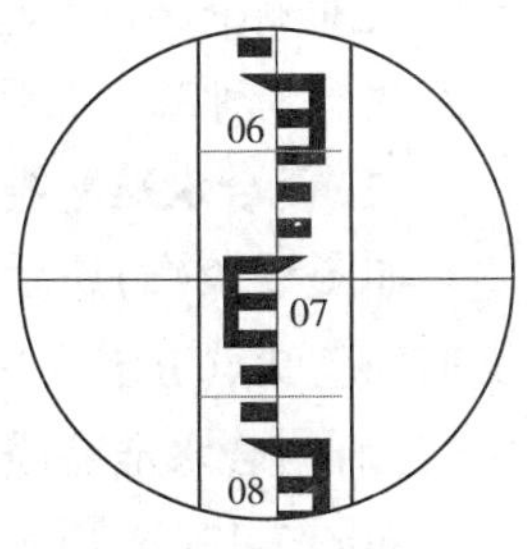


**图 2-9　水准尺读数**

## 2.3　水准测量方法

水准测量的目的是测量一系列未知点的高程。水准测量按精度高低可以分为一等、二等、三等、四等 4 个等级。工程建设中多为四等及四等以下的普通水准测量。

### 2.3.1　水准点

水准点是指沿水准路线每隔一定距离布设的高程控制点。这些点的高程可作为引测其他点高程的依据，通常用 *BM*(beach mark)表示。国家等级的水准点必须埋设水准标志，并绘制点之记，其埋设方法在《国家一、二等水准测量规范》(GB/T 12897—2006)、《国家三、四等水准测量规范》(GB/T 12898—2009)、《工程测量规范》(GB 50026—2020)中有明确规定。水准点按等级及保存时间分为永久性水准点和临时性水准点两种，如图 2-10、图 2-11 所示。需长期保存的永久性水准点一般用混凝土或钢筋混凝土制成，桩顶嵌入顶面为半球形的金属标志，桩面上标明水准点的等级、编号和设置时间。不需长期保存的临时性水准点，可选用地面上突出的坚硬岩石或固定建筑物的墙角等处，也可用木桩打入地下，桩顶钉一根钢钉，用红色油漆进行标记和注记。

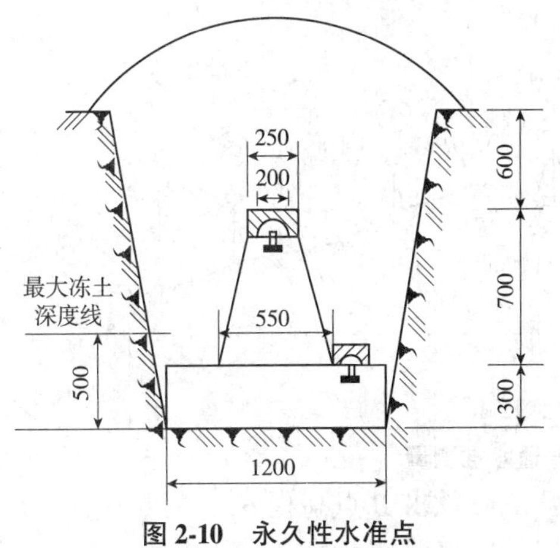


**图 2-10　永久性水准点**

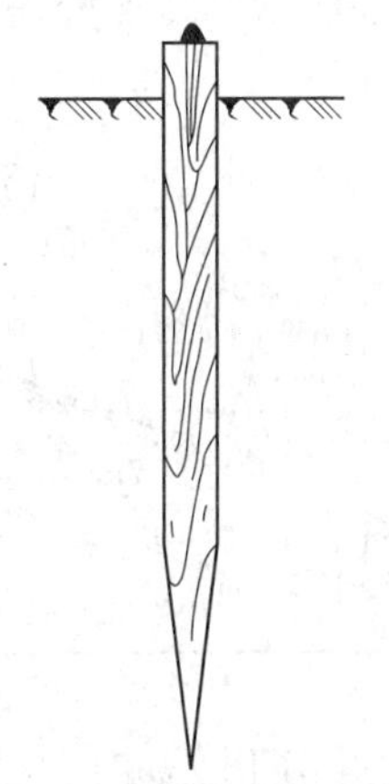

**图 2-11　临时性水准点**

## 2.3.2 水准路线

水准测量经过的线路称为水准路线。水准路线有单一水准路线和水准网两种。单一水准路线有 3 种基本布设形式。

**(1) 闭合水准路线**

如图 2-12(a)所示，从某一已知水准点 $BM_A$ 出发，沿若干待测高程点进行测量，最后又回到已知点 $BM_A$，这种环形路线称为闭合水准路线。

**(2) 附合水准路线**

如图 2-12(b)所示，从某一已知水准点 $BM_A$ 出发，沿若干待测高程点进行测量，最后测到另一已知水准点 $BM_B$，这种路线称为附合水准路线。

**(3) 支水准路线**

如图 2-12(c)所示，从某一已知水准点 $BM_A$ 出发，沿若干待测高程点进行测量，既不闭合也不附合，这种路线称为支水准路线。为了校核，支水准路线应进行往返测量。

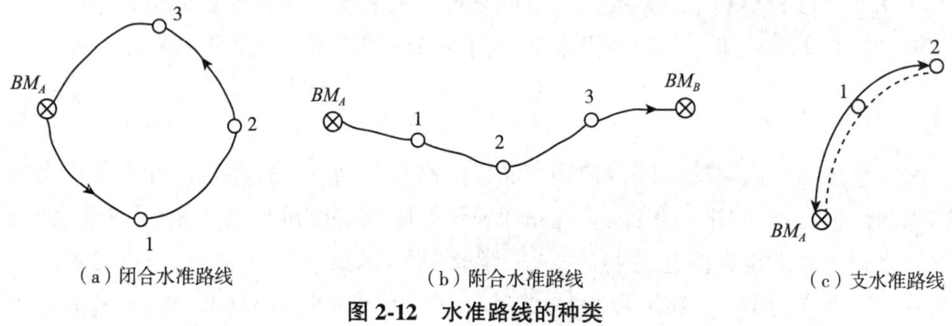


图 2-12　水准路线的种类

## 2.3.3 普通水准测量的方法

当地面上两点之间的距离较远或地势起伏较大时，仅安置一次仪器不可能测出两点间的高差，此时需要选取若干临时的立尺点，作为高程传递的过渡点，只有连续多次安置水准仪，才能测出两点之间的高差。这些传递高程的过渡点称为转点，用 *TP*(turning point)表示，如图 2-13 所示。转点处需要加尺垫。

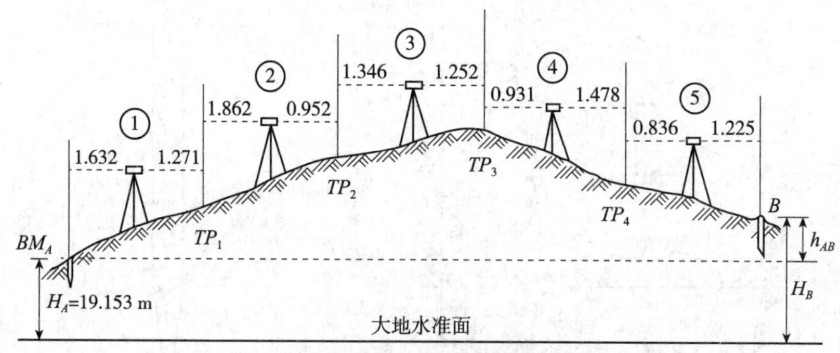


图 2-13　普通水准测量

当 $A$、$B$ 两点相距较远时，已知 $A$ 点高程 $H_A$，欲求 $B$ 点高程 $H_B$，需要在 $A$、$B$ 间加若干个转点。每两个点间依次安置仪器，每安置一次仪器就可测出一段高差，即

$$\begin{cases} h_1 = a_1 - b_1 \\ h_2 = a_2 - b_2 \\ \quad \cdots\cdots \\ h_n = a_n - b_n \end{cases} \tag{2-5}$$

将上述各式相加，可得 $A$、$B$ 间高差：

$$h_{AB} = \sum_{i=1}^{n} h_i = \sum_{i=1}^{n} a_i - \sum_{i=1}^{n} b_i \tag{2-6}$$

根据 $A$ 点的高程 $H_A$，计算 $B$ 点高程 $H_B$：

$$H_B = H_A + h_{AB} = H_A + \sum_{i=1}^{n} h_i = H_A + \sum_{i=1}^{n} a_i - \sum_{i=1}^{n} b_i \tag{2-7}$$

由式(2-6)可知，两点间的高差等于两点间各测站高差的代数和，也等于后视读数之和减去前视读数之和。在测量计算时，式(2-6)通常用于计算校核。

现仍以图 2-13 为例，介绍普通水准测量的观测步骤和记录、计算方法。

**(1)测站观测与记录、计算**

选好第一个转点 $TP_1$，在 $BM_A$ 和 $TP_1$ 两点间安置仪器，测站观测步骤如下：

①安置并粗平仪器。

②瞄准后视点($BM_A$)上的后视尺，精平后读黑面中丝读数，记入表 2-1 中第 3 栏。

③瞄准前视点($TP_1$)上的前视尺，精平后读黑面中丝读数，记入表 2-1 中第 4 栏。

④计算高差，并将结果记入表 2-1 中第 5 或第 6 栏。

按上述测站观测方法依次进行其他测站的观测、记录和计算工作。

**(2)计算校核**

水准测量要求每页记录都要进行计算校核，见表 2-1 中最后一栏的计算，先分别计算出 $\sum a$、$\sum b$、$\sum h$，若 $\sum a - \sum b = \sum h$，则说明高差计算正确。

**(3)高程计算**

由 $A$ 点高程和 $A$、$B$ 间高差，即可计算 $B$ 点高程，记入表 2-1 中第 7 栏。

**表 2-1　水准测量观测手簿**

| 测站 | 点号 | 水准尺读数(m) | | 高差(m) | | 高程(m) | 备注 |
|---|---|---|---|---|---|---|---|
| | | 后视 | 前视 | + | − | | |
| (1) | (2) | (3) | (4) | (5) | (6) | (7) | (8) |
| Ⅰ | $BM_A$ | 1.632 | | 0.361 | | 19.153 | 已知 |
| | $TP_1$ | | 1.271 | | | 19.514 | |
| Ⅱ | $TP_1$ | 1.862 | | 0.910 | | | |
| | $TP_2$ | | 0.952 | | | 20.424 | |
| Ⅲ | $TP_2$ | 1.346 | | 0.094 | | | |
| | $TP_3$ | | 1.252 | | | 20.518 | |

(续)

| 测站 | 点号 | 水准尺读数(m) | | 高差(m) | | 高程(m) | 备注 |
|---|---|---|---|---|---|---|---|
| | | 后视 | 前视 | + | − | | |
| Ⅳ | $TP_3$ | 0.931 | | | 0.547 | | |
| | $TP_4$ | | 1.478 | | | 19.971 | |
| Ⅴ | $TP_4$ | 0.836 | | | 0.389 | | |
| | $B$ | | 1.225 | | | 19.582 | |
| 计算校核 | $\sum$ | 6.607 | 6.178 | 1.365 | 0.936 | | |
| | | $\sum a - \sum b = +0.429$ | | $\sum h = +0.429$ | | $= +0.429$ | |

## 2.3.4 水准测量的校核

计算校核只能检查计算有无错误，而不能检查观测是否有误。因此，水准测量中还要采用一定的方法进行校核。主要有测站校核和路线校核两种方法。

**(1)测站校核**

为保证每站观测数据的正确性和提高测量精度，在每站观测时都要进行测站校核。测站校核常用的方法有双面尺法和变动仪器高法。

①双面尺法。用双面尺的黑、红面所测高差进行校核，当这两个高差之差不大于 6 mm 时，取其平均值作为该站的高差，否则应重测。

②变动仪器高法。在每个测站上观测一次高差后，在原地重新升高或降低仪器高度 10 cm 以上，再测一次高差，若这两个高差之差不大于 6 mm，则取其平均值作为该站的，否则应重测。

**(2)路线校核**

即使每个测站的观测计算符合要求，对一条水准路线而言，而有些误差在一个测站上反映不很明显，但随着测站数的增多，这些误差积累起来就有可能使整条水准路线的测量成果产生较大的误差。因此，对一条水准路线而言，外业结束后，还要对水准路线高差测量成果进行校核计算，以确保成果的准确性。

测量中，把水准路线上的高差观测值与其理论值之差称为水准路线的高差闭合差 $f_h$。单一水准路线高差闭合差的计算公式如下。

①闭合水准路线。由于闭合水准路线高差的理论值 $\sum h_{理}$ 等于零，其高差闭合差为：

$$f_h = \sum h_{测} - \sum h_{理} = \sum h_{测} \tag{2-8}$$

②附合水准路线。附合水准路线高差理论值为 $\sum h_{理} = H_{终} - H_{始}$，其高差闭合差为：

$$f_h = \sum h_{测} - \sum h_{理} = \sum h_{测} - (H_{终} - H_{始}) \tag{2-9}$$

③支水准路线。支水准路线一般采用往、返观测进行校核，往返观测高差的绝对值理论上应该相等，其高差闭合差为：

$$f_h = \left| \sum h_{往} \right| - \left| \sum h_{返} \right| \tag{2-10}$$

《工程测量规范》(GB 50026—2020)对各等级水准测量路线高差闭合差的最大容许值作了具体的规定。普通水准测量的路线高差闭合差的容许值如下。

平坦地区：

$$f_{h容}(\mathrm{mm}) = \pm 40\sqrt{L} \tag{2-11}$$

山区：

$$f_{h容}(\mathrm{mm}) = \pm 12\sqrt{n} \tag{2-12}$$

式中，$L$ 为水准路线长度，km；$n$ 为测站总数。

注意：支水准路线的 $L$ 或 $n$ 以单程计。

平坦地区进行水准测量时，用式(2-11)计算，山区测量(每千米测站数>15)时采用式(2-12)计算。

### 2.3.5　水准测量的注意事项

水准测量过程中为了保证测量的准确性，尽量减小误差，需注意以下事项：

①水准仪、水准尺需经过检验校正后才能进行测量。

②安置仪器时应踩实脚架，踩实尺垫，防止仪器和水准尺下沉，水准尺应竖直。

③前后视距尽可能相等，视线一般不超过 100 m。

④读数前注意消除视差，确保长水准器气泡严格符合，读数要快速准确。

⑤记录要规范，字迹要工整，确认无误后记入观测手簿。

⑥不得涂改数据，记错或算错时用斜线划掉，在错误数字上方书写正确数字或另起一行重写。

⑦加强校核工作，发现错误或误差超限时应立即重测。

⑧注意保护仪器，观测结束后，将各个螺旋拧松放入仪器箱。

## 2.4　水准测量的成果整理

### 2.4.1　高差闭合差的计算

根据不同的水准路线，分别选用式(2-8)、式(2-9)或式(2-10)计算其路线高差闭合差 $f_h$。根据水准路线的等级选用相应公式计算 $f_{h容}$。若 $|f_h| \leqslant |f_{h容}|$，则观测成果合格，可以进行下一步高差闭合差的调整计算；若 $|f_h| > |f_{h容}|$，则观测成果不合格，误差超限，应查明原因，及时返工重测。

### 2.4.2　高差闭合差的分配

若 $|f_h| \leqslant |f_{h容}|$，就可以进行闭合差的调整。一般情况下，同一条水准路线的各个测站观测条件基本相同，故每个测站观测时产生的误差大致相等，路线越长、测站数越多，误差也就越大。因此，高差闭合差的调整原则：将高差闭合差反符号，按与路线长度或测站数成正比进行分配。各测段的高差改正数为：

$$V_i = \frac{-f_h}{\sum L} \times L_i \qquad 或 \qquad V_i = \frac{-f_h}{\sum n} \times n_i \tag{2-13}$$

式中，$V_i$ 为第 $i$ 测段的改正数；$L_i$ 为第 $i$ 测段的路线长度，km；$n_i$ 为第 $i$ 测段的测站数。

注意：计算 $V_i$ 后，要用公式 $\sum V_i = -f_h$ 检查计算结果是否正确。

### 2.4.3　待定点高程的计算

将各测段的实测高差分别加上相应的改正数 $V_i$ 可得调整后的高差 $h'$：

$$h'_i = h_i + V_i \tag{2-14}$$

然后根据已知点高程，利用式(2-15)逐一计算各未知点的高程：

$$H_i = H_{i-1} + h'_i \tag{2-15}$$

注意：计算过程中要时刻进行校核，保证结果的准确性。

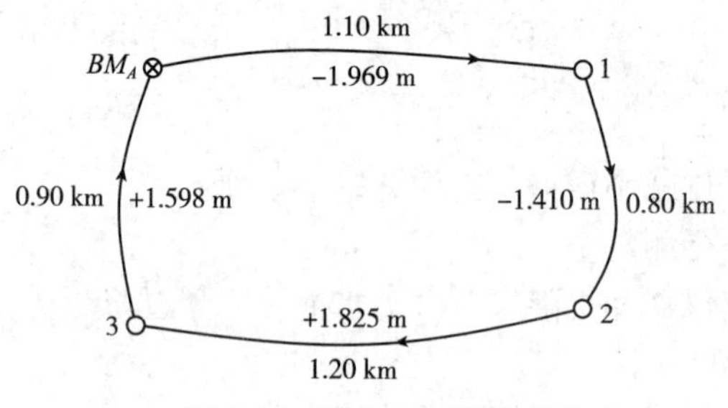


**图 2-14　闭合水准路线观测**

**(1) 闭合水准路线成果整理**

设有一闭合水准路线，采用普通水准测量观测，从 $BM_A$ 点开始，经过 1、2、3 点最后回到起始点 $BM_A$，如图 2-14 所示。将测得的各段高差和距离数据填入表 2-2，其中高差以米(m)为单位，距离以千米(km)为单位。

计算过程如下：

①计算 $f_h$。

$$f_h = \sum h_{测} - \sum h_{理} = \sum h_{测} = +0.040\ (\mathrm{m})$$

②计算 $f_{h容}$。

$$f_{h容} = \pm 40\sqrt{L} = \pm 40\sqrt{4} = \pm 0.080(\mathrm{m})$$

③高差闭合差调整。因为 $|f_h| \leqslant |f_{h容}|$，则外业测量成果合格，可按式(2-13)对 $f_h$ 进行调整，计算各测段改正数，具体见表 2-2。

④计算各点高程。根据 $BM_A$ 点高程和各段改正后的高差，分别计算各待定点高程，最后比较计算的 $BM_A$ 点高程是否等于已知高程，以校核计算的准确性。

**表 2-2　闭合水准路线高差闭合差调整与高程计算表**

| 点号 | 距离(km) | 高差 | | | 高程(m) | 备　注 |
|---|---|---|---|---|---|---|
| | | 观测值(m) | 改正数(m) | 改正后高差(m) | | |
| $BM_A$ | | | | | 30.000 | 已知高程 |
| | 1.10 | −1.969 | −0.012 | −1.981 | | |
| 1 | | | | | 28.019 | |
| | 0.80 | −1.410 | −0.009 | −1.419 | | |
| 2 | | | | | 26.600 | |
| | 1.20 | +1.825 | −0.013 | +1.812 | | |
| 3 | | | | | 28.412 | |
| | 0.90 | +1.598 | −0.010 | +1.588 | | |
| $BM_A$ | | | | | 30.000 | 校核 |
| $\sum$ | 4.00 | +0.044 | −0.044 | 0.000 | | |
| 辅助计算 | $f_h = \sum h_{测} = +0.044(\mathrm{m})$<br>$f_{h容} = \pm 40\sqrt{L} = \pm 40\sqrt{4} = \pm 0.080(\mathrm{m})$，$\lvert f_h \rvert \leqslant \lvert f_{h容} \rvert$，合格，可以调整 | | | | | |

**(2)附合水准路线成果整理**

设有一附合水准路线，采用普通水准测量观测，起点 $BM_A$、终点 $BM_B$ 为两个已知水准点，1、2、3 为未知点，如图 2-15 所示。将测得各段的高差和距离数据填入表 2-3，其中高差以米(m)为单位，距离以千米(km)为单位。

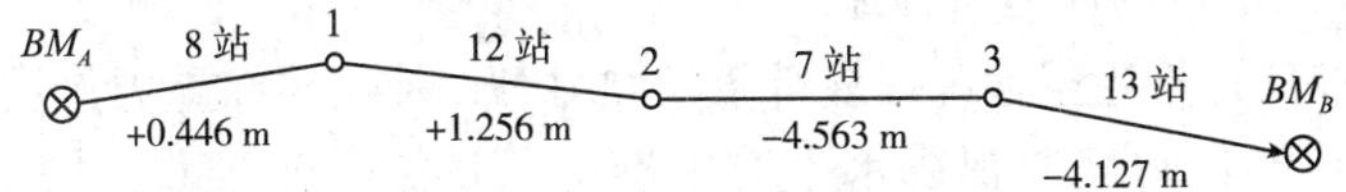


**图 2-15　附合水准路线观测**

计算过程如下：

①计算 $f_h$。

$$f_h = \sum h_{测} - (H_B - H_A) = -0.030\ (\text{m})$$

②计算 $f_{h容}$。

$$f_{h容} = \pm 12\sqrt{n} = \pm 12\sqrt{40} \approx \pm 0.076(\text{m})$$

③高差闭合差调整。因为 $|f_h| \leqslant |f_{h容}|$，外业测量成果合格，可根据式(2-13)对 $f_h$ 进行调整，计算各测段改正数，具体见表 2-3。

④计算各点高程。根据 $BM_A$ 点高程和各段改正后高差分别计算各待定点高程，最后计算 $BM_B$ 点高程进行校核。

**表 2-3　附合水准路线高差闭合差调整与高程计算表**

| 点号 | 测站数 | 高差 | | | 高程(m) | 备注 |
|---|---|---|---|---|---|---|
| | | 观测值(m) | 改正数(m) | 改正后高差(m) | | |
| $BM_A$ | | | | | 36.037 | 已知高程 |
| | 8 | +0.446 | +0.006 | +0.452 | | |
| 1 | | | | | 36.489 | |
| | 12 | +1.256 | +0.009 | +1.265 | | |
| 2 | | | | | 37.754 | |
| | 7 | −4.563 | +0.005 | −4.558 | | |
| 3 | | | | | 33.196 | |
| | 13 | −4.127 | +0.010 | −4.117 | | |
| $BM_B$ | | | | | 29.079 | 已知高程 |
| $\sum$ | 40 | −6.988 | +0.030 | −6.958 | | |
| 辅助计算 | $f_h = \sum h_{测} - (H_B - H_A) = -0.030(\text{m})$<br>$f_{h容} = \pm 12\sqrt{n} = \pm 12\sqrt{40} \approx \pm 0.076(\text{m})$，$\lvert f_h \rvert \leqslant \lvert f_{h容} \rvert$，合格，可以调整 | | | | | |

**(3)支水准路线成果整理**

支水准路线测量成果计算时，若高差闭合差满足限差要求，则取往、返测高差绝对值的平均值作为改正后的高差，然后由已知点的高程依次推算各未知点的高程。因支水准路线计算无校核条件，测量时应特别注意，应两人同时计算，以防出现错误。

# 2.5 自动安平水准仪和电子水准仪

## 2.5.1 自动安平水准仪

### (1)自动安平水准仪的原理与构造

自动安平水准仪是指当望远镜视线有微量倾斜时，补偿器在重力作用下对望远镜做相对移动，利用补偿器自动获取视线水平时水准标尺读数的水准仪。图 2-16 所示为国产 $DSZ_3$ 型自动安平水准仪。自动安平水准仪的特点是用补偿器取代符合水准器。目前，各种精度的自动安平水准仪已普遍使用于各等级水准测量中。其原理是：当望远镜视线水平时，水平光线恰好与十字丝交点所在位置重合，读数正确无误。当望远镜视线倾斜一定角度时，十字丝交点移动一段距离，这时按十字丝交点读数，显然有偏差。如果在望远镜光路上安置一个补偿器，使进入望远镜的水平光线经过补偿器后偏转一定角度，恰好通过十字丝交点，这时十字丝交点上读出的水准尺读数即为视线水平时应该读出的水准尺读数。由此可知，补偿器的作用是使水平光线发生偏转，而偏转角的大小正好能够补偿视线倾斜所引起的读数偏差。使用自动安平水准仪能简化操作，提高作业效率，减少外界条件变化所引起的观测误差，有利于提高观测成果的精度。

图 2-16 $DSZ_3$ 型自动安平水准仪

### (2)自动安平水准仪的使用

把自动安平水准仪安置好后，使圆水准器气泡居中，即可用望远镜瞄准水准尺进行读数。为了检查补偿器是否起作用，有的仪器安置一个按钮，按此钮可把补偿器轻轻触动，待补偿器稳定后，观察尺上读数是否变化，如无变化，说明补偿器正常。如仪器没有此装置，可稍微转动一下脚螺旋，如尺上读数没有变化，说明补偿器起作用，仪器正常，否则应进行检查和校正。

## 2.5.2 电子水准仪

### (1)电子水准仪的原理

电子水准仪又称数字水准仪，是一种新型的智能化水准仪。其是以自动安平水准仪为基础，在望远镜光路中增加了分光镜和读数器(CCD Line)，并采用条码标尺和图像电子处理系统而构成的光机电测一体化的产品。图 2-17 所示为 Trimble 电子水准仪 DINI。

电子水准仪使用的是条码标尺，图 2-18 所示为 Trimble 电子水准仪 DINI 对应的条码标尺。各厂家标尺编码的条码图案各有不同，因此条码标尺一般不能互通使用。人工完成瞄准和调焦之后，标尺条码一方面被成像在望远镜分划板上，供目视观测；另一方面通过望远镜的分光镜，标尺条码又被成像在光电传感器，即线阵 CCD 器件上，供电子读数。当按下测量键时，仪器会对瞄准并调焦好的尺子上的条码图片进行快照，将其和仪器内事先保存的同样的尺子条码图片进行比较和计算，这样尺子的读数就可以计算出来并保存。

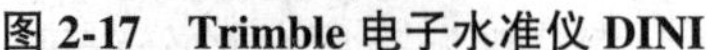

图 2-17　Trimble 电子水准仪 DINI

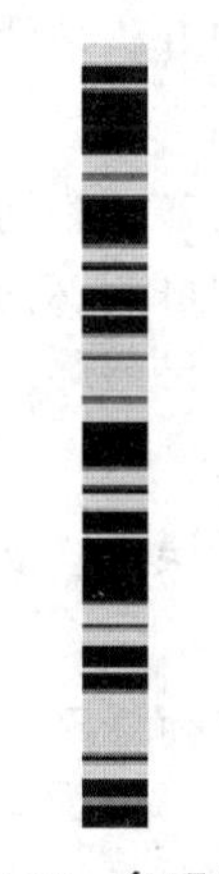

图 2-18　条码标尺

**(2) 电子水准仪的特点**

电子水准仪与传统的水准仪相比，具有以下特点：

①读数客观。自动读数不存在误读、误记问题，避免了人为读数误差。

②速度快。由于省去了报数、听记、现场记录计算的时间，所以与传统仪器相比可以节省 1/3 左右的时间。

③精度高。各项读数都是采用条码分划图像经处理后取平均值得到的，因此减小了水准尺分划误差。多数仪器都有进行多次读数取平均值的功能，因此可以减小外界条件的影响。

④效率高。操作简便，只需调焦和按键就可自动读数，减少了工作量。还能自动记录、校核、处理并保存数据，减轻了劳动强度，提高了作业效率。

⑤价格高。一般电子水准仪的价格是普通水准仪的 10~100 倍，精密仪器的价格更高，一般用于大型工程和精密水准测量工程。

**(3) 电子水准仪的使用**

电子水准仪和普通水准仪的使用步骤大致相同，安置、粗平、照准步骤是一样的。电子水准仪中带有补偿器，补偿器自动使视线水平，所以不需要精平。粗平后直接照准标尺并调焦，按测量键，尺子的读数以及视距就可以被计算并保存下来。

## 2.6　水准测量误差来源及消减措施

由于仪器本身构造、观测者及外界条件的影响，使水准测量成果中不可避免地存在误差，从而影响测量成果的质量。因此，必须了解水准测量的误差来源，并采取相应的消减措施。

水准测量误差主要来源于观测仪器、观测者和观测时的外界条件。

### 2.6.1　仪器误差

仪器误差主要包括仪器检验校正后的残余误差和水准尺误差等。

**(1) 残余误差**

由于仪器校正不完善，仍存在残余误差，如 $i$ 角误差。由于 $i$ 角误差与距离成正比，可采用前后视距相等的方法来消除其影响。

**(2) 水准尺误差**

水准尺的尺长不精确、刻划不均匀、弯曲变形、尺底的零点不准等因素都会影响测量成果的精度，因此，测量前必须对水准尺进行检验校正。

## 2.6.2 观测误差

观测误差包括整平误差、读数误差和水准尺倾斜误差等。

**(1) 整平误差**

水准测量前仪器必须精平，保证长水准管气泡符合，否则会产生整平误差。

**(2) 读数误差**

水准尺上估读毫米数的误差与望远镜的放大率、观测者眼睛的分辨率(一般为 60″)及视线长度等有关。因此，为保证读数精度，观测时一定要仔细认真，注意消除视差，有时还需要对最大视距、望远镜的放大率等进行规定。

**(3) 水准尺倾斜误差**

水准尺不竖直，无论前倾还是后倾，均使读数增大。当水准尺倾斜 3°30′时，在尺上 1 m 处读数将产生 2 mm 的误差；当水准尺倾斜 2°时，在尺上 2 m 处读数将产生 1 mm 的误差。当水准尺倾角一定时，视线离地面越高，读数误差就越大。因此，水准尺上一般有圆水准器，立尺时应注意使气泡居中。

在水准测量中，虽然气泡居中误差、读数误差和水准尺倾斜误差是不可避免的，但要增强工作责任心，严格执行操作规程，立尺要稳直，成像要清晰，精平要严格，读数要准确，并采取前后视距尽量相等、缩短视线长度、使用高性能的仪器等措施减小观测误差。

## 2.6.3 外界条件影响

外界条件包括仪器及尺垫下沉、大气折光、地球曲率、温度、风及雾气等。

**(1) 仪器下沉**

仪器下沉使视线降低，引起测量误差。观测时可采用一定的观测程序，如“后—前—前—后”的观测顺序，同时尽量缩短观测时间，快速读数，以减小其影响。另外，安置仪器要稳固。

**(2) 尺垫下沉**

尺垫下沉将增大下一站的后视读数。尺垫一般是放在转点上，因而会造成高程传递的误差。观测时可采用往、返观测并取其平均值的方法减小其影响。

**(3) 大气折光及地球曲率**

大气折光会使视线弯曲，改变水准尺的实际读数。用水平面代替大地水准面也会使读数产生误差，且与距离有关。因此，通常采用前后视距相等的方法减小其影响。

**(4) 温度**

温度变化不仅引起大气折光变化，而且影响水准气泡的移动，产生气泡居中误差。

为减小温度的影响，要选择较好的观测时段，温度过高时可给仪器撑伞遮挡阳光，防止阳光暴晒。

**(5) 风力及雾气**

风力过大会使仪器不稳，可能摔坏仪器；雾气过大将导致成像不清晰、看不清读数，影响测量，所以观测时应注意外界观测条件。

## 2.7　水准仪的检验与校正

水准仪出厂前，虽然进行了严格的检验与校正，但由于长期使用以及在运输过程中存在振动和碰撞，使仪器各轴线的几何关系逐渐发生变化。因此，要定期对水准仪进行检验与校正。

如图 2-19 所示，水准仪有 4 条主要轴线，即水准管轴 *LL*、视准轴 *CC*、圆水准器轴 *L′L′*、仪器竖轴 *VV*。水准仪主要轴线之间的几何关系，应满足下列条件：

①水准管轴平行于视准轴，即 *LL*//*CC*。

②圆水准器轴平行于仪器的竖轴，即 *L′L′*//*VV*。

③十字丝横丝垂直于竖轴 *VV*。

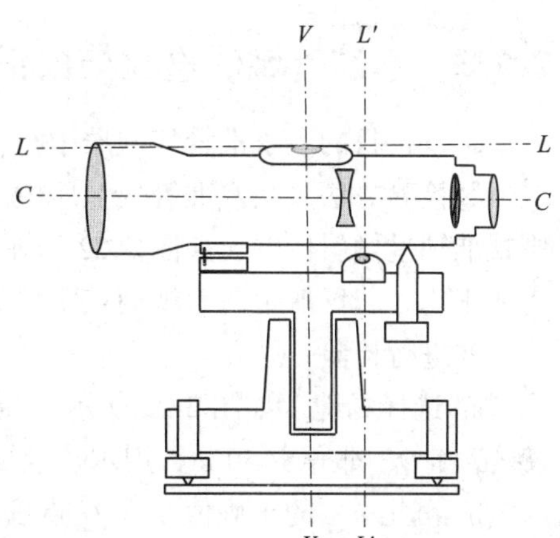


**图 2-19　水准仪的主要轴线**

水准测量之前，必须对上述条件进行检验与校正，使各轴线满足上述关系。

### 2.7.1　圆水准器轴的检验与校正

①校正目的。使圆水准器轴平行于仪器竖轴。

②检验方法。安置仪器后，转动脚螺旋使圆水准气泡居中，如图 2-20(a)所示，转动望远镜 180°，若气泡仍居中，说明条件满足。否则两轴线不平行，如图 2-20(b)所示。

③校正方法。在上述检验的基础上，首先转动脚螺旋使气泡回到偏离零点的一半位置，如图 2-20(c)所示，此时仪器竖轴处于铅垂位置，用校正针拨动圆水准器校正螺丝，使气泡居中，如图 2-20(a)所示，此时，圆水准器轴与竖轴平行。注意：此项校正应反复进行，直至仪器旋转到任何位置圆水准气泡都居中为止。

### 2.7.2　十字丝横丝的检验与校正

①校正目的。使十字丝横丝垂直于仪器竖轴。

②检验方法。安置仪器，用十字丝横丝瞄准远处一明显标志，旋紧制动螺旋，缓缓转动微动螺旋，若标志始终沿着横丝移动，如图 2-21(a)所示，说明十字横丝垂直竖轴。否则，如图 2-21(b)所示，应进行校正。

③校正方法。取下十字丝护罩，松开十字丝环的 4 个固定螺丝，微微转动十字丝环使横丝水平，最后拧紧固定螺丝，旋回保护罩。

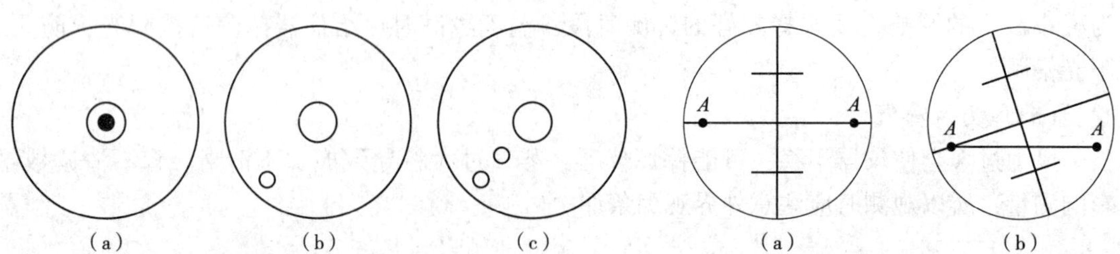


图 2-20 圆水准器轴的检验与校正　　图 2-21 十字丝横丝的检验与校正

### 2.7.3 水准管轴的检验与校正

①校正目的。水准管气泡居中时，使水准管轴平行于视准轴。

②检验方法。当水准管气泡居中时(即水准管轴水平)，若水准管轴不平行于视准轴，则视准轴呈倾斜位置，如图 2-22 所示，此时水准尺读数误差的大小与仪器到水准尺的距离成正比。若仪器距前后视两点距离相等，则两尺上的读数误差也相等。因此，可采用下述方法进行检验。

a. 选择场地。如图 2-22 所示，在地面上选取大致在一条直线上的 $A$、$O$、$B$ 3 点，并使 $AO$ 和 $OB$ 都等于 50 m，用木桩或尺垫做好标志。

b. 测出 $h_{AB}$ 的正确值。在 $O$ 点安置仪器，用双面尺法或变动仪器高法连续两次测定 $A$、$B$ 间高差。若两次高差之差小于 3 mm，取其平均值作为高差 $h_{AB}$ 的正确值。

c. 计算正确读数。在 $B$ 点附近 3~5 m 处安置仪器，如图 2-22 所示，精平后读数 $a_2$ 和 $b_2$，因仪器离 $B$ 点很近，读数 $b_2$ 中的误差可忽略不计。因此，$A$ 尺上的正确读数为 $a_2'=b_2+h_{AB}$。

若 $a_2=a_2'$，说明两轴平行，否则存在误差，测量上习惯称为 $i$ 角误差。若 $a_2$ 与 $a_2'$相差超过 5 mm，一般应进行校正。

③校正方法。转动微倾螺旋，使横丝瞄准正确读数 $a_2'$，此时视准轴水平，但水准管气泡不居中，先用校正针松开水准管一端的左右两个校正螺丝中的一个，然后用校正针再拨动上下两个校正螺丝，使偏离的气泡居中。此项校正均需反复进行，直到满足要求为止。

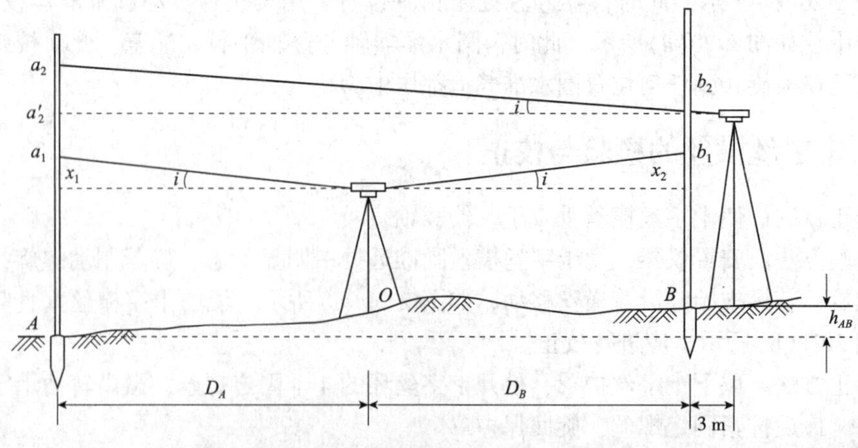


图 2-22 水准管轴的检验与校正

## 本章小结

水准测量是指利用水平视线配合水准尺测定两点间的高差，由已知点高程来推算未知点的高程。高差计算公式：$h_{AB}=a-b$(后视读数-前视读数)。

水准仪的基本操作步骤：安置、粗平、照准、精平和读数。要严格按照操作步骤操作仪器，读数要快速准确。

当两点相距较远或地势起伏较大时，中间需加转点传递高程。各个测站高差之和等于两点间高差。

水准测量外业完成后，要根据不同类型的水准路线进行内业成果的整理。水准测量内业计算步骤：高差闭合差计算、闭合差限差计算、高差闭合差分配、计算改正后的高差和推算各点高程。

水准仪在出厂前和使用过程中都要进行检验与校正，必须满足的首要条件是水准管轴平行于视准轴。水准测量时尽可能使前后视距相等，目的是消减地球曲率、大气折光和视准轴不平行于水准管轴残余误差的影响。

## 复习思考题

1. 试绘图说明水准测量的原理。
2. 计算待定点高程有哪两种方法？各在什么情况下应用？
3. 视准轴、长水准管轴、圆水准器轴之间应满足什么几何关系条件？
4. 试述水准仪的使用操作步骤。
5. 什么叫视差？它是怎样产生的？如何消除？
6. 试述单一水准测量路线的各种布设形式及其特点。
7. 转点在水准测量中起什么作用？
8. 简述普通水准测量中一个测站的观测程序？
9. 水准测量中误差来源有哪些？如何消除或减弱？
10. 图 2-23 为闭合水准路线的观测成果，试整理并完成水准路线高程计算表。
11. 图 2-24 为附合水准路线的观测成果，试整理并完成水准路线高程计算表。

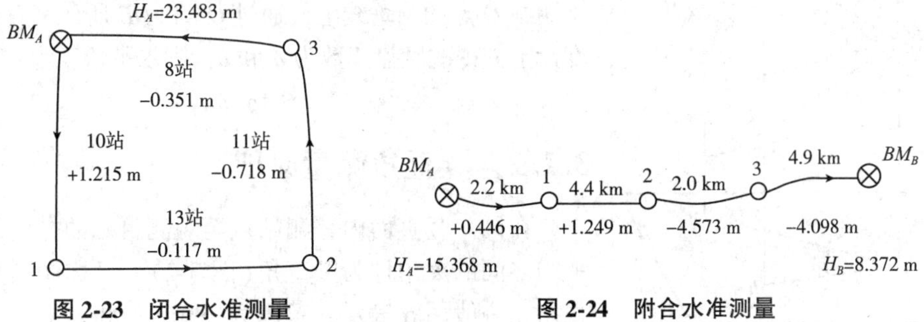


图 2-23　闭合水准测量　　图 2-24　附合水准测量

# 第 3 章

# 角度测量

【内容提要】角度测量是点位测量的重要工作之一。本章主要介绍水平角、竖直角的测量原理、外业施测方法和内业计算手段，角度测量的仪器经纬仪的构造、读数与检校方法，角度测量中可能出现的误差。

角度测量是确定地面点位置的重要测量工作之一，包括水平角测量和竖直角测量。水平角是计算边长、方位角和点的坐标的主要元素；竖直角是斜距换算为水平距离和三角高程测量的主要观测量。

## 3.1　角度测量原理

### 3.1.1　水平角测量原理

测站点到两个目标的方向线垂直投影在水平面上的夹角，称为水平角，其范围为 0°～360°。如图 3-1 所示，$O$、$A$、$B$ 为地面上任意点，则直线 $OA$ 与 $OB$ 之间的水平角为其投影 $O_1a$ 与 $O_1b$ 之间的夹角。

特别需要注意的是，$\angle AOB \neq \angle aO_1b$，水平角并不是两条直线之间的夹角，而是直线所在的两个铅垂面之间形成的二面角。

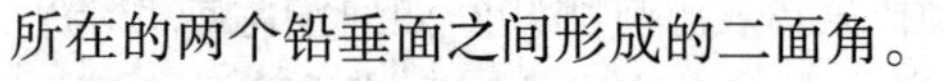

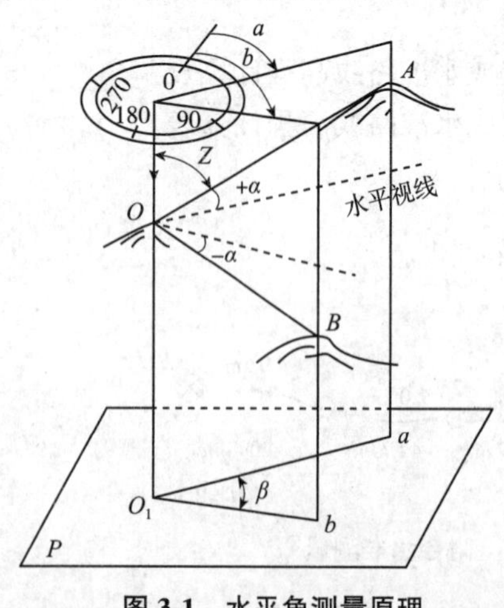

图 3-1　水平角测量原理

如果在角顶 $O$ 点安置一个仪器，仪器中带有顺时针标注的水平刻度盘(圆形量角器)，其度盘的中心刚好位于测站 $O$ 点的铅垂线上，通过 $OA$ 和 $OB$ 所作竖直面在刻度盘上截得的度盘读数为 $a$ 和 $b$，则水平角度为：

$$\beta = b - a \tag{3-1}$$

### 3.1.2　竖直角测量原理

在同一竖直面内，测站点至观测目标的方向线与水平线之间的夹角称为竖直角(图 3-2)，又称倾斜角、垂直角，一般用 $\alpha$ 表示，范围为−90°～+90°。视线上倾时构成仰角，$\alpha$ 取正号；视线下倾时构成俯角，$\alpha$ 取负号。

还有一种是目标方向与天顶方向(即铅垂线的反方向)所构成的夹角，称为天顶距，一般用 $Z$ 表示，天顶距的范围为 0°~180°，没有负值。$\alpha$ 和 $Z$ 的关系为：

$$\alpha = 90° - Z \tag{3-2}$$

竖直角的测量方式与水平角类似，在 $O$ 点安置竖直度盘，其角值也是度盘上两个方向读数之差。

由此可知，能够测量角度的仪器必须满足以下条件：

①能安置在角顶且中心必须位于角顶的铅垂线上。

②必须有能安置成水平位置和竖直位置的带刻度圆盘，用以测读观测值。

③必须有能在竖直和水平方向转动的瞄准及读数的设备。

能满足以上测角条件的仪器称为经纬仪。

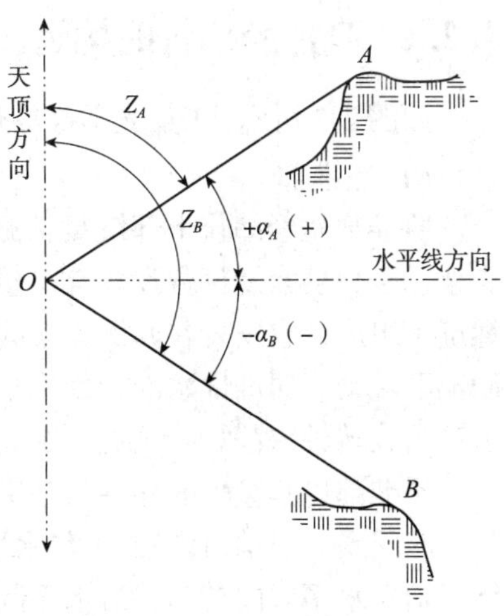


图 3-2　竖直角测量原理

## 3.2　$DJ_6$ 光学经纬仪及其使用

经纬仪按其精度分为：$DJ_{07}$、$DJ_1$、$DJ_2$、$DJ_6$ 等几种类型。“D”和“J”分别为“大地测量”和“经纬仪”的汉语拼音首字母；下标的数字，如 6，代表该仪器一测回方向值观测中误差为±6″，数字越小，精度越高。不同厂家生产的经纬仪除构造略有区别外，基本工作原理相同。

本章以 $DJ_6$ 光学经纬仪(图 3-3)为例，介绍其构造和使用方法。

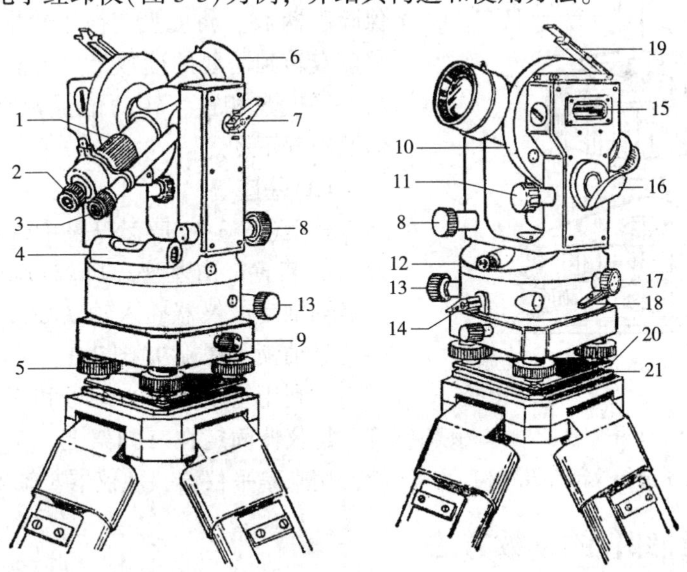


1. 调焦螺旋；2. 目镜；3. 读数显微镜；4. 照准部水准管；5. 脚螺旋；6. 望远镜物镜；
7. 望远镜制动钮；8. 望远镜微动螺旋；9. 竖轴固紧螺旋；10. 竖直度盘；11. 竖盘指标水准管微动螺旋；
12. 光学对中器目镜；13. 水平微动螺旋；14. 照准部水平制动钮；15. 竖盘指标水准管；16. 反光镜；
17. 度盘变换手轮；18. 保险手柄；19. 竖盘指标水准管反光镜；20. 托板；21. 压板。

图 3-3　光学经纬仪的构造

### 3.2.1 $DJ_6$ 经纬仪的构造

如图3-3所示，$DJ_6$ 光学经纬仪主要由照准部、水平度盘和基座3部分组成。

**(1)照准部**

照准部是经纬仪上部绕竖轴旋转的整体的总称，包括望远镜、横轴、照准部水准管、支架、竖直度盘及读数设备等。望远镜由图3-3中的物镜6、目镜2、十字丝分划板、调焦螺旋1组成，它安置在两侧支架间，可手动转动，也可由望远镜制动钮7和微动螺旋8控制上下转动。照准部水准管用来整平仪器，望远镜侧面装有竖直度盘10，该盘的中心和望远镜的旋转轴(横轴)中心是一致的，随着望远镜的转动而转动，用以测量竖直角。

照准部以其竖轴的外轴与基座上的轴套6(图3-4)连接，并用竖轴固紧螺旋9(图3-3)与基座固紧。竖轴由内轴11与水平度盘的外轴13套合而成，它们的中心均一致。照准部绕竖轴在水平方向转动，由水平制动钮14(图3-3)和水平微动螺旋13(图3-3)控制。

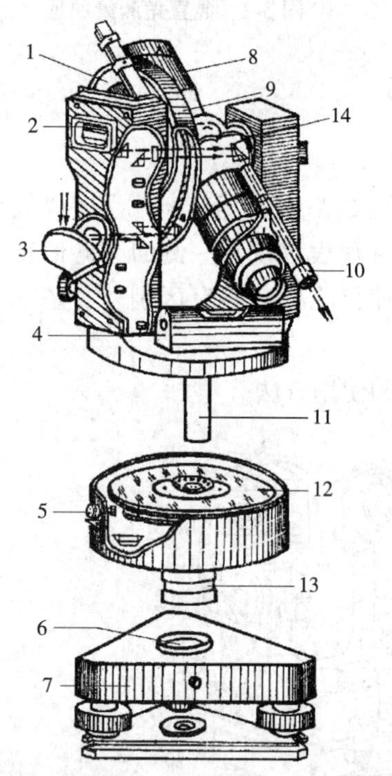


1. 竖直度盘；2. 竖盘指标水准管；3. 反光镜；4. 照准部水准管；5. 度盘变换手轮；6. 轴套；7. 基座；8. 望远镜；9. 竖直度盘；10. 读数微镜；11. 内轴；12. 水平度盘；13. 外轴；14. 分微尺指标镜。

**图3-4 光学经纬仪部件及结构**

**(2)水平度盘**

水平度盘是测量水平角的分度圆盘，是一个光学玻璃圆环，盘上顺时针刻有0°~360°的刻划，是读数设备的主要部分。当照准部靠其内轴转动时，水平度盘并不随之转动，这样可以保证照准部转至不同位置时可以在水平度盘上读取不同的读数。若需要将水平度盘安置在某一个读数位置时，可拨动度盘变换手轮。

如图3-3所示，按下度盘变换手轮17下方的保险手柄18，将度盘变换手轮推进并转动，就可将度盘转到需要的读数上。有的仪器装有位置轮与水平度盘相连，转动位置轮度盘也随之转动，但照准部不动。

**(3)基座**

基座(图3-4)是支撑整个仪器并可调节竖轴方向的装置，由基座、脚螺旋和连接板构成。6为竖轴轴套，仪器插入轴套后，必须拧紧基座侧面的竖轴锁紧螺旋9(图3-3)，以免仪器从基座中脱出。利用基座的中心螺母和三脚架上的连接螺旋，将仪器固定在三脚架上。基座上有3个脚螺旋，用来整平仪器，使仪器竖轴安置在竖直位置。

### 3.2.2 $DJ_6$ 经纬仪的读数方法

$DJ_6$ 光学经纬仪的读数设备有两种分微尺读数装置和平板玻璃测微器读数装置。

**(1)分微尺读数——覆盖倒数法**

如图3-5所示，在读数显微镜内可以看到水平度盘和竖直度盘的读数影像，上部为水平度盘分划及分微尺，下部为竖直度盘分划及分微尺。度盘上 1°分化的间隔经放大后与分微尺全长相等。每个读数窗口中的分微尺共 60 个小格，每小格为 1′，每 10 个小格注有数字，表示 10′的倍数。因此，在分微尺上可以直接读到 1′，估读到 0.1′，即 6″。

以水平度盘读数为例：首先判断水平度盘的哪一根整度数的分划线被固定的分微尺所覆盖，则此分划线即为读数的整度数部分，如图 3-5 中为 178°，分位和秒位再从分微尺“0”指标线从小到大开始，如 178 与“0”指标线间隔 5 个多小格，则读 5′，进一步估读 0.9′，即 54″，结果为 178°05′54″。同理，竖直度盘读数为 86°06′18″。

**(2) 单平板玻璃测微器读数—调轮夹度法**

如图 3-6 所示，在读数显微镜内可看到水平度盘、竖直度盘和测微尺读数影像，上方为测微尺分划影像，并有单指标线，中为竖直度盘影像，下为水平度盘影像，均有双指标线。竖直和水平度盘分划值为 30′，测微尺共分 30 大格，每大格为 1′，每 5′注记一数字；每大格又分 3 小格，每小格为 20″。当转动测微手轮使测微尺分划由 0′移至 30′时，则对应度盘的分划也正好移动 1 格(30′)。测微尺可估读到 1/4 小格，即 5″。

读数时，首先转动测微手轮使双指标线准确地夹住某度盘分划线(即使度盘分划线精确地平分双指标线)，然后按双指标线所夹的度盘分划读出度数和 30′的整数，不足 30′的数则从测微尺上读出。如图 3-6(a)所示，读得水平度盘读数为 15°，测微尺读数为 12′02″，故最终水平角为 15°12′02″；如图 3-6(b)所示，读得竖直度盘读数为 91°+18′00″=91°18′00″。

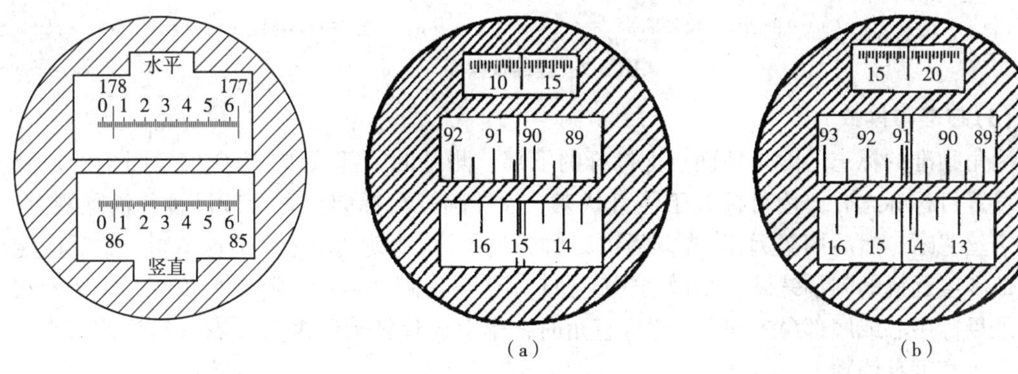


图 3-5　分微尺读数　　图 3-6　单平板玻璃测微器读数

## 3.2.3　经纬仪的安置与使用

经纬仪安置包括对中和整平两项操作。对中的目的是使仪器中心与地面点标志的中心在同一铅垂线上，整平的目的是使仪器的竖轴竖直，并使水平度盘处于水平位置。经纬仪的使用可概括为对中→整平→瞄准→读数 4 步。安置经纬仪通常可以使用垂球、光学对中器、激光对中器进行。

**(1) 对中**

首先张开三脚架，放在测站点上，调节脚架高度约至观测者胸部，架头大致水平，在连接螺旋下方挂上垂球，移动脚架使垂球尖基本对准测站点，踩实脚架。然后安置仪器，旋上中心连接螺旋(不必旋紧)，若垂球仍稍偏离测站点，双手扶基座在架头上平移仪器，使垂球尖准确对准测站点，再拧紧中心螺旋。若在脚架头上移动仪器无法对中，则需要调整三脚架的脚位。

有些仪器装有光学对点器，它是利用直角棱镜将光线折射 90°来观察对点，其光轴与仪器竖轴中心一致。若地面点标志中心与光学对点器分划板中心(即光轴中心)的小圆圈或十字相重合，则说明仪器竖轴中心已位于角顶点的铅垂线上。

**(2)整平**

首先放松照准部水平制动钮，使照准部水准管与任意两个脚螺旋的连线平行，如图 3-7(a)所示。相对旋转(图中所示即为旋转方向与对应的水平气泡前进方向)这两个脚螺旋使水准管气泡居中。然后将照准部旋转 90°，如图 3-7(b)所示。转动第三个脚螺旋使水准管气泡居中。这样反复几次，直到水准管气泡在任何位置均居中为止。

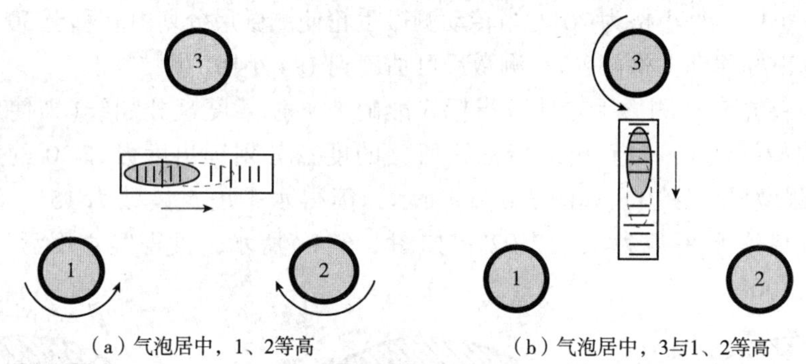

(a) 气泡居中，1、2等高　　(b) 气泡居中，3与1、2等高

**图 3-7　经纬仪整平**

**(3)瞄准与读数**

测角瞄准的标志一般是地面点上标杆的下部、测钎的下部或觇牌的中心(图 3-8)，要求在设置目标标志时要使目标处于竖直状态。仪器瞄准目标前，先调节目镜并消除视差，使十字丝清晰。然后用望远镜“先外后内”对向目标进行物镜调焦，使成像清晰。最后固定照准部和望远镜的制动螺旋，用微动螺旋使十字丝精确瞄准目标。测水平角时，用竖丝精确瞄准目标中心或底部(图 3-9)；测竖直角时，用中横丝精确瞄准目标点，然后读取水平度盘或竖直度盘读数。

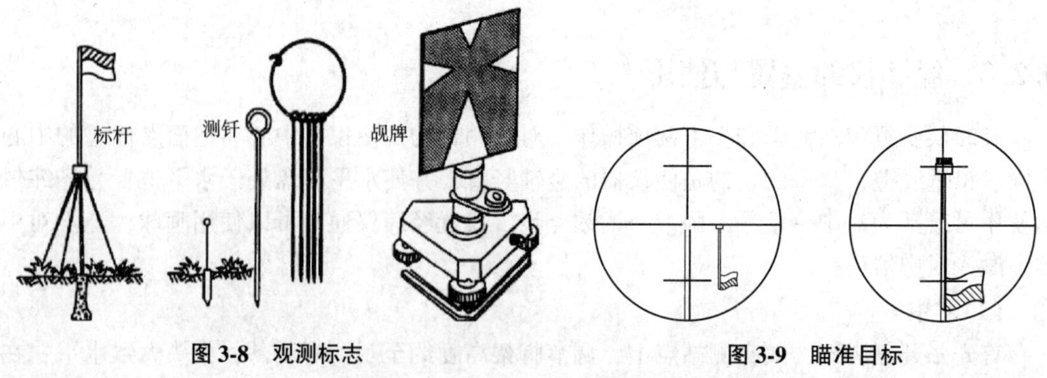

**图 3-8　观测标志**　　**图 3-9　瞄准目标**

# 3.3　水平角测量

常用的水平角观测方法有测回法和方向观测法(全圆测回法)。当测站上有 3 个以上观测方向时，要用方向观测法进行测量。为了消除仪器的某些误差，并作为观测过程中有无错误的检核，测角时通常采用盘左和盘右两个位置对同一角进行观测。所谓盘左，就是观测者在对着望远镜目镜时，竖盘在望远镜左侧，也称正镜。反之，若竖盘在望远镜右侧，则称为盘右或倒镜。

## 3.3.1　测回法观测水平角

测回法是测角的基本方法，用于测定两个目标方向之间的水平角。

如图 3-10 所示，设仪器置于 $O$ 点，观测目标为 $A$、$B$，欲测定 $\angle AOB$，步骤如下。

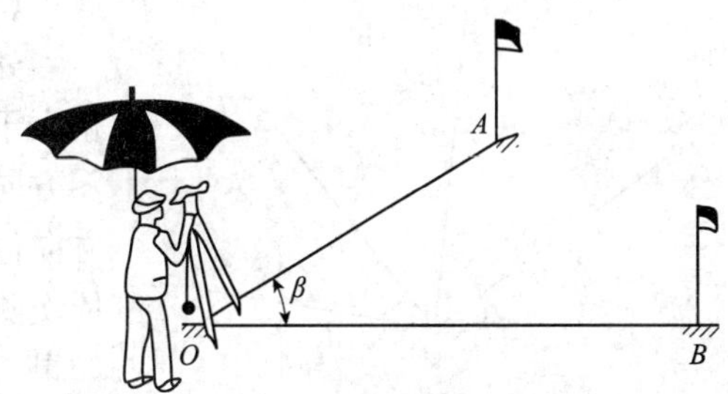

图 3-10　测回法观测水平角

**(1) 盘左位置**

①松开照准部和望远镜的制动螺旋，精确瞄准左目标 $A$(起始方向)读取水平度盘读数 $a_{左}$，记入观测记录手簿(表 3-1)。

②松开照准部和望远镜的制动螺旋，顺时针转动照准部，精确瞄准右目标 $B$，读取水平度盘读数 $b_{左}$，则盘左半测回角值为：

$$\beta_{左}=b_{左}-a_{左} \tag{3-3}$$

**(2) 盘右位置**

先瞄准右目标 $B$，读数 $b_{右}$，逆时针转动照准部再瞄准左目标 $A$，读数 $a_{右}$，可得盘右半测回角值为：

$$\beta_{右}=b_{右}-a_{右} \tag{3-4}$$

表 3-1　水平角观测记录手簿(测回法)

| 测站 | 竖盘位置 | 目标 | 水平度盘读数 (° ′ ″) | 半测回角值 (° ′ ″) | 一测回平均角值 (° ′ ″) | 各测回平均角值 (° ′ ″) |
|---|---|---|---|---|---|---|
| O | 左 | A | 00 02 00 | 65 36 24 | 65 36 30 | |
| | | B | 65 38 24 | | | |
| | 右 | B | 180 01 54 | 65 36 36 | | |
| | | A | 245 38 30 | | | |

**(3) 水平角计算**

表 3-1 中，一测回角值计算总是用右目标方向值减去左目标方向值，若出现负值需加上 360°。盘左、盘右两个半测回合起来称一测回，对于 $DJ_6$ 级光学经纬仪，若两个半测回角值相差不超过±40″，则取其平均值为一测回水平角值，即

$$\beta=\frac{1}{2}(\beta_{左}+\beta_{右}) \tag{3-5}$$

**(4) 多测回观测**

为提高测角精度，往往需多测回观测。为了减小度盘刻划不均匀对测角的影响，每测回的盘左瞄准起始方向后，需变换度盘起始位置，变换数值按 180°/$n$ 计算，其中 $n$ 为测回数。如进行 3 个测回的观测，各测回盘左起始方向(又称零方向)读数应分别为 0°、60°、120°，各测回平均角值之间的互差不应超过 24″。

## 3.3.2 方向观测法观测水平角(全圆测回法)

观测目标方向不少于 3 个时，从起始方向开始依次观测所有方向，确定各方向相对于起始方向的水平角的观测方法称为方向观测法。

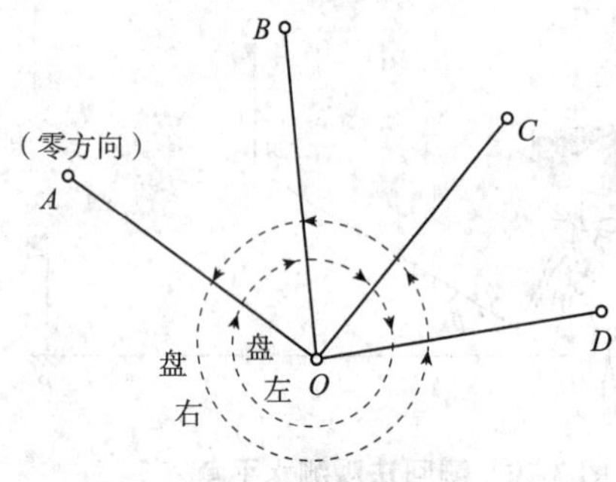


图 3-11 方向观测法观测水平角

**(1) 盘左位置**

如图 3-11 所示，将水平度盘读数配置在 0°0′0″或稍大于 0°的位置，选择某一目标作为起始方向(或称零方向)。例如，以 $A$ 为起始方向，则先观测 $A$，读取方向值 $a_1$，记入表 3-2 的第 3 栏；然后按顺时针方向依次测出 $B$、$C$、$D$ 各方向值，并记入观测记录手簿；如果待观测方向数超过 3 个，最后需按顺时针方向回到起始方向 $A$，并再次读数 $a_1'$。这一步操作称为“归零”，目的是检核观测过程中水平度盘的位置有无变动。$a_1$ 与 $a_1'$之差的绝对值称为半测回归零差，应小于 18″，用来检核观测精度。以上观测称为盘左观测或称上半测回观测。

**(2) 盘右位置**

倒镜，变换为盘右，瞄准零方向 $A$，读取水平方向值 $a_2$，并计算表 3-2 第 4 栏，然后按逆时针方向依次观测 $D$、$C$、$B$ 目标，最后回到目标 $A$，读数 $a_2'$，并记录各目标的水平方向值。以上为盘右半测回观测，或称下半测回观测。

表 3-2 方向观测法观测记录手簿

| 测站 | 测回 | 目标 | 水平度盘读数 | | 2C (″) | 平均方向值 (° ′ ″) | 归零方向值 (° ′ ″) | 各测回归零方向平均值 (° ′ ″) | 水平角值 (° ′ ″) |
|---|---|---|---|---|---|---|---|---|---|
| | | | 盘左 L (° ′ ″) | 盘右 R (° ′ ″) | | | | | |
| O | 第一测回 | | | | | (0 02 06) | | | |
| | | A | 0 02 06 | 180 02 00 | +6 | 0 02 03 | 0 00 00 | 0 00 00 | |
| | | | | | | | | | 51 13 28 |
| | | B | 51 15 42 | 231 15 30 | +12 | 51 15 36 | 51 13 30 | 51 13 28 | |
| | | | | | | | | | 80 38 34 |
| | | C | 131 54 12 | 311 54 00 | +12 | 131 54 06 | 131 52 00 | 131 52 02 | |
| | | | | | | | | | 50 08 20 |
| | | D | 182 02 24 | 2 02 24 | 0 | 182 02 24 | 182 00 18 | 182 00 22 | |
| | | | | | | | | | 177 59 38 |
| | | A | 0 02 12 | 180 02 06 | +6 | 0 02 09 | 0 00 00 | 0 00 00 | |

（续）

| 测站 | 测回 | 目标 | 水平度盘读数 | | 2C（″） | 平均方向值（° ′ ″） | 归零方向值（° ′ ″） | 各测回归零方向平均值（° ′ ″） | 水平角值（° ′ ″） |
|---|---|---|---|---|---|---|---|---|---|
| | | | 盘左 L（° ′ ″） | 盘右 R（° ′ ″） | | | | | |
| O | 第二测回 | | | | | (90 03 32) | | | |
| | | A | 90 03 30 | 270 03 24 | +6 | 90 03 27 | 0 00 00 | | |
| | | B | 141 17 00 | 321 16 54 | +6 | 141 16 57 | 51 13 25 | | |
| | | C | 221 55 42 | 41 55 30 | +12 | 221 55 36 | 131 52 04 | | |
| | | D | 272 04 00 | 92 03 54 | +6 | 272 03 57 | 182 00 25 | | |
| | | A | 90 03 36 | 270 03 36 | 0 | 90 03 36 | 0 00 00 | | |

根据精度要求不同，有时需要观测多个测回，则各测回间起始方向水平度盘的变换度数为 180°/$n$，要求与测回法相同。

**(3) 记录计算**

记录格式见表 3-2，需在现场记入表内，同时完成以下计算。

①2 倍视准差 $2C=L-(R\pm180°)$。$2C$ 也是观测成果中一个有限差规定的项目（$DJ_6$ 光学经纬仪，$2C$ 值只作参考，不作限差规定），但它不是以 $2C$ 的绝对值作为是否超限的标准，而是以各个方向的 $2C$ 值的变化值（即最大值与最小值的差）作为是否超限的标准。如果其变动范围不大，说明仪器是稳定的，不需要校正，取盘左、盘右读数的平均值即可消除视准轴误差的影响。

②平均方向值 $2C=\frac{1}{2}[L+(R\pm180°)]$。起始方向有两个平均读数，应再取其平均值，将结果填入同一栏的括号内，如第一测回中的（0°02′06″）。

③归零方向值的计算。将各个方向（包括起始方向）的平均读数减去起始方向的平均读数，即得各个方向的归零方向值。显然，起始方向归零后的值为 0°00′00″。

④各测回平均方向值的计算。每一测回各个方向都有一个归零方向值，当各测回同一方向的归零方向值之差不大于 24″时（针对 $DJ_6$ 光学经纬仪），可取其平均值作为该方向的最后结果。

⑤水平角值的计算。将右方向值减去左方向值即为该两方向的夹角。

## 3.3.3　水平角观测注意事项

①仪器安置的高度要适中，脚架需踩实。观测时不得触摸三脚架和仪器，走动时要防止碰动脚架。在半测回观测中，要防止碰动度盘变换器。

②对中要严格，对中误差≤3 mm；整平小于 1 个格。

③应选择目标清晰、背景明亮、易于照准的目标作为起始方向。

④目标要竖直，每次照准应尽量瞄准目标标杆下部或木桩上的小钉。

⑤观测结束后应立即进行手簿计算，并检查有无漏测方向及各项观测误差是否在限差

以内，确认本站工作全部结束无误后方可离开测站，以免造成不必要的重测。

## 3.4　竖直角测量

竖直角是指同一竖直面内视线与水平线或天顶距的夹角，即包括天顶距 $Z$ 及倾斜角 $\alpha$ (图 3-12)。要正确测定竖直角，首先应了解竖盘的构造。竖盘的注记形式有顺时针方向和逆时针方向两种，注记形式不同，由竖盘读数计算竖直角的公式也不同，但其基本原理是一样的。

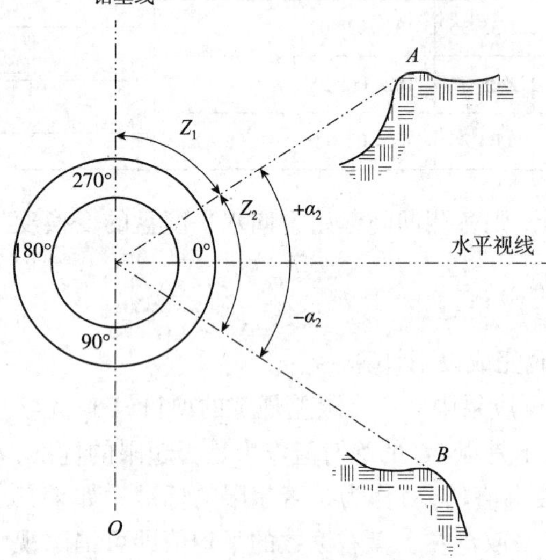


图 3-12　竖直角测量原理

### 3.4.1　竖盘与读数系统

图 3-13 竖盘 8 固定在横轴上，随望远镜 3 一起绕横轴转动。竖盘的分划线通过一系列棱镜和透镜所组成的光具组 10 与分微尺一起成像于显微镜的读数窗内。光具组和竖盘指标水准管 7 固定在竖盘指标水准管微动架上，必须使竖盘指标水准管轴 1 垂直于光具组的光轴 4。

当望远镜视线水平，竖盘指标水准管气泡居中时，竖盘指标线所指的读数应为 90°的倍数。如图 3-14 所示，此读数即视线水平时竖盘读数称为竖盘的始读数，一般为 90°的整倍数。

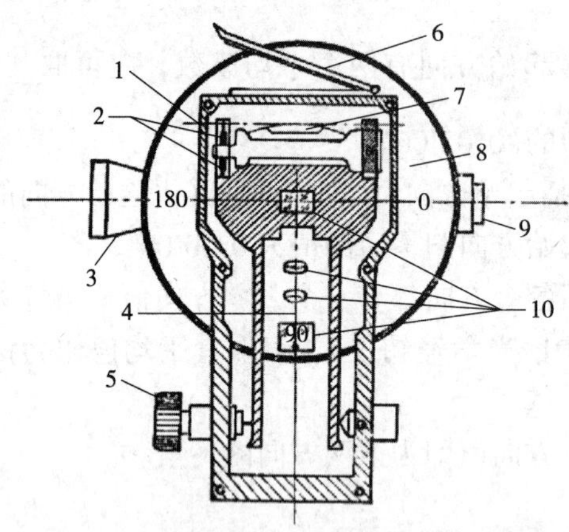


1. 竖盘指标水准管轴；2. 竖盘指标水准管校正螺丝；3. 望远镜；4. 光具组光轴；5. 竖盘指标水准管微动螺旋；6. 竖盘指标水准管反光镜；7. 竖盘指标水准管；8. 竖盘；9. 目镜；10. 光具组棱镜。

图 3-13　竖盘与读数系统

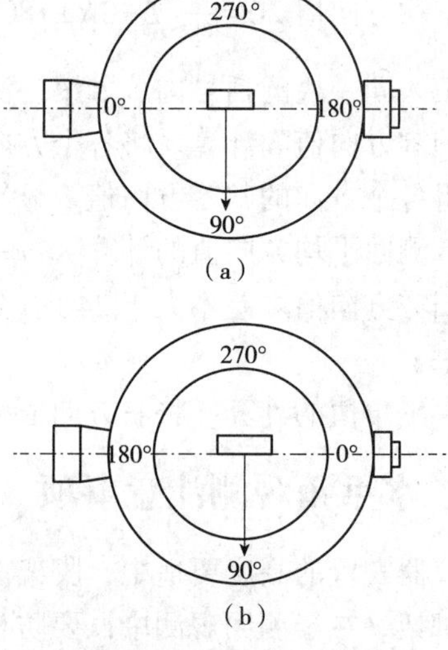


图 3-14　竖盘注记形式

安装有竖盘指标自动补偿装置的经纬仪，它没有竖盘指标水准管，取而代之的是一个自动补偿装置。当仪器稍有微量倾斜时，它自动调整光路，使读数相当于水准管气泡居中时的读数。其原理与自动安平水准仪相似。

## 3.4.2 竖直角计算

竖盘注记形式不同，则根据竖盘读数计算竖直角的公式也不同。本节仅以图 3-14 所示常见的顺时针注记的竖盘形式为例进行说明。

由表 3-3 可得盘左和盘右的竖直角计算公式分别为：

$$\alpha_{左}=90°-L \tag{3-6}$$

$$\alpha_{右}=R-270° \tag{3-7}$$

式中，$L$ 为盘左读数；$R$ 为盘右读数。

**表 3-3 竖盘读数及其计算**

| 竖盘位置 | 视线水平 | 视线向上(仰角) |
|---|---|---|
| 盘左 | 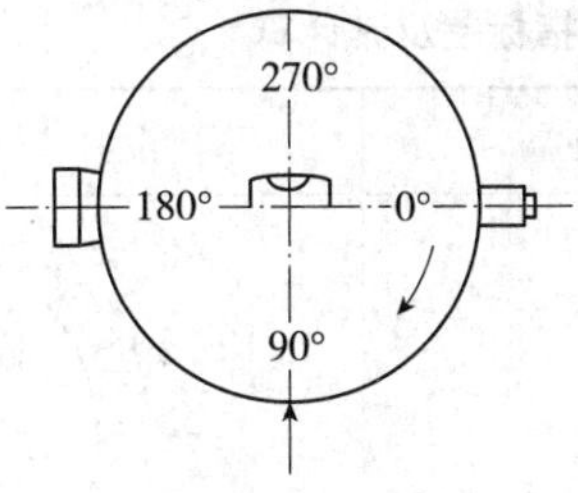 始读数为 90° | 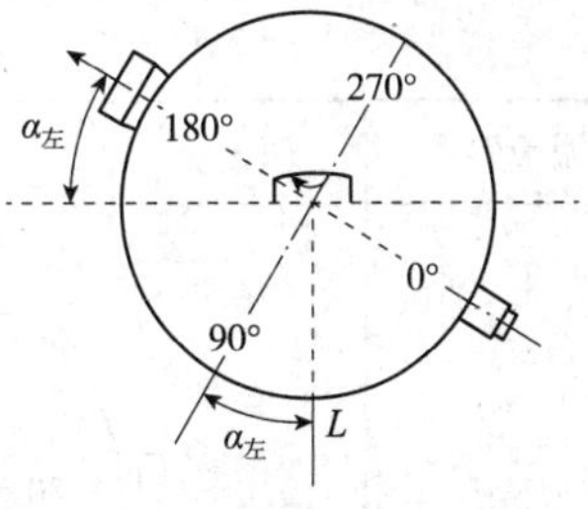 $\alpha_{左}=90°-L$ |
| 盘右 | 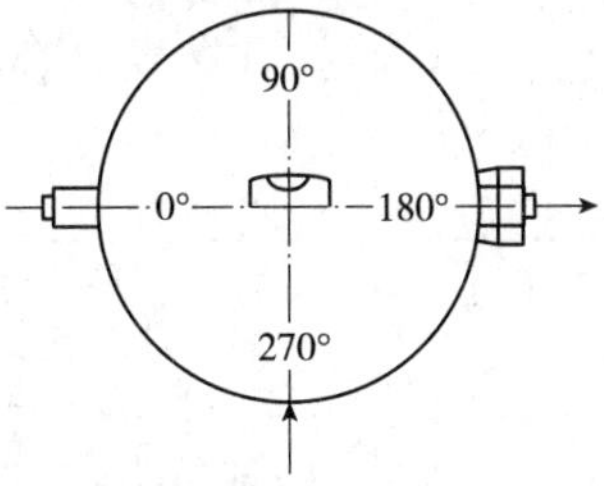 始读数为 270° | 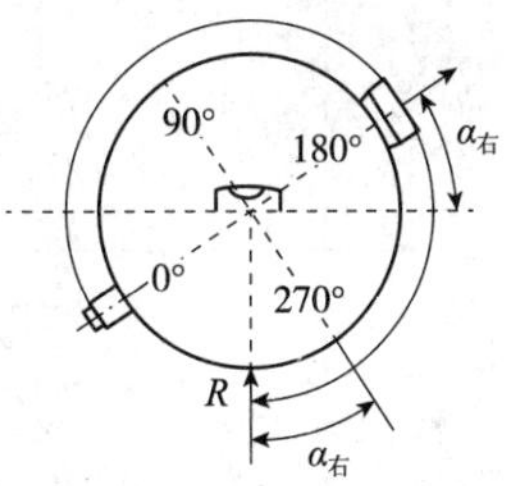 $\alpha_{右}=R-270°$ |

将盘左、盘右位置的两个竖直角取平均值，即得竖盘为顺时针注记的竖直角 $\alpha$ 的计算式：

$$\alpha=\frac{1}{2}(\alpha_{左}+\alpha_{右})=\frac{1}{2}[(R-L)-180°] \tag{3-8}$$

在测量工作中，可以按照以下两条规则确定任何一种竖盘注记形式(盘左或盘右)的竖直角计算公式。

①若望远镜视线上倾时，竖盘读数增加，则竖直角为：

$$\alpha=瞄准目标竖盘读数-视线水平时竖盘读数 \tag{3-9}$$

②若望远镜视线上倾时，竖盘读数减少，则竖直角为：

$$\alpha=视线水平时竖盘读数-瞄准目标竖盘读数 \tag{3-10}$$

据此可得竖盘为逆时针注记的竖直角 $\alpha$ 的计算公式：

$$\alpha=\frac{1}{2}(\alpha_{左}+\alpha_{右})=\frac{1}{2}[(L-R)+180°] \tag{3-11}$$

### 3.4.3 竖盘指标差计算

在推导竖直角计算公式时，一般认为视线水平且竖盘指标水准管气泡居中时，其读数是90°的整倍数，但由于长期使用及运输等原因导致该条件往往不成立，即竖盘指标偏离了正确位置，使视线水平时的读数增大或减小了一个角值 $x$，该角值 $x$ 称为竖盘指标差。$x$ 本身有正负，一般规定当竖盘指标偏移方向与竖盘注记方向一致时，$x$ 取正号；反之，$x$ 取负号。

表3-4中竖盘是顺时针方向注记，按上述规则并顾及竖盘指标差 $x$，则有：

$$\alpha=90°-(L-x)=(90°-L)+x=\alpha_{左}+x \tag{3-12}$$

$$\alpha=(R-x)-270°=(R-270°)-x=\alpha_{右}-x \tag{3-13}$$

**表3-4 竖盘指标差及其计算**

| 竖盘位置 | 视线水平 | 瞄准目标 |
|---|---|---|
| 盘左 | 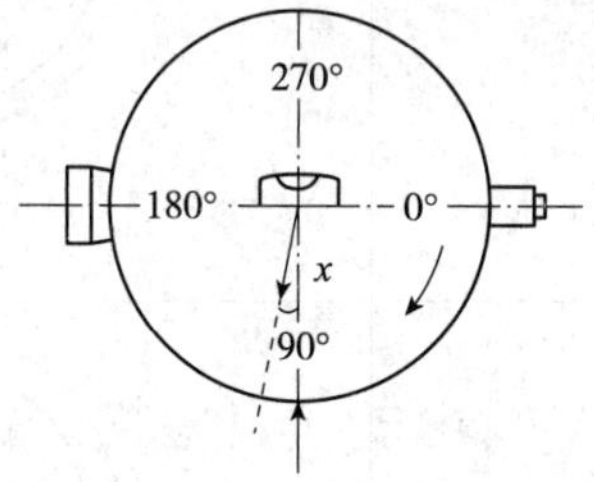 270° 180° 0° $x$ 90° | 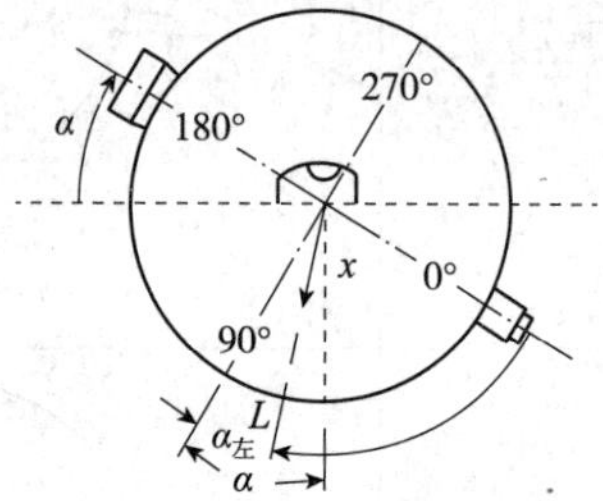 $\alpha$ 180° 270° $x$ 0° 90° $L$ $\alpha_{左}$ $\alpha$<br>$\alpha=\alpha_{左}+x$ |
| 盘右 | 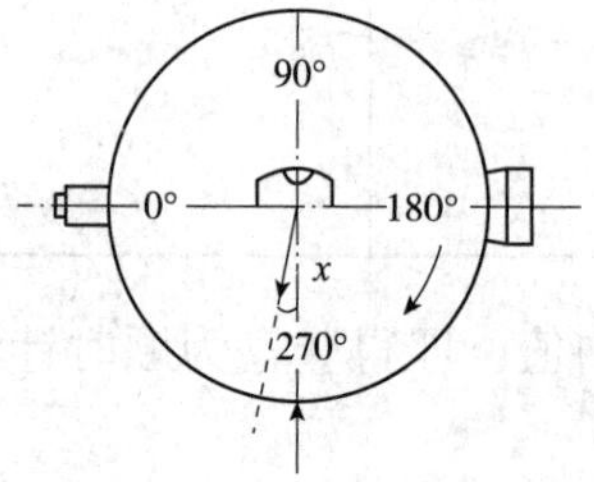 90° 0° 180° $x$ 270° | 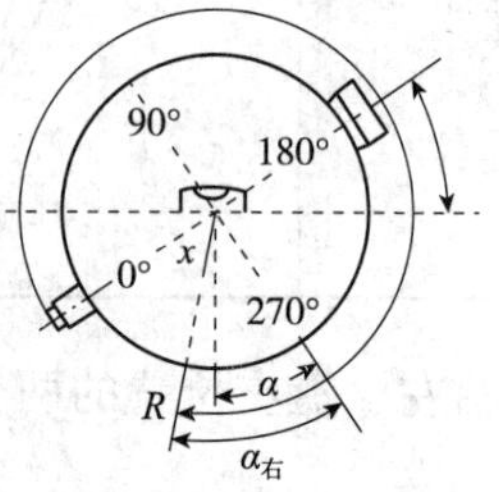 90° 180° $x$ 0° 270° $R$ $\alpha$ $\alpha_{右}$<br>$\alpha=\alpha_{右}-x$ |

两式取平均值得竖直角 $\alpha$ 为：

$$\alpha=\frac{1}{2}(\alpha_{左}+\alpha_{右})=\frac{1}{2}[(R-L)-180°] \tag{3-14}$$

可见，式(3-14)与式(3-8)计算竖直角 $\alpha$ 的公式相同，说明采用盘左、盘右位置观测取均值可消除竖盘指标差的影响。

若将式(3-12)减去式(3-13)，则得

$$x=\frac{1}{2}[(R+L)-180°] \tag{3-15}$$

式(3-15)为不同竖盘注记形式的竖盘指标差通用计算公式。

### 3.4.4　竖直角观测方法

$DJ_6$ 光学经纬仪观测竖直角的方法主要是中丝法。其方法如下：

①在测站点 $P$ 安置仪器，对中、整平。

②盘左位置。用望远镜十字丝的中丝切于目标 $A$ 某一处，转动竖盘指标水准管微动螺旋使竖盘指标水准管气泡居中，读取竖盘读数 $L$，并填入表 3-5。

③盘右位置。同第②步，读取竖盘读数 $R$，填入表 3-5。

表 3-5　竖直角观测记录手薄

| 测站 | 目标 | 竖盘位置 | 竖盘读数（° ′ ″） | 竖直角 | | 竖盘指标差（″） | 备注 |
|---|---|---|---|---|---|---|---|
| | | | | 半测回角值（° ′ ″） | 一测回角值（° ′ ″） | | |
| P | A | 左 | 86 47 48 | +3 12 12 | +3 12 03 | -9 | |
| | | 右 | 273 11 54 | +3 11 54 | | | |
| | B | 左 | 97 25 42 | -7 25 42 | -7 25 54 | -12 | |
| | | 右 | 262 33 54 | -7 26 06 | | | |

④根据竖盘注记形式，计算竖直角 $\alpha$ 和竖盘指标差 $x$。

对同一台仪器在某一段时间内连续观测，竖盘指标差 $x$ 变化应该很小，可视作定值。但由于仪器误差及外界条件影响，使计算的竖盘指标差发生变化。各类规范规定了指标差变化的容许范围，如《城市测量规范》（CJJ/T 8—2011）规定 $DJ_6$ 光学经纬仪竖盘指标差变化范围的容许值为 25″；若超限，则需重测。

## 3.5　经纬仪的检验与校正

经纬仪轴系之间的正确关系往往因长期使用或搬运导致几何关系发生变动。仪器在使用之前要经过检验，必要时需对其可调部件加以校正，使之满足要求。下面介绍经纬仪的几项主要轴线间几何关系的检校（图 3-15），即照准部水准管轴垂直于仪器的竖轴（$LL \perp VV$），横轴垂直于视准轴（$HH \perp CC$），横轴垂直于竖轴（$HH \perp VV$），以及十字丝竖丝垂直于横轴的检校。另外，由于经纬仪要观测竖角，竖盘指标差的检验与校正也在此加以介绍。

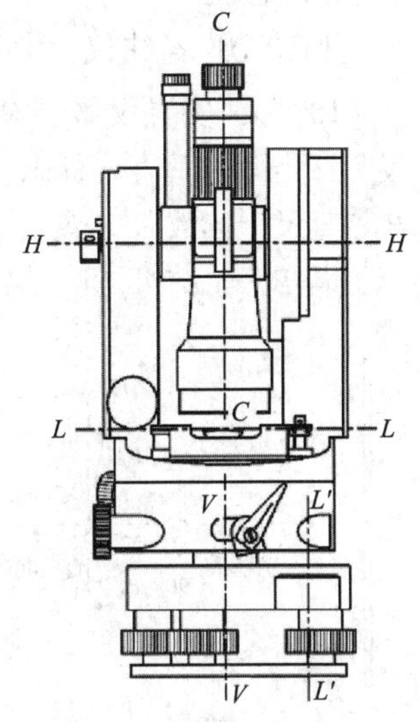

图 3-15　经纬仪轴线之间的关系

### 3.5.1　照准部水准管轴的检验与校正（$LL \perp VV$）

**（1）检验**

将仪器大致整平，转动照准部使水准管平行于一对脚螺旋的连线，调节脚螺旋使水准管气泡居中。转动照准部 180°，此时如气泡仍然居中则说明条件满足，如果偏离量超过 1 格，应进行校正。

**(2) 校正**

如图 3-16 所示，水准管轴水平，但竖轴倾斜，设其与铅垂线的夹角为 $\alpha$[图 3-16(a)]。将照准部旋转 180°，竖轴位置不变，但气泡不再居中，水准管轴与水平面的交角为 $2\alpha$[图 3-16(b)]，通过气泡中心偏离水准管零点的格数表现出来。校正时，先用脚螺旋调节水准气泡偏离量的 1/2，如图 3-16(c)所示。再用校正针拨动水准管校正螺丝的高度，使气泡退回偏离量的 1/2(等于 $\alpha$)，这时水准管轴水平、竖轴竖直的几何关系即得满足[图 3-16(d)]。

此项检验与校正需反复进行，直至照准部转至任何位置气泡中心偏离零点均不超过 1 格为止。

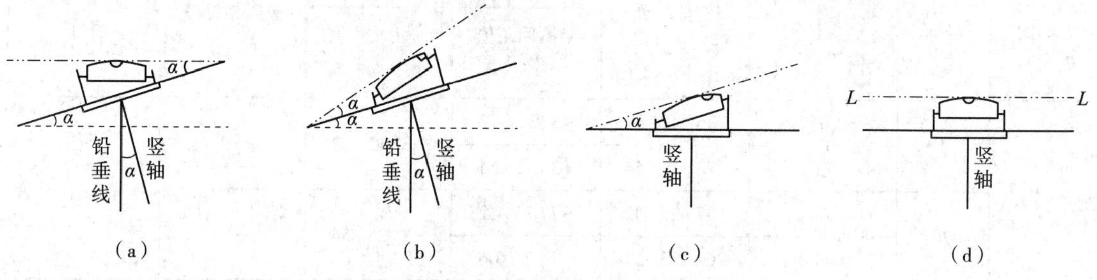


**图 3-16　照准部水准管轴的检验与校正**

## 3.5.2　十字丝竖丝的检验与校正

由于十字丝环的校正螺丝松动，使十字丝分划板平面转动。其检验校正方法与水准仪十字丝相同。只是水准仪是用横丝检验，经纬仪用竖丝进行检验。

## 3.5.3　视准轴的检验与校正($CC \perp HH$)

**(1) 检验**

检验 $DJ_6$ 经纬仪，常用 1/4 法。选一平坦场地，如图 3-17(a)所示，$A$、$B$ 两点间距 60~100 m，安置仪器于 $O$ 点，在 $A$ 点立一标志，在 $B$ 点横置一根刻有毫米分划的小尺，使尺子与 $OB$ 垂直。标志、小尺应大致与仪器等高。先用盘左瞄准 $A$ 点标志，纵转望远镜在 $B$ 点直尺上读数 $B_1$。盘右再瞄准 $A$ 点，纵转望远镜在 $B$ 点直尺上读数 $B_2$，如图 3-17(b)所示，若 $B_1$ 与 $B_2$ 重合，表示视准轴垂直于横轴。否则，条件不满足，由图 3-17(b)视准轴

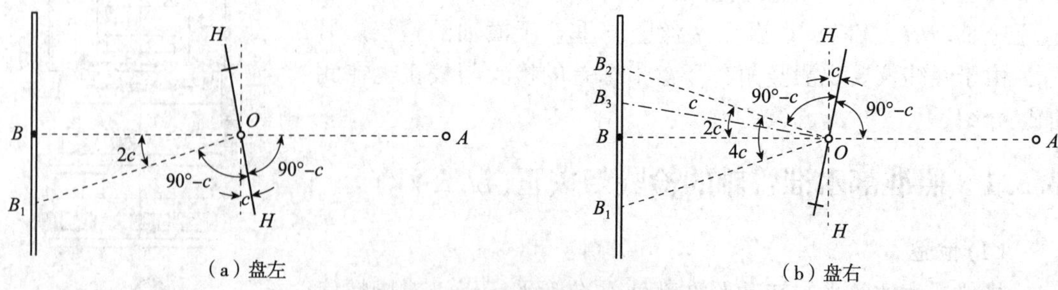


**图 3-17　视准轴的检验与校正**

不垂直于横轴，与垂直位置相差一个小角度 $c$，称其为视准差。$\overline{B_1B}$、$\overline{B_2B}$ 分别反映了盘左、盘右的 $2c$，且盘左、盘右读数产生的视准差符号相反，即 $\angle B_1OB_2=4c$，由此可得

$$c\approx\frac{\overline{B_1B}}{4D}\rho'' \tag{3-16}$$

式中，$D$ 为仪器 $O$ 点至 $B$ 尺的水平距离。

对于 $DJ_6$ 经纬仪，当 $c>60''$时，需校正。

**(2) 校正**

如图 3-16(b)所示，在直尺上由 $B_2$ 点向 $B_1$ 方向量取 1/4 倍 $B_1B_2$ 的长度，标定出 $B_3$，此时 $OB$ 便与横轴 $HH$ 垂直。用校正针拨动左右两个十字丝校正螺丝，一松一紧，左右移动十字丝分划板，直到十字丝交点与 $B_3$ 点影像重合。此项检验也需反复进行。

## 3.5.4　横轴的检验与校正($HH\perp VV$)

**(1) 检验**

如图 3-18 所示，在距一高目标约 50 m 处安置仪器，盘左瞄准高处一点 $P$，然后将望远镜放平，由十字丝交点在墙上定出一点 $P_1$。盘右再瞄准 $P$ 点，再放平望远镜，在墙上又定出一点 $P_2$，若 $P_1$、$P_2$ 两点重合，表明条件满足，否则需要校正。

**(2) 校正**

量出 $P_1$、$P_2$ 之间的距离，取其中点 $P$，旋转照准部微动螺旋，令十字丝交点瞄准 $P$ 点，抬高望远镜，此时十字丝交点必然不再与原来的 $P$ 点重合，而偏离到另一点 $P'$。调整望远镜右支架的偏心环，将横轴右端升高或降低，使十字丝交点瞄准 $P$ 点。此检校工作同样应反复进行，直到满足要求为止。此项校正应打开支架护盖，调整偏心轴承环。如需校正，一般应交由专业维修人员处理。目前，经纬仪已取消了偏心环，靠精加工来保证其竖轴与横轴的垂直度。

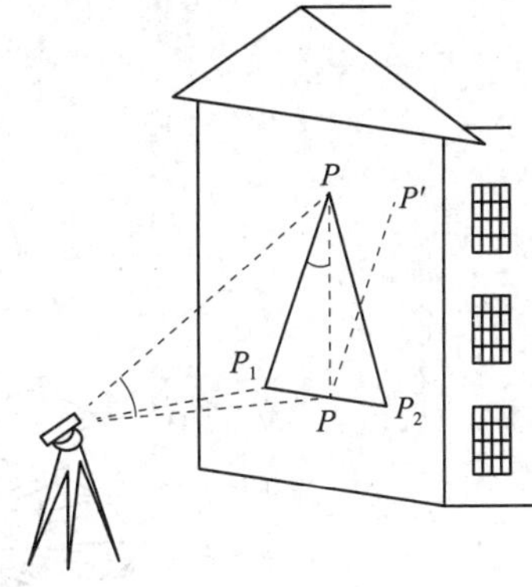

图 3-18　横轴的校验与校正

## 3.5.5　竖盘指标差的检验与校正

**(1) 检验**

安置仪器，用盘左、盘右两个镜位观测同一目标点，分别使竖盘指标水准管气泡居中，读取竖盘读数 $L$ 和 $R$，用式(3-15)计算竖盘指标差 $x$。如 $x$ 超出 $\pm1'$的范围，则需改正。

**(2) 校正**

经纬仪位置不动(此时为盘右，且照准目标点)，不含竖盘指标差的盘右读数为 $R-x$。转动竖盘指标水准管微动螺旋，使竖盘读数为 $R-x$，这时指标水准管气泡必然不再居中，可用校正针拨动指标水准管校正螺丝，使气泡居中。此项检验校正也需反复进行。

# 3.6　电子经纬仪

## 3.6.1　简介

随着光电技术、计算机技术的发展，20 世纪 60 年代出现了电子经纬仪。电子经纬仪的轴系、望远镜和度盘、制动微动构件与光学经纬仪类似。与光学经纬仪相比，电子经纬仪会将角度通过微处理器转换为数字形式，并显示和存储。其测角原理是通过度盘获取光电信号，再由光电信号转换为角值。目前，根据获取信号的方式不同可分为编码度盘测角、光栅度盘测角和动态测角。本节只介绍常见的光栅度盘测角原理。

如图 3-19(a)所示，在玻璃圆盘的径向均匀地刻划有交替的透明与不透明的辐射状条纹，条纹与间隙的宽度均为 $a$，这就构成了光栅度盘。如图 3-19(b)所示，如果将两块密度相同的光栅重叠，并使它们的刻线相互倾斜一个很小的角度 $\theta$，就会出现明暗相间的条纹，称为莫尔条纹。莫尔条纹的特性是两光栅的倾角 $\theta$ 越小，相邻明暗条纹间的间距($\omega$，简称纹距)就越大，其关系式为：

$$\omega \approx \frac{d}{\theta}\rho' \tag{3-17}$$

式中，$\theta$ 为两光栅的倾角，′；$d$ 为栅距；$\rho'=3438'$。

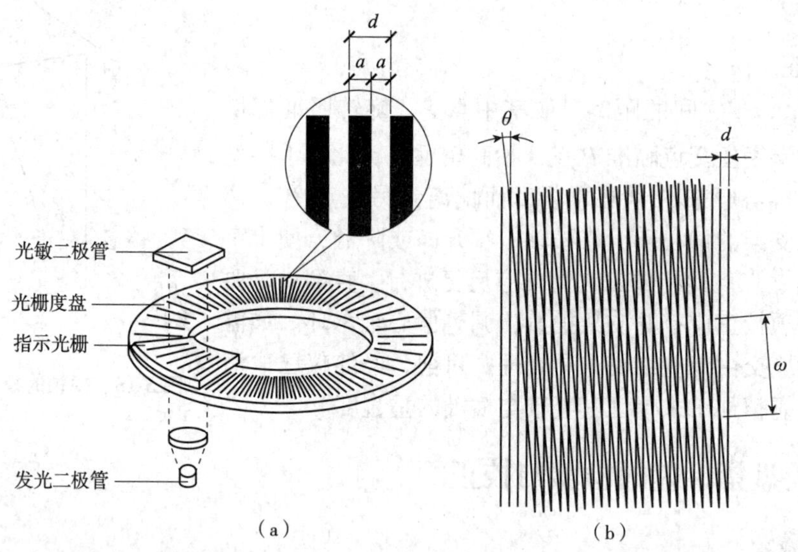


图 3-19　光栅度盘测角原理

例如，当 $\theta=20'$时，$\omega=172d$，即纹距 $\omega$ 比栅距 $d$ 大 172 倍。这样，就可以对纹距进一步细分，以达到提高测角精度的目的。

当两光栅在与其刻线垂直的方向相对移动时，莫尔条纹将做上下移动。当相对移动一条刻线距离时，莫尔条纹则上下移动一个周期，即明条纹恰好移至原来邻近的一条明条纹的位置上。

如图 3-19(a)所示，为了在转动度盘时形成莫尔条纹，在光栅度盘上安装固定的指示光栅。指示光栅与度盘下方的发光管和上方的光敏二极管固连在一起，不随照准部转动。光栅度盘与经纬仪的照准部固连在一起，当光栅度盘与经纬仪照准部一起转动时，即形成莫尔条纹。随着莫尔条纹的移动，光敏二极管将产生按正弦规律变化的电信号。电信号经整形电路转换成矩形脉冲信号。对矩形脉冲信号计数即可求得度盘旋转的角值。测角时，在望远镜瞄准起始方向后，可使仪器中心的计数器为零(度盘归零)。在度盘随望远镜瞄准第二个目标的过程中，同时产生脉冲计数，并通过译码器换算为数字(度、分、秒)显示出来。

### 3.6.2　电子经纬仪的使用

电子经纬仪的安置、对中和整平与光学经纬仪相同。

图 3-20 为电子经纬仪显示屏面板。

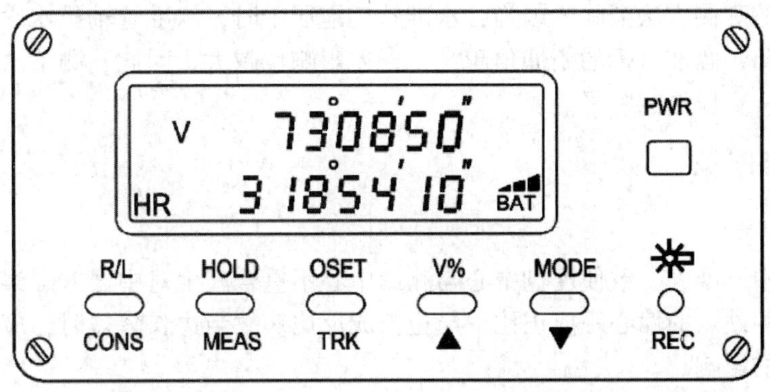


**图 3-20　电子经纬仪显示屏面板**

**(1)操作键功能**

R/L——右旋/左旋水平角切换键。连续按此键，两种角值交替显示。

HOLD——水平角锁定键。双击此键，水平角锁定；再按一次则解除。

0SET——水平角置零键。快速双击此键，水平角置零。

V%——竖直角和坡度角百分比显示转换键。

MODE——测角、测距模式转换键。

PWR——电源开关。

**(2)角度测量**

采用盘左、盘右观测。如欲测$\angle AOB$，则在 $O$ 点对中，整平。

①设置水平角右旋(HR)测量方式(即顺时针模式)，瞄准左目标 $A$，双击 0SET 键。目标 $A$ 的读数设置为 0°00′00″，作为水平角起算的零方向。

②顺时针方向转动照准部，瞄准右目标 $B$，显示 $B$ 方向的读数，如 78°45′25″，即为上半测回角值。

③倒转望远镜成盘右位置，重复①、②，显示盘右 $B$ 方向的读数，如 78°45′35″，即为下半测回角值。符合精度要求时，取盘左与盘右的平均值为 78°45′30″，作为一测回的观测结果。

## 3.7 角度测量误差简析

### 3.7.1 仪器误差

仪器误差的产生主要包括两个原因：

一是仪器制造不完善的误差。如度盘刻划的误差及度盘偏心差等。度盘刻划的误差可采用变换度盘不同位置进行观测予以消除；度盘偏心差可采用盘左、盘右取平均值予以消除。竖盘指标差可采用盘左盘右取平均值予以消除。

二是仪器检校不完善的残余误差。如视准轴不垂直于横轴、横轴不垂直于竖轴的误差，可采用盘左、盘右取平均值予以消除。但照准部水准管轴不垂直于竖轴的误差，不能用盘左、盘右的观测方法消除。因为，水准管气泡居中时，水准管轴虽水平，竖轴却与铅垂线间有一夹角，瞄准目标的俯仰角越大，误差影响也越大。因此，测量水平角观测目标的高差较大时，更应注意整平。

### 3.7.2 观测误差

**(1) 对中误差**

若仪器对中不准确，致使度盘中心与测站中心不重合产生对中误差。误差的大小与实际对中点偏离测站点的偏心距成正比，与边长成反比。故当边长较短时，应认真对中，以减小对中误差的影响。

**(2) 整平误差**

仪器未严格整平，竖轴将处于倾斜位置，这种误差与水准管轴不垂直于竖轴的误差性质相同。由于此种误差不能采用适当的观测方法加以消除，当观测目标的竖直角越大，其误差影响也越大。故观测目标的高差较大时，应特别注意仪器的整平。当有太阳时，必须打伞，避免阳光照射水准管，影响仪器的整平。

**(3) 目标偏心误差**

若供瞄准的标杆或测钎倾斜，而又没有瞄准标杆底部，则产生目标偏心误差。这种误差与对中误差的性质相同，故当边长较短时应特别注意减小目标的偏心。若观测目标有一定高度，应尽量瞄准目标的底部，以减小目标偏心的影响。

**(4) 瞄准误差**

人眼的分辨能力为 60″，用放大率为 $V$ 的望远镜观测，则望远镜瞄准误差一般以 $60''/V$ 来计算。瞄准误差还与其他因素有关，如目标的大小、形状、颜色、亮度、背景的衬度，以及空气的透明度等。因此，在进行角度观测时，要尽量减少以上情况对观测成果的影响。

**(5) 读数误差**

读数误差的影响大小，主要取决于仪器的读数设备。对于 $DJ_6$ 光学经纬仪用测微器读数，一般可估读至分微尺最小格值的 1/10，一般不超过±6″。

### 3.7.3 外界条件的影响

角度观测是在野外进行的，风、日晒、温度等都对测角产生影响，尤其当视线接近地面或障碍物时，其辐射的热量往往使影像跳动，严重影响照准目标的准确度。为了提高测角的精度，应选择有利的观测时间；视线要与障碍物保持一定的距离；晴天要用测伞给仪器遮住阳光，以使外界条件的影响降低到最小程度。

## 本章小结

由一点到两个目标的方向线垂直投影在水平面上所构成的角度称为水平角。水平角是确定地面点平面位置的主要工作之一。在同一个竖直面内，测站点至观测目标的方向线与水平线或天顶距之间的夹角，称为竖直角。竖直角包括倾斜角和天顶距。竖直角可用来将斜距化为平距，也是间接测定高差的要素。经纬仪是精密的测角仪器。其使用包括对中、整平、瞄准、读数。由测角原理可知，对中、整平是基础，对中提供角棱线，整平形成水平面，瞄准扫描竖直面，所测角度才是水平角。

为了消除仪器的系统误差，水平角观测采用盘左和盘右两个位置进行。测回法是对两个方向的单角观测，其观测目标的程序是："左→右→右→左"。水平角＝右目标读数－左目标读数。不够减时先加 360°然后再减。方向观测法是用于观测的两个方向以上时的方法，但仍采用盘左和盘右进行观测。测量竖直角时，先推导竖角计算公式，十字丝横丝瞄准目标，指标水准气泡要居中，计算竖直角 $\alpha$ 要区分仰俯角。指标差 $x$ 的变化范围可用来检查竖直角的观测质量，在相同的观测条件下，$DJ_6$ 光学经纬仪指标差变动范围应不大于 25″。当精度要求不高时，可先测定 $x$ 值，作半测回观测，利用 $\alpha=\alpha_{左}+x$ 或 $\alpha=\alpha_{右}-x$ 计算出竖直角。

## 复习思考题

1. 经纬仪是依据怎样的原理测量水平角和竖直角的？
2. 试述测回法和方向观测法测量水平角的步骤。
3. 用经纬仪瞄准同一竖直面内不同高度的两点，水平度盘上读数是否相同？在竖直度盘上的读数是否就是竖直角？为什么？
4. 测站点与不同高度的两点连线所组成的夹角是不是水平角？为什么？
5. 请计算表 3-6 中竖直角观测的指标差和竖直角(顺时针注记)。

**表 3-6　竖直角观测记录表**

| 测站 | 目标 | 度盘读数 | | 指标差 (″) | 竖直角 (° ′ ″) | 备注 |
|---|---|---|---|---|---|---|
| | | 盘左 (° ′ ″) | 盘右 (° ′ ″) | | | |
| *O* | *A* | 79 20 24 | 280 40 00 | | | |
| | *B* | 98 32 18 | 261 27 54 | | | |
| | *C* | 90 32 42 | 270 27 00 | | | |
| | *D* | 84 56 24 | 275 03 18 | | | |

6. 在 B 点上安置经纬仪观测 $A$ 和 $C$ 两个方向，盘左位置先瞄准 $A$ 点，后瞄准 $C$ 点，水平度盘的读数为 6°23′30″和 95°48′00″；盘右位置瞄准 $C$ 点，后瞄准 $A$ 点，水平度盘读数分别为 275°48′18″和 186°23′18″，试记录在测回法测角记录表中(表 3-7)，并计算该测回角值。

**表 3-7　测回法测角记录表**

| 测站 | 盘位 | 目标 | 水平度盘读数<br>( ° ′ ″ ) | 半测回角值<br>( ° ′ ″ ) | 一测回角值<br>( ° ′ ″ ) | 备注 |
|---|---|---|---|---|---|---|
| *B* | 盘左 | *A* | | | | |
| | | *C* | | | | |
| | 盘右 | *A* | | | | |
| | | *C* | | | | |

# 第 4 章

# 距离测量与直线定向

【内容提要】距离测量是确定地面点平面位置的基本工作之一。本章简述了钢尺量距的方法；重点讲解了视距测量测定水平距离、高差的原理和计算方法；电磁波测距原理；直线定向及 3 个标准方向、方位角与罗盘仪测定磁方位角等内容。

距离测量是确定地面点位的 3 项基本工作之一。确定地面点的位置，除了需要进行角度测量和高差测量外，还需要测定地面上两点之间的水平距离以及确定直线段方向。

水平距离指的是地面上两点垂直投影到水平面的直线距离。距离测量方法有钢尺量距、视距测量、电磁波测距和 GNSS 测距等。钢尺量距精度为 1/1000～1/3000，适合平坦地区的短距离丈量，易受地形的限制。视距测量操作简便，一般不受地形限制，但精度较低(1/200～1/300)，适合低精度的近距离测量(一般在 200 m 以内)，能满足测定碎部点位置测量的精度要求。电磁波测距测量速度快，测程远，可用于高精度的远程测量和近距离的碎部测量。GNSS 测距不受地形限制，测站间不需通视，具有全天候、观测时间短、精度高等特点，可用于高精度的远程测量和近距离的碎部测量。

确定地面上一条直线与标准方向的关系称为直线定向。测量工作采用的标准方向有真子午线方向、磁子午线方向和坐标纵轴方向 3 种，在小面积大比例尺测图中，常采用磁子午线方向作为定向的基准。直线定向用方位角来表示，有真方位角、磁方位角和坐标方位角 3 种，实践中一般采用罗盘仪确定起始直线的磁方位角。

## 4.1 钢尺量距

### 4.1.1 量距方法

钢尺量距是传统的量距方法，具有抗拉强度大，不宜拉伸变形，所以量距精度较高，广泛应用于工程测量中，但是钢尺量距受地形起伏影响较大。

#### 4.1.1.1 钢尺量距的工具

常用的钢尺长度有 20 m、30 m、50 m 等。钢尺的基本分划有厘米和毫米两种。根据零点位置的不同，钢尺分为刻线尺和端点尺。如图 4-1(a)所示，刻线尺以尺前端的一刻线作为尺的零点；如图 4-1(b)所示，端点尺以尺的最外端作为尺的零点。

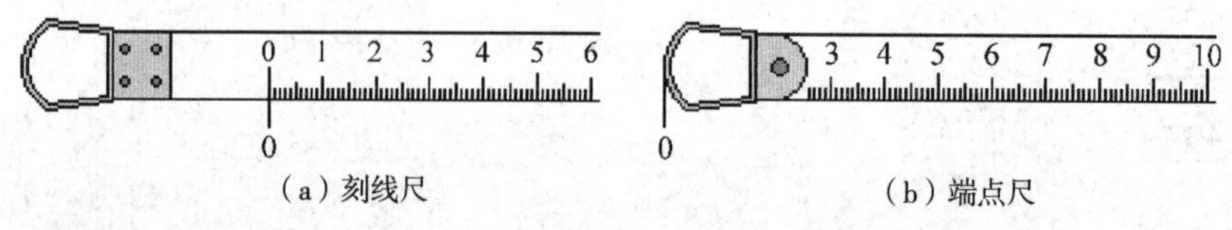


(a) 刻线尺　　(b) 端点尺

**图 4-1　钢尺**

钢尺量距的辅助工具有测钎、垂球和标杆，如图 4-2 所示。测钎由长约 30 cm、直径 3~5 mm 的铁丝制成，用来标定丈量尺段的端点和计数尺段数；垂球用于不平坦地区丈量时将钢尺的端点垂直投影到地面时使用；标杆一般由木材、铝合金或玻璃钢制成，直径 3~4 cm，长度 2~3 m，其上用红、白油漆交替涂成 20 cm 的小段，底部装有铁尖，用于标定直线。钢尺用于精密量距时，还需用到温度计(用于测定量距时的温度并对钢尺长度进行改正)、弹簧秤(用于拉直尺子时施加规定的拉力)等。

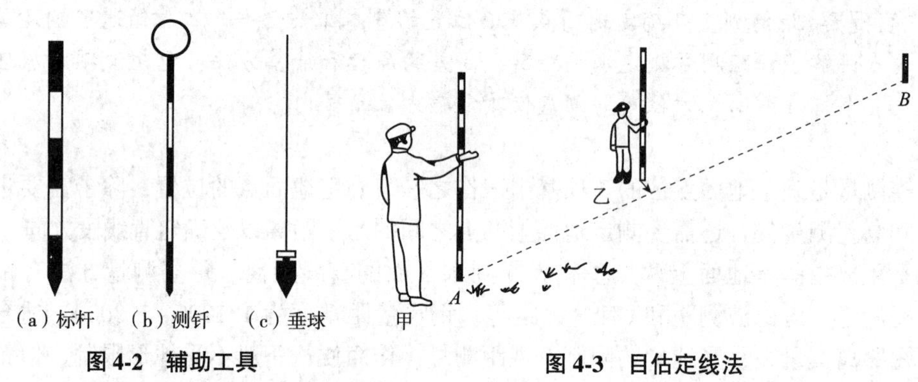


(a) 标杆　(b) 测钎　(c) 垂球

**图 4-2　辅助工具**　　**图 4-3　目估定线法**

#### 4.1.1.2　直线定线

当地面两点之间的距离超过钢尺的一个整尺段时，需要在直线方向上标定若干个分段点，使所标定的标杆根部在同一条直线上，以确保钢尺沿此直线丈量，这项工作称为直线定线。直线定线有以下两种方法。

**(1) 目估定线法**

目估定线适用于钢尺量距的一般方法。如图 4-3 所示，设 *A*、*B* 两点互相通视，需要在 *A*、*B* 两点之间标出分段点。首先在 *A*、*B* 两点竖立标杆，测量员甲站在 *A* 点标杆后 1~2 m 处，指挥乙左右移动标杆，直到甲从 *A* 点沿标杆的同一侧看到 3 支标杆在同一直线上为止。同法可定出直线上其他的点。直线定线应按由远及近的原则。目测定线时，应保证标杆竖直。

**(2) 仪器定线法**

仪器定线法适用于直线定线精度要求较高(高于 1/3000)或距离较远时的钢尺量距，需用经纬仪或全站仪进行定线。如图 4-4 所示，设 *A*、*B* 两点互相通视，安置经纬仪或全站仪于 *A* 点，对中、整平后，用望远镜十字丝的竖丝瞄准 *B* 点标杆，水平制动照准部；观测员在 *A* 点指挥持杆员左右移动标杆，直到望远镜内的标杆被十字丝的竖丝所平分，得到 1 点。同法可定出直线上其他的点。直线定线应按由远及近的原则，先定点 1，再定点 2。定线的每一段距离应小于或等于尺长。精密定线时，可用直径更小的测钎代替标杆。

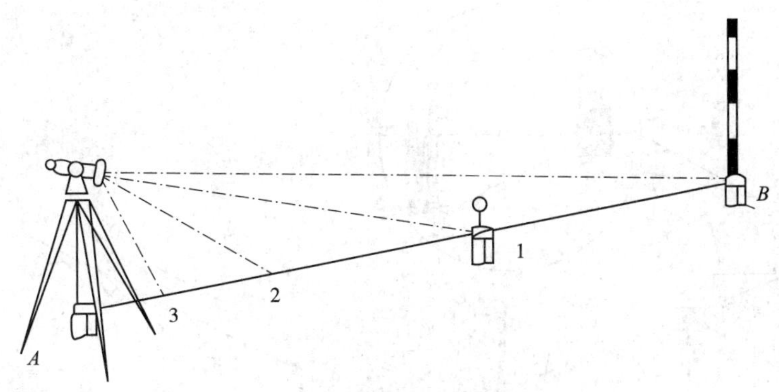


图 4-4　仪器定线法

#### 4.1.1.3　距离丈量方法

**(1) 平坦地面的距离丈量**

平、准、直是钢尺量距的基本要求。平即丈量距离时钢尺要水平；准即丈量距离时定线要准；直即在丈量距离的过程中钢尺要拉直。

对于平坦地面，直接沿地面丈量水平距离，距离丈量工作一般由两人进行。如图 4-5 所示，可先直线定线后丈量，也可边定线边丈量。所求距离为各尺段之和，为了进行检核和提高丈量精度，要求往返测量。

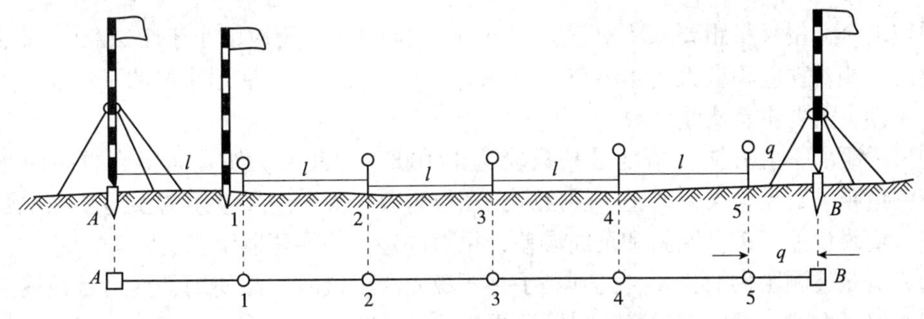


图 4-5　平坦地面的距离丈量

$$D_{AB}=nl+q \tag{4-1}$$

式中，$n$ 为整尺段数；$l$ 为整尺段长度；$q$ 为不足一整尺的余长。

**(2) 倾斜地面的距离丈量**

①平量法。当地面起伏不大时，沿倾斜地面由高到低丈量距离。如图 4-6 所示，将钢尺的零点对准地面点，另一端抬高，使钢尺保持水平，用垂球对准，逐段丈量，每段丈量的水平距离之和即为测量结果。

②斜量法。当倾斜地面的坡度比较均匀时，如图 4-7 所示，可沿着斜坡丈量出斜坡距离 $D'$，再用水准仪测定两点间的高差 $h$ 或测出地面倾斜角 $\alpha$，则水平距离 $D$ 为：

$$D=D'\cos\alpha \qquad 或 \qquad D=\sqrt{D'^2-h^2} \tag{4-2}$$

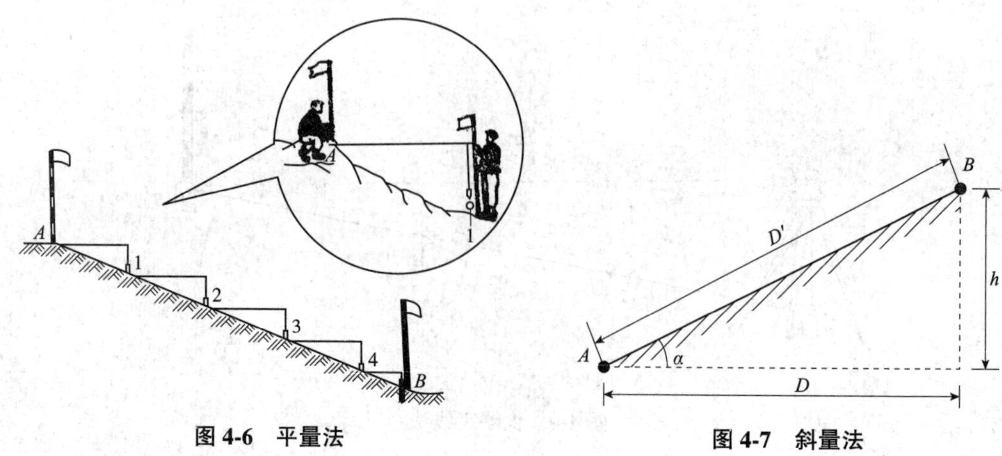


图 4-6　平量法　　　　图 4-7　斜量法

### 4.1.2　量距精度及注意事项

**(1) 钢尺量距精度**

钢尺量距一般要求往返丈量以检验结果并提高精度。衡量距离测量精度的指标用相对误差 $K$ 表示。往返丈量所得距离的差值除以往返丈量距离的平均值称为相对误差，相对误差一般用分子为 1、分母为整数的分数形式表示。

$$K=\frac{|D_{往}-D_{返}|}{D_{平均}}=\frac{1}{N} \tag{4-3}$$

平坦地区，钢尺量距要求相对误差 $K$ 小于 1/3000，一般地区小于 1/2000；在量距困难的山区，相对误差不应大于 1/1000。如果符合精度要求，取往返丈量的平均值作为最终结果。否则，需要重新丈量距离。

钢尺量距的一般方法，精度最高只能达 1/1000 ~ 1/3000。如果需得到更高的测量精度，精密量距须对尺长误差改正、温度改正和拉力改正等。钢尺量距的误差来源主要有仪器误差、定线误差、钢尺倾斜和垂曲误差、拉力误差、外界环境误差等。

随着电磁波测距仪的普及，尤其是手持式激光测距仪的广泛使用，钢尺量距逐渐被手持式测距仪所取代，因此钢尺精密量距不再赘述。

**(2) 钢尺量距注意事项**

①应看清楚零点位置和分划注记，尤其要分清刻线尺和端点尺。

②钢尺量距应平、准、直。使用钢尺丈量时，钢尺要拉直、水平，端点应在竖直方向对准地面点，每一尺段用力要均匀。

③在使用时不可扭曲，防止重物辗压。

④测钎应对准钢尺的分划，且要竖直插入土中或测钎尖端对准地面的标定点。

⑤避免猛拉钢尺，防止拉断尺首的铁环，避免钢尺刻划面受到磨损。

## 4.2　视距测量

视距测量是根据几何学、光学和三角函数原理，利用望远镜内的视距装置和视距尺同时测定两点间的水平距离和高差的一种测量方法。视距测量具有操作方便、速度快、一般不受地形限制等优点；但测距的相对精度较低，为 1/200~1/300，低于钢尺量距的精度；测定高差的精度低于水准测量。由于视距测量能满足碎部点位置测量的精度要求，所以被广泛地应用于地形测图中。

## 4.2.1　视线水平时的视距原理

如图 4-8 所示，直线 *AB* 为待测距离，在 *A* 点安置经纬仪或全站仪，对中整平，使视准轴水平，在 *B* 点竖立视距尺或标尺，瞄准 *B* 点的视距尺，此时视线与视距尺垂直。

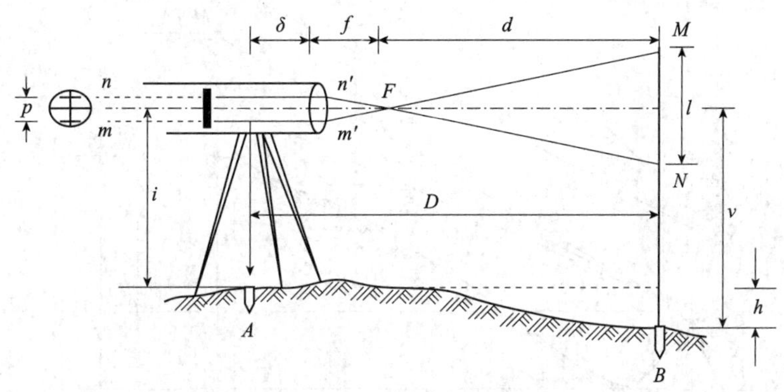


图 4-8　水平视线视距测量原理

在经纬仪或全站仪的十字丝平面，与横丝平行且上、下等间距的两根短丝称为视距丝。上丝在视距尺上的读数为 *N*，下丝在标尺上读数为 *M*，则上、下丝读数之差称为视距间隔或尺间隔，即 $l=M-N$，$p$ 为视距丝间距，$f$ 为物镜焦距，$\delta$ 为物镜至仪器中心的距离。因$\triangle Fm'n'$与$\triangle FMN$相似，故

$$\frac{d}{f}=\frac{l}{p},\quad d=\frac{f}{p}l$$

则 *A*、*B* 两点间的水平距离为：

$$D=\frac{f}{p}l+f+\delta \tag{4-4}$$

令

$$K=\frac{f}{p},\quad C=f+\delta$$

则

$$D=Kl+C \tag{4-5}$$

式中，$K$ 为视距常数，由上、下两根视距丝的间距决定，通常为 100；$C$ 为视距加常数，对于外调焦望远镜来说，$C$ 一般为 0.3~0.6 m。

对于内调焦望远镜，经过调整物镜焦距、调焦透镜焦距及上、下丝间隔等参数后，$C$ 接近于零，故水平距离公式为：

$$D=Kl \tag{4-6}$$

如图 4-8 所示，$i$ 为地面点到仪器望远镜中心线的高度，可用钢卷尺量取；$v$ 为十字丝

中丝在标尺上的读数，称为目标高或觇标高。则 $A$、$B$ 两点间的高差为：

$$h=i-\nu \tag{4-7}$$

### 4.2.2 视线倾斜时的视距原理

当地面起伏较大或通视条件较差时，必须使视线倾斜才能读取尺间隔。此时，视距尺仍为竖直，但视线与尺面不垂直，如图4-9所示，因此不能应用视线水平时的视距公式，而需根据竖直角和三角函数关系进行换算。

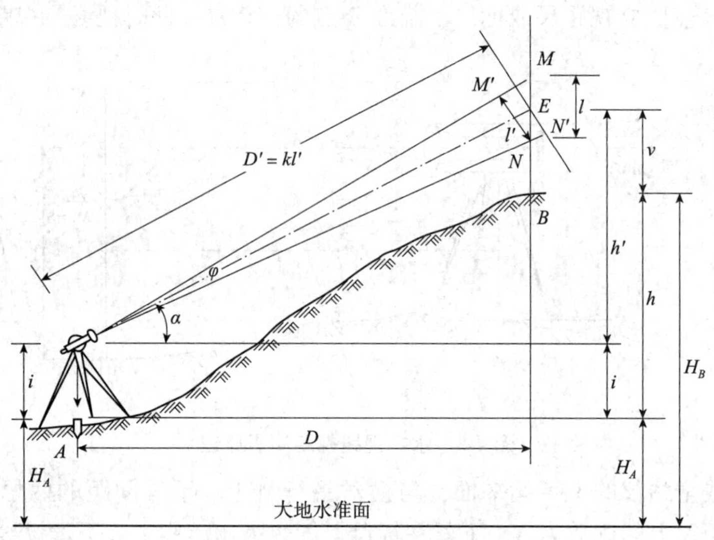


图4-9　倾斜视线视距测量原理

上下丝视线的夹角 $\varphi$ 很小，可以将 $\angle EM'M$ 和 $\angle EN'N$ 近似地看成直角，则根据三角形可知：

$$EM'=EM\cdot\cos\alpha,\ EN'=EN\cdot\cos\alpha$$

$$M'N'=EM'+EN'=EM\cdot\cos\alpha+EN\cdot\cos\alpha=MN\cdot\cos\alpha=l\cos\alpha$$

则

$$l'=l\cos\alpha$$

由图4-9可知，斜距 $D'$ 为：

$$D'=Kl'=Kl\cos\alpha \tag{4-8}$$

根据三角函数，可知水平距离 $D$ 为：

$$D=D'\cos\alpha=Kl\cos^2\alpha \tag{4-9}$$

从图4-9可以看出，两点间的高差 $h$ 为：

$$h=D\tan\alpha+i-\nu=\frac{1}{2}Kl\sin2\alpha+i-\nu \tag{4-10}$$

则待定点的高程 $H_B$ 为：

$$H_B=H_A+h \tag{4-11}$$

式中，$D$ 为水平距离；$K$ 为视距常数；$l$ 为尺间隔；$\alpha$ 为竖直角；$h$ 为两点间的高差；$i$ 为仪器高；$\nu$ 为十字丝中丝在标尺上的读数(目标高)；$H_A$ 为已知点的高程。

### 4.2.3　视距测量的方法

**(1)视距测量的观测与计算**

视距测量的方法和步骤如下:

①在测站点安置经纬仪或全站仪，对中、整平，用钢卷尺量仪器高 $i$。

②瞄准目标点上竖立的水准尺，读取上、中、下丝读数，利用上丝和下丝读数计算尺间隔 $l$，记录中丝读数即目标高 $v$。

③读取竖盘读数计算竖直角，读数前须使竖盘指标水准管气泡居中。

④根据式(4-9)、式(4-10)计算水平距离 $D$ 和高差 $h$，再根据测站点的高程计算待测点的高程 $H_B$。

**(2)视距测量的误差来源**

①视距常数 $K$ 的误差。由于仪器制造工艺的原因，$K$ 值不一定恰好等于 100，$K$ 值的误差属于系统误差，对视距的影响较大。

②视距尺的分划误差。视距尺的分划可能不够均匀、准确，属于系统误差，对测量结果也有一定的影响。

③尺间隔 $l$ 读数误差。尺间隔 $l$ 的读数误差属于观测误差，是视距测量误差的主要来源。因为尺间隔乘以 100，其误差也随之扩大 100 倍，对水平距离和高差的影响都较大。观测时应消除视差，使成像清晰，估读时应尽量准确。

④标尺未竖直误差。视距测量时，标尺未竖直对测量水平距离和高差都会带来一定误差。特别是在山区作业时，更应注意将标尺立直，尽量使标尺侧面的圆水准器气泡居中。

⑤竖直角观测误差。根据视距测量原理和公式可知，竖直角观测误差对水平距离影响不显著，但对高差的影响较大。观测竖直角时，应将竖直度盘指标水准管居气泡中，采用盘左、盘右观测取平均值的方法以减小误差。

⑥外界条件的影响。主要包括大气折光使视线非直线、空气对流使成像不稳定、风使尺子抖动等。为减小大气折光和空气对流的影响，视线不能离地面太近，一般应超过 1 m，并选择合适的天气作业。

## 4.3　电磁波测距

电磁波测距是利用电磁波作为载波传输测距信号以测量两点间距离的方法。它具有测程远、精度高、受地形限制小以及作业效率高等优点，是地形测量、工程测量、房产测量中距离测量的主要方法。其测距精度可达毫米级，可用于高精度的远距离测量和近距离的碎部测量。

### 4.3.1　电磁波测距基本原理

电磁波测距的基本原理：利用已知光速 $C$，测定两点间往返的传播时间 $t$，以计算出距离 $D$。如图 4-10 所示，欲测定 $A$、$B$ 两点间的距离 $D$，在 $A$ 点安置光电测距仪，$B$ 点安置反射棱镜，测距仪发射的电磁波由 $A$ 到 $B$，经反射棱镜反射后返回到仪器。若能测定电磁波在待测距离上往返传播的时间为 $t$，则 $A$、$B$ 两点间距离 $D$ 为：

$$D=\frac{1}{2}Ct \tag{4-12}$$

式中，$C$ 为电磁波在大气中的传播速度，其值为 299 792 458 m/s。

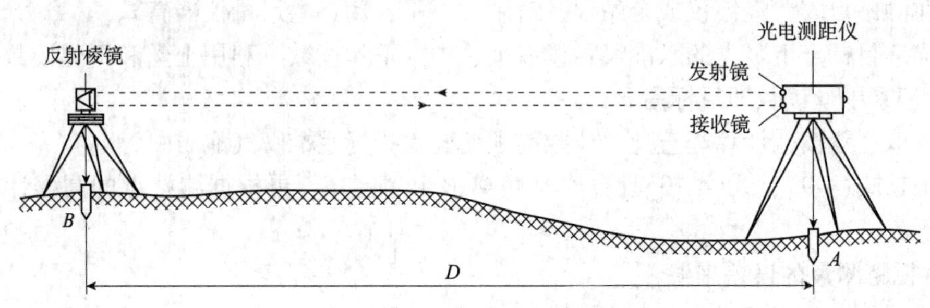


**图 4-10 电磁波测距原理**

由于 $A$、$B$ 两点不一定位于同一高程，电磁波测距直接测定的为倾斜距离 $D'$。通过竖直角的测定，可以根据斜距计算出两点间的水平距离 $D$ 和高差 $h$。

测定距离的精度主要取决于测定时间 $t$ 的精度。根据测定时间 $t$ 的方法不同，电磁波测距仪可以分为脉冲式和相位式两种。

## 4.3.2 电磁波测距仪分类

以电磁波为载波，测定所测距离的往返时间以求得距离的仪器称为电磁波测距仪。电磁波测距仪按其采用的载波不同分为：微波测距仪、激光测距仪和红外测距仪；按测程分为：短程测距仪、中程测距仪和远程测距仪。微波测距仪和激光测距仪多用于远程测距，测程可达 15 km 以上；红外测距仪属于中、短程测距仪。

电磁波测距仪按测距精度分为：Ⅰ级 $|m_D|\leqslant 2$ mm；Ⅱ级 2 mm $\leqslant|m_D|\leqslant 5$ mm；Ⅲ级 5 mm $\leqslant|m_D|\leqslant 10$ mm；等外级 10 mm $<|m_D|$。测距仪的标称精度通常表示为 $m_D=\pm(A+B\times D)$。$A$ 为精度固定误差；$B$ 为精度比例误差系数；$D$ 为实测距离，以千米(km)计。固定误差和比例误差的数值越小，则测距仪的精度级别越高。

## 4.3.3 电磁波测距仪的使用

**(1)使用方法和步骤**

①安置。安置测距仪于其中一个测点，对中、整平，接通测距仪的电源；将反射棱镜安置在另一测点上，反射棱镜要面向测距仪，且觇牌要竖直。照准反射棱镜的中心，检查经反射棱镜反射回的光强信号，符合要求后即可开始测距。免棱镜测距仪或无棱镜测距仪可不用反射棱镜直接进行距离测量。

②设置常数。设置棱镜常数，一般原配棱镜为零，国产棱镜为 30 mm。设置大气温度值和气压值。

③读数。读取竖盘读数，开始距离测量。根据气温和气压进行气象改正测定斜距，再根据测定的竖直角进行倾斜改正(仪器可自动改正计算)，得到直线的水平距离。

**(2) 注意事项**

①选择有利的观测时间，应在大气比较稳定和通视良好的条件下使用，避免在光照差的时段测距。

②测距仪的棱镜不可对着太阳或其他强光源，使用前应检查棱镜是否旋紧，以免棱镜掉落摔坏。

③应避免雨水淋湿测距仪，需要注意防潮、防振和防高温。

④应避免测线两侧或棱镜后方有反光物体，以免背景干扰产生测量误差。

### 4.3.4　手持激光测距仪简介

手持式激光测距仪在房产测量、工程施工测量、建筑装修等领域中广泛使用(图 4-11)。它是一种利用脉冲式激光进行距离测量的仪器，不需要反射棱镜，利用测量目标对测距激光的自然反射就可获得高精度的距离；具有体积小、测量速度快、操作简便等特点。只需按一个键就可测量长度、面积和体积，并以数字形式显示，精度可达毫米级；测距范围一般在 200 m 以内，对于反射能力强的待测目标测程会更远。

手持式激光测距仪可自动对焦，在测量距离时，要求仪器要垂直于目标所在的竖直面；在测量面积时，要求两个测距方向互相垂直，屏幕上直接显示面积值，在房产面积测量时十分方便；在体积测量时，分别照准 3 个互相垂直的方向，屏幕上显示测量的 3 个距离以及 3 个距离相乘的体积。

手持式激光测距仪使用的是二级激光，如果直接对准眼睛会对其造成一定的伤害，因此，测量时禁止通过望远镜直视激光束或将激光对准眼睛；在测距时不能抖动仪器，否则会影响测量精度；在野外测量平坦地面两点之间的距离或待测目标点不明显时，在地面竖直立一个浅色挡板有利于距离测量。此外，手持式激光测距仪不能测定运动的物体，待测目标的颜色不能太深，测量应避免在雨雪天气进行。

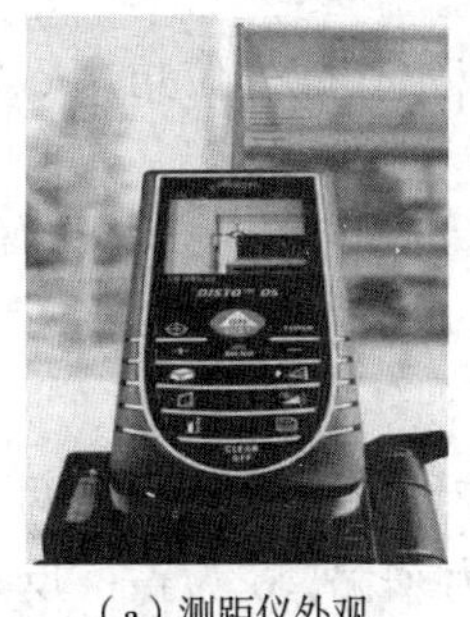

(a) 测距仪外观

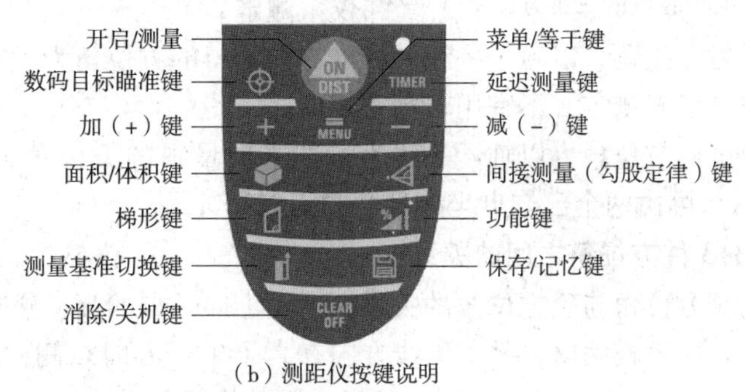


(b) 测距仪按键说明

**图 4-11　徕卡 $D_5$ 测距仪**

## 4.4　直线定向

要确定两点间平面位置的相对关系，除了测量两点间的距离以外，还要测量直线的方向。确定地面上一条直线与标准方向的关系称为直线定向。

### 4.4.1 直线定向的表示方法

**(1)标准方向的种类**

测量工作采用的标准方向有真子午线方向、磁子午线方向和坐标纵轴方向3种。

①真子午线方向。通过地面上某点真子午线的切线方向，即指向地球南北极的方向线(经线)，称为该点的真子午线方向，又称真北方向。在国家小比例尺测图中，采用真子午线方向作为直线定向的基准。

②磁子午线方向。磁针在地面上某点自由静止时所指的方向称为该点的磁子午线方向，又称磁北方向。在小面积大比例尺测图中常采用磁子午线方向作为直线定向的基准。

③轴子午线方向。又称坐标纵轴方向，即大地坐标系的方向，通常取高斯平面直角坐标系中与$X$轴平行的方向作为坐标北方向。在一般测量工作中，采用坐标纵轴线方向作为标准方向。

以上所有子午线方向，都是指向北(或南)的，由于我国位于北半球，所以常把北方向作为标准方向。

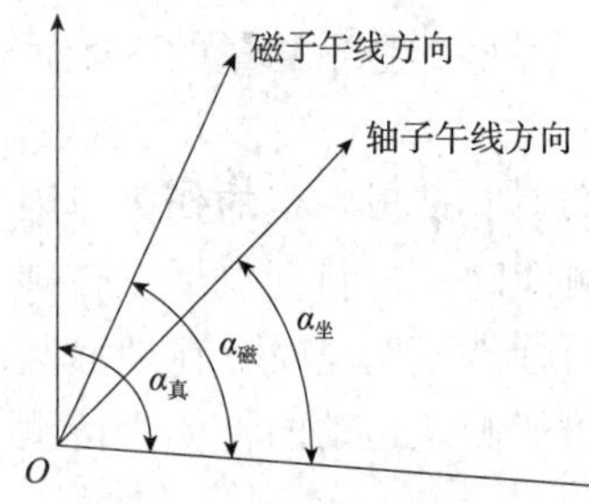


图 4-12 直线的三种方位角

**(2)直线定向的方法**

直线定向可用方位角和象限角表示，测量工作中常用方位角表示直线的方向，由于象限角现在较少使用，此处不再赘述。从标准方向的北端沿顺时针方向量到某一直线的水平夹角，称为该直线的方位角，方位角的取值范围为0~360°。由于标准方向不同，直线的方位角有3种，如图4-12所示。

①真方位角。以真子午线为标准方向量得的方位角为真方位角。真方位角用$\alpha_{真}$表示，可用天文观测方法或用陀螺经纬仪来测定。

②磁方位角。以磁子午线为标准方向量得的方位角为磁方位角。磁方位角用$\alpha_{磁}$表示，可用罗盘仪来测定，不宜用于精密定向。

③坐标方位角。以轴子午线为标准方向量得的方位角为坐标方位角。坐标方位角用$\alpha_{坐}$表示，可由两个已知点坐标经“坐标反算”求得。

**(3)3种方位角之间的关系**

①真方位角与磁方位角的关系。地面上同一点的真、磁子午线方向不重合，两者之间的夹角$\delta$称为磁偏角。磁子午线方向在真子午线方向东侧，称为东偏，$\delta$为正；反之称为西偏，$\delta$为负。真方位角与磁方位角之间的换算关系为：

$$\alpha_{真}=\alpha_{磁}+\delta \tag{4-13}$$

②真方位角与坐标方位角的关系。真子午线与轴子午线间的夹角$\gamma$称为子午线收敛角。坐标纵轴北端在真子午线以东，称为东偏，$\gamma$为正；反之称为西偏，$\gamma$为负。真方位角与坐标方位角之间的换算关系为：

$$\alpha_{真}=\alpha_{坐}+\gamma \tag{4-14}$$

③坐标方位角与磁方位角的关系。如图 4-13 所示，若已知某点的磁偏角 $\alpha_{磁}$，子午线收敛角 $\gamma$，则坐标方位角与磁方位角之间的换算关系为：

$$\alpha_{坐}=\alpha_{磁}+\delta-\gamma \tag{4-15}$$

式中，$\delta$、$\gamma$ 值，东偏取"+"，西偏取"−"。

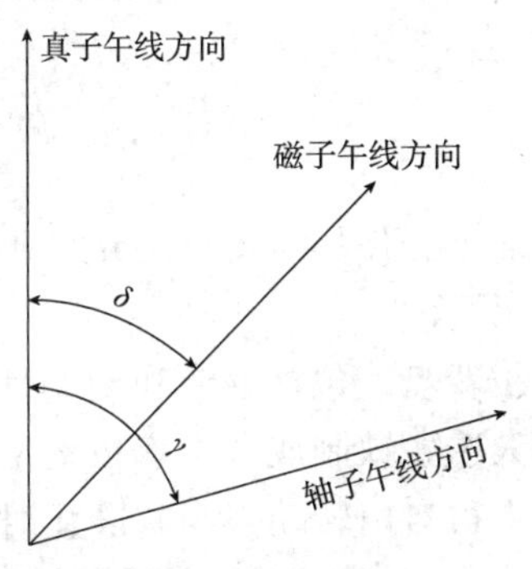


图 4-13　方位角之间的关系

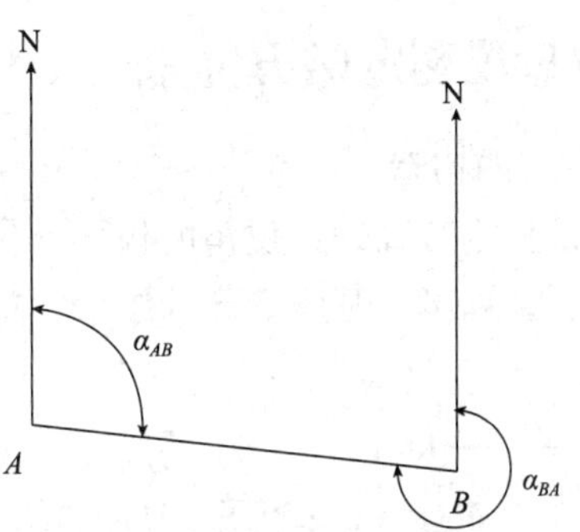


图 4-14　正、反坐标方位角

**(4) 正、反坐标方位角的关系**

如图 4-14 所示，同一直线正、反方位坐标方位角相差为 180°，即

$$\alpha_{AB}=\alpha_{BA}\pm180° \tag{4-16}$$

坐标方位角推导：如图 4-15 和图 4-16 所示，假设直线段 12 为已知边，其方位角为 $\alpha_{12}$，沿着前进方向测定的转折角分别为 $\beta_{2左}$、$\beta_{2右}$，求直线的方位角 $\alpha_{23}$。

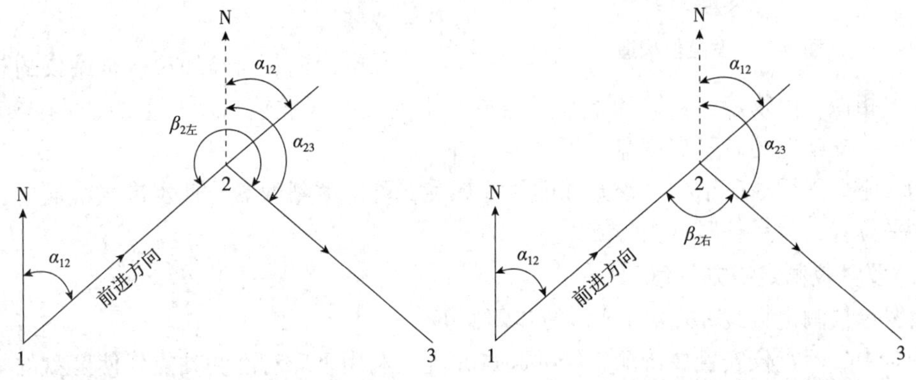


图 4-15　左角坐标方位角推导　　图 4-16　右角坐标方位角推导

若观测的转折角为左角，如图 4-15 所示，直线 23 的方位角 $\alpha_{23}$ 为：

$$\alpha_{23}=\alpha_{12}+\beta_{2左}-180° \tag{4-17}$$

由此可知，转折角为左角的前进方向的方位角计算公式为：

$$\alpha_{n,n+1}=\alpha_{n-1,n}+\beta_{n左}-180° \tag{4-18}$$

若观测的转折角为右角，如图 4-16 所示，直线 23 的方位角 $\alpha_{23}$ 为：

$$\alpha_{23}=\alpha_{12}-\beta_{2右}+180° \tag{4-19}$$

由此可知，转折角为右角的前进方向的方位角计算公式为：

$$\alpha_{n,n+1}=\alpha_{n-1,n}-\beta_{n右}+180° \tag{4-20}$$

注意：若计算结果大于360°则减去360°；若计算结果为负值，则加上360°。

## 4.4.2 罗盘仪测定磁方位角

**(1)罗盘仪的构造**

罗盘仪是测定直线磁方位角的仪器。仪器构造简单，使用方便，但精度不高。罗盘仪主要由罗盘、望远镜、基座3部分组成，如图4-17所示。

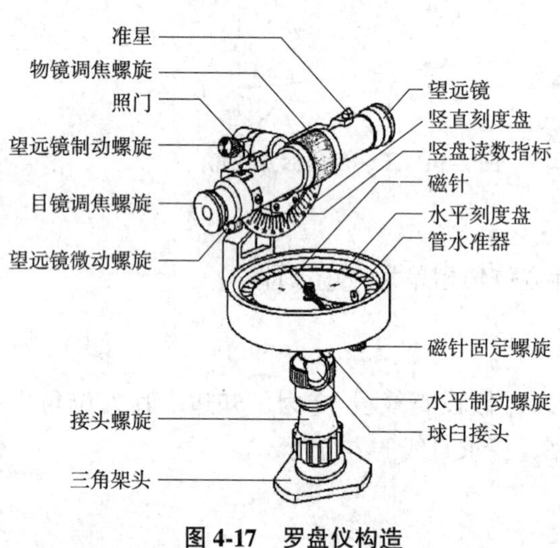


**图4-17 罗盘仪构造**

①罗盘。包括磁针和刻度盘两部分。磁针用人造磁铁制成，支承在刻度盘中心的顶针上，可自由转动。当它静止时，可指示磁子午线方向。由于地球北半球对磁针北端的引力较大，造成磁针北端倾斜，从而产生磁倾角。为了使其平衡，在磁针南端缠绕铜丝或铝块用以平衡。为防止磁针磨损，不用时可旋紧磁针固定螺旋，将磁针升起固定。度盘最小分划为1°，按照逆时针方向从0°标注到360°，每10°有一注记。度盘内装有两个互相垂直的管状水准器或圆水准器，用以整平仪器。

②望远镜。与经纬仪、全站仪的望远镜结构基本相似，由物镜、目镜和十字丝组成。望远镜的视准轴与度盘上的0°与180°直径方向重合。支架上装有竖直度盘，可测竖直角。

③基座。采用球臼结构，松开球臼接头螺旋，可摆动刻度盘，使水准气泡居中，度盘处于水平位置，然后拧紧接头螺旋。

**(2)罗盘仪测定磁方位角**

用罗盘仪测定直线$AB$磁方位角的步骤如下：

①对中。罗盘仪安置在待测直线的起点$A$上，利用垂球对准测站点，使度盘的中心与测站点处于同一铅垂线上。

②整平。松开球形支柱上的固紧螺旋，使度盘上的两个相互垂直的水准气泡同时居中，旋紧螺旋。松开磁针固定螺旋，使之自由转动。

③瞄准。转动罗盘仪，用望远镜瞄准直线的另一端点$B$，瞄准时用十字丝的竖丝照准标杆的底部，竖丝应垂直平分标杆。

④读数。磁针静止时，磁针北端所指的读数即为直线$AB$的磁方位角。读数时，要遵循从小到大、从上到下俯视读数的原则，视线应与磁针的指向一致。图4-18(a)读数为60°，图4-18(b)读数为303°。

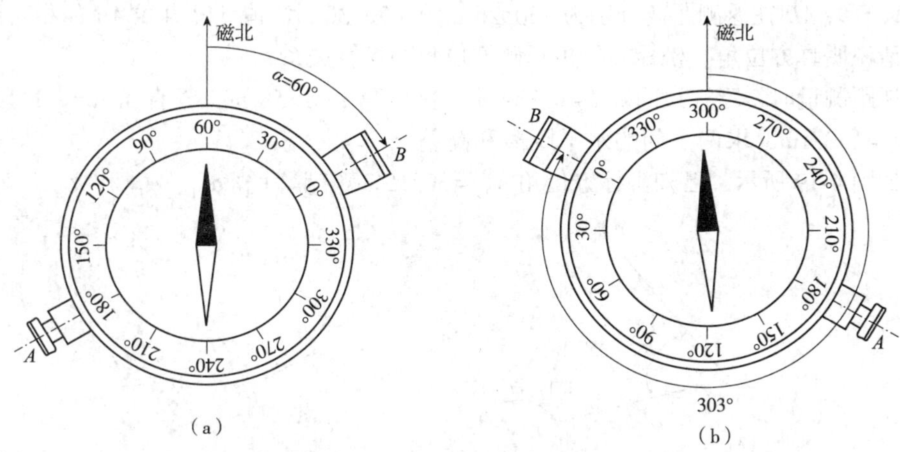


图 4-18　罗盘仪的刻度与读数

测量时，还应对测量直线 *BA* 的磁方位角进行检核，两次测得的直线 *AB* 磁方位角的差值不得超过最小刻度读数的两倍，取二者的平均值作为最终的测量结果；若超限，应重测。

使用罗盘仪测量时，应避开高压线和铁器，否则影响测量结果。观测时，应等待磁针完全静止才能读数，读数完毕应将磁针固定，以免顶针磨损。

## 本章小结

距离测量是确定地面点位的 3 项基本测量工作之一。距离测量的目的是测量地面上两点之间的水平距离。测量水平距离的仪器有钢尺、全站仪、手持激光测距仪等；测量水平距离的方法主要有钢尺量距、视距测量、电磁波测距等。钢尺量距是用钢卷尺沿地面直接丈量距离，精度为 1/1000～1/3000，适用于平坦地区的短距离测量；视距测量是利用测量仪器的视距丝及视距标尺按几何学、光学和三角函数原理进行测距，操作简便、一般不受地形限制，但测程较短，精度较低（1/200～1/300），能满足测定碎部点位置的精度要求；电磁波测距是利用仪器发射并接收电磁波在待测距离上往返传播电磁波的时间来计算距离，测量速度快，可用于高精度的远程测量和近距离的碎部测量。确定地面上两点间的相对位置，除了需要确定两点间的水平距离外，还须确定直线与标准方向之间的关系，即直线定向。罗盘仪是测定磁方位角的仪器，测定的磁方位角可作为控制网起始边的坐标方位角。

## 复习思考题

1. 请分析钢尺量距的误差来源，并说明钢尺量距的注意事项。
2. 直线定线的目的是什么？直线定线有哪几种方法？
3. 什么是直线定向？直线定向的仪器与步骤是什么？
4. 请说明 3 种标准方向各适合在什么情况使用。

5. 设直线 $AB$ 往返测距离分别为 130. 26 m 和 130. 30 m，请计算直线 $AB$ 的相对误差。

6. 请说明真方位角、坐标方位角、磁方位角的换算关系。

7. 视距测量时，已知尺间隔 $l=0.834$ m，仪器高 $i=1.58$ m，竖直角 $\alpha=+2°12'30''$，目标高 $\nu=1.35$ m，求两点间的水平距离和高差。

8. 如图 4-19 所示，已知坐标方位角 $\alpha_{AB}=30°15'30''$，请计算 $\alpha_{B1}$、$\alpha_{12}$ 和 $\alpha_{23}$。

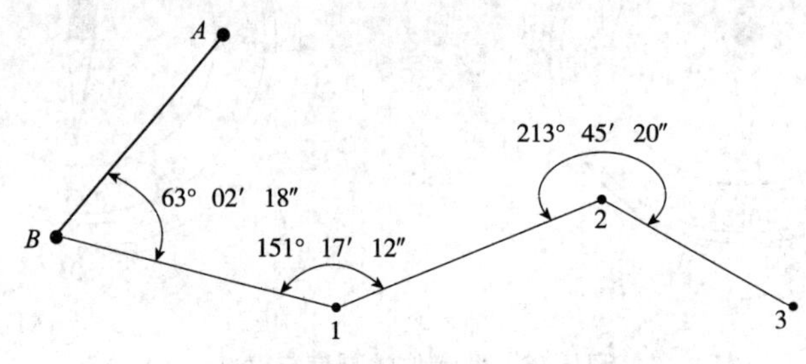


图 4-19　方位角计算

# 第 5 章

# 坐标测量

【内容提要】全站仪和 GNSS 坐标测量是当今重要的坐标获取手段之一。全站仪坐标测量是在微处理器控制下，通过角度和距离测量，自动计算坐标；GNSS 坐标测量是利用距离后方交会原理，通过测定待求点与已知卫星间的距离，确定点的坐标。本章主要介绍全站仪和 GNSS 坐标测量的基本原理。

## 5.1 全站仪测量

全站仪是全站型电子速测仪(electronic total station)的简称，是电子经纬仪、光电测距仪及微处理器相结合的光电仪器。与光学经纬仪相比，全站仪用电子度盘代替光学度盘，用电磁波测距仪代替光学视距经纬仪，并搭载微型计算机进行自动记录、度数显示及参数计算，使操作简单化，且可避免读数误差的发生。因其安置一次仪器就可完成测站上的全部测量工作(角度、斜距、平距、高差和坐标)，故被称为全站仪。由于全站仪具有坐标测量功能，故其成为数字化测图中主要的设备之一。

### 5.1.1 全站仪的系统组成及构造

全站仪主要由控制系统、测角系统、测距系统、记录系统和通信系统组成。控制系统是全站仪的核心，主要由微处理器、键盘、显示器、存储设备、控制模块和通信接口等软硬件组成。测角系统与电子经纬仪相同，测距系统与测距仪基本一致。记录系统与计算机的存储系统类似，可以使用一种或数种数据存储设备。通信系统是一个符合 RS-232C 标准的串行通信接口，通过专用的数据电缆，与记录手簿或计算机进行连接，实现数据的双向传输。全站仪的种类很多，在使用之前，必须仔细阅读使用说明书，才能熟悉各种全站仪的操作。

### 5.1.2 全站仪的测量模式

全站仪的测量模式是根据全站仪的功能设计而成的，基本的功能有角度测量、距离测量以及据此延伸的其他功能，如坐标测量、悬高测量、偏心测量、对边测量、距离放样、坐标放样和面积测量等。所有的全站仪都具有这些功能，只是其软件设计的思路不同，这些功能通过不同的程序实现。下面以 GTS-100N 全站仪为例(图 5-1)，介绍全站仪的基本操作。

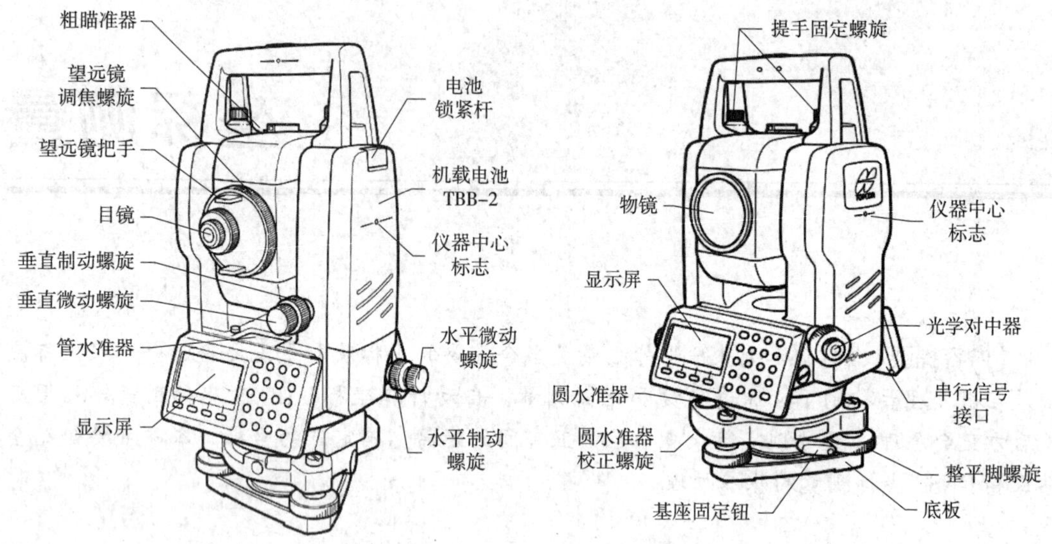


**图 5-1　GTS-100N 全站仪**

### (1) 角度测量模式

仪器的出厂设置为开机自动进入角度测量模式。按 ANG 键进入角度测量模式。角度测量模式有 3 页，如图 5-2 所示。

| | | |
|---|---|---|
| V:　　90°10′20″<br>HR:　　123°30′40″<br><br>置零　锁定　置盘　P1↓ | V:　　90°10′20″<br>HR:　　123°30′40″<br><br>倾斜　复测　V%　P2↓ | V:　　90°10′20″<br>HR:　　123°30′40″<br><br>H-蜂鸣　R/L　竖角　P3↓ |

**图 5-2　角度测量模式**

各键和显示符号的功能见表 5-1。

**表 5-1　角度测量模式各键和显示符号的功能表**

| 页码 | 软键 | 显示符号 | 功　能 |
|---|---|---|---|
| 第 1 页 P1 | F1 | 置零 | 将当前视线方向的水平度盘读数设置为 0 |
| | F2 | 锁定 | 将当前视线方向的水平度盘读数锁定 |
| | F3 | 置盘 | 将当前视线方向的水平度盘读数设置为输入值 |
| | F4 | P1 | 显示第 2 页软键功能 |
| 第 2 页 P2 | F1 | 倾斜 | 设置倾斜改正开或关，若选择开则显示倾斜改正的角度值 |
| | F2 | 复测 | 角度重复测量模式 |
| | F3 | V% | 切换竖盘读数的显示方式，是以角度制显示或是以斜率百分比显示 |
| | F4 | P2 | 显示第 3 页软键功能 |

（续）

| 页码 | 软键 | 显示符号 | 功　能 |
|---|---|---|---|
| 第 3 页<br>P3 | F1 | H-蜂鸣 | 设置仪器每转到水平角 90°是否发出蜂鸣声 |
| | F2 | R/L | 水平度盘读数按右/左方向计数的切换 |
| | F3 | 竖盘 | 垂直角显示格式(高度角/天顶距)的切换 |
| | F4 | P3 | 显示第 1 页软键功能 |

全站仪的水平度盘设置有两种模式，分别是左和右，用 HAL 和 HAR 表示。在这两种模式下均可进行角度测量。实际测量中往往任选一种。角度测量的方法与经纬仪测角的方法相同。为了方便配置度盘，全站仪设计了置零和置盘两个按键，置零用于归零，置盘用于设置不同的水平方向起始值。

**(2)距离测量模式**

GTS-100N 的距离测量模式首先需确认仪器处于测角模式，照准棱镜中心后按◢键进行距离测量。GTS-100N 的测距模式分为精测模式、跟踪模式和粗测模式。精测模式为常规测距模式，又分为连续测量和单次/N 次测量。在进行控制测量时，通常采用连续精测，坐标测量时采用单次精测。跟踪模式多用于跟踪移动目标进行观测或放样；粗测模式观测时间短于精测模式，精度相对较低。距离测量时根据是否使用反光体，测距模式又分为免棱镜、使用棱镜和反射片 3 种测量模式。在使用棱镜时，应注意设置棱镜常数(PSM)，棱镜常数根据反射镜的正反安装一般为 0 mm 和 30 mm。精密测距还应设置气象参数。GTS-100N 的距离测量模式共有两页，其中第 1 页默认显示水平角右角(HR)、水平距离(HD)、高差(VD)，按◢键可更改为显示垂直角(V)，水平角右角(HR)和倾斜距离(SD)，如图 5-3 所示。

```
HR:      120°30′40″
HD*:     123.456° m
VD:      5.678° m
测量  模式  S/A  P1↓
```

```
HR:      120°30′40″
HD*:     6.560° f
VD:      5.678° f
偏心  放样  m/f/i  P2↓
```

**图 5-3　距离测量模式**

各键和显示符号的功能见表 5-2。

**表 5-2　距离测量模式各键和显示符号的功能表**

| 页码 | 软键 | 显示符号 | 功　能 |
|---|---|---|---|
| 第 1 页<br>P1 | F1 | 测量 | 启动距离测量 |
| | F2 | 模式 | 设置测距模式为精测/粗测/跟踪 |
| | F3 | S/A | 设置温度、气压、棱镜常数等 |
| | F4 | P1 | 显示第 2 页软键功能 |

(续)

| 页码 | 软键 | 显示符号 | 功　能 |
|---|---|---|---|
| 第 2 页 P2 | F1 | 偏心 | 偏心测量模式 |
| | F2 | 放样 | 距离放样模式 |
| | F3 | m/f/i | 设置距离单位，米/英尺/英寸 |
| | F4 | P2 | 显示第 1 页软键功能 |

棱镜常数与气象参数设置完毕后可进行距离测量，按下测距键即可自动进行测量，测量结果会显示在显示页面上。显示结果包括水平距离、倾斜距离和垂直距离。

**(3) 坐标测量模式**

按键可进入坐标测量模式，由于未知点坐标需基于测站点进行计算，所以在测量前通常需要进行测站点、仪器高和目标高的设置。以上参数是计算未知点坐标的必要条件，若不进行设置，则所测坐标是按照仪器的默认值来进行计算的。

**(4) 其他程序测量模式**

悬高测量、偏心测量、对边测量和面积测量等测量模式，都是按照一定的测量原理进行的。实际测量时，应熟悉每种测量所需的条件，按相应的原理进行。如面积测量，应至少有 3 个点的坐标才可以计算面积。实际测量时，进入程序后，瞄准第 1 个点按测量键，再瞄准第 2 个点按测量键，再瞄准第 3 个点按测量键才可以计算面积。当然可以多测几个点，但是不可以少测。

## 5.1.3　全站仪的存储管理

全站仪是软硬件一体化的仪器，其软件系统中的内存管理系统和计算机的操作系统有着一样的功能，可以实现文件的创建、删除和查阅，还可以与计算机实现通信，完成对文件的输入和导出。对于其中的一个数据文件，可以实现对数据的输入、查询、修改、添加和删除等功能。GTS-100N 全站仪的内存管理入口通过正常测量模式进入，在菜单中选择存储管理。进入存储管理菜单后，可以发现菜单界面共有 3 页，界面分别如图 5-4 所示。

存储管理　1/3
F1：文件状态
F2：查找
F3：文件维护　P↓

存储管理　2/3
F1：输入坐标
F2：删除坐标
F3：输入编码　P↓

存储管理　3/3
F1：数据通信
F2：初始化
P↓

**图 5-4　存储管理**

在存储管理模式下，文件状态菜单可检查存储数据的数量和剩余内存空间；查找菜单可查看记录的数据；文件维护菜单可删除文件、编辑文件名；输入坐标菜单可将坐标数据输入并存入坐标数据文件；删除坐标菜单可删除坐标数据文件中的坐标数据；输入编码菜单可将编码数据输入并存入编码库文件；数据通信菜单可发送测量数据、坐标数据和编码库数据，可上载坐标数据或编码库数据，同时可设置通信参数，需要注意的是，计算机端需要传输软件，需要分别在计算机和全站仪端设置通信参数，如波特率、字符检验和通信协议；初始化菜单可将内存初始化。

GTS-100N 支持通过数据连接线将内存的数据文件传送到计算机，也可以从计算机将坐标数据文件和编码库数据直接导入仪器内存。发送测量数据到计算机时，由主菜单(1/3)按[F3]键存储管理键，按两次[F4]键转到主菜单(3/3)，再按[F1]数据通信键，按[F1]键选择 GTS 格式数据传输，再按[F1]键选择 11 位数据，选择需要发送的数据类型，按[F1]键输入待发送的文件名，按[F4](ENT)确认键是否发送数据，再按[F3]键发送数据。需要注意的是，上述操作需要全站仪与计算机连接，设置传输参数，在计算机与全站仪互认后，即可将坐标下传到软件中。数据传输完成后，需要使用数据转换软件将内存中的数转换成制图软件使用的坐标格式。

### 5.1.4　全站仪的数据采集

所有的全站仪都具有数据采集功能，只是不同的仪器，数据采集菜单放置的位置不同。但大部分仪器数据采集功能都放在仪器的菜单中。所有全站仪的数据采集菜单都是按照坐标测量的 3 个步骤进行设计的，分别是测站设置、后视定向和点坐标测量。

GTS-100N 的数据采集功能在菜单中，按[F1]键进入数据采集界面，由于仪器在观测中所采的数据都会保存在一个文件中，因此在数据采集时需要新建文件或选择已有的文件。新建选择后即进入数据采集界面。数据采集页面共有 2 页，其界面如图 5-5 所示。

| 数据采集 | 1/2 |
| --- | --- |
| F1：测站点输入 | |
| F2：后视 | |
| F3：前视/侧视 | P↓ |

| 数据采集 | 2/2 |
| --- | --- |
| F1：选择文件 | |
| F2：编码输入 | |
| F3：设置 | P↓ |

**图 5-5　数据采集**

数据采集(2/2)的[F1]选择文件是在测站点或后视点坐标输入时需要从仪器所存的坐标数据文件中调用时使用的，数据采集(2/2)的[F3]设置是数据采集模式的参数设置，包括测距模式、测距方式、测量顺序、采集顺序和坐标自动计算，GTS-100N 默认的测距模式为精测，测距方式为平距，测量顺序为重复测距，数据确认默认打开。

**(1)测站设置**

测站点的输入根据测量时数据输入情况确定相应的操作方法。如果坐标数据已经输入了仪器中，测量时需要调用内存数据文件，则需要在输入测站点之前，先在数据采集菜单(2/2)按[F1]选择文件键，再按[F2]坐标数据键，选择使用的坐标文件，如图 5-6(a)所示。如果仪器中没有测站点坐标，可在数据采集菜单(2/2)按[F1]选择文件键，选择相应的文件后再按[F1]键现场输入，如图 5-6(b)所示。在数据菜单(1/2)按[F1]测站点输入键显示原有数据，按[F4]测站键对不同测站点进行编辑，在测站点界面按[F1]输入键，输入 PT#(#为测站点号)，如图 5-6(c)所示，再按F4(ENT)确认键，输入标识符与仪高，如图 5-6(d)所示，按F3记录键完成更改并返回数据采集菜单。

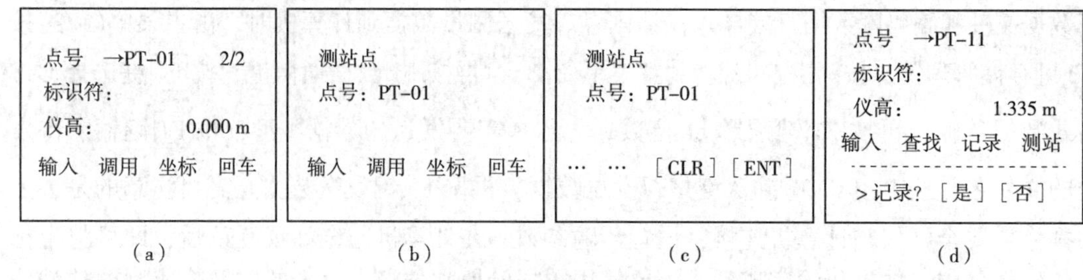


**图 5-6　测站设置**

**(2)后视定向**

后视设置可使用后视点坐标或后视方向角。后视点坐标输入步骤与测站设置相同，分为使用仪器中文件和现场输入两种，由数据菜单(1/2)按F2后视键可进入后视点设置界面，如图 5-7(a)所示，若调用仪器中的坐标，按F4后视键，出现输入后视点点名的界面，如图 5-7(b)所示，按调用键，选择相应点号，按ENT键即可调用并回到输入后视点界面，按F3测量出现图 5-7(c)，按坐标键，照准后视后，选择测量模式并按相应软件，仪器会开始测量，出现的坐标应与后视点坐标相同，或相差数值满足坐标测量的精度，表明仪器后视设置正确，若不正确应重新调整设置。若后视选择使用方位角，则在图 5-7(c)的页面中选择F1角度，输入方位角即可。如后视方位角选择置零，在图 5-7(a)的界面选择F2置零。

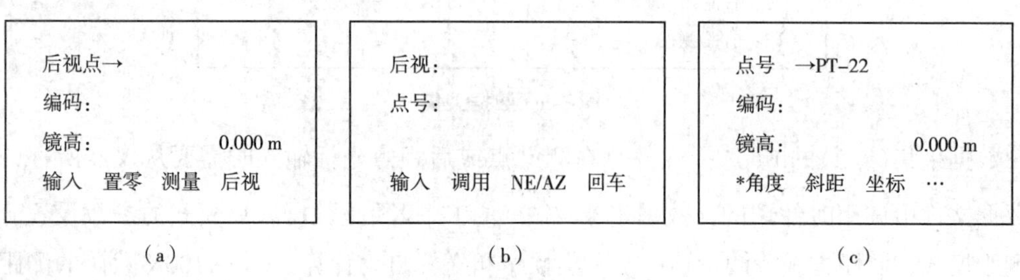


**图 5-7　后视设置**

**(3)坐标测量**

点号 = PT-01
编码→
镜高: 1.200 m
输入 查找 测量 同前

**图 5-8　坐标测量**

在测站和后视都设置正确后，在数据采集(1/2)界面，按F3键进入测量界面，如图 5-8 所示。如镜高需要修改，按F1输入键后，输入实际镜高，按ENT键后再按F3测量键开始测量，仪器默认测量结果自动保存。若后续测量镜高不再修改，则直接按F4，再按F3测量键继续观测，仪器观测完成后，自动保存结果，并将点名的序号自动增加。

注意：不同型号全站仪测量坐标的方法略有差异，测量前请认真阅读全站仪的使用说明书。

**(4)数据导出**

测量完成后，可以使用SD卡导出文件，也可与计算机连接，下传数据到计算机。使用SD卡导出数据的选项为图中的[F2]选项，再选择[F2]：内存→SD卡，即可完成数据传输。数据传输完成后，需要使用南方测绘仪器有限公司的数据转换软件将内存中的数据转换成制图软件使用的坐标格式。如与计算机连接，则需要连接软件、设置传输参数，在计算机和全站仪互认后，即可将坐标下传到软件中。

## 5.2　全球卫星导航系统(GNSS)测量

### 5.2.1　GNSS概述

#### 5.2.1.1　简介

具有全球导航定位能力的卫星定位导航系统称为全球卫星导航系统(global navigation satellite system，GNSS)。全球卫星导航系统是一个虚拟的概念，并没有统一的规划和认定标准，通常表示空间所有在轨运行的卫星导航系统的总称。GNSS是一个综合的星座系统，能在地球表面或近地空间的任何地点为适当装备的用户提供实时、三维坐标和速度以及时间信息的空基无线电定位系统，包括一个或多个卫星星座及其支持特定工作所需的增强系统。

全球卫星导航系统国际委员会(ICG)公布的全球四大卫星导航系统供应商包括美国全球定位系统(GPS)、俄罗斯格洛纳斯全球导航卫星系统(GLONASS)、欧盟伽利略卫星导航系统(GALILEO)和中国北斗卫星导航系统(BDS)。

**(1)GPS全球定位系统简介**

GPS全球定位系统(global positioning system，GPS)是美国在20世纪70年代开始建设的世界上第一个用于导航定位的全球系统，经过几十年的发展和更新，目前GPS已经成为全球星座组网最完善、定位精度最高、用户数量最多的卫星导航系统之一。系统基本星座共由24颗卫星组成，均匀分布在倾角为55°的6个圆形轨道上，运行高度20 200 km，轨道周期为11 h 58 min。

**(2)GLONASS全球定位系统简介**

GLONASS是俄罗斯所建，用于导航定位的全球系统。正常工作状态的卫星是24颗，分布在3个近圆形轨道，与赤道间的轨道倾角为64.8°，每两个轨道面之间的夹角为120°，同一个轨道面上的卫星之间相隔45°，系统的轨道高度约为19 100 km，运行周期约为11 h 15 min。

**(3)GALILEO全球定位系统简介**

GALILEO卫星导航系统是欧盟建设的全球导航定位系统，它是世界上第一个完全向民用开放的具有商业性质的卫星定位系统，既能够为民众提供高精度导航信号，又可以提供给政府和军方高度安全的加密信号。GALILEO系统的组网星座包括30颗卫星，其中27

颗卫星为工作星，其余 3 颗为备份星。这些卫星均匀分布在 3 个中高度轨道面上，每个轨道面都部署 9 颗工作星和 1 颗备份星，2 个轨道面相隔 120°轨道高度为 23 616 km，倾角为 56°，卫星运行周期为 14 h 4 min。

**(4)北斗卫星导航系统简介**

BDS 北斗卫星导航系统(BeiDou navigation satellite system，BDS)是我国着眼于国家安全和经济社会发展需要，自主建设运行的全球卫星导航系统，是为全球用户提供全天候、全天时、高精度的定位、导航和授时服务的国家重要时空基础设施。

我国坚持“自主、开放、兼容、渐进”的原则建设和发展北斗卫星导航系统(以下简称北斗系统)。北斗系统自提供服务以来，已在交通运输、农林渔业、水文监测、气象测报、通信授时、电力调度、救灾减灾、公共安全等领域得到广泛应用，服务国家重要基础设施，产生了显著的经济效益和社会效益。基于北斗系统的导航服务已被电子商务、移动智能终端制造、位置服务等厂商采用，广泛进入我国大众消费、共享经济和民生领域，应用的新模式、新业态、新经济不断涌现，深刻改变着人们的生产生活方式。我国将持续推进北斗系统应用与产业化发展，服务国家现代化建设和百姓日常生活，为全球科技、经济和社会发展作出贡献。

北斗系统秉承“中国的北斗、世界的北斗、一流的北斗”发展理念，愿与世界各国共享北斗系统建设发展成果，促进全球卫星导航事业蓬勃发展，为服务全球、造福人类贡献中国智慧和力量。北斗系统为经济社会发展提供重要时空信息保障，是中国实施改革开放 40 余年来取得的重要成就之一，是新中国成立 70 多年来重大科技成就之一，是中国贡献给世界的全球公共服务产品。我国将一如既往地积极推动国际交流与合作，实现与世界其他卫星导航系统的兼容与互操作，为全球用户提供更高性能、更加可靠和更加丰富的服务。

北斗系统空间组网星座部分由 5 颗地球静止轨道(GEO)卫星和 30 颗非地球静止轨道(Non-GEO)卫星组成。GEO 卫星分别定点于东经 58.75°、80°、110.5°、140°和 160°。Non-GEO 卫星由 27 颗圆地球轨道(MEO)卫星和 3 颗倾斜地球同步轨道(IGSO)卫星组成。其中，MEO 卫星轨道高度 21 500 km，轨道倾角 55°，均匀分布在 3 个轨道面上；IGSO 卫星轨道高度 36 000 km，均匀分布在 3 个倾斜同步轨道面上，轨道倾角 55°，3 颗 IGSO 卫星星下点轨迹重合，交叉点经度为东经 118°，相位差 120°。

北斗系统具有以下特点：①北斗系统空间段采用 3 种轨道卫星组成的混合星座，与其他卫星导航系统相比高轨卫星更多，抗遮挡能力强，尤其低纬度地区性能优势更为明显。②北斗系统提供多个频点的导航信号，能够通过多频信号组合使用等方式提高服务精度。③北斗系统创新融合了导航与通信能力，具备定位导航授时、星基增强、地基增强、精密单点定位、短报文通信和国际搜救等多种服务能力。

#### 5.2.1.2 GNSS 卫星导航基本原理

目前，大部分 GNSS 系统均由 3 部分组成，分别称为空间段、地面段和用户段。其中，空间段由 24~30 颗在轨工作卫星构成导航星座，一般运行在距离地面 20 000 km 左右的中高地球轨道，按照结构设计分布在 3~6 个轨道面上；地面段主要是地面控制部分，通常包括主控站、监测站、地面天线、数据传输系统和通信辅助系统等，作用是测量跟踪卫星轨道、预报卫星星历及对星上设备进行遥感遥测、工况控制管理等；用户段即导航信号接收机、数据处理器、计算机等用户设备，其功能是跟踪捕获卫星播发的导航信号，根据导航电文的内容按照协议解算出卫星轨道参数、用户所处位置高度及坐标、地理经纬度、行进速度、标准时间信息等数据。

导航卫星上搭载了专用的无线电设备，可向地面用户不间断发射固定频段的无线电信号，用户利用导航接收机收到卫星上的导航信号后，通过时间测距或多普勒测速获得自身相对于卫星的距离参数，并根据卫星发播的轨道、时间参数等信息求得卫星的实时位置，进而解算出自身的地理位置坐标和速度矢量。

#### 5.2.1.3　GNSS 卫星定位基本原理

GNSS 卫星定位的基本原理是把卫星视为动态的控制点，在已知其瞬时坐标的条件下，地面点通过接收 4 颗以上的卫星信号，得到卫星到地面点的距离，进行空间距离后方交会，确定用户接收机天线所在的位置。

根据后方距离交会法，虽说 3 颗卫星即可定位，但由于接收机的钟差比较大，常常也将它作为一个未知数，因此，卫星定位一般至少需要同时接受 4 颗卫星的信号。

地面接收机完成初始化后，在接收的卫星信号满足条件的情况下，测出卫星信息到达接收机的时间 $\Delta t$，进而确定卫星与接收机之间的距离 $\rho$ 为：

$$\rho = c \cdot \Delta t + \sum \delta_i \tag{5-1}$$

式中，$c$ 为信号传播速度；$\sum \delta_i$ 为有关的改正数之和。

如图 5-9 所示，$S_1$、$S_2$、$S_3$、$S_4$ 为已知瞬时位置的 4 颗卫星，设在时刻 $t_i$ 用 GNSS 接收机同时测量 $P$ 点至 4 颗卫星的距离为 $\rho_1$、$\rho_2$、$\rho_3$、$\rho_4$，通过 GNSS 电文解译出此刻 4 颗卫星的三维坐标分别为（$X_1$，$Y_1$，$Z_1$）、（$X_2$，$Y_2$，$Z_2$）、（$X_3$，$Y_3$，$Z_3$）、（$X_4$，$Y_4$，$Z_4$）。根据距离后方交会法计算公式，利用 3 颗卫星组成 3 个方程，就可以解算出观测点的位置($X$，$Y$，$Z$)。但考虑卫星的时钟与接收机时钟之间的误差，实际上有 4 个未知数，$X$、$Y$、$Z$ 和时钟差，因而需引入第 4 颗卫星，形成 4 个方程式才能求解。求解 $P$ 点的三维坐标($X_P$，$Y_P$，$Z_P$)和时钟差 $\delta t$ 的观测方程为：

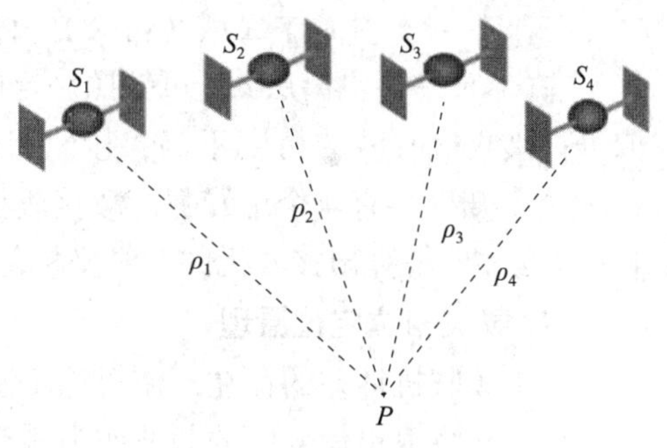


**图 5-9　单点定位原理**

$$\begin{cases} \rho_1 = \sqrt{(X_P - X_1)^2 + (Y_P - Y_1)^2 + (Z_P - Z_1)^2} - C \cdot \delta t \\ \rho_2 = \sqrt{(X_P - X_2)^2 + (Y_P - Y_2)^2 + (Z_P - Z_2)^2} - C \cdot \delta t \\ \rho_3 = \sqrt{(X_P - X_3)^2 + (Y_P - Y_3)^2 + (Z_P - Z_3)^2} - C \cdot \delta t \\ \rho_4 = \sqrt{(X_P - X_4)^2 + (Y_P - Y_4)^2 + (Z_P - Z_4)^2} - C \cdot \delta t \end{cases} \tag{5-2}$$

**(1)伪距法定位原理**

伪距法是指定位时采用的是含有误差的距离进行交会计算，从而求得接收机天线所在点三维坐标的方法。由于卫星钟、接收机钟的误差以及无线电信号经过电离层和对流层中的延迟，实际测出的距离与卫星到接收机的几何距离有一定的差值，习惯上称量测出的距离为伪距，用$\rho'$表示。伪距是指由卫星发射的测距码到观测站的传播时间(时间延迟$\tau$，时延)乘以光速所得出的量测距离。可见伪距观测值考虑了卫星钟差、接收机钟差以及电离层和对流层延迟的影响。

钟差，可定义为某时刻钟面时与GNSS标准时之差。假设卫星在某一时刻$T$发出一个信号，该时刻的GNSS标准时为$T_j$，卫星钟的钟面时刻为$t_j$，该信号到达接收机$k$钟面时刻为$t_k$，而此时相应的标准时为$T_k$，于是伪距测量的时间延迟$\tau$即为$t_k$与$t_j$之差。在理想的情况下，时延$\tau$就等于卫星信号的传播时间$\Delta t$，将电磁波传播速度$C$乘以时延$\tau$，就可以求得卫星至接收机的距离$\rho'$：

$$\rho'=(t_k-t_j)C=\tau\cdot C \tag{5-3}$$

考虑卫星钟和接收机钟不完全同步，以及电离层和对流层对电磁波传播速度的影响，所以真正距离$\rho$与伪距离$\rho'$之间的关系式为：

$$\rho=\rho'+\delta\rho_1+\delta\rho_2-C\delta t_j+C\delta t_k \tag{5-4}$$

式中，$\delta\rho_1$，$\delta\rho_2$分别表示电离层折射改正和对流层折射改正；$\delta t_j$，$\delta t_k$分别表示卫星钟的钟差改正和接收机的钟差改正。

将式(5-3)代入式(5-4)整理可得$P$点精确三维坐标($x_P$，$y_P$，$z_P$)公式：

$$[(x_P-X)^2+(y_P-Y)^2+(z_P-Z)^2]^{\frac{1}{2}}-C\delta t_k=\rho'+\delta\rho_1+\delta\rho_2-C\delta t_j \tag{5-5}$$

式(5-5)中，电离层$\delta\rho_2$可按照一定的模型进行计算，卫星钟差$\delta t_j$可以自导航电文中取得；接收机时钟的精度不高，接收机钟差$\delta t_k$作为未知数再加上接收机坐标($x_P$，$y_P$，$z_P$)3个未知数共有4个未知数。故接收机必须同时至少测定4颗卫星的距离，即组成至少4个方程才能解算出接收机的三维坐标值。

**(2)载波相位定位原理**

由于接收机钟差的存在，使得伪距法定位难以达到较高的精度。而载波相位测量的精度很高，若将卫星信号中的载波作为测距信号，就可精确量测载波被接收机接收时刻和发射时刻的相位差，从而计算卫星至接收机的精确距离。假设卫星与接收机完全同步，那么任意时刻这两个载波的相位都严格相同。于是就能用接收机产生的相同频率载波的相位替代载波发射时刻卫星处的相位。所以某时刻的载波相位观测值，就是该时刻接收机产生的载波的相位$\varphi_R$和接收到的来自卫星的载波相位$\varphi_S$之差$\Delta\varphi=\varphi_S-\varphi_R$。则卫星至接收机的距离为：

$$\rho=\lambda\cdot\Delta\varphi=\lambda\cdot(\varphi_S-\varphi_R) \tag{5-6}$$

式中，$\lambda$为载波波长；$\Delta\varphi$既包含整波段数，也包含不足1个波段的小数。

实际上，载波信号是一种周期性的正弦信号，相位测定只能测定不足1个波长的小数部分，无法测定其整波长个数，因而存在着整周数的不确定问题，使解算过程变得复杂。另外，在载波相位测量中，要连续跟踪载波，但由于接收机故障和外界干扰等因素的影响，经常引起跟踪卫星的暂时中断，而产生周跳问题。整周模糊度和周跳是载波相位测量的两个主要影响因素，给数据处理工作增加不少麻烦和困难，这个问题现已成功解决。解决方法可参阅相关资料，这里不再赘述。

## 5.2.2　GNSS 控制测量技术

GNSS 可在控制测量中使用，也可在碎部测量中使用。由于控制测量较高的精度要求，下面重点介绍 GNSS 进行控制测量的实施技术。GNSS 进行控制测量的主要方法为静态相对定位和快速静态相对定位。GNSS 控制外业工作主要包括选点、建立观测标志、野外观测以及成果检核等内容；内业工作主要包括 GNSS 控制网的技术设计、测后数据处理和技术总结等内容。

### 5.2.2.1　GNSS 控制测量概述

GNSS 测量工作必须遵循“由整体到局部，先控制后碎部”的原则。在测量时需先建立控制网作为各种测量的基础。控制网能够控制全局，限制测量误差累积，且保证所测地形图能够互相拼接为一个整体。

**(1) GNSS 网技术设计**

在 GNSS 网的技术设计中，应根据测区大小、用途来设计网的等级和精度指标。《全球定位系统(GPS)测量规范》(GB/T 18314—2009)规定了利用全球定位系统(GNSS)静态测量技术，建立 GNSS 控制网的布设原则、测量方法、精度指标和技术要求。

规范将 GNSS 的测量精度等级分为 A、B、C、D、E 共 6 级，其中 A 级 GNSS 网由卫星定位连续运行基准站构成，其精度应不低于表 5-3 的要求。

**表 5-3　A 级 GNSS 控制网的精度**

| 级别 | 坐标年变化率中误差 | | 相对精度 | 地心坐标各分量年平均中误差(mm) |
|---|---|---|---|---|
| | 水平分量(mm/a) | 垂直分量(mm/a) | | |
| A | 2 | 3 | $1\times10^{-8}$ | 0.5 |

B、C、D 和 E 级的精度及网形和接收机的主要技术要求见表 5-4。

**表 5-4　B、C、D、E 级 GNSS 控制网的主要技术要求**

| 级别 | 相邻点基线分量中误差 | | 相对精度 | 相邻点平均距离(km) | 闭合环或符合路线的边数(条) | 单频/双频 | 观测量 | 同步观测接收机数(台) |
|---|---|---|---|---|---|---|---|---|
| | 水平分量(mm) | 垂直分量(mm) | | | | | | |
| B 级 | 5 | 10 | $1\times10^{-7}$ | 50 | ≤6 | 双频/全波长 | L1、L2 载波相位 | ≥4 |
| C 级 | 10 | 20 | $1\times10^{-6}$ | 20 | ≤6 | 双频/全波长 | L1、L2 载波相位 | ≥3 |
| D 级 | 20 | 40 | $1\times10^{-5}$ | 5 | ≤8 | 双频或单频 | L1 载波相位 | ≥2 |
| E 级 | 20 | 40 | | 3 | ≤10 | 双频或单频 | L1 载波相位 | ≥2 |

**(2) GNSS 国家规范**

除上述规范外，目前我国正在实行的 GNSS 规范有以下几个：《卫星定位城市测量技术规范》(CJJ/T 73—2010)、《全球定位系统实时动态(RTK)测量技术规范》(CH/T 2009—2010)、《全球导航卫星系统(GNSS)测量型接收机 RTK 检定规程》(CH/T 8018—2010)和《全球定位系统(GPS)测量型接收机检定规程》(CH 8016—1995)。另外，还有各行业部门的其他 GNSS 测量规程和细则。在具体的 GNSS 作业时，其精度要求应根据实际情况查阅相应的规范和细则。

**(3) GNSS 网型设计**

为提高 GNSS 网的可靠性，有效地发现观测成果中的粗差，各级 GNSS 网必须布设成由独立的 GNSS 基线向量边构成的闭合图形。这些由非同步基线构成的异步闭合图形可以是三边形、四边形或多边形。当 GNSS 网中有若干个起算点时，也可以是由两个起算点之间的数条 GNSS 独立边构成的附合路线。因此，独立 GNSS 边构成的闭合图形(异步环)或附合路线必须满足相应的基线坐标条件和坐标闭合差条件。

在布网设计中应顾及原有城市测绘成果资料及各种大比例尺地形图的沿用，对凡符合 GNSS 网布点要求的旧有控制点，应充分利用其标石。这样，有利于 GNSS 网点的地方坐标与国家控制网相互联接和坐标转换。大、中城市联测点数不应少于 3 个点，小城市或工程控制网可联测 2~3 个点。

为了得到 GNSS 点的正常高，应使一定数量的 GNSS 点与水准点重合，方便水准测量的高程联测，并按一定的精度要求实施。

**(4) GNSS 建点**

GNSS 点位的选择应符合技术设计要求，并有利于其他测量手段进行扩展和联测；点位的地面应坚实稳定；应便于安置 GNSS 接收机和操作，视野开阔；应远离大功率无线电发射源，以避免周围磁场对 GNSS 信号的干扰；附近不应有强烈干扰卫星信号的物体，以减弱多路径效应的影响；充分利用符合要求的旧有控制点。点位选定后，均应按规定绘制选点之记，按要求埋石，以便保存。选点工作结束后，要编写选点工作总结，绘制 GNSS 网的选点网图。

**(5) 外业观测**

外业观测包括天线安置、观测作业、外业成果记录和野外观测数据的检查等内容。

外业观测作业的主要任务是捕获 GNSS 卫星信号并对其进行跟踪、接收和处理，以获取所需的定位和观测数据。

**(6) 控制测量数据处理**

当观测任务结束后，必须在测区利用 GNSS 专业的精密软件或随机配备的商用软件，将外业观测数据从接收机中下载，及时对外业观测数据进行严格的检核；并根据情况采取淘汰或必要的重测、补测措施。由于 GNSS 外业测定的是基线向量，在数据处理时需要检查基线的质量，并检查基线构成的图形的质量，进而进行网平差，因此，GNSS 后处理软件都具有数据输入、基线解算和平差处理的功能。

GNSS 数据处理的一般步骤：新建工程、增加观测数据、解算基线、检查闭合环和重复基线、网平差及高程拟合和平差成果输出。在解算基线向量中，由于实际作业中对采用的作业模式、测量精度等要求都可能有所不同，因此，有必要在解算时指定具体的解算条件。例如，所采用基线的类型、基线合格的条件及具体指定基线解算的历元间隔、卫星高度角、处理的无效历元等。基线经质量检核合格后进行GNSS网平差，选择正确的平差条件包括坐标系统、约束条件、基线边的剔除等。

#### 5.2.2.2　GNSS坐标测量方法

**(1)静态测量**

①静态模式设置方法。静态测量是定位测量的一种，主要用于建立各种控制网。GNSS接收机可用于静态测量，可通过两种方式设置静态模式：

a. 通过软件的“静态采集设置”界面为纯静态模式或临时静态模式。

b. 通过“工作模式”界面设置为纯静态模式或临时静态模式。

静态测量数据保存在接收机内，用户根据需要可将静态数据文件下载到计算机上，再用静态后处理软件对数据进行处理。

②静态测量步骤。静态测量模式具体测量步骤如下：

a. 在测量点放置三脚架，三脚架需严格对中、整平，安装测量部件。

b. 量取天线高3次，各次间差值不超过3 mm，取平均数作为最终的天线高。

c. 记录点名、仪器号、天线高，开始观测时间。

d. 开机，设置为静态模式。

e. 测量完成后关机，记录关机时间。

f. 静态数据下载、静态数据处理。

**(2)动态测量设置**

①基准站设置。通过测量软件使用WiFi或蓝牙连接。参数设置：基准站参数包括设置基准站目标高、基准站坐标、数据链及对应参数、电文格式、高度角等。完成相关参数编辑后点击右上角【设置】按钮，软件提示“设置成功!”(也可使用内置Web对接收机进行设站)。接收机支持数据链方式有：内置电台、内置网络。详细设置步骤可参照相应仪器使用说明书。

②移动站设置。通过测量软件使用Wi-Fi或蓝牙连接接收机，设置数据链、高度角、数据输出频率等，数据链参数与基准站保持一致(也可使用内置Web对接收机进行设站)。接收机支持数据链方式：内置电台、内置网络、手簿差分。详细设置步骤可参照相应仪器使用说明书。

### 5.2.3　GNSS碎部测量技术

#### 5.2.3.1　RTK技术及CORS系统的概念

**(1)RTK测量技术**

GNSS碎部测量是在已建立的GNSS控制网的基础上，对地物、地貌等地形图要素特征点的平面位置与高程位置进行测量，对于GNSS而言，碎部测量通常基于实时动态测量(real time kinematic，简称RTK)技术进行实现。

RTK技术是以载波相位观测为基础的实时差分GNSS技术。它由3部分组成：基准站接收器、数据链和移动站接收器。在基准站上放置一台接收机作为参考站，连续观测卫星，并通过无线电传输设备将观测数据和站点信息实时发送到移动站，移动站接收机在接收 GNSS 卫星信号时，通过无线接收设备接收基准站传输的数据，然后根据相对定位原理实时算出移动站的三维坐标和精度。

根据差分信号传播方式的不同，RTK 分为电台模式和网络模式两种。

**(2) CORS 系统**

连续运行 GNSS 定位服务系统(continuous operational reference system，简称 CORS)，是基于现代 GNSS 技术、计算机网络技术、网络化实时定位服务技术、现代移动通信技术的大型定位与导航综合服务网络。其基本结构是由参考站网系统、数据处理系统、信息通信系统和用户系统组成。其基本原理是利用 GNSS 导航定位技术，在一定所需覆盖范围内，根据需求按一定分布密度建立连续运行的若干固定的 GNSS 基准参考站，利用现代通信和网络技术，将各个参考站之间、参考站与数据处理中心之间有机连接，数据中心通过对参考站上传的观测数据进行整理、处理以便用户使用，之后向各种用户自动提供 GNSS 原始数据和 RTK 改正数据等。CORS 用户通过 GNSS 接收机在进行卫星定位的同时获得 CORS 系统发布的差分信息，从而获得高精度的定位结果。

### 5.2.3.2 GNSS 碎部测量方法

当前最常用的碎部测量方法为 RTK 测量，目前的 GNSS 接收机都有 RTK 测量功能，只是不同型号的仪器，测量软件的菜单功能分布不同，在使用时需要加以区分。本教材重点介绍 RTK 碎部测量方法。RTK 通过把载波相位测量与实时数据传输技术相结合来实现高精度定位，是 GNSS 测量发展史上的一个里程碑。

**(1) 仪器架设及设置**

①架设基准站。基准站一定要架设在视野开阔、周围环境空旷、地势较高的地方；避免架在高压输变电设备附近、无线电通信设备收发天线旁边、树荫下以及水边，这些都对信号的接收和发射产生不同程度的影响。架设步骤如下：

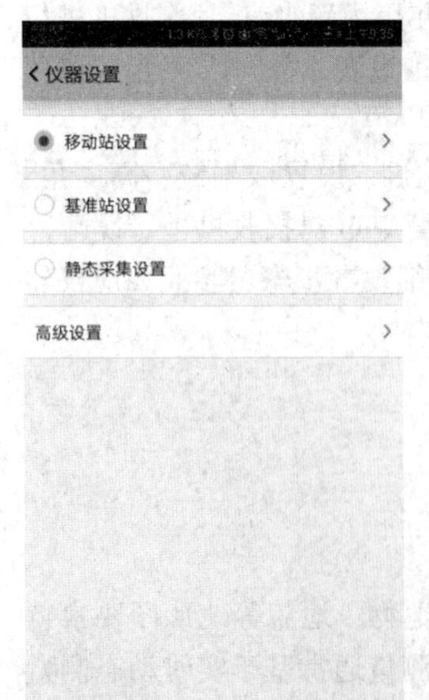

**图 5-10 设置基准站**

a. 将接收机设置为基准站内置电台模式，如图 5-10 所示(以南方卫星导航工程之星 5.0 为例)。

b. 架好三脚架，电台天线的三脚架最好放到高一些的位置，两个三脚架之间保持至少三米的距离。

c. 用测高片固定好基准站接收机(如果架在已知点上，需要用基座固稳并做严格的对中整平)，打开基准站接收机。

②启动基准站。第一次启动基准站时需要对启动参数进行设置，设置步骤如下：

a. 操作。工程之星—配置—仪器设置—基准站设置，点击“基准站设置”则默认将主机工作模式切换为基准站。

b. 差分格式。一般使用国际通用的 RTCM32 差分格式。

c. 发射间隔。选择 1 s 发射一次差分数据。

d. 基站启动坐标。如图 5-11 所示，如果基站架设在已知点，可以直接输入该已知控制点坐标作为基站启动坐标(建议输入经纬度坐标作为已知点坐标启动。若已知点输入地方坐标或平面坐标启动，务必先在手簿上将参数设置好并使用，再输入地方坐标或平面坐标启动)。如果基站架设在未知点，可以点击“外部获取”按钮，然后点击“获取定位”来直接读取基站坐标来作为基站启动坐标。

**图 5-11　启动基准站**

e. 天线高。有直高、斜高、杆高(推荐)和侧片高 4 种，并对应输入天线高度(随意输入)。

f. 截止角。建议选择默认值(10)。

g. PDOP。位置精度因子，一般设置为 4。

h. 数据链。内置电台。

i. 数据链设置。通道为 1~120 通道选其一；功率档位有“高档”“中档”“低档”3 种功率，根据实际需要设定；空中波特率有“9600”和“19200”两种(建议 9600)；协议为 Farlink(注意基站与移动站协议要一致)。

以上设置完成后，点击“启动”即可发射。注意：判断电台是否正常发射的标准是数据链灯是否规律闪烁。第一次启动基站成功后，以后作业如果不改变配置可直接打开基准站，主机即可自动启动发射。

③架设移动站。确认基准站发射成功后，即可开始移动站的架设。步骤如下：

将接收机设置为移动站电台模式；打开移动站主机，将其并固定在碳纤对中杆上，加装 UHF 差分天线。

④移动站设置。移动站架设好后需要对移动站进一步设置才能达到固定解状态，步骤如下：

a. 手簿与软件链接(参见相应仪器设备操作说明)。

b. 配置—仪器设置—移动站设置，点击“移动站设置”则默认将主机工作模式切换为移动站，如图 5-12 所示。

c. 数据链。内置电台。

d. 数据链设置(图 5-13)。通道设置为与基站通道一致；移动站、手簿、对中杆、托架、UHF 接收天线安装好(图 5-14)；功率档位有“高档”“中档”和“低档”3 种功率；空中波特率有“9600”和“19 200”两种，(建议 9600)；协议为 Farlink(注意：基站与移动站协议要一致)。

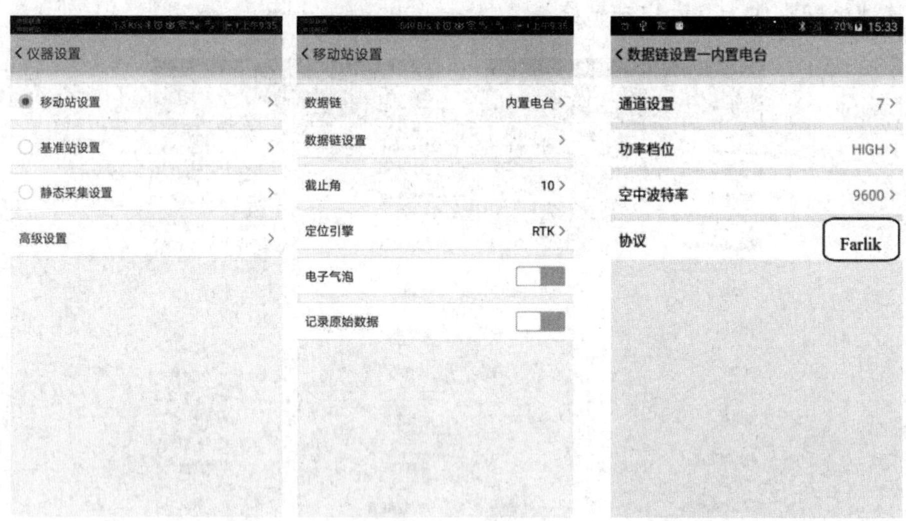


**图 5-12 移动站设置**　　　　**图 5-13 数据链设置**

⑤野外测量作业。仪器设置完毕，等待移动站达到固定解，即可在手簿上看到高精度的坐标。进行完外野采集后需要导出坐标成果。手簿用数据线连接计算机主机文件存放路径导出数据。导出流程：工程—文件导入导出—成果文件导出—确定文件类型导出即可。

**(2)手簿及软件使用方法**

本节以“工程之星”软件操作为例进行介绍。“工程之星”软件是安装在测量仪器手簿上的 RTK 野外测绘软件。主要操作方法和注意事项如下：

①工程设置。具体操作如下：

a. 新建工程。操作：工程—新建工程，单击“新建工程”，出现新建作业的界面。首先在工程名称里面输入所要建立工程的名称，新建的工程将保存在默认的作业路径。如果之前已经建立工程，并且要求套用以前的工程，可以勾选“套用模式”，然后点击“选择套用工程”，选择想要使用的工程文件，然后单击“确定”即可。

b. 打开工程。操作：工程—打开工程。可以打开任意一个已经建立的工程。

c. 文件导入导出。操作：工程—文件导入导出。注意：在作业之前，如果有参数文件可以直接导入，测量完成后，要把测量成果以不同的格式输出。

②配置。配置菜单有 6 个子菜单：工程设置、坐标系统设置、坐标系统库、仪器设置、网络(电台)设置、仪器连接，如图 5-15 所示。

③测量模块。测量菜单包含测量和放样方面的内容。主要有 13 个子菜单：点测量、自动测量、控制点测量、面积测量、PPK 测量、点放样、直线放样、曲线放样、道路放样、CAD 放样、面放样、电力线勘测、塔基断面放样等(图 5-16)，本节重点介绍点测量、自动测量和点放样操作。

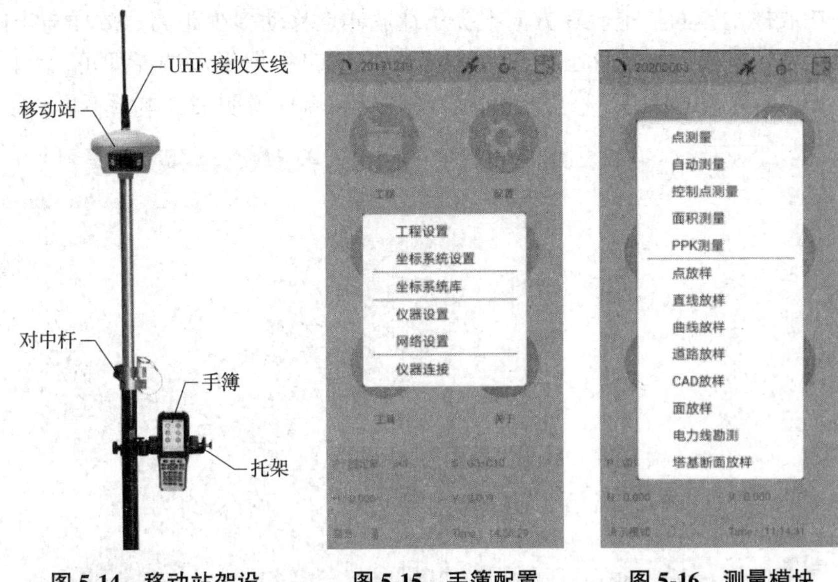


**图 5-14　移动站架设**　　**图 5-15　手簿配置**　　**图 5-16　测量模块**

a. 点测量。操作：测量—点测量，如图 5-17 所示。在测量显示界面下有 4 个显示按钮，在“工程之星”内，这些按钮的显示顺序和显示内容可以根据需要来设置的(测量的存储坐标是不会改变的)。单击“显示”按钮，左边出现选择框，选择需要选择显示的内容即可。这里能够显示的内容主要有：点名、北坐标、东坐标、高程、天线高、航向、速度、上方位、上平距、上高差、上斜距，如图 5-18 所示。

b. 保存。保存当前测量点坐标，可以输入点名，继续存点时，点名将自动累加，点击“确定”。

c. 查看。查看当前工程“坐标管理库”的点坐标。

d. 偏移存储。输入偏距、高差、正北方位角，然后点击“确定”。

e. 平滑存储。点击“平滑”，选择平滑次数，如图 5-18 所示，平滑次数为 5 次，点击“确定”，则该点的坐标是连续采集 5 次坐标的平均值。

f. 选项。点击“选项”，“一般存储模式”里面有个快速存储，即采即存，而“常规存储”可以输入点名、编码、天线高等信息。

④自动测量。操作：测量—自动测量。设置：如图 5-19 所示，“点名”是采集开始的起始点名，往后采点点名自动累加；“天线高”为当前移动站的天线高度；“自动采集”有按距离和按时间两种方式，按距离采点则设置“距离间隔”，按时间采点则设置采点“时间间隔”；“状态限制”是移动站解状态至少达到设置的解状态，才会采集该点，例如设置为固定解，则移动站解状态为浮点解时，手簿是不会记录该点的，有单点解、差分解、浮点解、固定解 4 种。开始：设置完成以后，点击“开始”，即可开始采集点，可以点击“查看”来查看当前工程采集的所有点。

⑤点放样。操作：测量—点放样，进入放样界面。点击“目标”，选择需要放样的点，点击“点放样”。也可点击右上角 3 条黑线组成的图案，直接放样坐标管理库里的点。点击“选项”，选择“提示范围”，选择 1 m，则当前点移动到离目标点 1 m 范围以内时，系统会

语音提示。在放样主界面上也会 3 方向上提示往放样点移动多少距离。放样与当前点相连的点时，可以不用进入放样点库，点击“上点”或“下点”根据提示选择即可。“工程之星”软件的“输入”“工具”和“关于”等功能模块详见仪器和软件说明书，本章不再介绍。

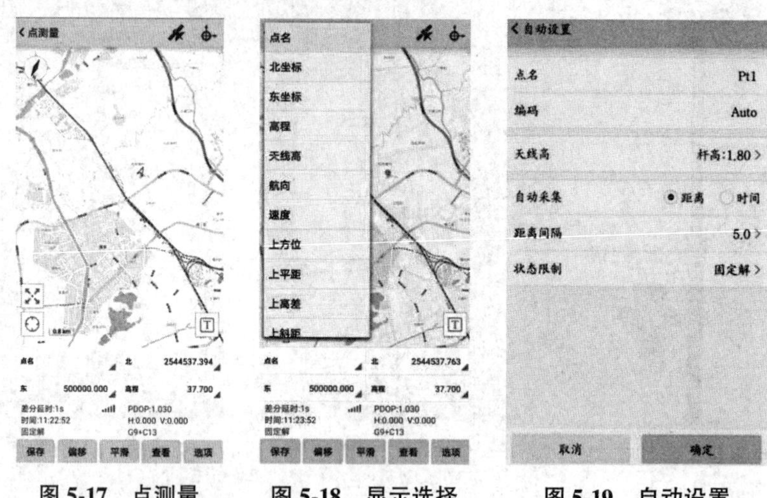


图 5-17　点测量　　图 5-18　显示选择　　图 5-19　自动设置

## 本章小结

全站仪坐标测量是通过全站仪的测角和测距系统，完成角度和距离的测量后，由全站仪的微处理器按照一定的程序自动计算点的坐标。因为全站仪测定的是坐标增量，故坐标测量时需要告知全站仪所在的位置，这就是坐标测量的测站设置；由于水平角是两个方向值的差值，因此，坐标测量时需要指定一个固定的方向，这就是后视设置的目的；高程的测定，是按三角高程的原理进行的，因此，测量中需要设置仪器高和棱镜高。

GNSS 坐标测量是根据距离后方交会的原理进行的。测量中只要能保证足够的测距信号正确传输和接收，就可以测定点的坐标。为了减少信号传输误差，提高观测精度，需要提高观测时间，需将地面点布设成一定的几何图形。GNSS 定位方法，在控制测量中，通常采用静态相对定位和快速静态相对定位。在碎步测量中，通常采用 GNSS 实时差分定位方法。

## 复习思考题

1. 全站仪由哪几部分构成？每部分的功能是什么？
2. 全站仪数据采集的步骤有哪些？
3. 全球商用的导航系统有哪几个？
4. GPS RTK 的测量步骤有哪些？

# 第二篇

# 地形图测绘

# 第6章

# 小区域控制测量

【内容提要】本章简要介绍了控制测量的基本概念。重点简述导线测量的外业工作，闭合导线、附合导线的坐标计算；交会定点的计算；三、四等水准测量和三角高程测量的原理与方法。

## 6.1 控制测量概述

在地形测量和工程测量中，为了防止测量误差的累积和传递，保证测量精度和提高测量效率，必须遵循“从整体到局部”“先控制后碎步”的原则，即先在测区内建立测量控制网，然后再根据控制网进行地形测量或工程测量。

所谓控制网，是在测区内选择若干测量控制点而构成的几何图形。控制测量是为建立测量控制网而进行的测量工作。常规的控制测量一般将控制点的平面坐标和高程分开，单独布设。测定控制点平面坐标的工作，称为平面控制测量；测定控制点高程的工作，称为高程控制测量。目前，由于建网的手段和测量技术的发展，也可以布设成三维控制网，即同时测定控制点平面坐标和高程。

按控制的范围，控制网可分为国家控制网、城市控制网、小区域控制网和图根控制网。

### 6.1.1 国家基本控制网

国家控制网依其精度可分为一、二、三、四等4个级别，按照由高级到低级，从整体到局部，逐级控制，逐级加密的方式布设。

就国家平面控制而言，根据国家平面控制网当时施测的测绘技术水平和条件，确定采用常规的三角网作为平面控制网的基本形式(图6-1)。即先在全国范围内沿经纬线方向布设一等三角锁，作为平面控制骨干。在一等三角锁内再布设二等三角网，作为全面控制的基础。为了大比例尺测图和工程建设的需要，在一等三角锁和二等三角网基础上布设三、四等三角网，作为图根测量和工程测量的基础。三、四等三角点采用插网或插点的方法布设。但在通视困难地区常采用一、二、三、四等精密导线测量来代替相应等级的三角测量。特别是随着电磁波测距仪的发展，为精密导线网、三边网、边角网的测量提供了有利条件。目前，建立平面控制网多采用全球卫星导航系统定位(GNSS)的方法。

在现代测量工作中，GNSS 控制测量是目前平面控制测量的主要方法之一。按照国家标准《全球定位系统(GPS)测量规范》(GB/T 18314—2009)，我国将 GNSS 测量按精度划分为 A、B、C、D、E 5 个等级。其中，A 级 GNSS 控制网由卫星定位连续运行基准站(CORS)构成，用于建立国家一等大地控制网，进行全球性的地球动力学研究、地壳形变测量和卫星精密定轨测量；B 级 GNSS 控制测量主要用于建立国家二等大地控制网、地方或城市坐标基准框架，以及区域性的地球动力学研究、地壳形变测量、局部形变监测和各种精密工程测量；C 级 GNSS 控制测量用于建立三等大地控制网，以及区域、城市及工程测量的基本控制网；D 级 GNSS 控制测量用于建立四等大地控制网，以及中小城镇的控制测量，地籍、房产等测图，物探、勘测、建筑施工等控制测量；E 级 GNSS 控制网测量用于测图、物探、勘测、建筑施工等控制测量。

对于国家高程控制网而言，主要采用精密水准测量。首先在全国范围内沿道路和江河用高精度的水准测量布设一、二等水准网，组成国家水准网的骨干。然后用三、四等水准网加密，作为地形测量和工程测量的高程控制，三、四等水准网可布设成闭合或附合水准路线形式。

图 6-1 和图 6-2 分别为国家平面控制网和高程控制网的布设形式示意。

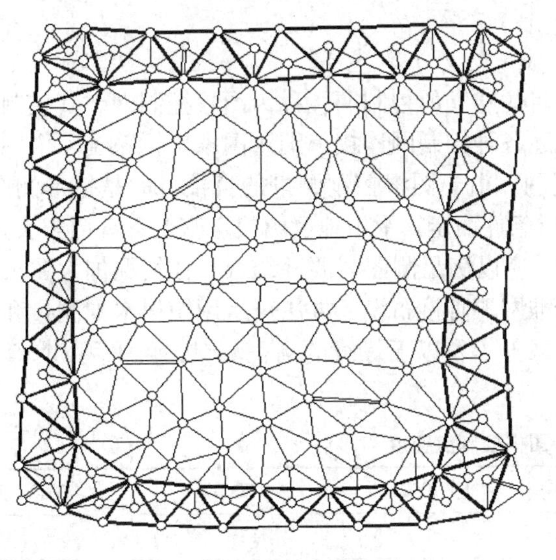

图 6-1　国家平面控制网

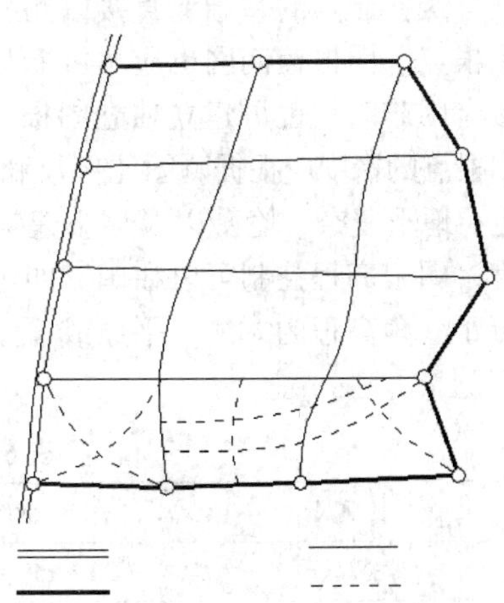

图 6-2　国家高程控制网

## 6.1.2　城市及工程控制网

城市控制网是城市测量的依据和基准，目的在于为城市规划、市政建设、工民建筑设计和施工放样服务。城市控制网尽可能与国家控制网联测。城市控制网建立的方法与国家控制网基本相同，只是控制网的精度有所不同。城市平面控制等级依次划分为二、三、四等，一、二级小三角或一、二、三级导线。各等级平面控制网根据城市的规模均可作为首级控制。城市首级高程控制网等级的选择应根据城市面积、水准路线的长度来确定，布设范围应与城市平面控制相适应。

工程控制网是满足各类工程建设、施工放样、安全检测等布设的控制网。工程控制网一般根据工程的规模、工程建设所处位置的地形、工程建筑的类别等布设成不同形式，精度要求也不一。例如，为满足道路建设需要，一般布设成导线网，精度要求相对较低，而为满足大型工业厂房的设备安装等一般布设成三角网，要求精度相对较高。

### 6.1.3 小区域控制网

小区域控制网是指面积小于15 km$^2$ 范围内建立的控制网。它的建立原则应与国家或城市控制网相连，纳入国家坐标系统。但当连接有困难时，为了建设的需要，也可以建立独立控制网。小区域控制网也要根据测区面积分级建立，其面积与等级的关系见表6-1。

**表6-1 小区域控制网布设要求**

| 测区面积(km$^2$) | 首级控制 | 图根控制 |
| --- | --- | --- |
| 2~15 | 一级小三角或一级导线 | 二级图根 |
| 0.5~2.0 | 二级小三角或二级导线 | 二级图根 |
| 0.5以下 | 图根控制 | |

### 6.1.4 图根控制网

在等级控制点的基础上直接以测图为目的的建立的控制网，称为图根控制网。其控制点称为图根点。图根控制网也应尽可能与上述各种控制网连接，纳入国家坐标系统。个别地区连接有困难时，也可建立独立图根控制网。由于图根控制测量的直接目的是地形测图，所以图根点的密度应根据测图比例尺和地形条件而定，平坦地区图根点密度不宜低于表6-2的规定。地形复杂、隐蔽以及城市建筑区，应以满足测图需要并结合具体情况加大图根点的密度。图根高程控制可以在国家四等水准网下直接布设，方法可采用图根水准测量和电磁波测距三角高程的方法。平原或丘陵地区五等及以下等级的高程测量，可采用GNSS拟合高程测量方法。

**表6-2 图根控制点密度**

| 测图比例尺 | 1∶500 | 1∶1000 | 1∶2000 | 1∶5000 |
| --- | --- | --- | --- | --- |
| 图根点个数(km$^2$) | 150 | 50 | 15 | 5 |
| 每幅图图根点数量(个) | 9~10 | 12 | 15 | 20 |

## 6.2 平面控制测量

### 6.2.1 导线测量外业

导线测量是在测区按一定要求选定一系列的点组成连续的折线，并测量各折线的长度和转折角，再根据起始数据确定各点平面位置的测量工作。由直线连接各点形成的连续折线称为导线，其转折点称为导线点，连接导线点的直线称为导线边，相邻导线边之间的水平夹角称为导线转折角。

导线测量的特点：导线各点的方向数较少，只要求两相邻导线点间通视，导线边便于量取即可，故导线布设比较灵活，在地形复杂地区容易克服地形障碍，且易于组织观测，工作量少，经济效益高；导线边长直接测量，边长精度均匀；导线网形结构简单，检核条件少，有时不易发现观测中的粗差；导线的基本结构是单线推进，控制面积不如三角网大。随着全站仪的普及，一测站可同时完成测距和测角。导线测量广泛应用于控制网的建立，特别是小区域平面控制测量网和图根平面控制的建立。

导线测量根据所使用的仪器、工具的不同，可分为经纬仪钢尺量距导线和电磁波测距导线两种。其等级及技术要求见表 6-3。

**表 6-3　钢尺量距导线和电磁波测距导线的主要技术要求**

| 等级 | | 导线长度（km） | 平均边长（m） | 测角中误差（″） | 往返丈量较差相对误差或测距中误差 | 测回数 | | 方位角闭合差（″） | 导线全长相对闭合差 |
|---|---|---|---|---|---|---|---|---|---|
| | | | | | | $DJ_2$ | $DJ_6$ | | |
| 钢尺量边 | 一级 | 2.5 | 250 | ≤5 | ≤1/20 000 | 2 | 4 | $10\sqrt{n}$ | ≤1/10 000 |
| | 二级 | 1.8 | 180 | ≤8 | ≤1/15 000 | 1 | 3 | $16\sqrt{n}$ | ≤1/7000 |
| | 三级 | 1.2 | 120 | ≤12 | ≤1/10 000 | 1 | 2 | $24\sqrt{n}$ | ≤1/5000 |
| | 图根 | ≤1.0$M$/1000 | ≤1.5 最大视距 | ≤20 | ≤1/3000 | | 1 | $40\sqrt{n}$ | ≤1/2000 |
| 电磁波测距 | 一级 | 3.6 | 300 | ≤5 | ≤±15mm | 2 | 4 | $10\sqrt{n}$ | ≤1/14 000 |
| | 二级 | 2.4 | 200 | ≤8 | ≤±15mm | 1 | 3 | $16\sqrt{n}$ | ≤1/10 000 |
| | 三级 | 1.5 | 120 | ≤12 | ≤±15mm | 1 | 2 | $24\sqrt{n}$ | ≤1/6000 |
| | 图根 | 1.5$M$/1000 | — | ≤20 | ≤±15mm | | 1 | $40\sqrt{n}$ | ≤1/4000 |

注：$M$ 为测图比例尺分母；$n$ 为测站数。

#### 6.2.1.1　导线的布设

根据测区内及其附近已知控制点情况和测区的自然地理条件，导线可以布设成闭合导线、附合导线和支导线 3 种形式。

**(1) 闭合导线**

起止于同一个已知点的环形导线称为闭合导线。如图 6-3 所示，导线从一已知高级控制点 $B$ 和已知方向 $AB$ 出发，经过导线点 1、2、3、4 后，又回到已知点 $B$。它本身存在着严密的几何条件，具有检核作用。

**(2) 附合导线**

从一个已知点出发，终止于另一个已知点，称为附合导线。如图 6-4 所示，导线从一已知控制点 $B$ 和已知方位角 $\alpha_{AB}$ 出发，经过导线 1、2、3、4 后，最后附合到另一个已知控制点 C 和已知方向 $\alpha_{CD}$ 上。此种布设形式，具有检核观测成果的作用。

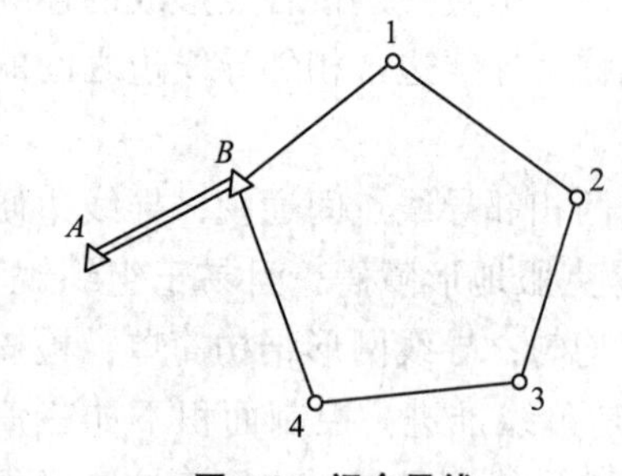


图 6-3　闭合导线

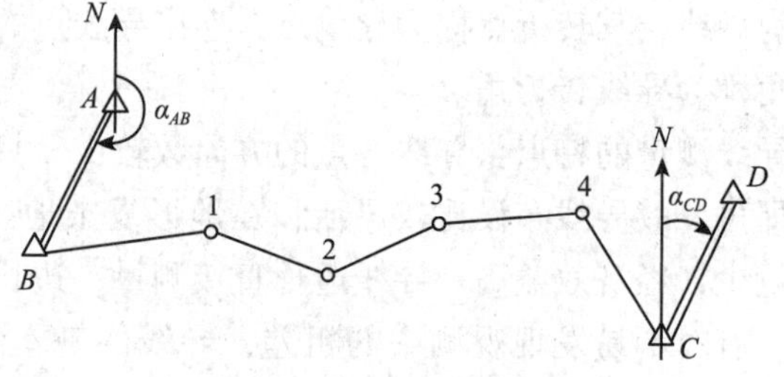


图 6-4　附合导线

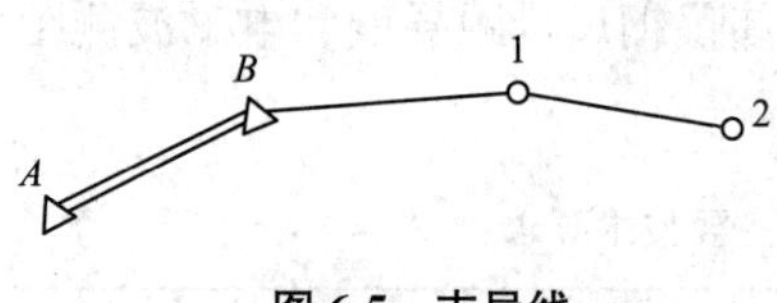


图 6-5　支导线

**(3) 支导线**

由一已知点和一已知边的方向出发，既不附合到另一已知点，又不回到原起始点的导线，称为支导线。如图 6-5 中的 *A*、*B*、1、2。支导线没有图形检核条件，发生错误不易发现。所以仅限于图根点加密时使用，且只容许布设支导线点数 2~3 个。

### 6. 2. 1. 2　导线测量外业工作

**(1) 踏查选点**

首先根据测量的目的、测区面积以及测图比例尺来确定导线的等级，然后到观测区内踏查，了解测区的形状、面积、已有已知点的分布情况和测区的地形条件，从而确定导线布设形式。一般来说，方、圆地区适合布设闭合导线，狭长地带适合布设成附合导线；已知点少的测区可布设成闭合导线，已知点较多的地区可布设成附合导线。

踏查选点时应注意导线点要选在地面坚实且视野开阔的地方，以便于安置仪器和点位长期保存。导线点要分布均匀，以保证整个测区的精度。相邻导线点间要互相通视，以便于角度和距离测量。同一等级的导线相邻边长相差不宜过大，以免引起较大的测角误差。

导线点选定后应埋设标志，临时性导线点可用较长的木桩打入地下。永久性的点可用水泥桩或石桩埋入地下，也可利用地面上固定的标志。导线点应进行编号，在桩上钉一个水泥钉或刻上十字表示点位，在桩顶或侧面写上编号并绘制草图。草图应标明导线点位置及与周围地物的关系，以便寻找。

**(2) 边长测量**

导线的边长最好采用电磁波测距仪或全站仪观测，达到相应精度要求后取其平均值作为最后结果。

图根导线也可用校验过的钢尺往返丈量边长各一次，其相对误差符合限差要求(在平坦地区应不低于 1/3000，起伏变化稍大的地区不低于 1/2000，特殊困难地区不低于 1/1000)，可取往返测平均值作为该边长的观测值。

**(3) 角度测量**

观测导线的转折角一般观测左角，即位于前进方向的左侧，但对于闭合导线一般观测内角。不同等级的导线，角度测量精度、测回数见表 6-3。图根导线转折角用 $DJ_6$ 型经纬仪测回法观测一个测回，半测回角值之差不超过±40″时，即可取平均值作为角值观测值。

为推算各导线边的方位角，计算导线点的坐标，在导线与高级控制点连接时，要加测连接角。若导线为独立坐标系统，则需用罗盘仪或其他方法测定起始方位角。

## 6.2.2　导线测量内业计算

导线测量内业计算是指根据已知起算数据、边长的观测值、转折角的观测值推算未知导线点的坐标。内业计算之前，应全面检查外业观测数据是否齐全，有无记错、算错，成果是否符合精度要求，起算数据是否齐全、准确无误。对于闭合导线而言，至少需要两个通视的已知点的坐标或一个已知点的坐标和起始边(或终边)的方位角作为起算数据；对于附合导线而言，在附合导线的两端各需两个通视的已知点的坐标或两个已知点的坐标和起始边及终边的方位角作为起算数据。

野外观测数据检查后，应绘制导线略图，把外业观测数据和起算数据标注于图上相应位置，并填写计算表格。

### 6.2.2.1　闭合导线内业计算

**(1)角度闭合差的计算与调整**

$n$ 边形的闭合导线其内角和的理论值 $\sum\beta_{理}$应为：

$$\sum\beta_{理} = (n-2)\cdot 180° \tag{6-1}$$

观测值的总和 $\sum\beta_{测}$应等于理论值，但由于角度观测值不可避免地存在误差，使两者不相等，导线角度观测值的总和与理论值总和之差称为角度闭合差$f_{\beta}$，即

$$f_{\beta} = \sum\beta_{测} - \sum\beta_{理} = \sum\beta_{测} - (n-2)\cdot 180° \tag{6-2}$$

不同等级导线角度闭合差的容许值是不同的(表 6-3)，图根导线的容许值为：

$$f_{\beta容} = \pm 40''\sqrt{n} \tag{6-3}$$

若角度闭合差大于容许值，应仔细检查原始记录，分析原因，有目的地返工重测。若角度闭合差小于容许值，可将闭合差按照“反符号、平均分配”的原则调整到各角度观测值中进行角度改正，每个内角的改正数为：

$$\nu_{\beta} = -f_{\beta}/n \tag{6-4}$$

改正后角度平差值$\beta_{改}$为：

$$\beta_{改} = \beta + \nu_{\beta} \tag{6-5}$$

若角度改正数不恰为整秒数，可酌情调整凑整。改正后的内角和 $\sum\beta_{改}$应为 $\sum\beta_{理}$，以作校核，即

$$\sum\beta_{改} = \sum\beta_{理} \tag{6-6}$$

**(2)坐标方位角推算**

根据已知边的坐标方位角、改正后角值及连接角推算各导线边的坐标方位角，如图 6-6 所示。

$$\alpha_{n,n+1}=\alpha_{n-1,n}+\beta_{n改}-180° \tag{6-7}$$

即前一边的坐标方位角等于后一边的坐标方位角加转折角再减 180°。此为测绘人员普遍采用的左角计算公式，即转折角为路线前进方向左侧的夹角。

在应用式(6-7)推算过程中必须注意：

①$\beta_{n改}$ 为平差改正后的转折角；若按公式推算出的方位角 $\alpha_{n,n+1}>360°$ 时，则应减去 360°；若 $\alpha_{n,n+1}<0°$ 时，应加上 360°。

②由起始边开始，经闭合导线各边坐标方位角的推算，最后推算出的起始边坐标方位角，应与原值相等，否则应重新检查计算。

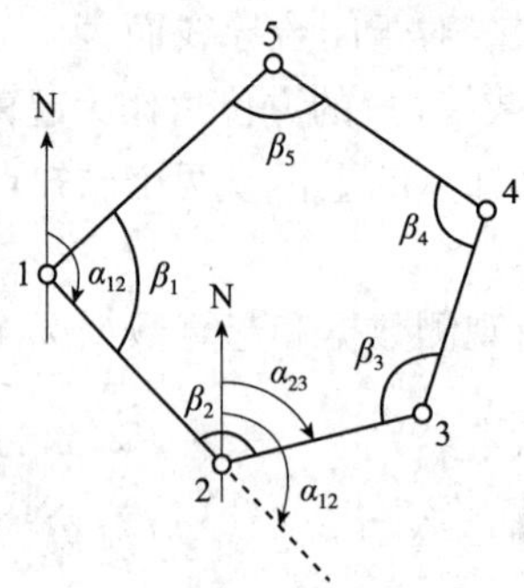


图 6-6　坐标方位角推算

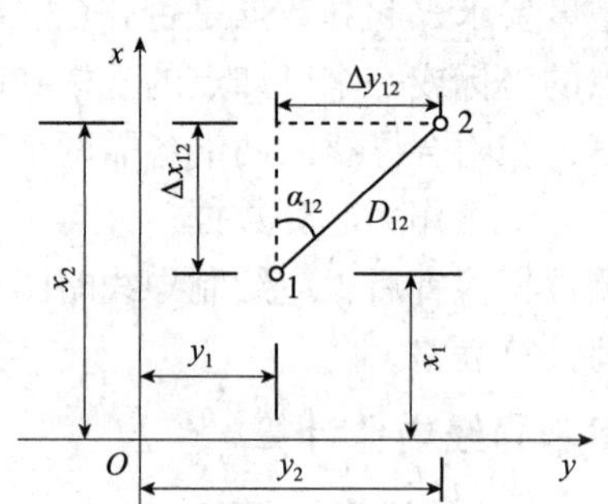


图 6-7　坐标增量推算

**(3) 坐标增量计算**

如图 6-7 所示，设点 1 的坐标($x_1$，$y_1$)、1 至 2 边的坐标方位角 $\alpha_{12}$ 和边长 $D_{12}$ 均为已知，则点 2 的坐标为：

$$\left.\begin{aligned}x_2=x_1+\Delta x_{12}\\ y_2=y_1+\Delta y_{12}\end{aligned}\right\} \tag{6-8}$$

式中，$\Delta x_{12}$、$\Delta y_{12}$ 称为坐标增量，也就是导线 1 至 2 边两端点的坐标值之差。

上式说明，欲求待定点的坐标，必须先根据两点间的边长和坐标方位角求出坐标增量。

由图 6-7 中的几何关系可写出坐标增量的通用计算公式：

$$\left.\begin{aligned}\Delta x=D\cos\alpha\\ \Delta y=D\sin\alpha\end{aligned}\right\} \tag{6-9}$$

坐标增量的计算一般采用函数型计算器进行。利用其极坐标转化为直角坐标的功能，输入边长 $D$ 和方位角 $\alpha$，同时算得 $\Delta x$、$\Delta y$，并给出相应的正负号。也可利用程序型计算器和计算机编制计算程序计算。

**(4) 坐标增量闭合差的计算与调整**

从图 6-8 中可以看出，闭合导线纵、横坐标增量代数和的理论值应为零，即

$$\left.\begin{aligned}\sum\Delta x_{理}=0\\ \sum\Delta y_{理}=0\end{aligned}\right\} \tag{6-10}$$

实际上，由于量边的误差和角度闭合差调整后的残余误差的影响，计算出的纵、横坐标增量代数和不等于零，其与理论值的差值称为纵坐标增量闭合差 $f_x$ 与横坐标增量闭合差 $f_y$，即

$$\left.\begin{aligned} f_x &= \sum \Delta x_{测} - \sum \Delta x_{理} = \sum \Delta x_{测} - 0 = \sum \Delta x_{测} \\ f_y &= \sum \Delta y_{测} - \sum \Delta y_{理} = \sum \Delta y_{测} - 0 = \sum \Delta y_{测} \end{aligned}\right\} \tag{6-11}$$

从图 6-9 中明显看出，由于 $f_x$、$f_y$ 的存在，使导线不能闭合，即使闭合导线起算点的起算坐标与通过坐标增量计算出的坐标不相等。1 至 1′的长度 $f_D$ 称为导线全长绝对闭合差，并用下式计算：

$$f_D = \sqrt{f_x^2 + f_y^2} \tag{6-12}$$

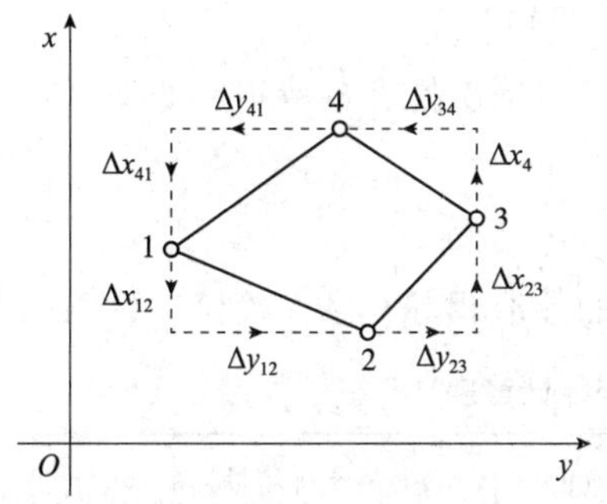


**图 6-8　闭合导线坐标增量理论值**

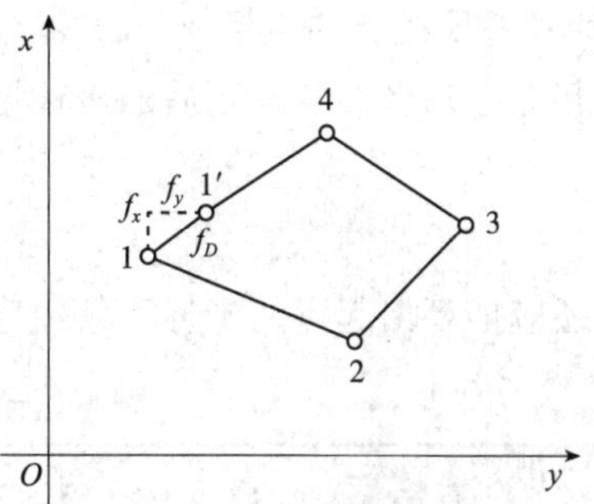


**图 6-9　闭合导线增量闭合差**

仅从 $f_D$ 值的大小还不能完全评定导线测量的精度，不能判断是否达到规范规定的要求。在导线测量中，用导线全长相对闭合差 $K$，即 $f_D$ 与导线边全长 $\sum D$ 之比来衡量测量的精度，并且以分子为 1 的分数形式来表示，即

$$K = \frac{f_D}{\sum D} = \frac{1}{\sum D / f_D} = \frac{1}{N} \tag{6-13}$$

采用导线全长相对闭合差 $K$ 来衡量导线测量的精度，$K$ 的分母越大，精度越高。不同等级导线的容许值 $K_{容}$ 可在表 6-3 中查得，如图根导线 $K_{容}$ 为 1/2000。如 $K$ 超过 $K_{容}$，则说明成果不合格，首先应检查内业计算有无错误，然后检查外业观测成果，必要时重测。若 $K$ 小于或等于 $K_{容}$，则说明符合精度要求，可以进行坐标增量闭合差的调整，即将坐标增量闭合差 $f_x$、$f_y$ 按照“反符号、与边长成正比例分配”的原则分配到各边的纵、横坐标增量中去。各导线边的纵、横坐标增量改正数为：

$$\left.\begin{aligned} V_{x_{i,\ i+1}} &= -\frac{f_x}{\sum D} D_{i,\ i+1} \\ V_{y_{i,\ i+1}} &= -\frac{f_y}{\sum D} D_{i,\ i+1} \end{aligned}\right\} \tag{6-14}$$

纵、横坐标增量改正数之和应满足下式，此式用于计算校验。

$$\left.\begin{aligned}\sum V_x &= -f_x\\ \sum V_y &= -f_y\end{aligned}\right\} \tag{6-15}$$

因此，改正后的坐标增量为 $\Delta x'$、$\Delta y'$为：

$$\left.\begin{aligned}\Delta x'_{i,i+1} &= \Delta x_{i,i+1} + V_{x_{i,i+1}}\\ \Delta y'_{i,i+1} &= \Delta y_{i,i+1} + V_{y_{i,i+1}}\end{aligned}\right\} \tag{6-16}$$

改正后的各边坐标增量之和应为零，用于计算检核，即

$$\left.\begin{aligned}\sum \Delta x' &= 0\\ \sum \Delta y' &= 0\end{aligned}\right\} \tag{6-17}$$

**(5) 计算各导线点的坐标**

根据起点已知坐标及改正后的坐标增量，用下式依次推算各待定点的坐标。

$$\left.\begin{aligned}x_{i+1} &= x_i + \Delta x_{i,i+1}\\ y_{i+1} &= y_i + \Delta y_{i,i+1}\end{aligned}\right\} \tag{6-18}$$

最后还应推算出起点的坐标，其值应与已知的数值相等，已作校核。算例见表6-4。

**表6-4　闭合导线坐标计算表**

| 点号 | 观测角 (° ′ ″) | 改正后角度 (° ′ ″) | 坐标方位角 (° ′ ″) | 边长 (m) | 坐标增量计算值 | | 改正后坐标增量 | | 坐标 | |
|---|---|---|---|---|---|---|---|---|---|---|
| | | | | | $\Delta x$(m) | $\Delta y$(m) | $\Delta\bar{x}$(m) | $\Delta\bar{y}$(m) | $X$(m) | $Y$(m) |
| 1 | | | | | | | | | 1000.000 | 1000.00 |
| | | | 86 30 00 | 185.702 | −0.017<br>+11.337 | +0.001<br>+185.356 | +11.320 | +185.357 | | |
| 2 | −10<br>124 17 18 | 124 17 08 | | | | | | | 1011.320 | 1185.357 |
| | | | 30 47 08 | 162.280 | −0.015<br>+139.413 | +0.001<br>+83.059 | +139.398 | +83.060 | | |
| 3 | −11<br>61 30 06 | 61 29 55 | | | | | | | 1150.718 | 1268.417 |
| | | | 272 17 03 | 247.008 | −0.022<br>+9.845 | +0.001<br>−246.812 | +9.823 | −246.811 | | |
| 4 | −11<br>95 23 06 | 95 22 55 | | | | | | | 1160.541 | 1021.606 |
| | | | 187 39 58 | 161.974 | −0.015<br>−160.526 | +0.001<br>−21.607 | +160.541 | −21.606 | | |
| 1 | −10<br>78 50 12 | 78 50 02 | | | | | | | 1000.000 | 1000.00 |
| | | | 86 30 00 | | | | | | | |
| 2 | | | | | | | | | | |
| Σ | 360 00 42 | 360 00 00 | | 756.964 | +0.069 | −0.004 | 0 | 0 | | |

$\sum\beta_{测} = 360°00'42''$　　$\sum\beta_{理} = 360°00'00''$　　$f_\beta = \sum\beta_{测} - \sum\beta_{理} = +42''$

$f_{\beta容} = \pm 40''\sqrt{4} = \pm 80''$　　$f_x = \sum\Delta x_{测} = +0.069$　　$f_y = \sum\Delta y_{测} = -0.001$　　$f_D = \sqrt{f_x^2 + f_y^2} = 0.069$

$K = \dfrac{f_D}{\sum D} = \dfrac{0.069}{756.964} \approx \dfrac{1}{11\,000} \leqslant \dfrac{1}{2000}$

### 6.2.2.2　附合导线内业计算

附合导线的坐标计算步骤与闭合导线相同。仅由于两者形式不同，使角度闭合差与坐标增量闭合差的计算稍有区别。下面介绍其不同点。

**(1) 角度闭合差的计算**

设有附合导线如图 6-10 所示，用式(6-7)根据起始边坐标方位角 $\alpha_{AB}$ 及观测的左角(包括连接角 $\beta_B$ 和 $\beta_C$)可以算出终边 $CD$ 的坐标方位角 $\alpha_{CD}$。

$$\alpha_{B1}=\alpha_{AB}+\beta_B-180°$$

$$\alpha_{12}=\alpha_{B1}+\beta_1-180°$$

$$\alpha_{23}=\alpha_{12}+\beta_3-180°$$

$$\alpha_{3C}=\alpha_{23}+\beta_4-180°$$

$$\alpha'_{CD}=\alpha_{3C}+\beta_C-180°$$

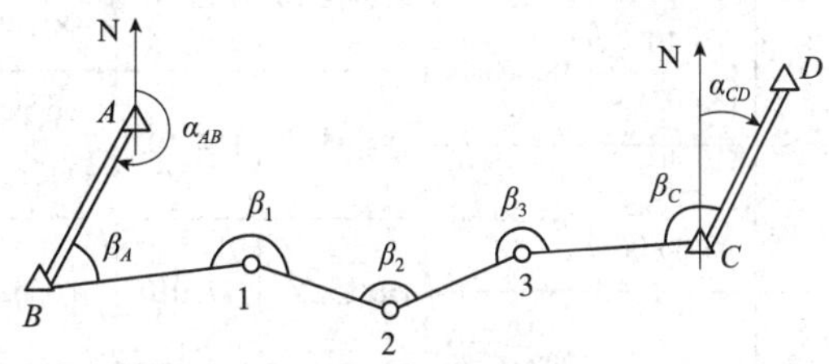


**图 6-10　附合导线方位角计算**

把上式相加可得

$$\alpha'_{CD}=\alpha_{AB}+\sum\beta_{测}-5\times180°$$

写成一般公式为：

$$\alpha'_{终}=\alpha_{始}+\sum\beta_{测}-n\times180° \tag{6-19}$$

附合导线角度闭合差 $f_\beta$ 计算式为：

$$f_\beta=\alpha'_{终}-\alpha_{始}=(\alpha_{始}-\alpha_{终})+\sum\beta_{测}-n\times180° \tag{6-20}$$

附合导线角度闭合差调整及各边方位角推算与闭合导线相同。

**(2) 坐标增量闭合差的计算**

附合导线的两端均为已知点，各边坐标增量代数和的理论值应等于终、始两点的已知坐标值之差，即

$$\left.\begin{aligned}\sum\Delta x_{理}&=x_{终}-x_{始}\\ \sum\Delta y_{理}&=y_{终}-y_{始}\end{aligned}\right\} \tag{6-21}$$

由于边长测量误差和角度闭合差调整后的残余误差的存在，使按式(6-21)计算的 $\sum\Delta x_{测}$ 和 $\sum\Delta y_{测}$ 与理论值不相等，两者之差即为纵、横坐标增量闭合差 $f_x$、$f_y$，即

$$\left.\begin{aligned}f_x&=\sum\Delta x_{测}-\sum\Delta x_{理}=\sum\Delta x_{测}-(x_{终}-x_{始})\\ f_y&=\sum\Delta y_{测}-\sum\Delta y_{理}=\sum\Delta y_{测}-(y_{终}-y_{始})\end{aligned}\right\} \tag{6-22}$$

附合导线的导线全长绝对闭合差、全长相对闭合差和容许相对闭合差的计算，以及增量闭合差的调整，与闭合导线相同。附合导线坐标计算的全过程，见表 6-5 的算例。

**表 6-5 附合导线坐标计算表**

| 点号 | 观测角<br>(° ′ ″) | 改正后角度<br>(° ′ ″) | 坐标方位角<br>(° ′ ″) | 边长<br>(m) | 坐标增量计算值 | | 改正后坐标增量 | | 坐 标 | |
|---|---|---|---|---|---|---|---|---|---|---|
| | | | | | $\Delta x$(m) | $\Delta y$(m) | $\Delta\bar{x}$(m) | $\Delta\bar{y}$(m) | $X$(m) | $Y$(m) |
| *A* | | | | | | | | | | |
| | | | 263 27 00 | | | | | | | |
| *B* | −10<br>96 15 24 | 96 15 14 | | | | | | | 635.930 | 681.710 |
| | | | 179 42 14 | 81.401 | +0.029<br>−81.400 | −0.012<br>+0.409 | −81.371 | +0.409 | | |
| 1 | −10<br>185 03 24 | 185 03 14 | | | | | | | 554.559 | 682.119 |
| | | | 184 45 28 | 114.192 | +0.040<br>−113.799 | −0.017<br>−9.471 | −113.759 | −9.488 | | |
| 2 | −10<br>63 30 06 | 63 29 56 | | | | | | | 440.800 | 672.631 |
| | | | 68 15 24 | 77.010 | +0.027 | −0.011<br>+71.531 | +28.555 | +71.520 | | |
| 3 | −9<br>202 07 42 | 202 07 33 | | | | | | | 469.355 | 744.151 |
| | | | 90 22 57 | 90.895 | +28.528 | −0.01<br>+90.893 | −0.575 | +90.879 | | |
| *C* | −9<br>58 51 12 | 58 51 03 | | | | | | | 468.780 | 835.030 |
| | | | 329 14 00 | | | | | | | |
| *D* | | | | | | | | | | |
| $\sum$ | 605 47 48 | 605 47 00 | | 363.498 | −167.278 | +153.374 | −167.150 | +153.320 | | |

$\alpha'_{CD} = \alpha_{AB} - 5\times180° + \sum\beta = 329°14'48''$　　$f_\beta = \alpha'_{CD} - \alpha_{CD} = +48''$　　$f_{\beta容} = \pm40''\sqrt{5} = \pm89''$

$f_x = \sum\Delta x_{测} - (x_C - x_B) = -0.128$　　$f_y = \sum\Delta y_{测} - (y_C - y_B) = +0.054$　　$f_D = \sqrt{f_x^2 + f_y^2} = 0.138$

$K = \dfrac{f_D}{\sum D} = \dfrac{0.138}{363.498} \approx \dfrac{1}{2600} \leqslant \dfrac{1}{2000}$

## 6.2.3 交会定点的计算

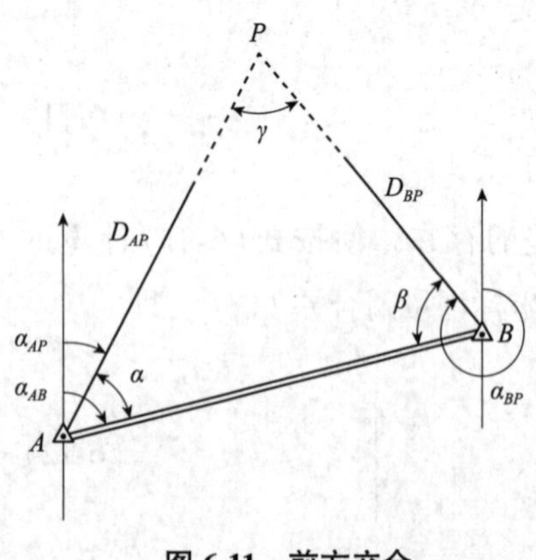


图 6-11 前方交会

当控制点的数量不能满足测图或施工测量的要求时，可用交会法加密控制点，称为交会点测定。常用的交会法有前方交会、侧方交会和后方交会。

**(1)前方交会计算**

如图 6-11 所示，在已知点 *A*、*B* 分别观测了 *P* 点的水平角 $\alpha$ 和 $\beta$ 角，以推求 *P* 点坐标，称为前方交会。*P* 点位置的精度除了与 $\alpha$、$\beta$ 角观测精度有关外，还与 $\gamma$ 角的大小有关。$\gamma$ 角接近 60°时精度最高，在不利的条件下，$\gamma$ 角也不应小于 30°或大于 150°。

前方交会法计算步骤如下：

①根据已知点的坐标反算已知边(AB)的边长和方位角。

$$\left.\begin{aligned} D_{AB} &= \sqrt{(x_B-x_A)^2+(y_B-y_A)^2} \\ \alpha_{AB} &= \arctan\frac{y_B-y_A}{x_B-x_A} \end{aligned}\right\} \tag{6-23}$$

②计算待定边(AP 和 BP)的坐标方位角及边长。

$$\left.\begin{aligned} \alpha_{AP} &= \alpha_{AB}-\alpha \\ \alpha_{BP} &= \alpha_{BA}+\beta \end{aligned}\right\} \tag{6-24}$$

$$\left.\begin{aligned} D_{AP} &= D_{AB}\sin\beta/\sin(180°-\alpha-\beta) \\ D_{BP} &= D_{AB}\sin\alpha/\sin(180°-\alpha-\beta) \end{aligned}\right\} \tag{6-25}$$

③计算交会点 $P$ 点的坐标。

分别由 $A$、$B$ 两点坐标计算 $P$ 点坐标并校核：

$$\left.\begin{aligned} x_P &= x_A+D_{AP}\cos\alpha_{AP} \\ y_P &= y_A+D_{AP}\sin\alpha_{AP} \end{aligned}\right\} \tag{6-26}$$

$$\left.\begin{aligned} x_P &= x_B+D_{BP}\cos\alpha_{BP} \\ y_P &= y_B+D_{BP}\sin\alpha_{BP} \end{aligned}\right\} \tag{6-27}$$

④为了方便计算机进行计算，也可用余切公式计算 $P$ 点的坐标：

$$\left.\begin{aligned} x_P &= \frac{x_A\cot\beta+x_B\cot\alpha+y_B-y_A}{\cot\alpha+\cot\beta} \\ y_P &= \frac{y_A\cot\beta+y_B\cot\alpha+x_A-x_B}{\cot\alpha+\cot\beta} \end{aligned}\right\} \tag{6-28}$$

⑤为了检验角度测量的错误，提高交会精度，前方交会应从 3 个已知点 $A$、$B$、$C$ 分别向 $P$ 点进行角度测量，如图 6-12 所示。在两个三角形中得 $\alpha_1$、$\beta_1$、$\alpha_2$、$\beta_2$，通过两个三角形分别计算出待定点的坐标。若两组计算坐标差值在允许方位内，则可取其平均值作为待定点的最终坐标。

**(2)侧方交会计算**

侧方交会法是在一个已知点和待定点上安置仪器并测定起角度来计算待定点坐标的一种方法。如图 6-13 所示，$A$、$B$ 为已知点，$P$ 为待定点。$\alpha$(或 $\beta$)及 $\gamma$ 为实测角。由图 6-13 可见：

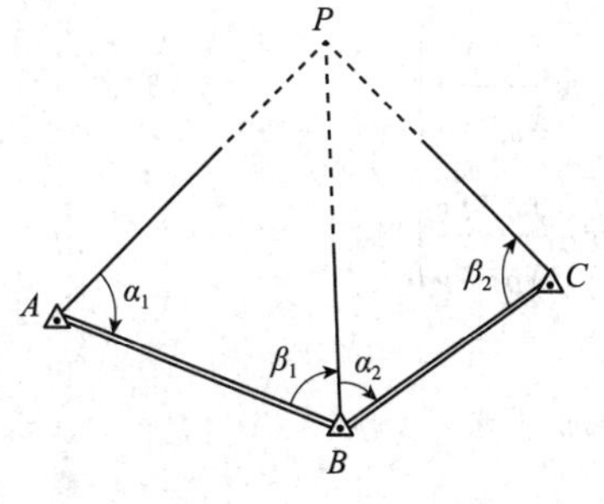

图 6-12　带检核条件的前方交会

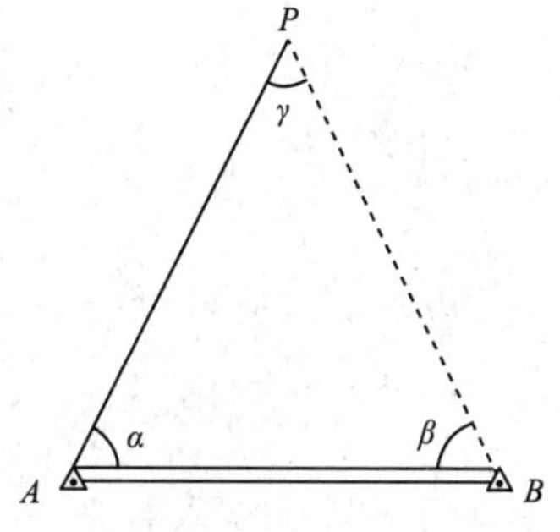

图 6-13　侧方交会

$$\beta=180°-(\alpha+\gamma) \tag{6-29}$$

或

$$\alpha=180°-(\beta+\gamma) \tag{6-30}$$

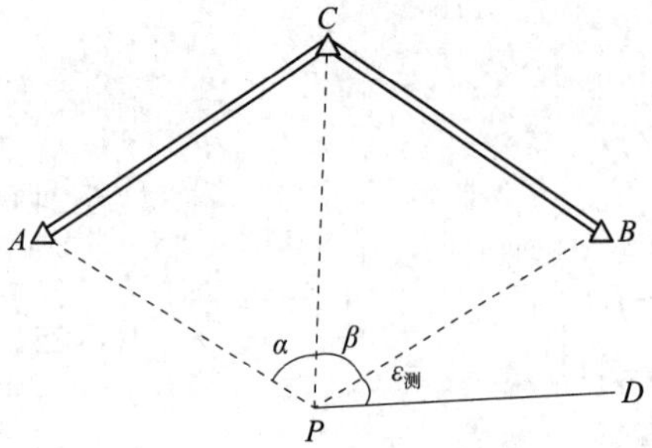

因此，也可按前方交会法计算出待定点的坐标。

**(3)后方交会计算**

如图 6-14 所示，$A$、$B$、$C$ 是已知点，仪器安置在待求点 $P$ 上，观测 $P$ 点到 $A$、$B$、$C$ 各方向之间的夹角 $\alpha$、$\beta$，求解 $P$ 点坐标，称为后方交会。

**图 6-14　三点后方交会**

后方交会法计算公式较多，在此仅介绍一种方法，步骤如下：

①引入辅助量 $a$、$b$、$c$、$d$，其中：

$$\left.\begin{aligned}a&=(x_A-x_C)+(y_A-y_C)\cot\alpha\\b&=(y_A-y_C)-(x_A-x_C)\cot\alpha\\c&=(x_B-x_C)-(y_B-y_C)\cot\beta\\d&=(y_B-y_C)+(x_B-x_C)\cot\beta\end{aligned}\right\} \tag{6-31}$$

令

$$k=\frac{c-a}{b-d} \tag{6-32}$$

②计算坐标增量。

$$\begin{gathered}\Delta x_{CP}=\frac{a+b\cdot k}{1+k^2}\quad 或 \quad \Delta x_{CP}=\frac{c+d\cdot k}{1+k^2}\\\Delta y_{CP}=\Delta x_{CP}\cdot k\end{gathered} \tag{6-33}$$

③计算待定点 $P$ 点的坐标。

$$\left.\begin{aligned}x_P&=x_C+\Delta x_{CP}\\y_P&=y_C+\Delta y_{CP}\end{aligned}\right\} \tag{6-34}$$

④校核 $P$ 点的坐标。为判读 $P$ 点位置的精度，根据已知点 $B$、$D$ 及 $P$ 点坐标计算值求得：

$$\left.\begin{aligned}\alpha_{PB}&=\arctan\frac{y_B-y_P}{x_B-x_P}\\\alpha_{PD}&=\arctan\frac{y_D-y_P}{x_D-x_P}\end{aligned}\right\}$$

则

$$\varepsilon_{计}=\alpha_{PD}-\alpha_{PB} \tag{6-35}$$

将计算值与实测值比较得

$$\Delta\varepsilon=\varepsilon_{计}-\varepsilon_{测} \tag{6-36}$$

当交会点是图根等级时，$\Delta\varepsilon$ 的容许值为±40″。

注意：选择后方交会点 $P$ 时，如果 $P$ 点恰好落在已知点 $A$、$B$、$C$ 所在圆周上，所测角值 $\alpha$、$\beta$ 都是不变的，无法计算 $P$ 点坐标，此圆周称为危险圆，所以选点时尽量避开危险圆。

## 6.3　高程控制测量

高程控制测量是指测定控制点的高程，以此作为地形测量和工程测量的高程控制基础。水准测量是高程控制测量的主要方法。小区域高程控制测量，根据情况可采用三、四等水准测量或电磁波测距三角高程测量。本节仅就三、四等水准测量和三角高程测量予以介绍。

### 6.3.1　三、四等水准测量

三、四等水准测量，除用于国家高程控制网的加密外，一般在小区域建立首级控制网时也可采用三、四等水准测量。三、四等水准测量的外业工作与等外水准测量基本相同。三、四等水准点可以是单独埋设标石，也可是平面控制点和高程控制点共用。三、四等水准测量应由一、二等水准点引测。三、四等水准测量可使用 $S_3$ 水准仪，配合双面水准尺观测。双面水准尺两根标尺黑白面的底数均为 0，红白面底数一根为 4.687 m，另一根为 4.787 m，两根标尺应成对使用。三等水准测量采用双面尺中丝读数法进行往返观测；四等水准测量采用双面尺中丝读数法进行单程观测，但支线必须往返观测。三、四等水准测量采用尺垫作为转点。观测应在标尺分划线成像清晰稳定时进行，若成像欠佳，应酌情缩短视线长度、测站的视线长度、视线高度和读数误差的限差见表 6-6。往返较差、附合路线和环线高差闭合差的规定见表 6-7。

表 6-6　视线长度和读数误差限差规定表

| 等级 | 视线长度（m） | 前后视距差（m） | 前后视距累计差（m） | 黑红面读数差（mm） | 黑红面高差之差（mm） | 视线高度 |
|---|---|---|---|---|---|---|
| 三 | ≤75 | ≤2.0 | ≤5.0 | ≤2.0 | ≤3.0 | 三丝均能读数 |
| 四 | ≤100 | ≤3.0 | ≤10.0 | ≤3.0 | ≤5.0 | |

表 6-7　高差闭合差规定表

| 等级 | 每千米高差全中误差（mm） | 附合路线长度（km） | 最低水准仪器号 | 最低水准尺 | 往返较差、附合路线或环线闭合差 | |
|---|---|---|---|---|---|---|
| | | | | | 平地（mm） | 山地（mm） |
| 三 | ±6.0 | ≤150 | $DS_3$<br>$DSZ_3$ | 双面区格式木质标尺 | $\pm 12\sqrt{L}$ | $\pm 15\sqrt{L}$ |
| 四 | ±10.0 | ≤80 | $DS_3$<br>$DSZ_3$ | 双面区格式木质标尺 | $\pm 20\sqrt{L}$ | $\pm 25\sqrt{L}$ |

注：$L$ 为附合路线或环线长度，单位为 km。

以下介绍三、四等水准测量的方法。

**(1)一个测站上的观测顺序和方法**

①后视黑面尺，读取下、上丝读数(1)、(2)及中丝读数(3)(括号中的数字代表观测和记录顺序，表 6-8)。

**表 6-8　三(四)等水准测量观测手簿**

| 测站编号 | 点号 | 后尺 下丝 / 上丝<br>后视距离<br>前后视距差 | 前尺 下丝 / 上丝<br>前视距离<br>累计差 | 方向及尺号 | 中丝水准尺读数 黑面 | 中丝水准尺读数 红面 | K+黑—红 | 平均高差 | 备注 |
|---|---|---|---|---|---|---|---|---|---|
| | | (1)<br>(2)<br>(9)<br>(11) | (4)<br>(5)<br>(10)<br>(12) | 后<br>前<br>后—前 | (3)<br>(6)<br>(15) | (8)<br>(7)<br>(16) | (14)<br>(13)<br>(17) | (18) | |
| 1 | $A \sim TP_1$ | 1.587<br>1.213<br>37.4<br>-0.2 | 0.755<br>0.379<br>37.6<br>-0.2 | 后 01<br>前 02<br>后—前 | 1.400<br>0.567<br>+0.833 | 6.187<br>5.255<br>+0.932 | 0<br>-1<br>+1 | +0.8325 | |
| 2 | $TP_1 \sim TP_2$ | 2.111<br>1.737<br>37.4<br>-0.1 | 2.186<br>1.811<br>37.5<br>-0.3 | 后 02<br>前 02<br>后—前 | 1.924<br>1.998<br>-0.074 | 6.611<br>6.786<br>-0.175 | 0<br>-1<br>+1 | -0.0745 | |
| 3 | $TP_2 \sim TP_3$ | 1.916<br>1.541<br>37.5<br>-0.2 | 2.057<br>1.680<br>37.7<br>-0.5 | 后 01<br>前 02<br>后—前 | 1.728<br>1.868<br>-0.140 | 6.515<br>6.556<br>-0.041 | 0<br>-1<br>+1 | -0.1405 | |
| 4 | $TP_3 \sim B$ | 1.945<br>1.680<br>26.5<br>-0.2 | 2.121<br>1.854<br>26.7<br>-0.7 | 后 02<br>前 01<br>后—前 | 1.812<br>1.987<br>-0.175 | 6.499<br>6.773<br>-0.274 | 0<br>+1<br>-1 | -0.1745 | |
| 校核 | $\sum(9) - \sum(10) = 138.8 - 139.7 = -0.7$　　末站(12) = -0.7<br>$\frac{1}{2}\left[\sum(15) + \sum(16)\right] = \frac{1}{2}\left[(+0.444) + (+0.442)\right] = +0.443$ | | | | | | | | |

②前视黑面尺，读取下、上丝读数(4)、(5)及中丝读数(6)。

③前视红面尺，读取中丝读数(7)。

④后视红面尺，读取中丝读数(8)。

这种“后—前—前—后”的观测顺序，主要是为了抵消水准仪与水准尺下沉产生的误差。四等水准测量每站的观测顺序也可以为“后—后—前—前”，即“黑—红—黑—红”。表中各次中丝读数(3)、(6)、(7)、(8)是用来计算高差的，因此，在每次读取中丝读数前，都要注意符合气泡严格符合。

校核计算：

末站(12)=-0.7

$$\sum(9)-\sum(10)=138.8-139.5=-0.7$$

$$\frac{1}{2}\left[\sum(15)+\sum(16)\right]=\frac{1}{2}\left[(+0.444)+(+0.442)\right]=+0.443$$

$$\sum(18)=+0.443$$

**(2) 测站的计算、检核与限差**

①视距计算。

$$后视距离(9)=[(1)-(2)]\times100$$

$$前视距离(10)=[(4)-(5)]\times100$$

前、后视距差(11)=(9)-(10)，三等水准测量不得超过±2.0 m；四等水准测量不得超过±3.0 m。

第一站的前后视距累积差(12)=本站(11)；以后各站前后视距累积差(12)=本站(11)+前站(12)，三等不得超过±5.0 m，四等不得超过±10.0 m。

②黑、红面读数差。

$$前尺(13)=(6)+K_1-(7)$$

$$后尺(14)=(3)+K_2-(8)$$

$K_1$、$K_2$ 分别为两根标尺的红黑面常数差。黑、红面读数差三等水准测量不得超过±2 mm，四等不得超过±3 mm。

③高差计算。

$$黑面高差(15)=(3)-(6)$$

$$红面高差(16)=(8)-(7)$$

检核计算黑、红面高差之差(17)=(14)-(13)=(15)-(16)±0.100，三等不得超过±3 mm，四等不得超过±5 mm。

$$高差中数(18)=[(15)+(16)\pm0.100]/2$$

上述各项记录、计算见表 6-8。观测时若发现本测站某项限差超限，应立即重测本测站。只有各项限差均检查无误后，方可搬站。若迁站后才检查发现，则应从水准点或间歇点开始重新观测。

**(3) 每页计算的总检核**

在每测站检核的基础上，应进行每页计算的检核。

$$\sum(15) = \sum(3) - \sum(6)$$

$$\sum(16) = \sum(8) - \sum(7)$$

$$\sum(9) - \sum(10) = \text{本页末站}(12) - \text{前页末站}(12)$$

当总测站数为偶数时，$2\sum(18) = \sum(15) + \sum(16)$；当总测站数为奇数时：

$$2\sum(18) = \sum(15) + \sum(16) \pm 0.100$$

**(4)水准路线测量成果的计算、检核**

三、四等附合或闭合水准路线高差闭合差的计算、调整方法与普通水准测量相同，其高差闭合差的限差见表6-7。

## 6.3.2 三角高程测量

三角高程测量是根据测站向目标点观测竖直角和它们之间的斜距或水平距离，以及量取的仪器高和目标高，计算两点之间的高差而求得未知点高程。该法较水准测量精度低，常用作山区各种比例尺测图的高程控制。

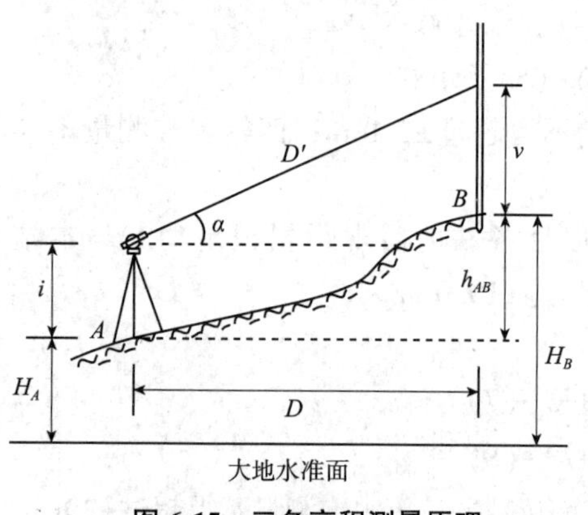

**图6-15 三角高程测量原理**

**(1)三角高程测量原理**

如图6-15所示，已知$A$点的高程$H_A$，欲求$B$点高程$H_B$。可将仪器安置在$A$点，照准$B$点目标，测得竖角$\alpha$，量取仪器高$i$和目标高$\nu$。

如果用电磁波测距仪测得$A$、$B$两点间的斜距$D'$，则高差为：

$$h_{AB} = D' \cdot \sin\alpha + i - \nu \tag{6-37}$$

如果已知$AB$两点间的水平距离$D$，则高差为：

$$h_{AB} = D \cdot \tan\alpha + i - \nu \tag{6-38}$$

则$B$点高程为：

$$H_B = H_A + h_{AB} \tag{6-39}$$

**(2)三角高程测量的观测与计算**

当两点间距大于300 m时，应考虑地球曲率和大气折光对高差的影响。因此，三角高程测量应进行往返观测，即所谓的对向观测。也就是由$A$观测$B$，又由$B$观测$A$。对向观测高差之差不大于限差(对向观测较差$f_{h容} = \pm 45\sqrt{D}$ mm)时，取平均值作为两点间的高差，可以抵消地球曲率和大气折光差的影响。当单向观测时，应进行地球曲率改正和大气折射改正，简称为两差改正。两差改正数可以根据式(6-40)计算。

$$f = 0.43\frac{D^2}{R} \tag{6-40}$$

考虑地球曲率和大气折光的影响时三角高程测量的高程计算式为：

$$h_{AB}=D\cdot\tan\alpha+i-\nu+0.43\frac{D^2}{R} \tag{6-41}$$

式中，$D$ 为经过各项改正后的水平距离，m；$\alpha$ 为观测竖直角；$R$ 为地球平均曲率半径，采用 6 371 000 m；$i$ 为仪器高，即仪器竖盘中心至地面点的高度，m；$\nu$ 为觇牌中心至地面点的高度，m。

对图根控制点进行三角高程测量时，竖角 $\alpha$ 用 $J_6$ 级经纬仪测 1～2 个测回；为了减少折光影响，目标高应大于 1 m。仪器高 $i$ 和目标高 $\nu$ 用钢尺量出，取至毫米(mm)。表 6-9 是三角高程测量观测与计算实例。

**表 6-9　三角高程测量的高差计算**

| 起算点 | *A* | | *B* | |
|---|---|---|---|---|
| 欲求点 | *B* | | *C* | |
| | 往 | 返 | 往 | 返 |
| 水平距离 $D$(m) | 581.380 | 581.380 | 488.010 | 488.010 |
| 竖直角 $\alpha$ | +11°38′30″ | −11°24′00″ | +6°52′18″ | −6°34′30″ |
| 仪器高 $i$(m) | 1.402 | 1.490 | 1.426 | 1.506 |
| 目标高 $\nu$(m) | 2.500 | 3.000 | 3.002 | 2.508 |
| 球气差改正 $f$(m) | +0.023 | +0.023 | +0.016 | +0.016 |
| 高差(m) | +118.706 | −118.714 | +57.251 | −57.235 |
| 平均高差(m) | +118.710 | +57.243 | | |

# 本章小结

测量工作必须遵循“先控制后碎部”的原则。控制测量是地形测量和工程测量的基础。控制测量分为平面控制测量和高程控制测量。

导线测量是小区域平面控制测量和图根控制测量的主要方法之一。导线测量的外业包括踏勘选点、边长测量、角度观测。坐标计算时，首先计算角度闭合差并按照“反符号、平均分配”的原则进行角度闭合差调整；然后推算各导线边的坐标方位角；再计算坐标增量及其闭合差，并按照“反符号、与边长成正比例分配”的原则调整增量闭合差；最后计算各导线点的坐标。

在测量中往往会遇到只需要确一个或两个点的平面坐标，如增设个别图根点。这时可以根据已知控制点，采用交会法确定点的平面坐标，常用的交会方法有前方交会、侧方交会和后方交会。

三、四等水准测量可采用双面尺中丝读数法“后、前、前、后”的观测顺序测量作业。当两点间地形起伏较大而不便于施测水准时，可采用三角高程测量测定高差。当两点距离较远时，应进行对向观测并施加球气差改正。

## 复习思考题

1. 控制测量的目的是什么？
2. 什么叫导线？何谓经纬仪导线？
3. 导线布设的基本形式有哪几种？导线测量的外业工作包括哪些内容？
4. 导线测量的内业计算步骤包括哪几项？
5. 如图6-16所示为闭合导线略图，包括 $AB$ 的方位角及点 $B$ 的坐标，观测闭合导线的各角及边长，已知数据和观测数据均填入表6-10中，试计算1、2、3三点的坐标。

表6-10　闭合导线坐标计算表

| 点号 | 观测角(° ′ ″) | 改正后角度(° ′ ″) | 坐标方位角(° ′ ″) | 边长(m) | 坐标增量计算值 | | 改正后坐标增量 | | 坐标 | |
|---|---|---|---|---|---|---|---|---|---|---|
| | | | | | $\Delta x$(m) | $\Delta y$(m) | $\Delta\bar{x}$(m) | $\Delta\bar{y}$(m) | $X$(m) | $Y$(m) |
| $A$ | | | | | | | | | | |
| | | | 118 07 36 | | | | | | | |
| $B$ | 120 05 30(连接角) | | | | | | | | 1325.780 | 1008.320 |
| | | | | 327.140 | | | | | | |
| 1 | | | | | | | | | | |
| | | | | 377.271 | | | | | | |
| 2 | | | | | | | | | | |
| | | | | 282.832 | | | | | | |
| 3 | | | | | | | | | | |
| | | | | 486.143 | | | | | | |
| $B$ | | | | | | | | | | |
| | | | | | | | | | | |
| 1 | | | | | | | | | | |
| $\sum$ | | | | | | | | | | |

$\sum\beta_{测}=$　　$\sum\beta_{理}=$　　$f_\beta=$

$f_{\beta容}=$　　$f_x=$　　$f_y=$

$f_D=$　　$K=$

6. 如图6-10所示为附合导线略图，已知 $AB$、$CD$ 的坐标方位角及 $B$、$C$ 点的坐标，观测附合导线的各转折角及边长，已知数据和观测数据均填入表6-11中，试计算1、2、3三点的坐标。
7. 高程控制测量有哪几种方法？
8. 如何进行三角高程测量的观测与计算？

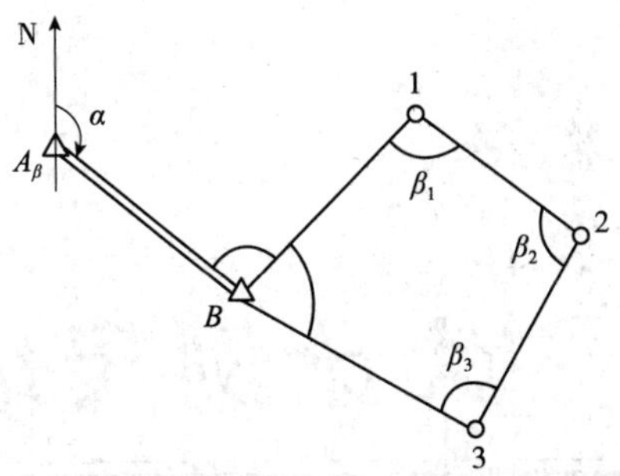


图 6-16　闭合导线缩略图

表 6-11　附合导线坐标计算表

| 点号 | 观测角（° ′ ″） | 改正后角度（° ′ ″） | 坐标方位角（° ′ ″） | 边长（m） | 坐标增量计算值 |  | 改正后坐标增量 |  | 坐标 |  |
|---|---|---|---|---|---|---|---|---|---|---|
|  |  |  |  |  | $\Delta x$(m) | $\Delta y$(m) | $\Delta\bar{x}$(m) | $\Delta\bar{y}$(m) | $X$(m) | $Y$(m) |
| *A* |  |  |  |  |  |  |  |  |  |  |
|  |  |  | 150 35 18 |  |  |  |  |  |  |  |
| *B* | 110 32 18 |  |  |  |  |  |  |  | 1523. 680 | 2134. 740 |
|  |  |  |  | 137. 581 |  |  |  |  |  |  |
| 1 | 205 13 36 |  |  |  |  |  |  |  |  |  |
|  |  |  |  | 157. 642 |  |  |  |  |  |  |
| 2 | 155 37 24 |  |  |  |  |  |  |  |  |  |
|  |  |  |  | 128. 572 |  |  |  |  |  |  |
| 3 | 217 38 06 |  |  |  |  |  |  |  |  |  |
|  |  |  |  | 145. 260 |  |  |  |  |  |  |
| *C* | 120 17 12 |  |  |  |  |  |  |  | 1446. 880 | 2675. 740 |
|  |  |  | 59 53 24 |  |  |  |  |  |  |  |
| *D* |  |  |  |  |  |  |  |  |  |  |
| Σ |  |  |  |  |  |  |  |  |  |  |

$f_\beta$ =　　　　　　　　　　　　　　　　　　$f_{\beta容}$ =

$f_x$ =　　　　　　　　$f_y$ =　　　　　　　　$f_D$ =

$K$ =

# 第 7 章

# 大比例尺地形图测绘

【**内容提要**】本章以大比例尺地形图测绘为主线，着重介绍了地形图比例尺及其精度；地物符号、等高线表示地貌的原理与方法；典型地貌的等高线特征；等高线种类及其特性；测图前的准备工作；碎部测量的方法；等高线勾绘以及地形图的拼接与检查等内容。

## 7.1　比例尺及其精度

测绘地形图时，不可能把地球表面的形状和物体按其真实的大小描绘在图纸上，必须按一定的倍数缩小后，用规定的符号表示出来。地图上某一线段的长度与地面上相应线段的水平距离之比，称为比例尺。如图上 1 cm 等于地面上 10 m 的水平长度，称为 1/1000 的比例尺。

### 7.1.1　比例尺的表示方法

比例尺常用两种方法表示：数字比例尺和直线比例尺。

**(1) 数字比例尺**

用分子为 1 的分数表示的比例尺，称为数字比例尺。设图上直线长度为 $d$，相应于地面上的水平长度为 $D$，则比例尺的公式为：

$$\frac{d}{D}=\frac{1}{M} \tag{7-1}$$

式中，$M$ 为缩小的倍数。

利用式(7-1)可以进行图上长度与实地平距之间的换算。例如，地面上两点的水平距离为 1000 m，在地图上以 0.1 m 的长度表示，则这张图的比例尺为 0.1/1000 = 1/10 000，或记为 1：10 000。

**(2) 直线比例尺**

为了直接而方便地在图上量测距离，免去换算的麻烦，并消除或减弱图纸伸缩变形对距离的影响，可用直线比例尺。以一定长度的线段和数字注记表示的比例尺，称为直线比例尺。如图 7-1 所示为 1：1000 的比例尺。

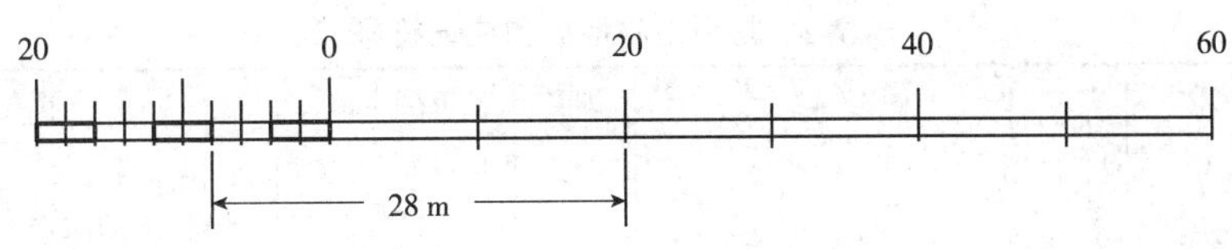


图 7-1　1∶1000 直线比例尺

制作方法：在图上绘一直线，以 2 cm(或 1 cm)为一个基本单位，将其等分为若干段。将左边一个基本单位再分为 10 等分，在右分点上注记 0，自 0 起向左及向右的各分点上，均注记相应的水平距离，即制成直线比例尺。

使用方法：将两脚规张开，量取图上两点间的长度，再移到直线比例尺上，右脚针尖对准 0 右边的整分划上，使左脚针尖落在 0 左边的基本单位内，读取左边的尾数。如图 7-1 所示，将两脚规右脚放在 0 点右边的划线 20 m 上，使左脚落在 0 点左边的基本单位 4 上，直接读得相应的实地水平距离 $D=28$ m。

比例尺也有用文字表示的，如“五万分之一”或“图上 1 厘米代表实地 500 米”等。

### 7.1.2　比例尺精度

在正常情况下，人眼在图上能分辨的两点间最小距离为 0.1 mm，因此，实地平距按比例尺缩绘在图纸上时，不能小于 0.1 mm。相当于图上 0.1 mm 的实地水平距离 $D$，称为比例尺的最大精度。它等于 0.1 mm 与比例尺分母 $M$ 的乘积，即 $D=0.1\ \text{mm}\cdot M$。不同比例尺的相应精度见表 7-1。

应用比例尺精度，在以下两个问题上可参考决定：

①按量距精度选用测图比例尺。设在图上需要表示出 0.2 m 的地面水平长度，此时应选用不小于 0.1 mm/200 mm=1/2000 的测图比例尺。

②根据比例尺确定量距精度。设测图比例尺为 1/5000，实地量距精度需到 0.1 mm×5000=0.5 m，过高的精度在图上将无法表示出来。

表 7-1　不同比例尺的相应精度

| 比例尺 | 1∶500 | 1∶1000 | 1∶2000 | 1∶5000 | 1∶10 000 | 1∶25 000 |
|---|---|---|---|---|---|---|
| 比例尺精度(m) | 0.05 | 0.10 | 0.20 | 0.50 | 1.00 | 2.50 |

## 7.2　大比例尺地形图图式

为了对种类繁多的地物和地貌进行测绘且便于应用，对地图上地物、地貌符号的样式、规格、颜色、使用以及地图注记和图廓整饰等所作的统一规定，称为地形图图式。我国当前使用最新的大比例尺地形图图式是于 2017 年进行修订并实施的《国家基本比例尺地形图图式 第 1 部分：1∶500、1∶1000、1∶2000 地形图图式》(GB/T 20257.1—2017)，它是测绘和使用地形图的重要依据。表 7-2 为 1∶500、1∶1000、1∶2000 比例尺的部分地形图图式。图式中有 3 类符号：地物符号、地貌符号和注记符号。地物符号和地貌符号用来表示地物和地貌。注记符号则是用数字、文字和箭头对地物和地貌所作的说明性标注。

**表 7-2 常用地物地貌和注记符号**

| 编号 | 符号名称 | 图例 | 编号 | 符号名称 | 图例 |
|---|---|---|---|---|---|
| 1 | 普通房屋<br>2 表示房屋层数 | 2　1.5 | 10 | 窑洞<br>(1)住人的<br>(2)不住人的<br>(3)地面下的 | 1 2.5　2<br>2.0<br>3 |
| 2 | 台阶 | 0.5<br>0.5　0.5 | 11 | 水生经济作物地 | 3.0<br>0.5 藕 |
| 3 | 水稻地 | 0.2　0.2<br>10.0<br>10.0 | 12 | 灌木林 | 0.5<br>1.0 |
| 4 | 电线架 | | 13 | 电杆 | 1.0 |
| 5 | 草地 | 1.5<br>10.0<br>0.8　10.0 | 14 | 篱笆 | 1.0<br>10.0 |
| 6 | 砖、石头、混凝土墙 | 10.0 | 15 | 高压线 | 4.0 |
| 7 | 公路 | 沥　砾 | 16 | 简易公路 | 碎石 |
| 8 | 河流、湖泊及水涯线、流向 | | 17 | 小路 | 4.0　1.0 |
| 9 | 小三角点<br>三角点 | 3.0　横山 / 95.96<br>3.0　华山 / 480.79 | 18 | 图根点:<br>埋石的<br>不埋石的 | 2.5　09 / 62.4<br>1.5　N. / 88.5 |

## 7.2.1　地物符号

**(1) 比例符号**

有些地物的轮廓较大，如房屋、湖泊、林地等，其形状和大小可以按测图比例尺缩绘到图纸上，再配以特定的符号说明，这类符号称为比例符号。利用它可以在图上量取长、宽和面积，了解其分布和形状。

**(2) 非比例符号**

地面上轮廓很小的地物，如导线点、独立树、水塔、烟囱等，按轮廓大小，无法将其形状和大小按比例尺缩绘到图纸上，只能用规定的符号表示其中心位置，这种符号称为非比例符号。利用它不能判定地物的大小，只能表明具体的性质和准确位置。

**(3) 半比例符号**

对于一些狭长的线状地物，如道路、通信线和管道等，其长度可按比例尺缩绘到图纸上，而宽度则不能，只能用规定的符号表示地物的位置和长度，此类符号称为半比例符号。在图上可量取其相应的实地长度，而不能量取其宽度和面积。

上述 3 类符号，只能表示地物的形状、位置、大小和种类，但不能表示其质量、数量和名称，因此，还要有文字和数字注记符号加以补充。

## 7.2.2　地貌符号

地图上用来表示地面高低起伏形态的符号称为地貌符号，通常用等高线表示。用等高线表示地貌，不仅能表示地面的起伏形态，而且能科学地表示出地面的坡度和地面点的高程与山脉走向。一些特殊地貌则用等高线配合特殊符号来表示，如冲沟、梯田等。

### 7.2.2.1　等高线表示地貌的原理

地面是起伏不平的，有高山、丘陵和平原等，这个高低不平、形状各异的地貌是怎样表示在平面图纸上的呢？如图 7-2 所示，有一座山，假想从山底到山顶，按相等间隔把它一层层的水平切开后，便在地表面呈现出各种形状的截口线。然后将各截口线垂直投影到平面上，并按测图比例缩绘于图纸上，就得到用等高线表示该小山的图形。由此可见，等高线表示地貌的原理是：从底到顶，相等高度，层层水平，地面截口，垂直投影。等高线是地图上地面高程相等的各相邻点所连成的曲线。

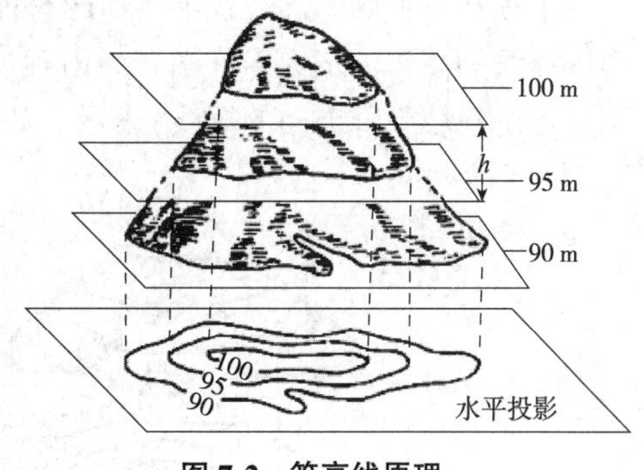


**图 7-2　等高线原理**

### 7.2.2.2　等高距和等高线平距

地图上相邻等高线之间的高差称为等高距，以 $h$ 表示。图 7-2 中所示的水平截面间的垂直距离为 5 m。同一幅地形图中等高距是相同的。地图上相邻两条等高线之间的水平距离称为等高线平距，以 $d$ 表示。因为同一幅图上等高距是一个常数，所以，等高线多，山就高；等高线少，山就低。等高线密，坡度陡；等高线稀，坡度缓。等高线的弯曲形状与相应实地地貌形状保持水平相似关系，而等高线平距随地形的陡缓而变化。地势越陡，等高线平距越小，等高线越密；反之，等高线平距越大，等高线越稀疏，地势越平缓。由此可见，由等高线的疏密可以判断地势的陡缓。

根据等高线原理可知：等高距越小，显示地貌就越详细。但等高距过小，图上的等高线就过于密集，就会影响图面的清晰。因此，等高距的选择，要根据地势情况及测图比例尺大小而定。《城市测量规范》(CJJ/T 8—2021)对等高距的规定见表 7-3。

**表 7-3　等高距表**

| 比例尺 | 平地(0°~2°)(m) | 丘陵地(2°~6°)(m) | 山地(>6°)(m) |
|---|---|---|---|
| 1∶500 | 0.5 | 0.5 | 0.5 |
| 1∶1000 | 0.5 | 0.5 | 0.5 |
| 1∶2000 | 1.0 | 1.0 | 1.0 |

### 7.2.2.3　典型地貌等高线的表示方法

地貌尽管千姿百态，变化万千，各具特色，但仍可以找出它们的共同特征。归纳起来，地貌不外乎由山顶、洼地、山背、山谷、鞍部、山脊等典型地貌所构成。只要抓住这些典型地貌等高线的基本特征，识别错综复杂地貌的困难就迎刃而解了。

**(1)山顶和洼地**

隆起而高于四周的高地称为山丘，高大的山丘称为山峰。山的最高部位称为山顶，有尖顶、圆顶、平顶等形态。山的侧面部分称为山坡。四周高，中间低的地形称为洼地(面积大的称为盆地)。

山顶和洼地的等高线均为一组闭合曲线。在地形图上区分山顶和洼地的方法：凡是内圈等高线的高程注记大于外圈者为山顶。如果没有高程注记，则用示坡线(绘于等高线上用于指示斜坡下降方向的短线)表示。如图 7-3(a)为山顶，图 7-3(b)为洼地。

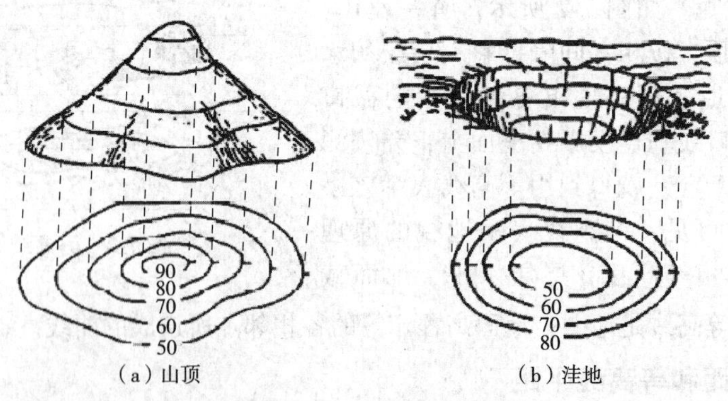


**图 7-3　山顶和洼地等高线**

**(2)山背和山谷**

如图 7-4(a)所示，从山顶到山脚的凸起部分称为山背，山背最高点的连线称为山背线。相邻两山背或山脊之间的条形低凹部分称为山谷，如图 7-4(b)所示。山谷最低点的连线称为集水线或山谷线。以山顶为准：山背等高线表现为一组凸向低处的曲线；山谷的等高线则表现为一组凸向高处的曲线。

**(3) 鞍部**

如图 7-5 所示，山脊上相邻两个山顶之间的形似马鞍状的低凹部位称为鞍部。鞍部是两个山顶和两个山谷相对交会的地方。鞍部等高线的特点是在一圈大的闭合曲线内套有两组凸弯相对的、小的闭合曲线，也可视为由两个山顶和两个山谷等高线对称组合而成。

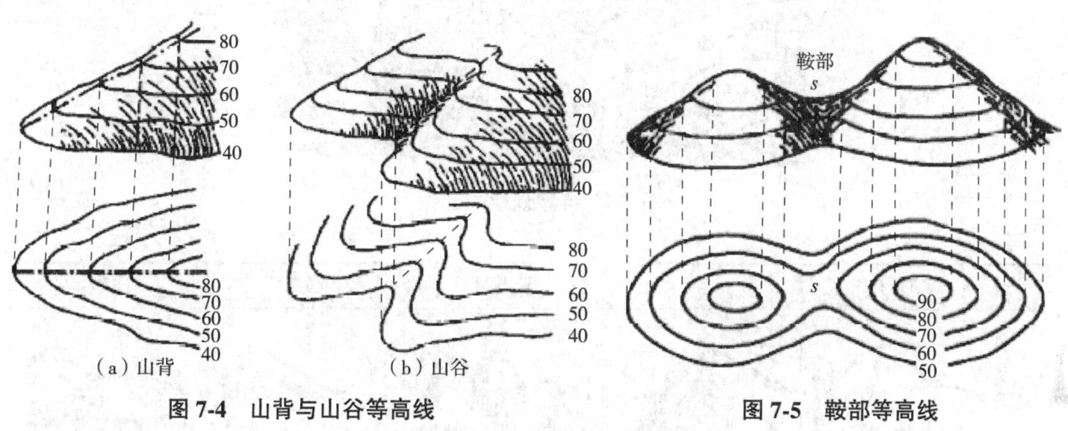


**图 7-4　山背与山谷等高线**　　**图 7-5　鞍部等高线**

**(4) 山脊**

若干相邻山顶、鞍部相连的凸棱部分，称为山脊(图 7-6)。山脊的棱线称为山脊线，即分水线，一般呈曲线状延伸，常构成河流的分水岭或流域的汇水周界，地表水向两侧分流。

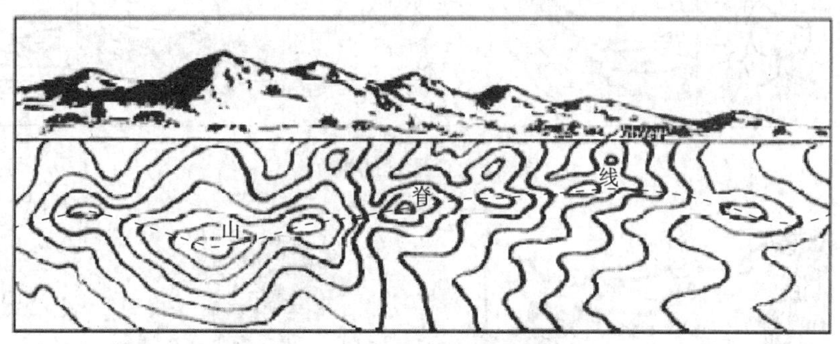


**图 7-6　山脊与山脊线**

以上所述山顶、山背和山谷、山脊和鞍部所指的部位如图 7-7 所示。

**(5) 变形地**

地表因受地壳变动、流水、风化作用或其他影响而改变形状的部分，称为变形地，如冲沟、陡崖、陡石山、崩崖、滑坡等。在地形图上，变形地一般不用等高线表示，而用专门的符号表示(图 7-8)。近于垂直(坡度 70°以上)的山坡称峭壁(或绝壁)，上部凸出下部凹进的绝壁称为悬崖，如图 7-9 和图 7-10 所示。由多种典型地貌的不同组合，在地面上就呈现形态各异的多姿地貌。图 7-11 所示为某一地区综合地貌及其等高线地形图。

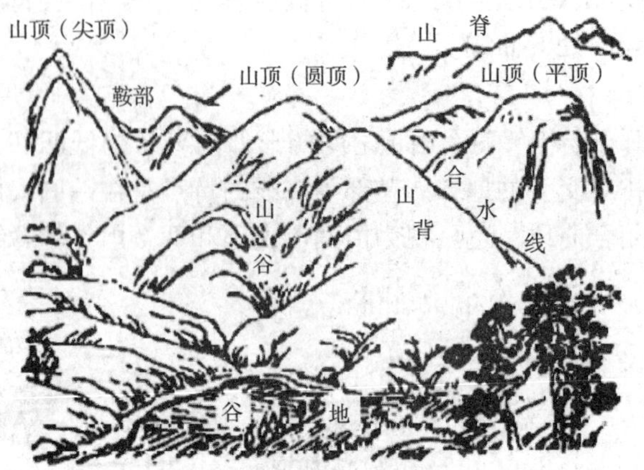


图 7-7　典型地貌的部位

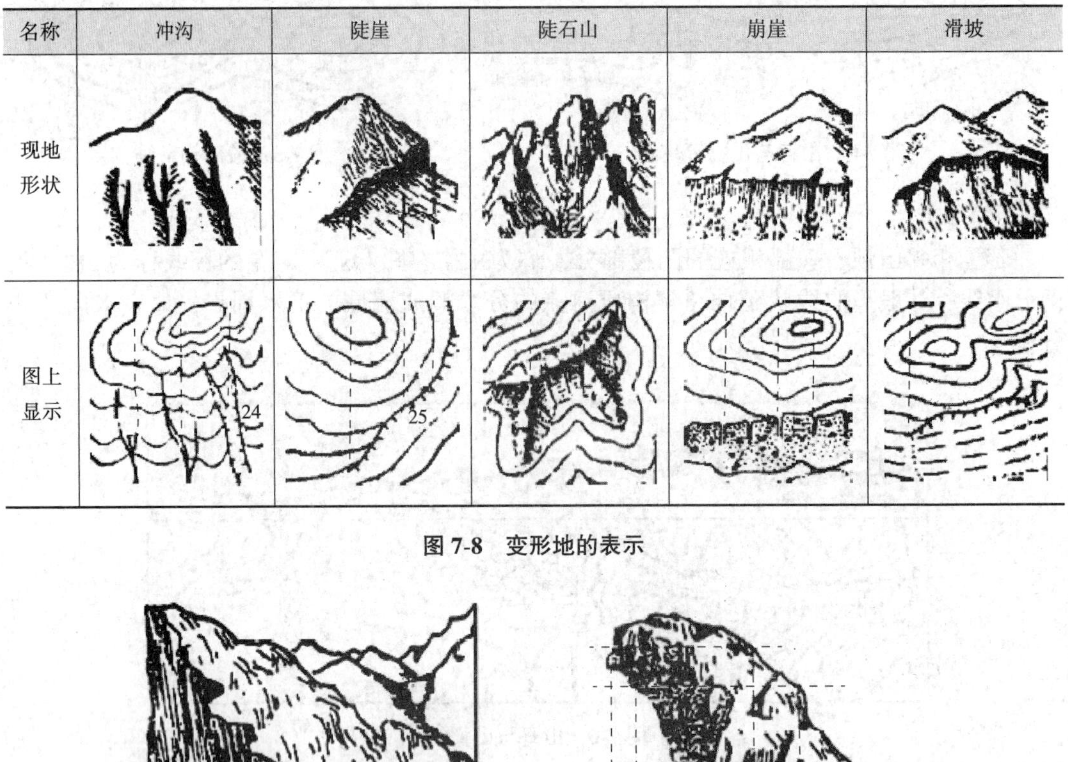

| 名称 | 冲沟 | 陡崖 | 陡石山 | 崩崖 | 滑坡 |
| --- | --- | --- | --- | --- | --- |
| 现地形状 | | | | | |
| 图上显示 | 24 | 25 | | | |

图 7-8　变形地的表示

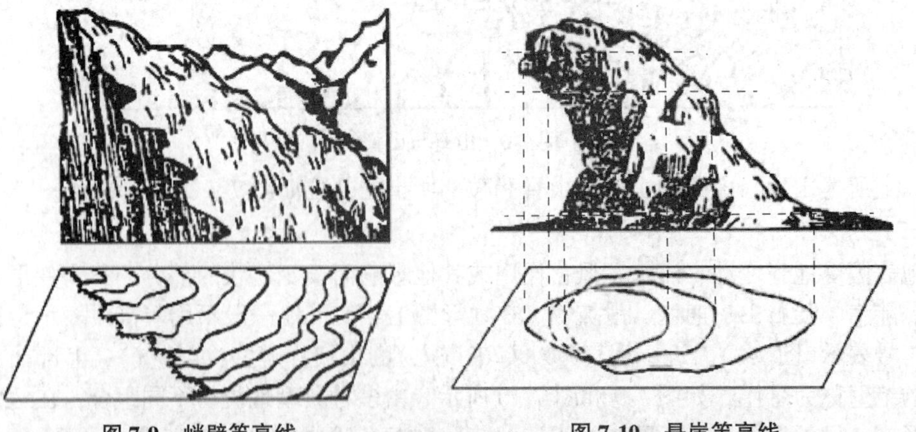

图 7-9　峭壁等高线　　图 7-10　悬崖等高线

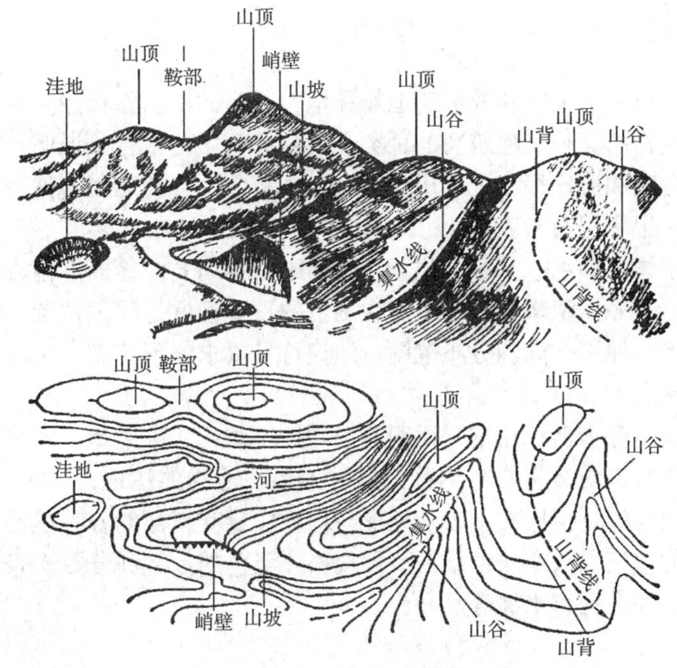


图 7-11　综合地貌的等高线表示

### 7.2.2.4　等高线的特性

①等高性。同一条等高线上各点的高程相等，但高程相等的点不一定在同一等高线上。

②闭合性。等高线为连续闭合曲线。如不能在本幅内闭合，必定在图幅外闭合。只有在遇到符号表示的悬崖、陡坎、地物及河流处中断。

③非交性。除了悬崖或绝壁外，等高线在图上不能相交或相切。

④正交性。山背和山谷处等高线与山背线和山谷线正交。

⑤密陡疏缓性。同一幅图内，等高线愈密，坡度愈陡；等高线愈稀，坡度愈缓。

### 7.2.2.5　等高线的种类

①首曲线。从高程基准面起，按固定等高距描绘的等高线，称为首曲线，亦称基本等高线。大比例尺地形图上的首曲线是用细实线表示的，其上不注记高程(图 7-12)。

②计曲线。从高程基准面起，每隔 4 条(或 3 条)首曲线加粗绘制的一条等高线称为计曲线，也称加粗等高线。其上注有高程，利用它可以“一五一十”地数等高线，便于计算高程(图 7-12)。

③间曲线。用基本等高线不足以表示局部地貌特征时，可以按 1/2 基本等高距用虚线加绘的半距等高线，称为间曲线。间曲线可仅画出局部线段，不必闭合，如图 7-12 所示。

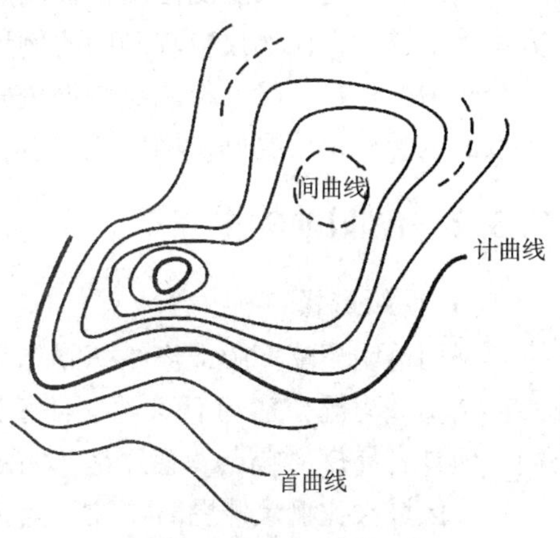


图 7-12　等高线的种类

### 7.2.3 注记符号

注记符号是用数字、文字和箭头对地物和地貌所作的说明性标注。如工厂的名称、植被的种类、特殊地物的高程、建筑物的种类和层数等可用注记符号说明。房屋的层数、树木的高度、河流深度和流速等注记可用数字表示；地名、各类道路名称等注记可用文字表示；水流方向等注记可用箭头表示。

注记符号由字体、颜色、字号、位置、字间距及排列方向等因素构成。字体和颜色用以区分不同事物；字号反映事物分级以及在图上的重要程度；注记位置、字间距和排列方向表现事物的位置、伸展方向和分布范围。注记符号要求字形工整、美观、主次分明、易于区分、位置正确。

注记符号一般可分为名称注记、说明注记和数字注记 3 种类型。名称注记是指由不同规格、颜色的字体来说明具有专有名称的各种地形、地物的注记，如海洋、湖泊、河川、山脉的名称。说明注记是指用文字表示地形与地物质量和特征的各种注记，如表示植被种类、房屋材质等的注记。数字注记指由不同规格、颜色的数字和分数式表达地形与地物的数量概念的注记，如高程、水深等。

## 7.3 测图前的准备工作

在测图前，要做好抄录所需用的控制点的平面及高程成果、检验校正仪器、划分图幅、展绘控制点和准备测图板等工作。

### 7.3.1 图幅的划分

当测区较大，一个图幅不能全部测完时，要把整个测区分成若干图幅进行施测。大比例尺(1∶500~1∶2000)地形图的分幅大小是 50 cm×50 cm 或 50 cm×40 cm。当测区较小时，图幅可大一些或小一些。分幅较多时，为了使用和接图的方便要适当进行编号。

具体分幅前，根据测区图根控制点的坐标，展绘一张测区控制点分布图。展绘时可在方格纸上进行，比例尺应较测图比例尺小一些，以便在一张不太大的图纸上对测区控制点的分布情况一目了然。控制点图西南角的坐标是根据控制点最小的 $x$、$y$ 值来决定的。控制点的位置标定后要确定测区范围线，以便分幅。

### 7.3.2 测图前的准备

**(1)图纸选择**

采用透明聚酯薄膜或涤纶薄膜作为图纸，其厚度为 0.07~0.10 mm。常温下变形小且柔韧结实、耐湿，玷污后可洗，便于野外作业。着墨后透明度好，可直接复印或制版印刷。但具有易燃的缺点。膜片是透明的图纸，测图前在膜片与测图板之间衬以白纸。

小区域大比例尺测图时，往往测区范围只有一两幅图，可用白纸作为图纸，将图纸裱糊在图板上。

**(2) 坐标格网绘制**

为了准确地将各等级控制点根据其平面直角坐标 $X$、$Y$ 展绘在图纸上，首先需在图纸上绘出 10 cm×10 cm 的坐标格网。用坐标展点仪绘制方格网，是快速而准确的方法。也可购买已印刷好坐标格网的聚酯薄膜或涤纶薄膜。也可用坐标格网尺绘制。如无上述仪器或工具，也可采用对角线法用精密直尺绘制坐标格网。绘图方法如图 7-13 所示，先在纸上画两对角线 $AC$、$BD$，再从对角线交点 $O$ 点以适当的线段 $Oa$，量出长度相等的 4 条线段，得 $a$、$b$、$c$、$d$ 4 点，以控制图廓线位于图纸中央。在 $ab$、$dc$ 线上，从 $a$、$d$ 点开始每隔 10 cm 刺点；同样从 $ad$、$bc$ 线的 $a$、$b$ 点开始，也每隔 10 cm 刺点，将相应的点连成直线，就得坐标格网。画出的小方格边长(10 cm)误差不应超过 0. 2 mm，各对角线长度与 14. 14 cm 之差不应超过 0. 3 mm，纵横方格网线应严格正交，各方格的格点应在一条直线上，偏离不应大于 0. 2 mm，经检查合格后方可使用。

### 7. 3. 3　控制点展绘

坐标格网绘制合格后，按照坐标把各控制点展绘在图纸上。如图 7-14 所示，设 $x_7$ = 525. 04 m，$y_7$ = 619. 64 m，根据方格网上所注坐标，控制点在方格 $badc$ 内。自 $b$、$a$ 两点分别在线段 $ab$、$dc$ 上，依比例尺量取 525. 04−500 = 25. 04 m，得 $g$、$h$ 两点；再自 $a$、$b$ 两点分别在 $ad$、$bc$ 线段上量取 619. 64−600 = 19. 64 m，得 $e$、$f$ 两点，连接 $e$、$f$ 和 $g$、$h$，其交点即为控制点。同法绘制 1、2、3…等点。在点的右侧画一短横线，横线上面注记点号，横线下面注记点的高程。

最后还要对展绘点进行检查，其方法是用比例尺量出相邻控制点间的距离是否与成果表上或与控制点反算的距离相符，其差在图上不得超过 0. 3 mm，否则重新展点。刺孔不得大于图上 0. 1 mm。

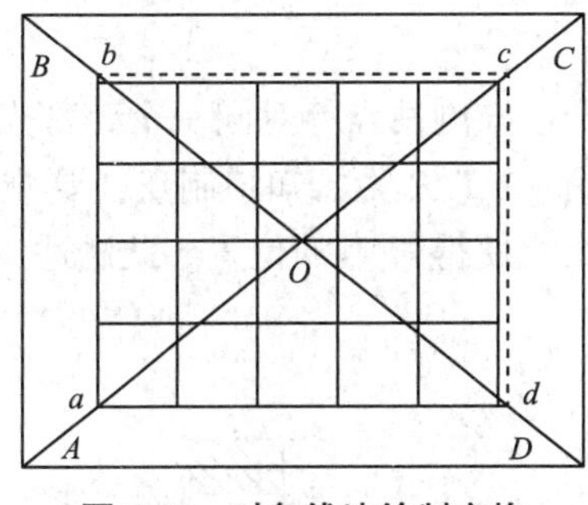

图 7-13　对角线法绘制方格

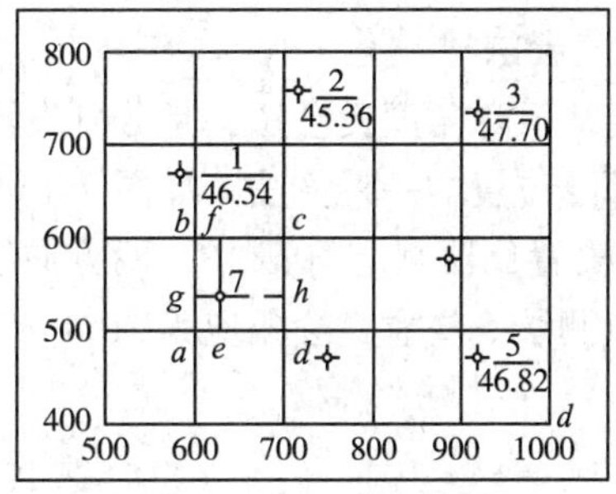

图 7-14　控制点展绘

## 7. 4　碎部测量的方法

### 7. 4. 1　碎部点选择

碎部点应选择地物和地貌特征点，即地物和地貌的方向转折点和坡度变化点。恰当地选择碎部点，将地物地貌正确地缩绘在图上，是保证成图质量和提高测图效率的关键之一。

**(1) 地物特征点选择**

地物可大致分为点状地物、线状地物和面状地物 3 种。点状地物是指不能在图上表示其轮廓或按常规无法测定其轮廓的地物，如水井、电线杆、独立树等。点状地物的中心位置即为其特征点。线状地物是指宽度很小，不能在图上表示，仅能用线条表示其长度和位置的地物，如道路、小溪、电力线等。对呈直线的线状地物，起止点即为其特征点。如果起止点相距较远，注意选中间点作校核；对呈折线和曲线的线状地物，其特征点除起止点外，还包括转折点和弯曲点，曲线地物要注意隔适当的距离选点，使连成的物体形状不致失真。面状地物是指能够在图上以完整轮廓表示的地物，如房屋、田地、果园、池塘等，轮廓的转折点、弯曲点即为面状地物的特征点。

**(2) 地貌特征点选择**

地貌通常用等高线表示，但在地面上等高线并不像地物轮廓那样明显可见，再加上地面起伏，形态千差万别，所以地貌特征点的选择比较困难。从几何学的观点来分析，复杂的地貌可看成是由许多不同方向和不同坡度的面所组成的多面体。相邻面的相交棱线构成地貌的骨架线，测量上称为地性线，如山背线、山谷线和山脚线就是最明显的例子。地性线的起止点及其转折点(方向和坡度变换点)即为地貌特征点。如果测定了这些特征点的平面位置和高程，这些地性线也就测绘出来了，由这些地性线所形成的面随之而定，从而地貌也就得到客观显示。

### 7.4.2 碎部点平面位置的测定方法

**(1) 极坐标法**

极坐标法是在测站点上安置仪器，测定已知方向与所求点方向间的角度，量出测站点至所求点的距离，以确定碎部点位置的一种方法，如图 7-15 所示，$A$、$B$ 为已知控制点，要测定 $a$ 点，在 $A$ 点安置仪器测定水平角 $\beta$，从 $A$ 点量至 $a$ 点的距离 $D$，由此便可得 $a$ 点位置。

**(2) 方向交会法**

方向交会法又称角度交会法，是分别在两个已知测站点上对同一个碎部点进行方向交会以确定碎部点位置的一种方法。如图 7-16 所示，$A$、$B$ 为已知控制点，要测定 $m$ 点，分别在 $A$、$B$ 点安置仪器测定角 $\alpha$、$\beta$，两方向线相交便得 $m$ 点的位置。此法适用于量距困难地区的地物点测绘。注意交会角应为 30°~150°。

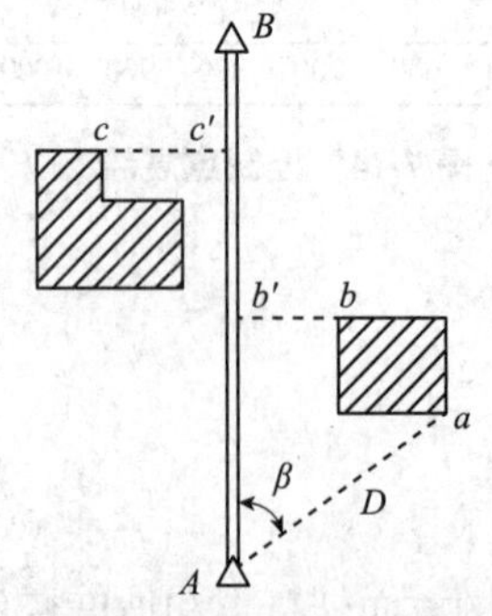


图 7-15 极坐标法与直角坐标法

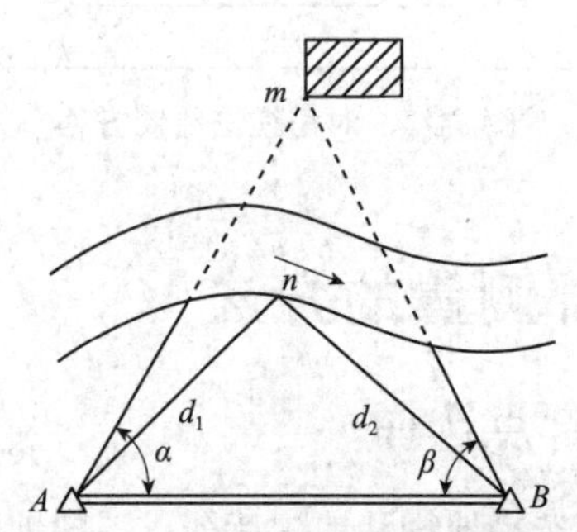


图 7-16 方向交会法与距离交会法

**(3) 距离交会法**

距离交会法是测定两个测站点到同一碎部点的距离来确定待定点平面位置的方法。如图 7-16 所示，$A$、$B$ 为已知控制点，要测定 $n$ 点，分别量测 $A$ 到 $n$ 和 $B$ 到 $n$ 的距离 $d_1$、$d_2$，即可交会出 $n$ 点的位置。

**(4) 直角坐标法**

如图 7-15 所示，在测碎部点 $b$、$c$ 时，可由 $b$、$c$ 点向控制边 $AB$ 作垂线得垂足 $b'$、$c'$，若量得 $A$ 点至垂足的纵距 $Ab'=5.9$ m，$Bc'=3.0$ m，量得 $b$、$c$ 点至垂足的垂距为 $bb'=2.8$ m，$cc'=3.4$ m，则根据两距离即可在图上定出点位。此法适用于碎部点距导线点较近且有控制边的地区。

## 7.4.3　经纬仪测绘法

测定碎部点的平面位置和高程，依所用仪器的不同，可分为经纬仪测绘法和光电测距仪测绘法，在此仅介绍经纬仪测绘法。利用全站仪和计算机成图软件进行数字化测图的方法在第 5 章及第 8 章中有专门介绍。

此法是将经纬仪安置在测站上，测定测站到碎部点的角度、距离和高差。绘图板安置在旁边，根据经纬仪所测数据利用量角器展绘碎部点，然后对照实地描绘地物、地貌。具体操作方法如下。

**(1) 安置仪器**

如图 7-17 所示，安置经纬仪于测站 $A$ 点上，量取仪器高 $i$，记入手簿。绘图员把图板在 $A$ 点旁准备好。

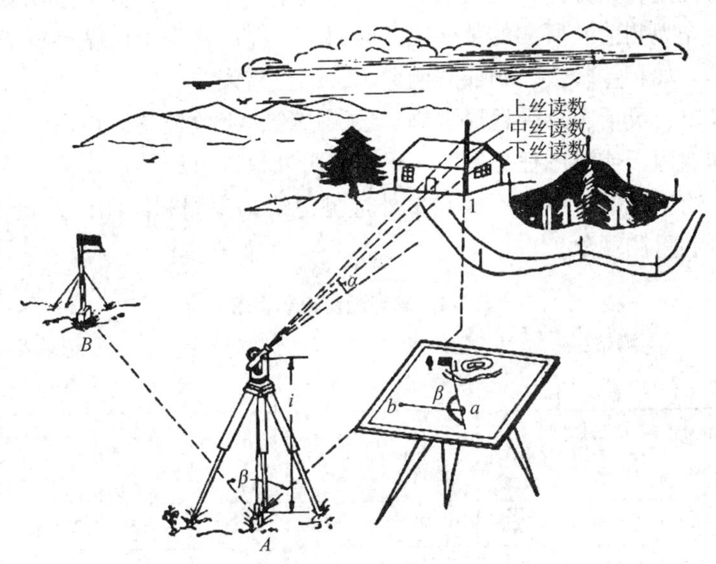


图 7-17　经纬仪测绘法

**(2) 定向**

瞄准另一相邻控制点(如 $B$ 点)，使水平度盘读数为 0°00′00″，作为碎部点定位的起始方向。当定向边较短时，也可用坐标格网的纵线作为起始方向线，方法是将经纬仪照准 $B$

点，使水平度盘的读数为 *AB* 边的坐标方位角。

**(3) 立尺**

跑尺员依次将视距尺立在地物或地貌特征点上。跑尺之前，跑尺员应先弄清施测范围和实地情况，选定跑尺点。跑尺应有次序、有计划，要使观测、绘图方便，使跑尺路线最短，而又不至于漏测碎部点。

**(4) 观测**

转动照准部，瞄准碎部点所立视距尺，调竖盘水准管微动螺旋使气泡居中，读取上、中、下 3 丝的读数及竖盘读数，最后读水平度盘读数，即得水平角 $\beta$。同法观测其他碎部点。

**(5) 记录**

将每个碎部点测得的一切数据依次记入手簿中相应栏内，见表 7-4。如遇特殊的碎部点，还要在备注栏中加以说明，如房屋、道路等。

**(6) 计算**

根据观测数据，用计算器按视距公式可求得平距和高差，并根据测站的高程算出碎部点的高程。

**(7) 展绘碎部点**

用小针将量角器(其直径大于 20 cm)的圆心插在图上的测站处，转动量角器，将量角器上等于 $\beta$ 角的刻划对准起始方向线，则量角器的零方向便是碎部点的方向。根据计算出的平距和测图比例尺定出碎部点的位置，如图 7-17 所示，在点的右侧注明高程。在测图过程中，应随时检查起始方向，经纬仪测图归零差不应大于 4′。为了检查测图质量，仪器搬到下站时，应先观测前站所测的某些明显碎部点，以便检查由两站测得该点的平面位置和高程是否相等。如相差较大，则应查明原因，纠正错误。

此法操作简单、灵活，不受地形限制，边测边绘，工效较高，适用于各类地区的测图工作。此外，如遇雨天或测图任务紧时，可以在野外只进行经纬仪观测，然后以记录和草图在室内进行展绘。这时，由于不能在室外边测边绘，观测和绘图的差错不易及时发现，也容易出现漏测和重测现象。

**表 7-4　碎部测量记录手簿**

仪器型号：　　测站：1　　起始点：2　　观测者：　　记录者：

观测日期：　　仪器高 $i = 1.42$ m　　测站高 $H_1 = 56.32$ m

| 碎部点 | 尺读数 | | | 尺间隔 | 竖盘读数 | 竖角 $\alpha$ | 水平距离(m) | 高差 $\pm h$ | 水平角 $\beta$ | 碎部点高程(m) | 备注 |
|---|---|---|---|---|---|---|---|---|---|---|---|
| | 中丝 | 下丝 | 上丝 | | | | | | | | |
| 1 | 1.420 | 1.800 | 1.040 | 0.760 | 93°28′ | +3°28′ | 75.72 | +4.59 | 275°25′ | 60.91 | |
| 2 | 2.400 | 2.775 | 2.025 | 0.750 | 93°00′ | +3°00′ | 74.79 | +2.94 | 305°30′ | 59.26 | 房角 |

## 7.4.4　地貌和地物的勾绘

当图板上测绘出若干碎部点之后，应随即勾绘铅笔原图。

**(1) 地物的勾绘**

地物的勾绘比较简单，如能按比例大小表示的地物，应随测随绘，即把相邻点连接起来。对道路、河流的弯曲部分则逐点连成光滑曲线；如水井、地下管道等地物，可在图上先绘出其中心位置，在整饰图面时再用规定的符号准确地描绘出来。

**(2) 地貌的勾绘**

地貌勾绘时要连结有关的地貌特征点，在图纸上轻轻地用铅笔勾出一些地性线，实线表示山背线，虚线表示山谷线(图 7-18)，然后在两相邻点间按地貌特征点高程内插等高线(图 7-19)。由于地貌特征点是选在地面坡度变化处，所以相邻两地貌点可认为在同一坡度上。内插等高线时，可按高差与平距成正比关系处理，求出等高线在两地貌点间应通过的位置。如图 7-19、图 7-20 所示，$a$ 和 $b$ 两地形点的高程分别为 52.8 m 和 57.4 m，则当取等高距 $h=1$ m 时，就有 53 m、54 m、55 m、56 m 及 57 m 的 5 条等高线通过，依平距与高差成正比例的关系，它们在地形图上的位置则为 $m$、$n$、$o$、$p$、$q$。可根据此原理用目估法在相邻的特征点间按其高程之差来确定等高线通过之点。同理，依次在相邻的高程点间确定出整米的高程点。最后，根据实际地貌情况，把高程相同的相邻点用光滑曲线连结起来，勾绘成等高线图，如图 7-20 所示。在内插等高线时应注意保留地貌特征点的高程。

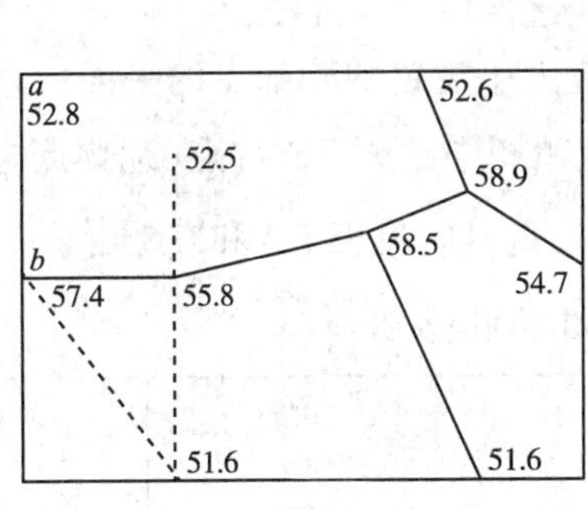


图 7-18　地貌特征点的连接

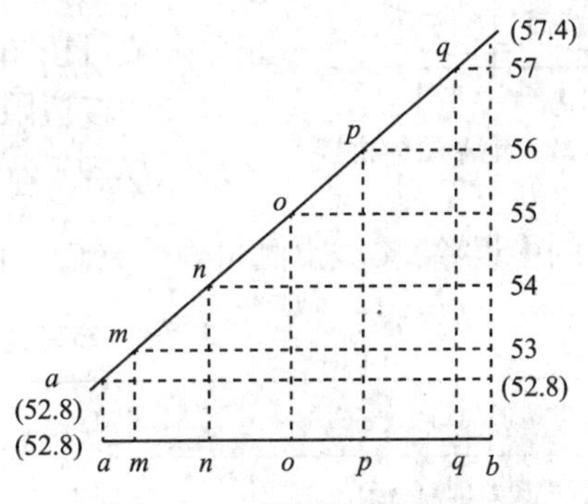


图 7-19　内插等高线原理

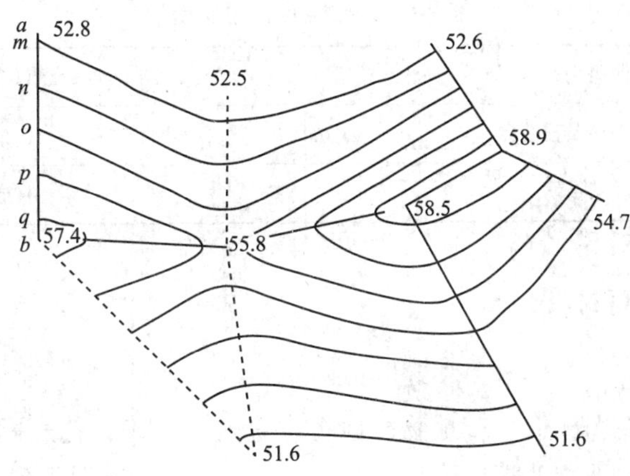


图 7-20　等高线勾绘

# 7.5　地形图的拼接、检查验收与整饰

## 7.5.1　地形图的拼接

当采用分幅测图时，在相邻图幅的衔接处，由于测量和绘图的误差，使地物轮廓线和等高线不能完全吻合，如图 7-21 所示。Ⅰ、Ⅱ两幅图左、右相接，在衔接处的河流、房屋、等高线都有偏差，因此，有必要对它们进行改正。

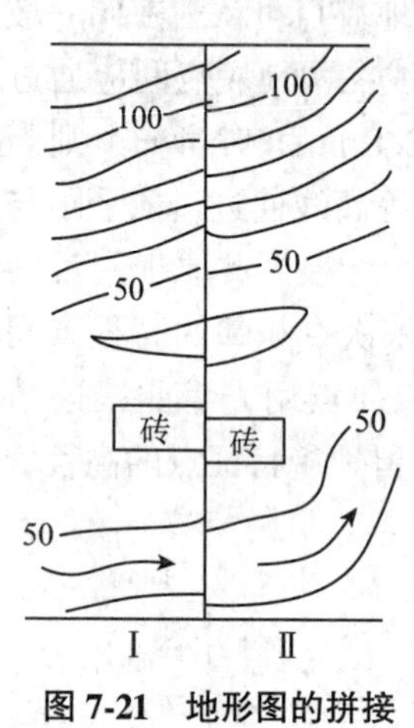


图 7-21　地形图的拼接

为了图的拼接，规定每幅图的四周图边应测出图廓外 1 cm，使相邻图幅有一条重叠带，便于拼接检查。对于使用聚酯薄膜或涤纶薄膜所测的图纸，只需将相邻图幅的边缘重叠，坐标格网对齐，就可检查衔接处的地物和等高线的偏差情况。如测图用的是裱糊图纸，则需用一条宽 4～5 cm，长度与图边相应的透明纸条，先蒙在图幅Ⅰ的东拼接边上，用铅笔把坐标网线、地物、等高线描在透明纸上，然后把透明纸条按网格对准蒙在图幅Ⅱ的西拼接边上，并将其地物和等高线也描绘上去，就可看出相应地物和等高线的偏差情况。如遇图纸伸缩，应按比例改正，一般可按图廓格网线逐格地进行拼接。

图的接边限差，不应大于规定的碎部点的平面、高程中误差的 $2\sqrt{2}$ 倍，在大比例尺测图中，关于碎部点(地物点与等高线内插点)的中误差，《城市测量规范》(CJJ/T 8—2021)的规定见表 7-5 和表 7-6。

表 7-5　等高线内插点的高程中误差

| 地形类别 | 平地 | 丘陵 | 山地 | 高山地 |
| --- | --- | --- | --- | --- |
| 高程中误差(等高距) | 1/3 | 1/2 | 2/3 | 1 |

表 7-6　地物点点位中误差

| 地区类别 | 图上地物点点位中误差(mm) |
| --- | --- |
| 建筑区、平地及丘陵区 | 0.5 |
| 山地及旧街坊 | 0.75 |

## 7.5.2　地形图检查验收

**(1) 自检**

每幅图测完，先在图板上检查地物、地貌位置是否正确，符号是否按图式规定表示，等高线是否有矛盾处，地物地貌是否有遗漏等。自检后，带着图板到实地巡视，检查图板所绘内容与实地是否相符，发现问题立即更正。

**(2)验收检查**

地形图验收，一般先巡视检查，将可疑处记录下来，再用仪器到实地检查。通常仪器检测碎部点的数量为测图量的10%。检查方法可用重测方法，即与测图的相同方法，也可变换测量方法。

无论使用哪种方法检查，应将检查结果记录下来。最后计算出检查点的平面位置、平均最大误差值及平均中误差值，以此作为评估测图质量的主要依据。当检查中发现个别点有超过限差时，应就地改正。当被检查点平均中误差超过规定值时需补测、修测或重测。

## 7.5.3　地形图的整饰

地形图拼接和检查工作完成后，要进行整饰和清绘。整饰和清绘的目的，是按照有关图式规定把地物和地貌符号都描绘清楚，加上各种注记，最后上墨。

整饰时应做到：首先擦掉一切不必要的线条，对地物和地貌按规定符号描绘；文字注记在适当的位置，既能说明注记的地物和地貌，又不遮盖符号，字头一律朝北；等高线高程注记应使字脚表示斜坡降落方向，字体要端正清楚；注记要注意字体的选用，一般居民地名用宋体或等线体，山名用长等线体，河流、湖泊用左斜体等。同时也要画图幅边框，注出图名、图例、比例尺、测图单位和日期等图面辅助元素。

清绘是在整饰的铅笔原图上，用绘图小钢笔按照原来线划符号注记位置上墨，使底图成为完整、清洁的地形原图，以便于复印或印刷。

## 本章小结

比例尺是测绘时将地面图形绘制到图纸上的缩小倍率。比例尺精度是确定测图比例尺及其量距精度的参考依据。实地的地物和地貌是用地形图图式的各种符号表示在图上的。地形图符号具有地图语言的功能，地物符号、地貌符号和注记符号构成了地形图的空间信息的符号模型。

等高线表示地貌的原理：从底(基准面)到顶，相等高度，层层水平，弯曲截口，垂直投影。得到一圈套一圈的等高线图形，其形态完全与实地起伏状况相一致。综合地貌是由山顶、洼地、山背、山谷、鞍部、山脊等典型地貌所构成。掌握等高线的特性以及典型地貌的基本特征，就能为判读复杂的地貌形态打下坚实基础。

通过致密曲折的等高线识别地貌的要领：最小的闭合小圈是山顶或凹地(用示坡线区别)；以山顶为准，等高线向下凸出的是山背；等高线向上凸出的就是山谷；两个山顶之间，两组等高线凸弯相对的是鞍部；若干相邻山顶与鞍部连接的凸棱部分是山脊，其最高点的连线为山脊线。

将地上地物和地貌测绘成图的工作是碎部测量，它是根据图上已展绘好的控制点的位置测绘其周围的地形特征点，并绘出地物和地貌的形状，把地形真切的表示在图纸上。因此，要正确合理地选择测绘方法，认真细心地完成每一个测站的测绘工作。

## 复习思考题

1. 何谓比例尺？数字比例尺、直线比例尺各有什么特点？什么是比例尺精度？

2. 地物在地形图上如何表示？地貌在地形图上如何表示？举例说明。

3. 何谓等高线、等高距和等高线平距？等高距、等高线平距与地面坡度之间的关系如何？

4. 简述等高线的特性。

5. 试用等高线绘出山顶与洼地、山背与山谷、鞍部、山脊等地貌，它们各有什么特点？

6. 测图前的准备工作有哪些？

7. 简述经纬仪测绘法测图的主要步骤。

# 第8章

# 大比例尺数字化测图

【**内容提要**】本章在大比例尺地形图常规测量方法的基础上，介绍了大比例尺数字化测图基本思想；数字化测图的硬件与软件环境；野外地面数字测图的方法；大比例尺数字成图方法；数字高程模型与数字线划地图等。

## 8.1 数字化测图概述

数字化测图(digital surveying and mapping，DSM)是以计算机为核心，在测绘仪器和专业软件的支持下，对地形空间数据进行采集、输入、成图、输出和管理的测绘方法，也称为数字测图。

广义的数字化测图方法主要包括：利用全站仪、GNSS接收机或其他测绘仪器进行野外数据采集，配合专业应用软件成图，称为全野外地面数字测图；利用遥感器(飞机、无人机、卫星、3D地形扫描仪等)采集的影像或点云数据结合专业软件进行数字化测图，称为遥感测图；利用手扶数字化仪对纸质地形图进行数字化或利用扫描仪对已有纸质地形图进行扫描形成的栅格地图的数字化也称数字化测图。

### 8.1.1 数字测图的基本思想

传统的地形测图是将测得的观测数据用图解的方法转化为图形。这一转化过程基本是在野外实现的，因此，野外劳动强度较大，成图速度慢，这个转化过程使测得的数据所达到的精度大幅度降低，而且变更、修改也极不方便，已经难以适应当前工作的需要。

图8-1为大比例尺数字测图的基本流程。数字测图的目的是实现丰富的地形和地理信息的数字化和作业过程的自动化或半自动化，尽可能缩短野外测图时间，减轻野外劳动强度，将大部分作业内容安排到室内去完成。与此同时，经由计算机和专业软件的成图在保证精度的同时也更为规范美观。数字测图的基本思想是先将地面上的地物和地貌转换为数字量，然后由计算机对其进行处理，得到内容丰富的电子地图，需要时由图形输出设备(如绘图仪)输出地形图或各种专业图纸。将实际的地物和地貌转换为数字量的一过程称为数据采集。目前，数据采集方法主要有野外地面数据采集法、航片数据采集法、无人机飞

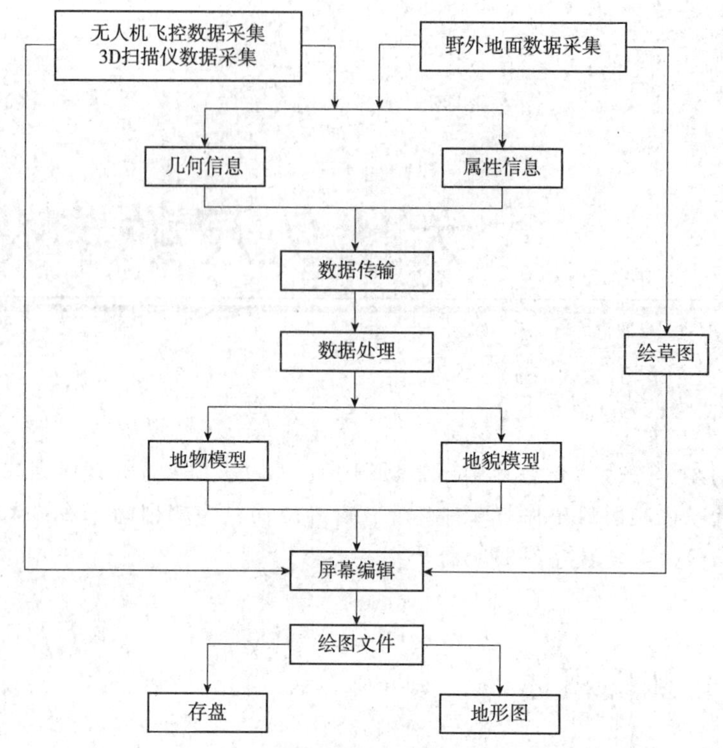


**图 8-1　大比例尺数字测图的基本流程**

控数据采集、3D 地形扫描仪点云数据采集等。数字测图通过采集有关的绘图信息并及时记录在数据终端或仪器内存，然后在室内通过数据接口将采集的数据传输给计算机，由计算机对数据进行处理，再经过人机交互的屏幕编辑，形成绘图数据文件。最后由计算机控制绘图仪自动绘制所需的地形图，最终由各种硬盘、光盘等存储介质保存电子地图。数字测图生产的成品虽然仍以提供图解地形图为主，但是，它以数字形式保存着地面模型及地理信息。

## 8.1.2　数字地形图的图形描述

地形图上的图形可以分解为点、线、面 3 种图形要素，其中，点是最基本的图形要素。要准确表示地形图上点、线、面的具体内容，还要借助一些特殊符号(如地物符号)、注记等。独立地物可以由其在图上的点位及其符号表示，线状地物、面状地物由各种线划、符号或注记表示，地表高低起伏变化状态可以由等高线来表示。

测图的基本工作是测定点位。传统方法是用仪器测得点的三维坐标，或者测量水平角、水平距离、高差来确定点位，然后绘图员按坐标(或角度、距离)将点展绘到图纸上(如经纬仪测绘法)。跑尺员根据实际地形，在相应地形特征点上立尺，绘图员现场依据展绘的点位按图式规定的地物符号将地物描绘出来。

数字测图是经过计算机软件自动处理，绘出所测的地形图。因此，数字测图时必须采集绘图信息，包括点的定位信息、连接信息和属性信息。定位信息也称位置信息，是用测绘仪器在外业测量得到的，在我国是以坐标和高程表示的三维坐标。数字测图系统中每一个点的点号是唯一的，可以根据点号提取点位坐标。连接信息是指测点相应点位之间的连接关系，据此可将相关的点连接成所对应的地物。上述两种信息合称为图形的几何信息。以此可以绘制各类地物和等高线等图形。属性信息又称为非几何信息，包括定性信息和定量信息。定性信息用于描述地图图形要素的分类或对地图图形要素进行标注，有了测点的属性信息就知道它是什么点，对应的图式是什么，从而决定了连线应该采用的线型。定量信息用于说明地图要素的性质、特征或强度，如面积、楼层、人口、产量、流速等，一般用数字表示。进行数字测图时不仅要测定地形点的位置信息，还要知道测点是什么点(属性信息)，与其他测点的关系是什么(连线信息)。这样才能完整地表现出地物和地貌，绘制合格的地形图。

目前，我国已推出关于地形图图式、地形图要素分类代码等国家标准，如《国家基本比例尺地图图示 第 1 部分：1：500、1：1000、1：2000 地形图图式》(GB/T 20257.1—2017)、《基础信息数据分类与代码》(GB/T 13923—2006)等，这些标准是制定代码的重要依据。例如，四码法的 1214，含义是测量控制点—高程控制点—水准点—四等点，3521 含义是工矿建筑物及其他设施—公共设施—照明装置—路灯。

地形图要素分类与编码有其合理性、规范性和唯一性，保证了地形要素的采集、传输、检索、成图、输出的一致性。

### 8.1.3　数字测图需要解决的问题

数字测图需要解决的问题概括为以下几个方面：采集的图形信息和属性信息能够被计算机识别；由计算机按照一定的要求对这些信息进行一系列的处理；将经过处理的数据和文字信息转换成图形，由屏幕或绘图仪输出各种所需图形；按照一定的要求自动实现图形数据的应用。

能自动绘制地图图形是数字测图的首要任务，也是最基本的任务。数字测图还要解决电子地图应用问题，尤其要使数字测图成果满足地理信息系统(GIS)的需要。数字测图的最终目的是实现测图、设计和管理的一体化、自动化。

### 8.1.4　数字测图的优点

数字化测图的成果是数字地形图，是可供计算机处理、远程传输、多方共享的数据文件，与传统的纸质地形图有本质区别。总结起来，数字化测图相对传统测图有以下几方面优点。

**(1)数字测图过程的自动化**

传统测图方式主要是手工作业，外业测量、手工记录、手工绘图。数字测图则使野外测量自动记录、自动解算、软件支持下成图绘图，实现了测图过程的自动化或半自动化。数字测图具有效率高，劳动强度低，错误率低，地形图精确、美观、规范等特点。

**(2)数字测图成果的高精度**

经纬仪配合小平板、半圆仪白纸测图是模拟测图方法，地形点平面位置的误差主要受图根点的测定误差和展绘误差、测定地形点的视距误差、方向误差、地形点的刺点误差等综合影响。数字测图则不然，全站仪或 GNSS 接收机测量的数据作为电子信息，可自动传输、记录、存储、处理、成图和绘图，原始测量数据的精度毫无损失，而外业采点精度也远高于经纬仪，从而获得高精度的数字化的测量成果。

**(3)数字测图产品的数字化**

白纸测图的主要产品是纸质地形图，数字测图的主要产品是数字地图。数字地图具有以下主要优点。

①便于成果使用和更新。数字地形图成果是以点的定位信息和属性信息存入计算机，图中存储了具有特定含义的数字、文字、符号等各类信息，可方便地传输、处理和供多用户共享。数字地图可以自动提取点位坐标、两点距离、方位以及地块面积等有关信息。当实地有变化时，只需输入变化信息的坐标、代码，经过编辑处理，便可以得到更新的图，确保地形图的可靠性和现势性。

②便于成果的深加工。数字地形图分层存储，不受图面负载量的限制，从而便于成果的深加工利用，拓宽了测绘工作的服务面。例如，CASS 测图软件中共定义了 26 个层，房屋、植被、道路、水系、地貌等均存于不同的图层中，通过不同图层的叠加来提取相关信息，可十分方便地得到所需测区内的各类专题图、综合图，如路网图、电网图、管线图、地形图等。又如，在数字地籍图的基础上，可以综合相关内容，补充加工成不同用户所需要的城市规划用图、城市建设用图、房地产图以及各种管理用图和工程用图。

③便于数据输出。计算机与显示器、打印机联机时，可以显示或打印各种需要的资料信息，如用打印机可打印数据表格，当对绘图精度要求不高时，可用打印机打印图形。计算机与绘图仪联机，可以绘制出各种比例尺的地形图、专题图，以满足不同用户的需要。

④便于建立地图数据库和地理信息系统。地理信息系统(GIS)具有方便的空间信息查询检索功能、空间分析功能以及辅助决策功能。数字测图能提供现势性强的基础地理信息，经过一定的格式转换，其成果即可直接进入并更新 GIS 的数据库。一个好的数字测图系统应该是 GIS 的一个子系统。

总之，数字地形图从本质上打破了纸质地形图的种种局限，提高了地形图的自身价值，扩大了地形图的应用范围，改变了地形图使用的方式。

**(4)数字测图理论的先进性**

信息时代的到来，电子测绘仪器和计算机的迅猛发展和广泛应用，突破了传统测绘技术和方法，数字测图应运而生。随着数字地形测量的理论、方法的深入研究和广泛的实践、创新和完善，数字测图已经成为地形测绘的主流，代替了传统的白纸测图，形成了新的学科体系，随着测绘、遥感、地理信息技术的不断发展，数字测绘也正在向信息测绘的时代迈进。

## 8.2　数字化测图的硬件与软件环境

数字测图系统是以计算机为核心，在外接输入、输出设备硬件和软件的支持下，对地形空间数据进行采集、输入、成图、处理、绘图、输出、管理的测绘系统。数字测图系统主要由数据采集、数据处理和数据输出 3 部分组成，可归纳为硬件和软件两大环境。

## 8.2.1　硬件环境

如图 8-2 所示，数字测图系统数据采集部分主要有全站仪、GNSS 接收机、遥感器、数字化仪、纸质扫描仪等；数据处理部分主要有计算机、电子平板、测图手簿等；数据输出部分主要有打印机、绘图机、显示器等。由于硬件配置、作业方式、数据输入和输出内容的不同，可产生多种数字测图系统。

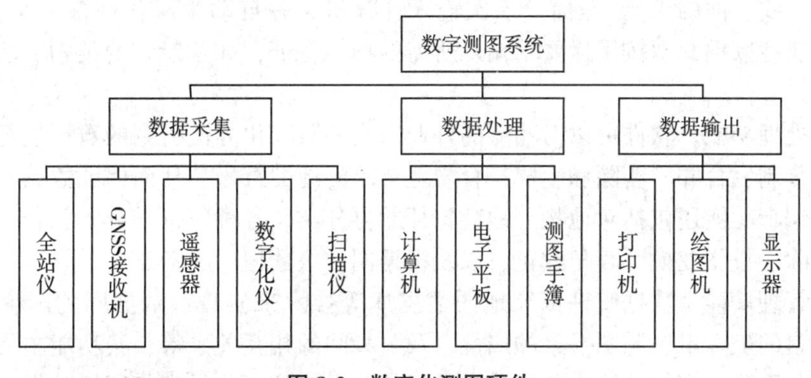


图 8-2　数字化测图硬件

①全站仪。也称全站型电子速测仪，由电子测角、光电测距、微处理器及其软件组成。能够在测站上同时测量并记录水平角、竖直角、距离、坐标等，通过数据传输接口或数据卡，将测量数据传输给计算机并通过相应的应用软件实现测图的自动化。主要硬件是全站仪及反射棱镜。

②GNSS 接收机。可实现实时动态测量。在一个测站上架设 GNSS 基准站接收机或利用 CORS 网，连续跟踪所有可见卫星，并通过数据链(或网络)向移动站接收机发送数据，移动站接收基准站(或 CORS 网)发射来的数据，经过计算处理，从而实时得到移动站高精度位置。通过数据传输和计算机处理，实现测图的自动化。主要硬件是 GNSS 接收机及手簿。

③遥感器。遥感测绘是建立在摄影测量和雷达技术基础上，随着遥感平台的多样化、传感器分辨率的不断提高而迅速发展的手段。遥感平台主要硬件有飞机、无人机、卫星、3D 地形扫描仪等，传感器获取高分辨率遥感影像或点云数据，在专业软件的支持下，完成数字测图工作。

④数字化仪和纸质扫描仪。原有的纸质地图利用数字化仪可以直接完成数字化，也可利用纸质扫描仪扫描成栅格影像，再在专业软件下矢量化，完成数字测图工作。

⑤其他。数字地图的编辑处理和输出，离不开计算机、打印机、绘图机等硬件设备。

## 8.2.2　软件环境

计算机软件分两大类，即系统软件和应用软件。系统软件是计算机系统的基础平台。应用软件是为解决某类专业问题而开发的专业软件，是用户的专业应用平台，如数字化测图软件。

**(1)数字化测图软件的功能**

数字化测图软件是数字化测图系统的核心，应具有以下基本功能。

①数据采集功能。可以与全站仪、GNSS接收机或电子手簿组合，按一定格式编码采集数据，也可以对遥感影像上的地形点进行量测计算，然后把坐标和特征编码一起存放，或者在原有图件上进行数字化采集。

②数据输入功能。数据输入是将采集到的数据转换成测图软件所能接受的图形数据文件，即按点、线、面的 $x$，$y$ 坐标分层次输入计算机，并自动生成各种特征文件。同时，还可以输入属性数据，即按用途要求输入所需的物体特征，如建筑物的类别、注记、说明等有关属性。

③编辑处理功能。软件可以对输入的外业采集和数字化方法得到的数据进行存储、检索、提取、复制、合并、删除和生成符合规范要求的地图符号，从而保证数据的正确性和合理性。其编辑功能还包括对地物、地貌特征的再分类，各种特征的分解、合并、曲线光滑、畸变消除、投影变换、直角改正，以及根据同一级数据生成各类专题图等。

④数据管理功能。数据管理依靠地图数据库等技术来实现。数据库的内容包括特征码、制图要素的坐标串、制图要素的属性以及要素间的相互关系等，其功能主要有数据的添加、修改与删除；字符的输入与输出；数据的分类统计；显示和打印统计报表；绘制地形图和专题图；分层检索等。

⑤整饰功能。具有图幅间的拼接、绘制图廓、方格网、图名、图廓坐标、比例尺、测量单位和日期等功能。其特点是用户界面良好，操作简便，只要使用常规的几种命令就能达到上述要求，方便灵活，且易于掌握。

⑥数据的输出功能。数据输出包括数据打印、数据分析和图形输出等方面的功能。图形输出是将存储于计算机系统中的用数字表示的图转换成可视图形，通过图形显示器和数控绘图机来实现，并具有将图形按比例放大和缩小的功能。

**(2)几种常用数字化测图软件简介**

目前，国内市场上有许多数字化测图软件，其中较为成熟且应用较广泛的主要有南方测绘CASS地形地籍成图软件、瑞得RDMS数字测图系统和清华山维EPSW电子平板测图系统等，这几种数字测图系统均可用于大比例尺地形图和地籍图的测绘，并能按要求生成相应的图件和报表。

## 8.3　数字化测图方法

数字测图虽然是从平板仪或经纬仪白纸测图方法的基础上发展起来的，但它与传统的白纸测图有着许多本质的区别，以其特有的自动化、全数字、高精度的显著优势而具有广阔的发展前景。当今，大比例尺数字测图方法主要包括：野外地面数字测图、无人机飞控数据采集、3D地形扫描仪数据采集等。本节以野外地面数字测图中常用的全站仪测图和GNSS接收机测图为例介绍。

### 8.3.1　野外地面数字测图作业模式

由于使用的设备不同，全野外地面数字测图有不同的作业模式。归纳而言，可区分为两大作业模式，即草图测记模式(简称测记式)和电子平板测绘模式(简称电子平板式)。

**(1) 草图测记模式**

利用全站仪或 GNSS 接收机等在野外测量地形特征点的点位，由仪器内存记录测点的几何信息及其属性信息(或配合草图和记录)，室内将测量数据由测量仪器传输到计算机，经人机交互编辑成图。测记式外业设备轻巧，操作方便，野外作业时间短，可大幅提高外业工作效率。采用这种作业模式时的主要问题是，地物属性和连接关系信息的采集。由于全站仪测量可以把测站和镜站的距离拉得很远，因而测站上很难看到所有测点的属性及其与其他点的连接关系。属性和连接关系信息输入(或记录)不正确，会给后期的图形编辑工作带来极大的困难。解决的方法一：使用对讲机加强测站与镜站之间的联系，以保证测点编码(简码)输入的正确性。解决的方法二：将属性和连接关系的采集移到镜站，用手工草图来完成，测站仪器只记录定位数据，由立镜员直接记录测点的属性和连线关系，在内业编辑时用“镜站记录”完成属性和连接关系的编辑。这样，既保证了数据的可靠性又大幅提高了外业工作的效率，可以说是一种较理想的作业模式。

**(2) 电子平板测绘模式**

电子平板测绘模式是综合利用全站仪(或 GNSS 接收机)、便携机和相应测图软件实施外业测图的模式。它的基本思想是用计算机屏幕来模拟图板。具体作业时，将便携机移至野外，现测现画。这种模式的突出优点是，现场完成绝大部分工作，因而不易漏测，并可及时发现并纠正测量错误。这种作业模式对设备要求较高，需配备便携机作业。但在作业环境较差的情况下，便携机容易损坏。由于点位数据、连接关系和属性信息都在测站采集，当测站与镜站距离较远时，地物属性和连接关系信息的录入比较困难。这种作业模式适合条件较好的测绘单位，用于房屋密集的城镇地区的测图工作。这样，外业工作完成的同时完成地形图，实现了内外业一体化。

全站仪时代，两种方法都有使用，但随着 GNSS RTK/CORS 技术的发展，外业采集一个地形点只需几秒，而且可以多台接收机同步作业，所以目前草图测记法应用较多，本节以草图测记法为例，介绍野外地面数字测图。

### 8.3.2　全站仪野外数据采集

**(1) 安置仪器及开机**

如图 8-3 所示，为南方测绘 NTS-382R 型全站仪基本测量屏幕及面板键。在测站点上安置全站仪，对中、整平、量取仪器高，开机进入全站仪主界面。

**(2) 进入“菜单”模式界面，创建作业**

按下面板上 MENU (菜单)键，进入图 8-4 所示的“菜单”模式界面。在此界面中按下数字键 1 (数据采集)，进入图 8-5 所示的“打开文件”界面，在“文件名：”后输入文件名(如 south2)，点击 F4 键(确认)，完成作业创建，并自动进入图 8-6“数据采集”界面。

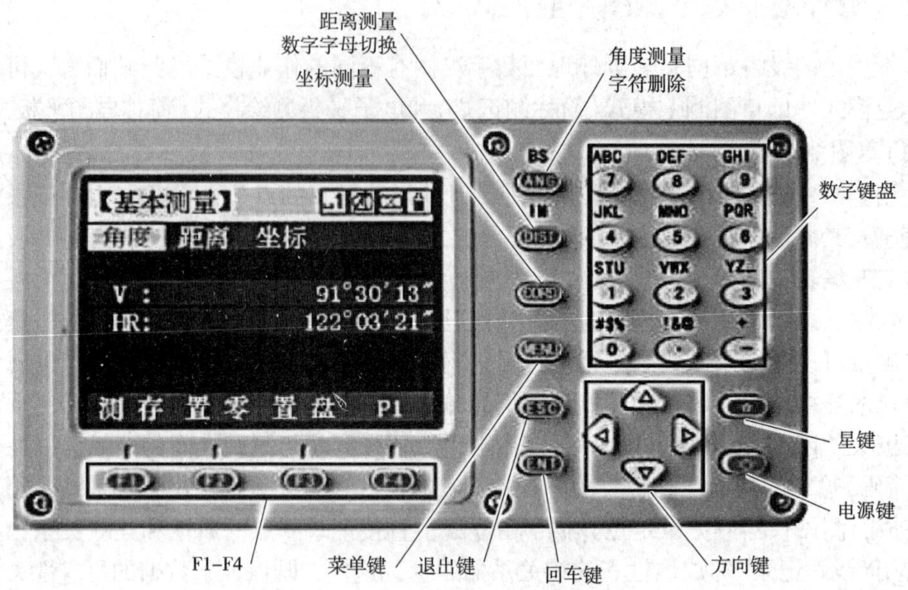


图 8-3 NTS-382R 全站仪基本测量屏幕及面板键

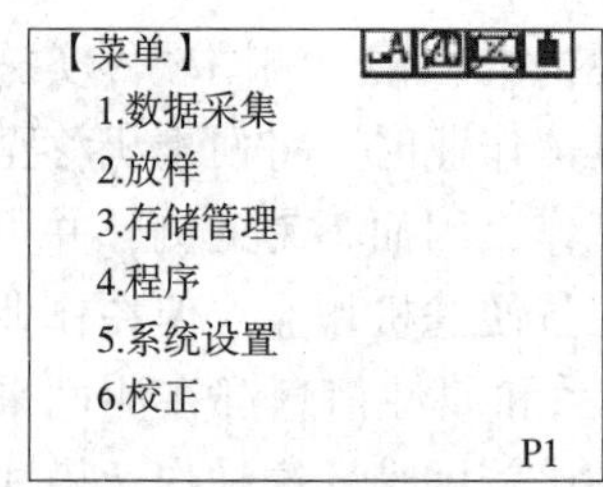


图 8-4 菜单模式界面

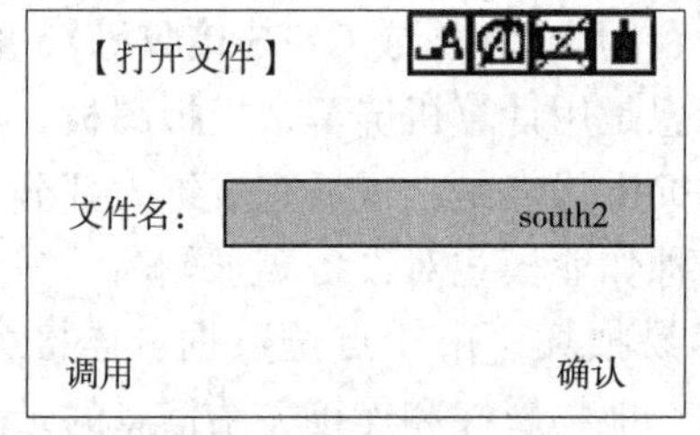


图 8-5 打开文件界面

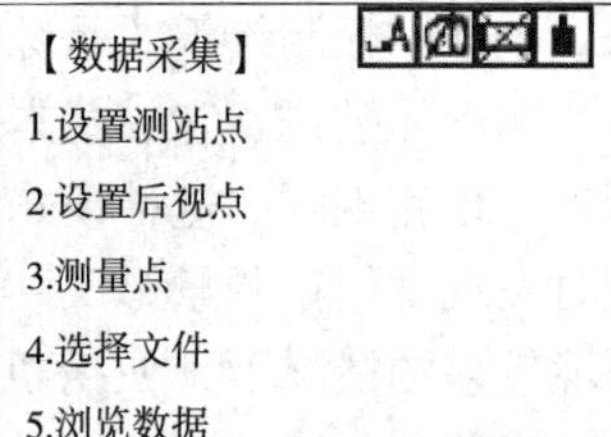


图 8-6 数据采集界面

如需调用原有文件，则在图 8-5 界面中点击F1键(调用)，调取已有文件，完成调用后也会自动进入图 8-6“数据采集”界面。

**(3) 数据采集的测站准备工作**

①测站点信息设置。在图 8-6 中，按下数字键1，进入图 8-7 所示的“设置测站点”界面，即显示原有数据。按F3键(坐标)进入图 8-8“坐标列表”界面，在此可以“查找”文件中已有的点坐标，若点不存在可以通过F4键(添加)，进入图 8-9“添加坐标”界面，输入点名、坐标、高程后按F4键(添加)，即可建立新点，然后在坐标列表里选择已有的坐标点名，按ENT键，返回“设置测站点”界面，在此输入仪器高后，按F4键(记录)返回“数据采集”界面，至此便完成了测站点信息设置。也可以在图 8-7 界面中，直接在“测站点:”“编码:”“仪器高:”“N0:”“E0:”“Z0:”后面，依次输入测站名、编码(可不输入)、仪器高、北坐标、东坐标、高程。按F4键(记录)返回到“数据采集”界面。

【设置测站点】

| | |
|---|---|
| 测站点： | StnName |
| 编　码： | StnCode |
| 仪器高： | 0.000m |
| NO： | 100.000m |
| EO： | 100.000m |
| ZO： | 100.000m |

浏览　编码　坐标　记录

**图 8-7　设置测站点界面**

【坐标列表】

1
2
3
4

查阅　查找　删除　添加

**图 8-8　坐标列表界面**

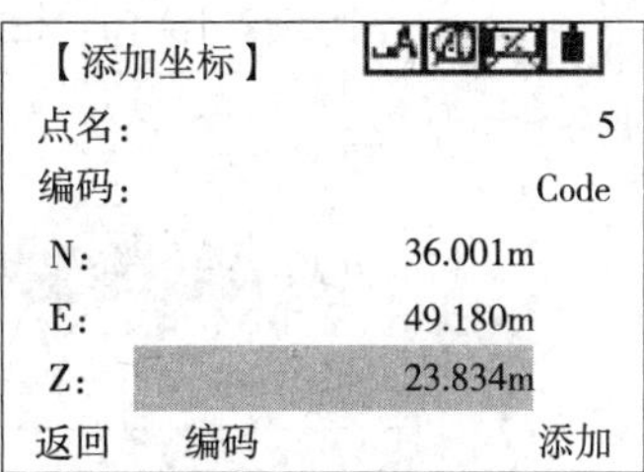


**图 8-9　添加坐标界面**

②后视点信息设置及后视归零。在图 8-6 中，按下数字键2，进入图 8-10 所示的“设置后视点”界面，后视点信息设置与测站点信息设置方法是一样的，既可以使用文件中原有点，也可以重新输入新点。后视点信息设置完成后，照准后视点棱镜，按F4键(测量)，进入图 8-11 界面，在“角度/距离/坐标”3 种测量模式中选择一种，例如，按F3键(坐标)进行测量，屏幕显示测量后视点坐标结果，如图 8-12 所示，按F4键(确定)返回“数据采集”界面，至此完成了后视点信息设置和后视归零。

【设置后视点】

| | |
|---|---|
| 后视点： | BsName |
| 编　码： | Code |
| 目标高： | 2.000m |
| NBS： | 0.000m |
| EBS： | 0.000m |
| ZBS： | 0.000m |

NE/AZ　编码　坐标　测量

**图 8-10　设置后视点界面 1**

【设置后视点】

| | |
|---|---|
| 后视点： | BsName |
| 编　码： | Code |
| 目标高： | 2.000m |
| NBS： | 23.871m |
| EBS： | 42.930m |
| ZBS： | 13.432m |

角度　距离　坐标　取消

**图 8-11　设置后视点界面 2**

【测坐标】

| | |
|---|---|
| 3次精测： | 3 |
| V： | 99°　55′　36″ |
| HR： | 140°　29′　34″ |
| N： | 23.876m |
| E： | 42.933m |
| Z： | 13.426m |

确定

**图 8-12　后视归零测量界面**

图 8-12 中显示的测量结果可以与图 8-11 中后视点坐标进行差值比较，从而判断测站点和后视点信息录入的正确性。后视归零也可以通过输入后视“方位角”进行。值得注意的是，在“设置测站点”和“设置后视点”信息界面中，若文件中已经保存有测站点或后视点(点号、坐标、高程)信息，如果文件是新建作业，需要重新“调用”一次新建文件。

**(4)碎部点数据采集**

设置好测站点和后视点信息并后视归零后，就可以进行碎部点的数据采集。在图 8-6 中，按下数字键 3(测量点)，进入图 8-13 所示的“测量点”待测界面。

第一个点的测量需要在“测量点”和“仪器高”后分别输入碎部点号和棱镜高，并在“模式”后用方向键选择测量模式“方向角/距离/坐标”中的一种，如“测坐标”。然后照准碎部点所立棱镜，按F4键开始测量，待坐标显示于屏幕后，如图 8-14 所示，按F4键(确定)，测量的碎部点信息自动存储于上述创建的作业文件中。再次出现测量点屏幕，其碎部点号递增，默认上一个碎部点的反射棱镜高和测量模式，并准备下一次测量。按ESC键可结束数据采集模式。

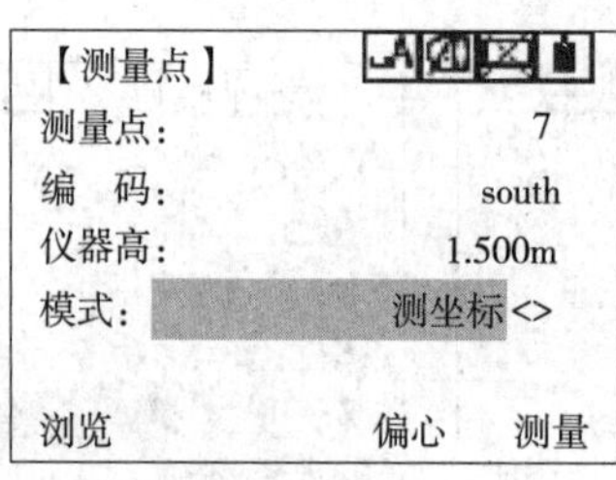


图 8-13 碎部测量点界面

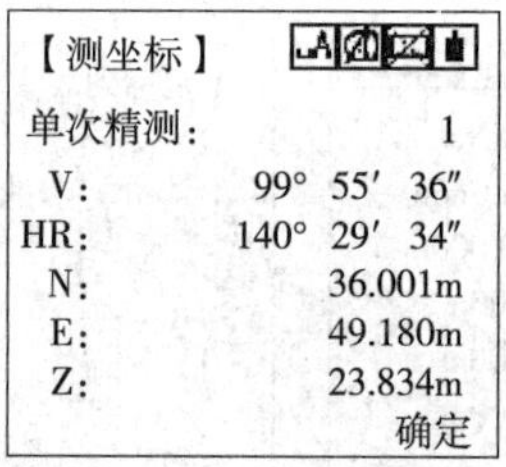

【测坐标】
单次精测： 1
V： 99° 55′ 36″
HR： 140° 29′ 34″
N： 36.001m
E： 49.180m
Z： 23.834m
确定

图 8-14 测坐标结果显示界面

当测量点为房屋等明显地物时，也可以利用全站仪的免棱镜模式进行测量，从而减少野外跑点和对不易立棱镜的地物特征点进行测量。

**(5) 数据传输**

NTS-382R 全站仪提供了数据通信(传输线)和 SD 存储卡两种数据传输方式，现简要介绍其中较为方便的 SD 存储卡方式，操作步骤如下。

①将数据文件导出到 SD 卡。在图 8-4 界面中，按数字键 3 (存储管理)，进入图 8-15 界面。然后按如下流程将数据文件保存在存储卡上，如图 8-16 至图 8-20 所示。

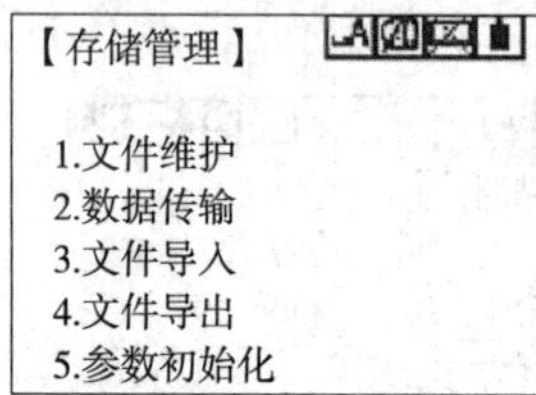


图 8-15 存储管理界面

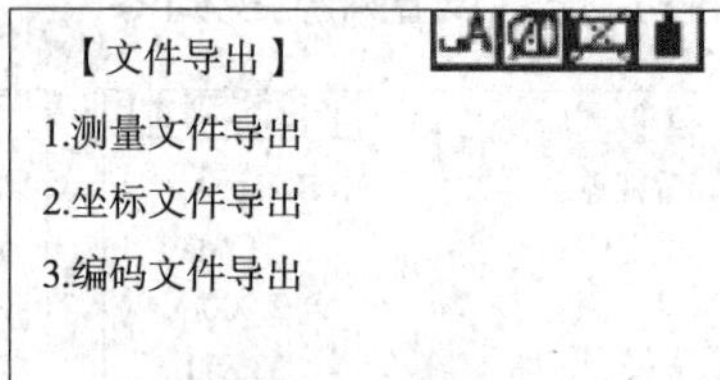


图 8-16 文件导出界面 1

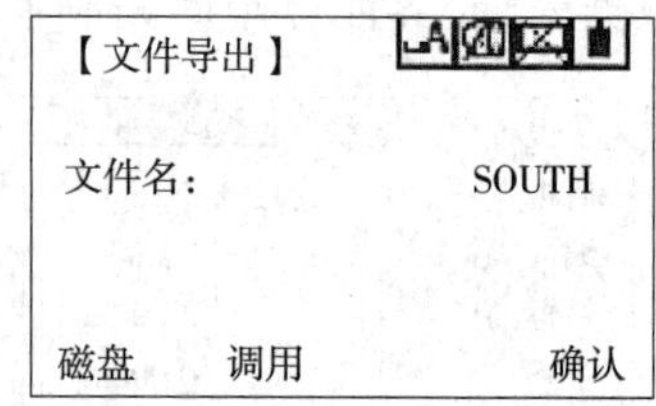


图 8-17 文件导出界面 2

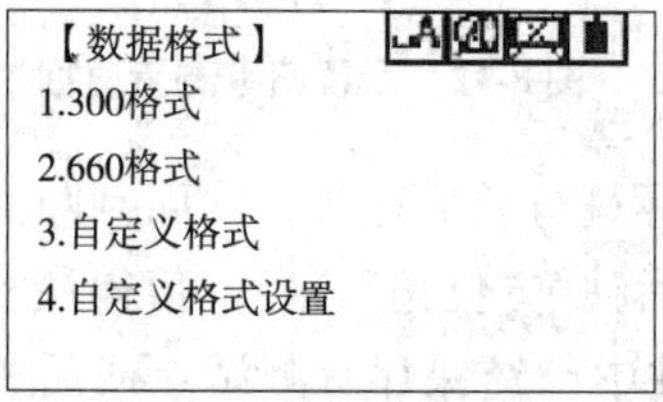

【数据格式】
1.300格式
2.660格式
3.自定义格式
4.自定义格式设置

图 8-18 数据格式界面

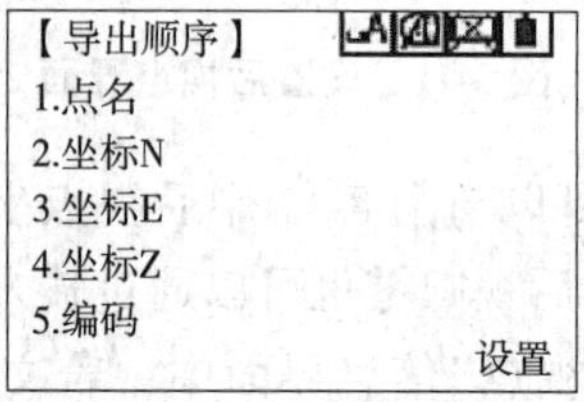

【导出顺序】
1.点名
2.坐标N
3.坐标E
4.坐标Z
5.编码
设置

图 8-19 导出顺序设置界面

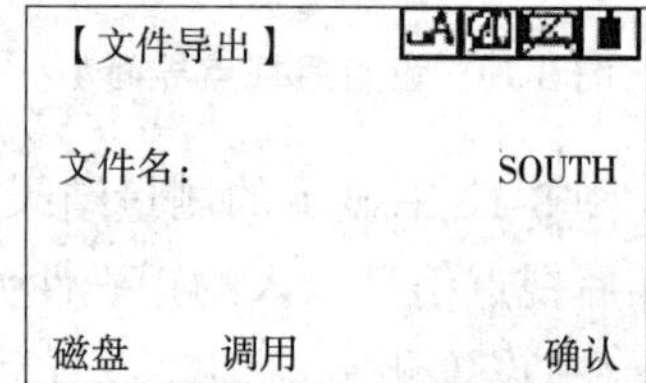


图 8-20 文件导出界面

操作：数字键 4 (文件导出)→数字键 2 (坐标文件导出)→ F2 键(调用)，在此找到需要导出的文件后， F4 键(确认)→进入“数据格式”界面→按数字键 4 (自定义格式设置)→进入数据“导出顺序”界面(例如，CASS 文件格式为：1 点名、2 编码、3 坐标 E、4 坐标 N、5 坐标 Z)，通过方向键对 1~5 项进行选择后→ F4 键(设置)→返回“数据格式”界面→数字键 3 (自定义格式)→“导出文件”，在“文件名:”后输入保存在存储卡上的文件名(可以与原文件名不同)→ F4 (确认)键。至此，全站仪内的数据文件导出到 SD 存储卡上。

②将数据文件转存到计算机。从全站仪中将 SD 存储卡取出，用读卡器把数据文件拷贝到需要绘图的计算机内。

注意：拷贝到计算机的数据文件是一个文本文件，其文件后缀为 . txt，需要将文件后缀修改成为 . dat，即可用于 CASS 数字成图软件。

### 8.3.3　GNSS 接收机野外数据采集

GNSS 在图根和碎部测量中的应用是采用 RTK 或 CORS 技术来实现的，现以南方测绘 S86T 为例分别介绍 RTK 和 CORS 的应用。

**(1)基准站的操作步骤**

①安置基准站。先将基准站主机安置在测区内点位较好的点上，顶部安装全向发射天线，然后打开基准站 GNSS 主机电源开关。S86T 采用将发射电台嵌入基准站主机的集成技术，实现作业距离 2～5 km，可以满足大部分测量的需求。

如图 8-21 所示，当作业距离较远，内置电台无法满足要求时，可配备外接电台，实现作业距离 10 km 以上。若采用外置电台模式时，除基准站主机安置外，还需在其旁边安置外接电台，用多功能电缆线将主机、电台和配置的外接电源连接起来。分别打开外接电源开关、GNSS 主机电源开关和数据链开关。

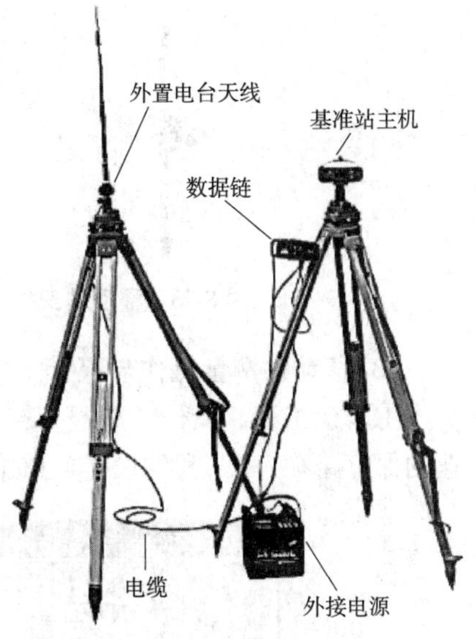


图 8-21　外置电台基准站安置示意

②基准站设置和启动。将 GNSS 接收机在设置模式下设置为基准站模式，开机后显示如图 8-22 界面。按 F1 键进入“启动”基准站，如果启动后，已搜集到 4 颗以上卫星且 GDOP 值满足要求，则主机屏幕显示“基准站启动”，否则显示“坐标未确定”。基准站启动后，正常工作内置电台时，GNSS 主机上 TX 灯和 DATA 灯同时按发射间隔闪烁；外置电台时，GNSS 主机上 DATA 和数据链上 TX 灯同时按发射间隔闪烁。至此，基准站设置完毕。

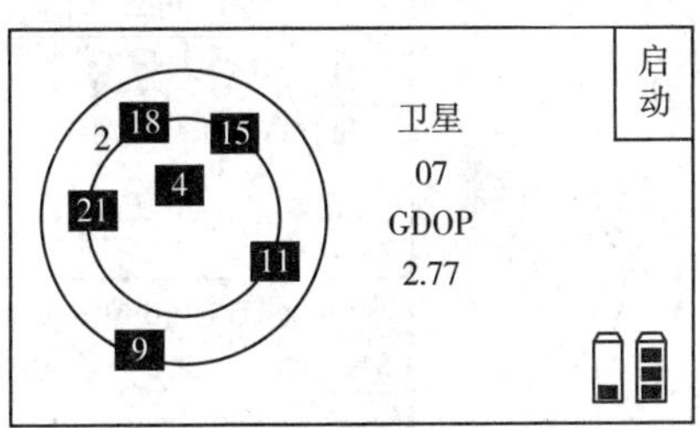


图 8-22　基准站启动界面

**(2)移动站设置**

①移动站安置。如图 8-23 所示，将移动站主机安置在对中杆上，连接全向天线，打开移动站主机电源，并设置成移动站模式。

②运行工程之星 3.0 软件。工程之星 3.0 软件安装在可以与 GNSS 接收机进行蓝牙连接的手簿上。打开手簿，运行工程之星 3.0 软件，手簿屏幕显示如图 8-24 所示。若首界面未出现蓝牙连接，即首界面上无电台信号闪烁或状态栏不显示“固定解”，此时需要进行手簿的蓝牙配置，蓝牙设置操作：“配置”→“端口配置”→“蓝牙模式”→“搜索”→屏幕显示搜索到的所有蓝牙设备，选择移动站接收机型号(如 7529)→“连接”。完成以上步骤后，工程之星首界面应能接收到基准站电台信号，并且“状态栏”显示固定解。此时，移动站主机上 RX 和 DATA 灯按发射间隔闪烁，BT 灯常亮。

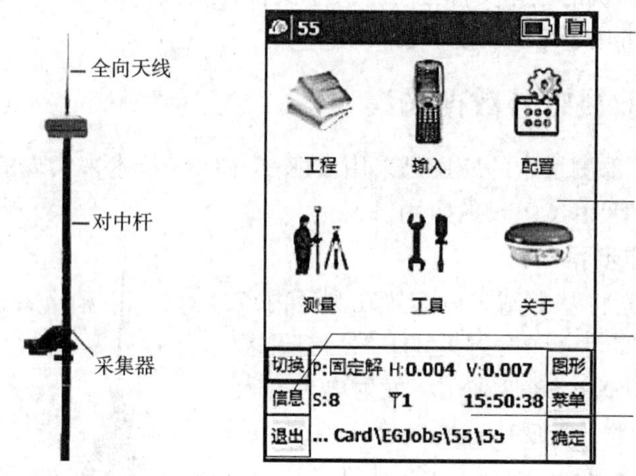


图 8-23　移动站安置　　　　图 8-24　工程之星 3.0 首界面

**(3)移动站测量操作步骤**

①新建工程。操作：工程—新建工程。给定创建作业文件名和设置保存路径，默认作业的保存路径："\ 我的设备 \ EGJobs \ "，如图 8-25 和图 8-26 所示。

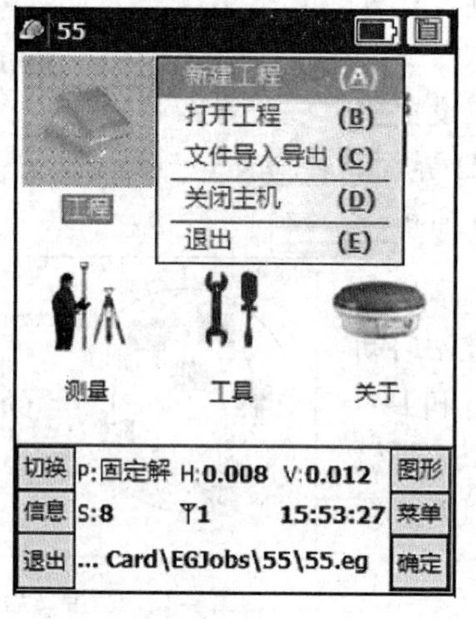


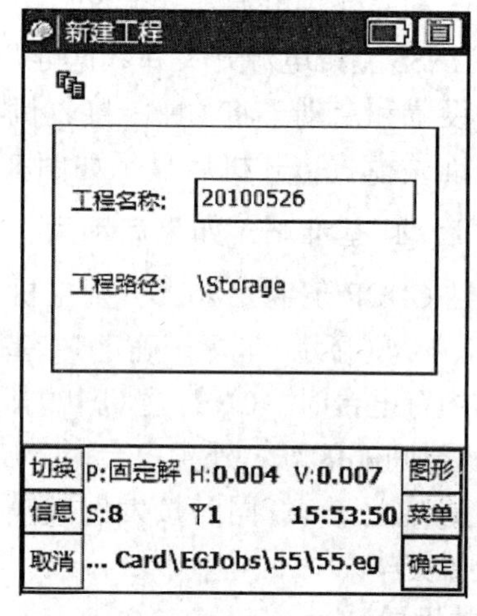


图 8-25　"工程"菜单界面　　　　图 8-26　"新建工程"对话框

输入工程名称后单击"确定"，进入"工程设置"界面，可以对测量参数进行设置，如图 8-27 所示。可以在此选定测量使用的坐标系统，单击"确定"选定坐标系后，可以通过"编辑"对投影参数进行设置，例如，改变中央子午线经度，如图 8-28 所示。完成设置后，点击界面右上角的中的 ok 键。

②求转换参数。基准站安置在未知点上，可以利用"求转换参数"在移动站计算转换参数和高程拟合参数步骤如下。

第一步，在"固定解"状态下测出两个或两个以上已知控制点的 WGS-84 坐标(称原始坐标)并保存。

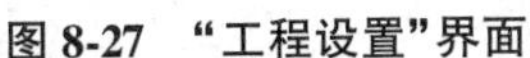

图 8-27　“工程设置”界面

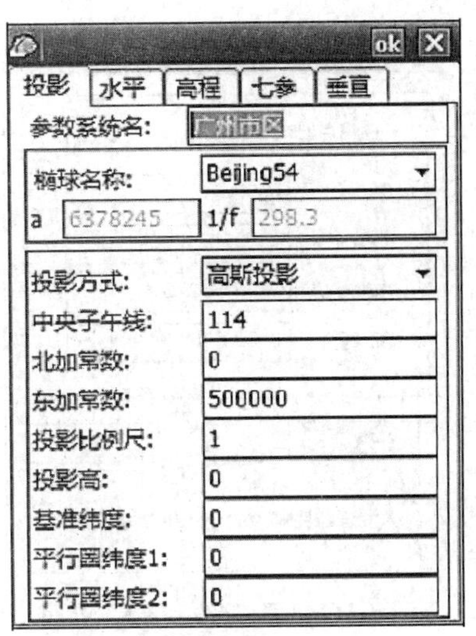


图 8-28　“投影参数”设置

第二步，利用“求转换参数”计算四参数或七参数和高程拟合参数。

操作：“输入”→“求转换参数”，如图 8-29 和图 8-30 所示界面。在图 8-30 界面，单击“增加”，出现图 8-31 界面。输入控制点的已知坐标后，单击“确定”键，进入已知点“原始坐标”录入方式选择界面，如图 8-32 所示。选择原始坐标的录入方式，如“从坐标管理库选点”，出现如图 8-33 所示的界面，选取已采集对应的已知控制点的 WGS-84 坐标，单击右上角“确定”键。

重复以上步骤，增加其他控制点“已知坐标”和“原始坐标”。待所有控制点输入完成，向右拖动滚动条，查看水平精度和高程精度，确定无误，单击“保存”，选择参数文件的保存路径并输入文件名，将参数文件保存。单击“应用”键，将所求坐标转换参数赋值给当前工程，如图 8-34 所示，至此求转换参数完成。

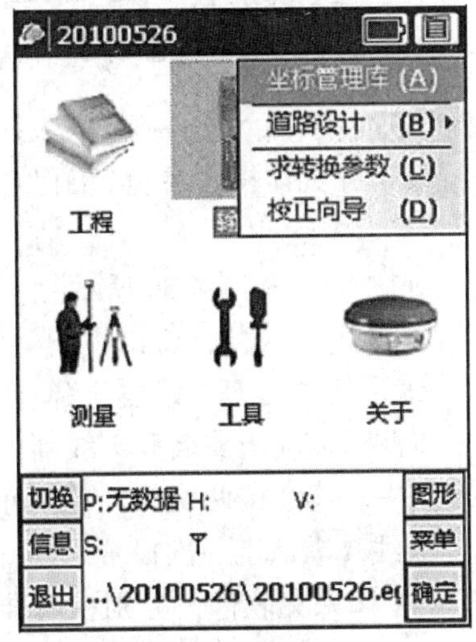


图 8-29　“输入”模块界面

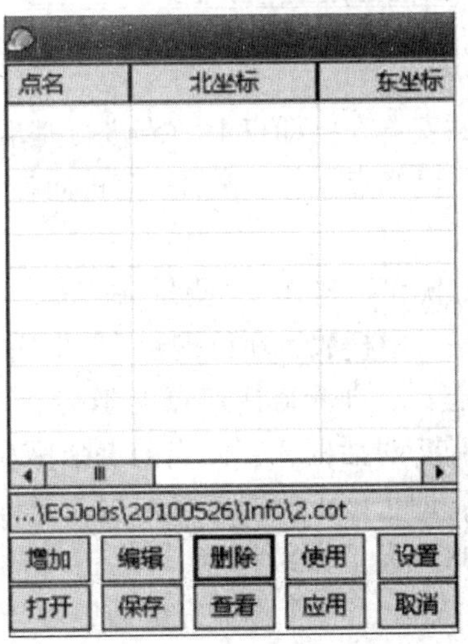


图 8-30　“增加控制点坐标”界面

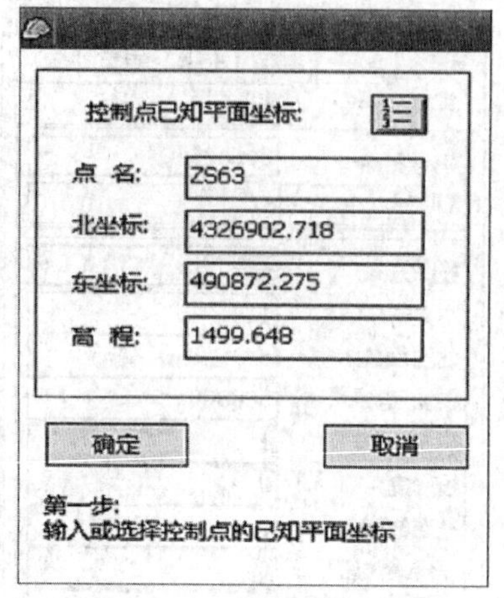


图 8-31　“已知坐标录入”界面

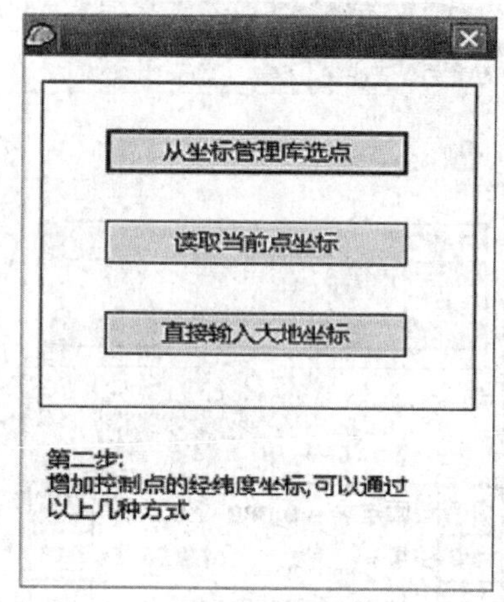


图 8-32　“原始坐标录入方式”界面

图 8-33　“原始坐标录入”界面

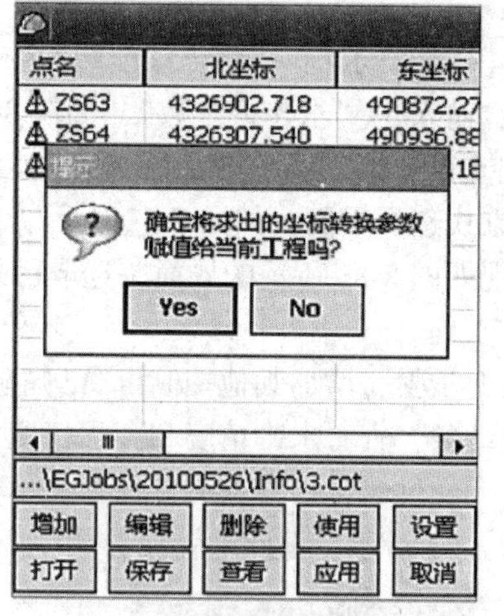


图 8-34　“参数赋值”界面

若基准站安置在已知点上，需进行基准站接收机的对中、整平和量取天线高，此时可利用基准站的已知点坐标，采用“校正向导”进行校正，具体操作参考《工程之星》说明书，在此不再赘述。

③目标点测量。操作：“测量”→“点测量”，如图 8-35 和图 8-36 所示。

将移动站对中杆放置在待测点(地形特征点)上，静止数秒，待出现图 8-36 中所示的“固定解”状态后，即测得待定点的坐标和高程。按采集器键盘“A”键，弹出图 8-37 所示的“点坐标存储”对话框，存储当前点坐标。第一点测量需输入点名和天线高，点击屏幕右上角“ok”键，即将该点位置信息保存在坐标管理库中。连续按两次“B”键，可查看所测坐标，如图 8-38 所示。连续存点，点名自动累加，天线高默认上一次设置。

④结束作业。当整个作业完成或欲收工，退出手簿采集软件，分别在基准站和移动站关闭主机电源，拆除连接电缆，仪器装箱，收工。

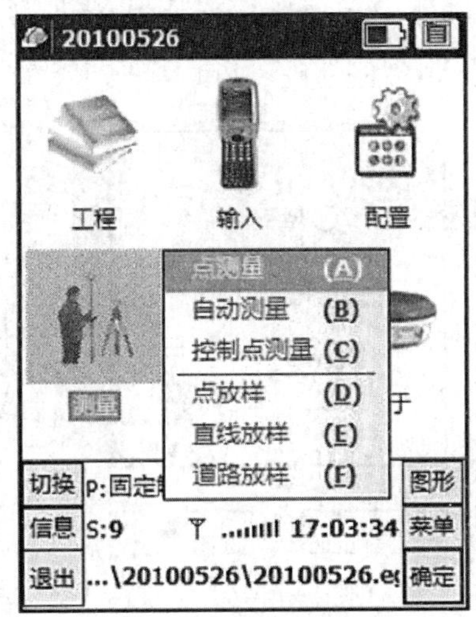


图 8-35　“测量”界面

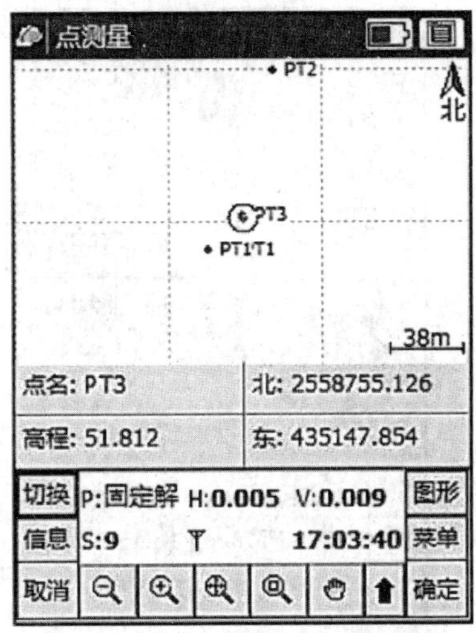


图 8-36　“点测量”界面

图 8-37　点坐标存储界面

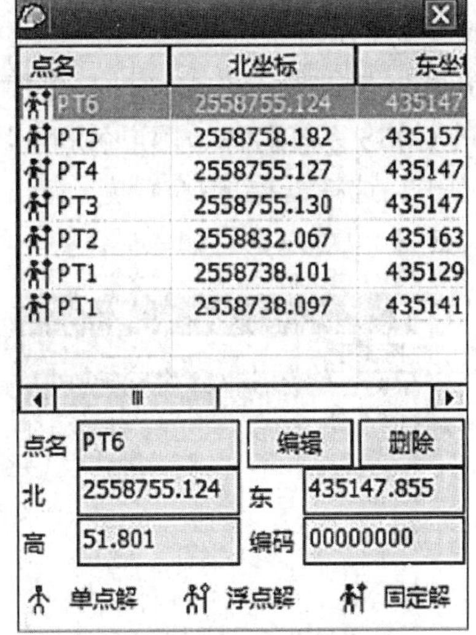


图 8-38　点坐标查看界面

**(4) CORS 测量操作步骤**

CORS 作业模式不是通过电台接收自己架设的基准站信号，而是通过网络接收永久基准站信号。对于用户来说，CORS 作业模式只有移动站，其移动站的设置和测量与 RTK 中的设置和操作是类似的，如蓝牙连接、新建工程、求转换参数、点测量等，不同之处在于需要进行网络设置和网络连接。

①移动站主机模式设置。操作：“配置”→“仪器设置”→“主机模式设置”。将移动站主机工作模式设置为移动站、动态、网络工作模式，如图 8-39 和图 8-40 所示。设置完成后，“配置”界面中的“电台设置”变为“网络设置”。

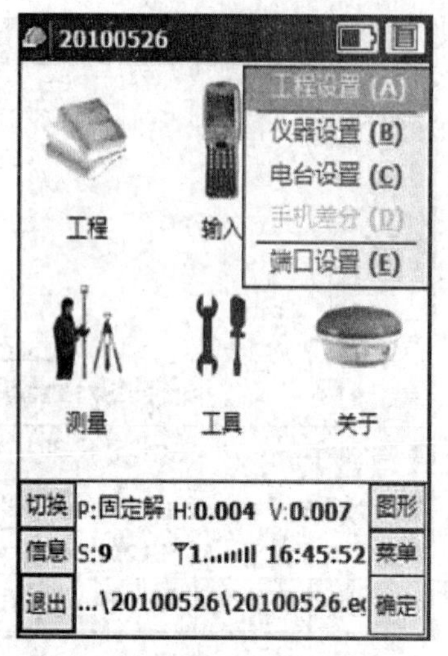


图 8-39 配置界面

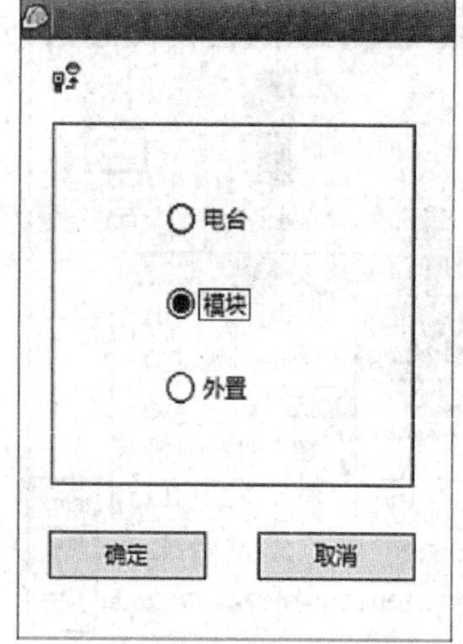


图 8-40 设置主机数据链

②网络设置。在进行网络设置前，需在 GNSS 接收机主机流量卡槽中插入通信流量卡，并且取得所使用的 CORS 系统账户和密码。操作：“配置”—“网络设置”，进入图 8-41 所示的网络设置界面。点击“编辑”或“增加”按钮，进入图 8-42 所示的网络参数设置界面。在此输入进入的 CORS 系统名称、用户名和密码等相关信息后，点击“获取接入点”，在获取的源列表界面中，选择需要的接入点，点击“确定”，返回图 8-41 界面。若已知该 CORS 系统的“接入点”，也可以手工输入后，点击“确定”。

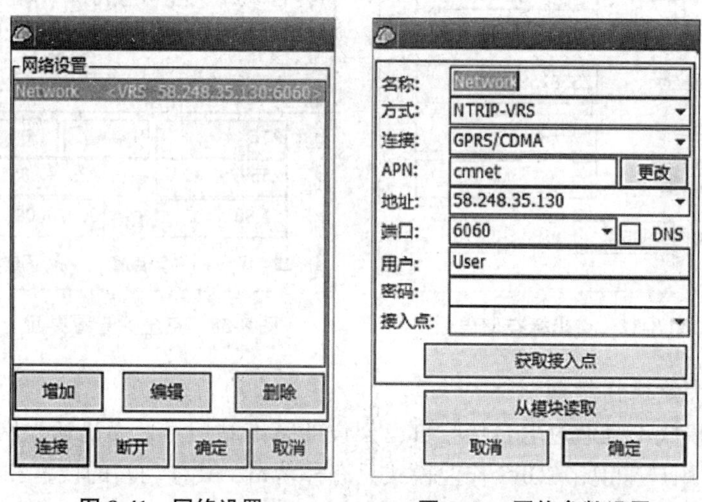


图 8-41 网络设置　　图 8-42 网络参数设置

③网络连接。在图 8-41 界面中，点击“连接”按钮，进入网络连接界面，如图 8-43 所示。若显示“连接网络成功”，点击“确定”键，自动返回到“工程之星”主界面，如图 8-44 所示，状态栏显示为“固定解”状态。此时，即可进行“求转换参数”和“点测量”等其他全部操作。

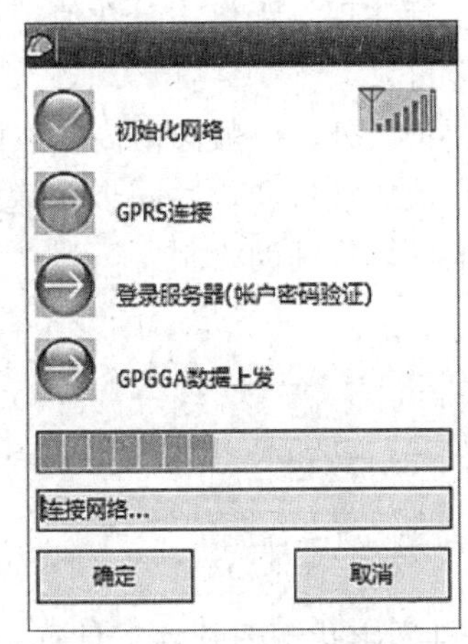

图 8-43　网络连接

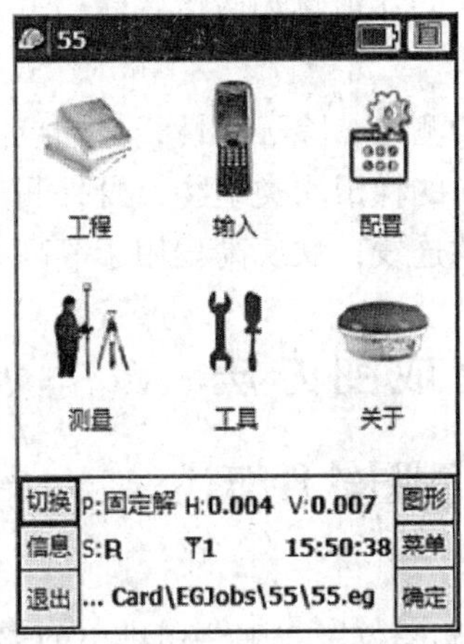


图 8-44　网络连接成功

**(5)数据传输**

GNSS 接收机野外采集的数据，保存于配套手薄中，可以通过“SD 存储卡”转存于计算机内，与全站仪 SD 存储卡转存方式类似，不再单独介绍。

## 8.3.4　野外数据采集的记录

碎部测量的数据一般要传输到计算机进行数字成图。测记法数据采集保存在仪器或手簿内的只是碎部点的位置信息，不再需要记录。但是地物碎部点的连线关系和属性信息，为了下一步成图的需要则必须进行现场记录。地物点的碎部记录表可参照表 8-1 绘制。

**表 8-1　碎部记录表**(参考件)

记录员：赵富平　　　　日期：2021. 08. 16

| 地物 | 连线关系 | 备注 |
|---|---|---|
| 房屋 | 12—13—J—17—18—G | 砖 2(见草图) |
| 陡坎 | 19—20—22—23 | |
| 加固陡坎 | 24—26—28 | 向右，高 1.2 m |
| 路灯 | 31，33，37，40 | |
| 独立树 | 32，38，45，46 | 阔叶 |
| 城市道路 | 43—47—50—51—52—53—57 | 弯道拟合，沥 |
| 高压线 | 54—56—59—62—64 | |
| 地类界 | 65—66—68—70—65 | 花圃，(见草图) |
| 楼房 | 77—78—79—J—80—81—G | 混 3(见草图) |

立镜和记录应该保持一致，即现场谁立镜谁记录。观测员将测得的碎部点号，通过对讲机报告给相应的立镜员，由立镜员根据自己所立点的地物属性和连线关系，做好现场记录。对于复杂地物，尤其是各类建筑物等封闭类地物，有时还需要现场绘制草图，草图的

绘制宜采用相似法，在地物相应位置注明点号，标注现场距离丈量数值等，以便后期数字成图使用。

对于地貌点的测绘，除了地性线上的点需要记录外，一般离散高程点则不需记录。对于影响等高线走向的梯田坎类地物，野外测量在最好坎顶和坎底同步立镜，但只记录坎顶点号，用于陡坎的连线，坎底高程用于等高线的计算机辅助绘制。

## 8.4 数字化成图方法

### 8.4.1 CASS 测图软件概述

**(1)系统简介**

CASS 是南方测绘仪器有限公司推出的综合性数字化测图软件，具有完备的数据处理、图形生成、图形编辑、图形输出等功能，能方便灵活地完成数字化地形图、地籍图的编绘工作。此外，该系统还具有土方量计算、断面图绘制、宗地图绘制、地籍表格制作、图幅管理与 GIS 接口等功能。

**(2)CASS 操作界面**

CASS 安装后，双击桌面上图标启动软件，显示集成化环境操作主界面，如图 8-45 所示。CASS 系统的操作界面主要分为 5 部分：上部的标题条、顶部下拉菜单和 Auto CAD 标准工具栏，右侧屏幕菜单，左侧实用工具条，中间图形编辑区，底部命令区和状态提示区。

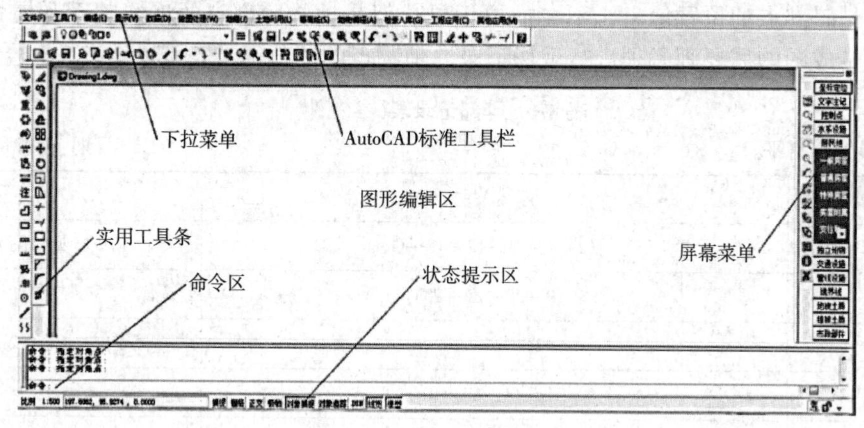


图 8-45 CASS 操作界面

**(3)CASS 系统常用概念**

在用 CASS 测图系统时，经常要用到复合线、块、实体、图层、颜色、线型等概念，对这些概念的理解直接影响软件的正确使用，对用好 CASS 起着重要的作用。

### 8.4.2 利用 CASS 绘制地形图

野外数据采集完成后，就可以利用数字成图软件进行数字成图。现以野外全站仪或 GNSS 接收机采集数据在 CASS 系统进行地形图绘制为例，介绍草图测记模式的数字成图方法。

**(1) 坐标数据文件格式**

从全站仪等传输到计算机的坐标数据以文件方式保存，称其为坐标数据文件，CASS 测图系统坐标数据文件要求文件后缀为 . dat( 如 DJK1. dat)。文件数据格式如图 8-46 所示。

```
1,,53167.880,31194.120,495.800
2,,53151.080,31152.080,495.400
3,,53151.080,31165.220,494.500
4,,53174.690,31109.490,499.300
5,,53161.730,31117.070,497.400
6,,53154.150,31129.070,495.800
7,,53142.780,31122.750,494.500
8,,53129.510,31124.970,492.300
```

图 8-46　数据文件格式

数据格式说明：每个碎部点信息占一行，每行中各要素之间用逗号隔开；每行信息：测点点号，编码，东坐标，北坐标，高程；每个点的坐标和高程单位为米(m)；编码即使没有，其后的逗号也不能省略，两逗号之间可为空。

**(2) 展点**

操作："绘图处理"—"展野外测点点号"。弹出如图 8-47 所示对话框，选取要打开的坐标数据文件( 如 C：\ CASS \ DEMO \ STUDY. DAT) 后，单击"打开"，则数据文件中所有点的点位和点号被展到"图形编辑区"，供交互编辑时参考使用。

图 8-47　展点对话框

如果选择"点号定位"法成图，还需将坐标文件读入计算机内存。操作：点击右侧屏幕菜单中的"坐标定位"选取"点号定位"，选取展点时打开的坐标数据文件后，单击"打开"(对话框界面与展点界面类似)，系统将坐标数据文件读入内存，以便依照点号寻找点位。同时命令区窗口显示"读点完成！共读入 * 个点"。

**(3) 绘制地物**

利用屏幕测点号，对照野外记录或草图上标注的地物测点号、地物属性和连接关系，将地物逐个绘出。展点完成后，即可按照其分类分别绘制各种地物。绘制地物时，根据屏幕菜单和命令行提示进行。现以野外记录中连线地物和独立地物两种地物进行编辑为例来说明作图方法。外业记录见表 8-2。

表 8-2　碎部测量记录表

| 地物 | 连线关系 | 备注 |
|---|---|---|
| 房屋 | 53—54—左 6 m—左 5.7 m—J—55—左 6.5 m—G | 混 2 |
| 路灯 | 56，57 | |
| 独立树 | 58，60，61 | 针叶 |

①连线地物的绘制。表 8-2 中的第一个地物属于连线地物。在右侧屏幕菜单中选择“居民地”，在其下级菜单中点击“一般房屋”，此时屏幕中弹出“一般房屋”层的各种房屋符号，如图 8-48 所示。用鼠标点击与记录相应的图式符号——“多点一般房屋”，此时命令行提示及操作如下：鼠标定点 P→〈点号〉：53 ENTER。曲线 Q→边长交会 B→跟踪 T→区间跟踪 N→垂直距离 Z→平行线 X→两边距离 L→点 P→〈点号〉：54 ENTER。曲线 Q→边长交会 B→跟踪 T→区间跟踪 N→垂直距离 Z→平行线 X→两边距离 L→隔一点 J→微导线 A→延伸 E→插点 I→回退 U→换向 H 点 P→〈点号〉：AENTER。

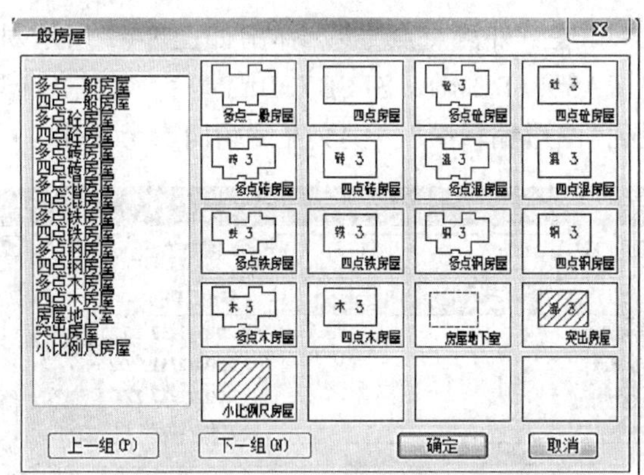


图 8-48　绘制一般房屋对话框

由于接下来的点是通过直角量距确定的，类似于测支导线，故此时可选用微导线 A 功能，回车后命令行提示：微导线-键盘数据角度(K)→指定方向点(只确定平行和垂直方向)。

用鼠标在屏幕 53 与 54 连线左边点一下，命令区提示如下：距离〈m〉：6 ENTER。依次点击：曲线 Q→边长交会 B→跟踪 T→区间跟踪 N→垂直距离 Z→平行线 X→两边距离 L→闭合 C→隔一点闭合 G→隔一点 J→微导线 A→延伸 E→插点 I→回退 U→换向 H 点 P→〈点号〉：AENTER。微导线-键盘数据角度(K)→指定方向点(只确定平行和垂直方向)。

用鼠标在屏幕连线前进方向左边点一下，命令区提示如下：距离〈m〉：5.7 ENTER。依次点击：曲线 Q→边长交会 B→跟踪 T→区间跟踪 N→垂直距离 Z→平行线 X→两边距离 L→闭合 C→隔一点闭合 G→隔一点 J→微导线 A→延伸 E→插点 I→回退 U→换向 H 点 P→〈点号〉：J ENTER。鼠标定点 P→〈点号〉：55 ENTER。曲线 Q→边长交会 B→跟踪 T→区间跟踪 N→垂直距离 Z→平行线 X→两边距离 L→闭合 C→隔一点闭合 G→隔一点 J→

微导线 A→延伸 E→插点 I→回退 U→换向 H 点 P→〈点号〉：A ENTER。微导线-键盘数据角度(K)→指定方向点(只确定平行和垂直方向)。

用鼠标在屏幕连线前进方向左边点一下，命令区提示如下：距离〈m〉：6.5 ENTER。曲线 Q→边长交会 B→跟踪 T→区间跟踪 N→垂直距离 Z→平行线 X→两边距离 L→隔一点 J→微导线 A→延伸 E→插点 I→回退 U→换向 H 点 P→〈点号〉：GENTER。

绘制的房屋如图 8-49 所示。

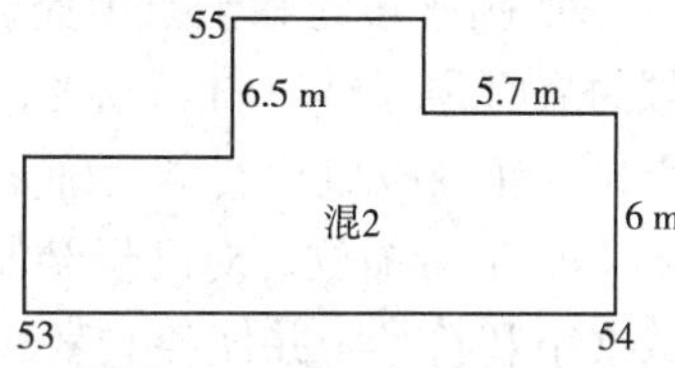

图 8-49　绘出的房屋图形

②单一地物的绘制。

绘制单一地物比较简单，只需按照野外记录，在右侧屏幕菜单找到该地物符号，然后输入点号即可。例如，表 8-2 中第 2 条记录的绘制过程如下。

右侧屏幕菜单中，点击“独立地物”，在其下拉菜单的“其他设施”中找到“路灯”符号，用鼠标单击，再点击“确定”后，屏幕命令区中提示：鼠标定点 P/〈点号〉：46 ENTER。即把 46 号点处的路灯绘出。

其他地物的绘制与上述两个类别地物的绘制方法是类似的。这样利用屏幕测点号，对照野外记录或草图上标注的点号、地物属性和连接关系，将地物逐个绘出。绘制好地物平面图后，应将图上展绘的测点号删除掉，操作：编辑→删除→实体所在图层。在对照野外记录或草图绘制地物时，要时刻注意命令区的提示，根据命令区的提示进行相应操作，其中点号和鼠标定点的转换方法是在“命令:”后输入“P”。

**(4)注记与编辑**

地物绘制完成后还需要在地图上进行相应的文字注记，如地名、河流名称、建筑物结构、属性或对已有注记进行修改、编辑等。针对这些要求，CASS 系统提供了用于绘图和注记的“工具”菜单、用于编辑修改图形的“编辑”菜单和用于编辑地物的“地物编辑”等下拉菜单。另外在左、右两侧菜单中也提供了部分编辑命令。

下面对文字注记、复合线的编辑、地物编辑、对象捕捉等常用功能进行介绍。

①文字注记。无论是地形图还是地籍图，其图面上除了各种图形符号外，还需有各种注记要素(包括文字注记和数字注记)。CASS 系统提供了多种不同的注记方法，注记时可将汉字、字符、数字混合输入。文字注记可以在“工具”菜单中选择“文字”项，或在右侧“屏幕菜单”中选择“文字注记”来完成。文字注记后，可以对已注记的文字进行编辑和修改，当然文字的位置也可以移动。文字注记应使所指示的地物明确判读。一般情况下，字头应朝北；注字应避免遮断主要地物和地貌的特征部分；高程的注记，应注于点的右方，离点位的间隔应为 0.5 mm；等高线的注记字头，应指向山顶或高地，字头不应朝向图纸的下方；地貌复杂的地方，应注意配置。

②复合线的编辑。对绘制地物的复合线可以进行各种编辑，如改变复合线的宽度，增加、删除或移动复合线的顶点，对折线复合线进行曲线拟合、连接多条复合线等。在“地物编辑”菜单中选择“复合线处理”或在命令区输入“PEDIT”后回车，命令区提示：Pedit 选择多段线或[多条(M)]。此时，提示选择复合线，用光标选定待编辑的复合线后，系统提示：输入选项[闭合(C)→合并(J)→宽度(W)→编辑顶点(E)→拟合(F)→样条曲线(S)→非

曲线化(D)→线型生成(L)→放弃(U)]。根据需要对绘制的复合线进行编辑。

③地物编辑。CASS系统提供了对地物编辑的功能，如线型换向、植被填充、土质填充、批量删减、局部存盘等。下面对该菜单下的一些主要功能进行介绍。

a. 线型换向。主要用于对已经绘制的陡坎、斜坡、围墙、栅栏等进行换向。例如，陡坎和斜坡的换向，选择此项后，只需用鼠标指定要改变的陡坎或斜坡，立即生成坡向相反的陡坎或斜坡。

b. 植被填充和土质填充。按规范要求对指定范围填充上适当的填充符号，但指定区域边界必须为封闭的复合线。操作时先选择适当的填充功能项，指定需要填充的边界线，点击回车或按鼠标右键后确认即可。

c. 批量缩放。对已经绘制的图形或文字，需要变换其大小时，使用该项。可以批量缩放文字和符号，并使各文字和图形大小满足地形图绘制的需要。

d. 批量删剪。删除指定封闭线内(或外)的所有图形，如果有图形与该封闭线相交，则自动切断并删除封闭线内(或外)的图形部分。批量删剪下有“窗口删剪”和“依指定多边形删剪”两个选择项。

e. 局部存盘。包括“窗口内的图形存盘”与“多边形内图形存盘”两种方式。其功能是将指定窗口或多边形内图形截取，存成另外一个图形文件，主要用于图形分幅和制作图块，操作时需给出新图形文件名。

④对象捕捉。当绘制图形或编辑对象时，需要在屏幕上指定一些点。定点最快的方法是直接在屏幕上拾取，但这样却不能精确指定点，精确指定点最直接的办法是输入点的坐标值，但这样又不够简捷快速，因而AutoCAD提供了多种点位的捕捉方式，绘制数字化地图常用的捕捉方式包括端点(END)、节点(测点NOD)、圆心(CEN)、交点(INT)、最近点(NEA)等，此外还有中点、垂足、切点、插入点、象限点等的捕捉。

在大比例尺数字测图过程中，由于实际地物、地貌的复杂性，错测漏测难以避免，对于错测漏测的部分，应及时进行外业补测或重测。同时野外记录也会出现错误，造成内业绘制图形错误，这时可打印绘制的图形到野外进行实地对照调查，及时纠正绘图错误。

**(5)地貌的绘制**

CASS系统在绘制等高线时，由计算机自动建立三维高程模型，具有很强的等高线处理功能。数字地形图绘制，通常在绘制平面图的基础上，再绘制等高线。下面主要介绍在CASS成图系统中绘制等高线的步骤和方法。

①建立数字地面模型。数字地面模型(digital terrain model，DTM)，即区域地形的数字表示，它是由一系列地面点的$x$，$y$位置及其相联系的高程$H$组成。

操作：“等高线”→“建立DTM”→“由数据文件生成”。

如图8-50所示，在“坐标数据文件名”栏内选取坐标数据文件后，点击“确定”，图形编辑区自动显示由数据文件建立的DTM三角网，如图8-51所示。

图8-50中可根据需要选择“建模过程考虑陡坎”和“建模过程考虑地形线”。如果在绘制陡坎过程中输入了坎高，应选择“考虑坎高”；如果在绘制的平面图形中已连接了山谷线、山脊线等地性线，选择“考虑地性线”，命令区会提示“请选择地性线：”，此时用鼠标指定所有的地性线，系统将把地性线强制作为三角网的一条边来构网。

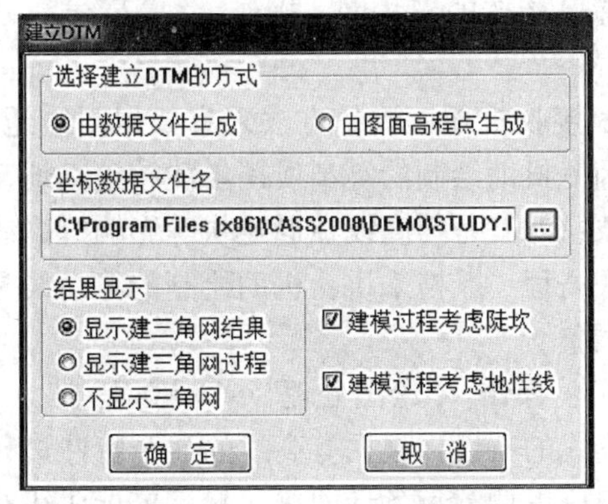


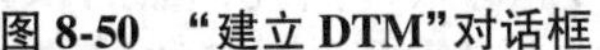
**图 8-50　"建立 DTM"对话框**

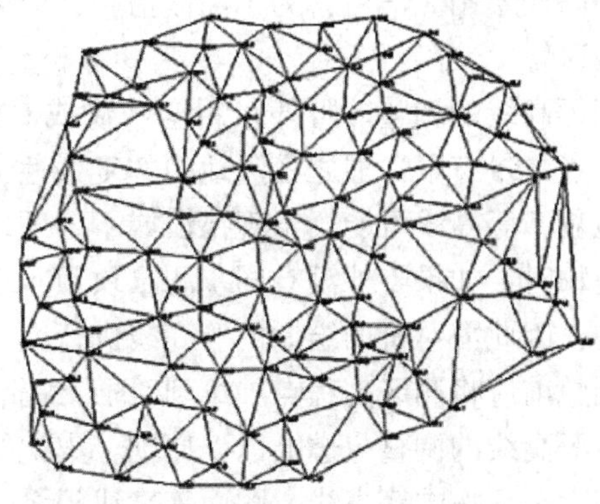

**图 8-51　由数据文件建立的 DTM 三角网**

由于现实地貌的多样性和复杂性，自动构成的数字地面模型与实际地貌不一致，可以通过"等高线"菜单里的删除三角形、过滤三角形、增加三角形、重组三角形等功能模块，对不合理三角网进行修改，以使所建三角网合理。对三角网编辑和修改后，应在"等高线"菜单内进行"修改结果存盘"，否则修改结果在下一步等高线绘制中不起作用。

②绘制等高线。建立数字地面模型后，便可绘制等高线。等高线的绘制可以在绘制的平面图上叠加，也可在"新建图形"状态下绘制。最后"插入"(命令区，输入 insert 指令)到所绘的平面图上。

操作："等高线"→"绘制等高线"。

系统弹出"绘制等值线"对话框(图 8-52)，可输入基本等高距，选择等高线拟合方式，提示数据模型的最大高程和最小高程(若出现异常高程，需重新检查和修改"坐标数据文件"中异常高程点)。

根据测图比例尺对等高距要求和测区地貌起伏状况，输入合理的等高距，拟合方式应选"不拟合"(因为自动绘制的等高线一般还需要进行不同程度的修改和剪切，才能符合实际地面情况，为了方便修改和不增加文件大小，应将首次绘制的等高线不拟合，待修改完善后再一次性按"三次 B 样条"拟合)，点击"确定"，等高线即绘制在建立的 DTM 上，如图 8-53 所示。

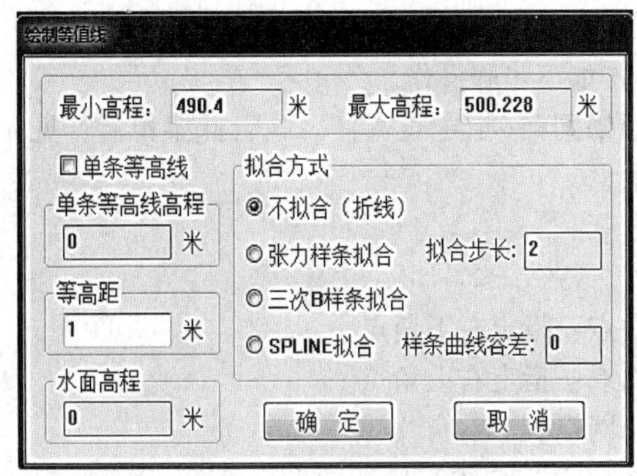


**图 8-52　"绘制等值线"对话框**

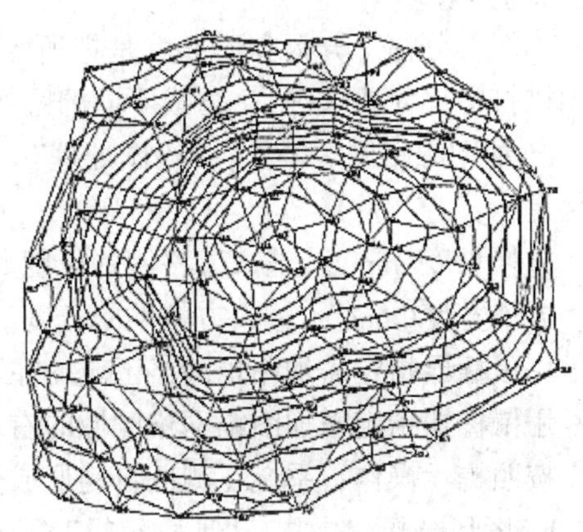

**图 8-53　在 DTM 三角网上绘制的等高线**

等高线绘制完毕后，为了图面清晰，应删除已构造的三角网，操作："等高线"→"删三角网"。

③等高线的调整。野外采用全站仪或 GNSS 接收机地面测量方法采集数据测绘地貌，其测量点数量有限，加之实际地貌的复杂性，因此机助绘制的等高线还不能较逼真地反映实际地貌，等高线可能会出现错误或不合理现象，尤其是等高线在遇陡坎等影响等高线走向的地物时，如果野外没有同步测量坎顶、坎底高程。严格来讲，机助绘制的等高线是不合理的，因此需对机助绘制的等高线进行人工调整。

调整前应将测区高程点展绘到"图形编辑区"，操作："绘图处理"→"展高程点"。

对等高线的调整应遵循以下原则：牢记等高线的特性，根据等高线的 5 个特性进行调整；切除过地物的等高线；图面等高线较多时，应先调整每条计曲线，然后依计曲线对首曲线进行调整；对调整后的等高线沿相邻等高线检查测点高程，判断等高线走向的合理性；单色图上的等高线遇双线河、渠道和不依比例地物符号时，应中断；多色图上的等高线除遇双线河、渠道外，遇不依比例地物符号时，不得中断；最后成图的等高线必须保证精度，不得跑线变形。

等高线的调整是一项包含绘图者智力的工作，经验非常重要，需经多次反复练习才能掌握。此外，机助绘制的等高线，其计曲线和首曲线颜色和粗细是不一样的。所有等高线调整完成后，用户可根据需要修改计曲线和首曲线的颜色。

④等高线的注记。修改调整等高线完成后，需注记计曲线高程，操作："等高线"→"等高线注记"。CASS 系统提供了不同的等高线注记方法，可以单条等高线注记，也可以批量注记。注记字头应指向山顶或高地，字头不应朝向图纸的下方。另外，需要切除穿过高程注记的等高线，可以在相应的菜单中自动完成，还可以根据需要绘制示坡线。

绘制好等高线的地形图为了图面清晰，除山顶最高点、洼地最低点、鞍部等特征高程点外，一般图面间隔 3 cm 至少保留有 1 个高程注记。因此，需将用于等高线调整时展绘的高程点删除，重新按"定距"展绘。

**(6)图形分幅与图幅整饰**

完成了对地物和地貌的绘制，此时若要输出规范的地形图，还需要对绘制的图形进行分幅和整饰。

①图形分幅。分幅实际上就是把所绘图形按照各种要求(国家标准图幅、工程图幅、绘图机打印尺寸要求等)，分成不同的图幅，按如下步骤操作。

a. 加图幅格网。操作："绘图处理"→"图幅网格(指定长宽)"。执行此菜单后，见命令区提示：

方格长度(mm)：输入方格网的长度。

方格宽度(mm)：输入方格网的宽度。

用鼠标器指定需加图幅网格区域的左下角点：指定左下角点。

用鼠标器指定需加图幅网格区域的右上角点：指定右上角点。

按照提示操作，系统在测区自动形成分幅网格。

b. 图形分幅。操作："地物编辑"→"局部存盘"→"窗口内的图形存盘"。命令区提示及操作如下：

窗口内图形存盘：左下角：用鼠标捕捉方式指定要保存图形左下角；右上角：用鼠标捕捉方式指定图形右上角。

此时，屏幕出现“输入存盘文件名”对话框提示，输入要保存图形的文件名和路径，点击“保存”即将窗口内图形存入此文件中，这样将网格内的图形一一存盘，从而得到多幅独立的图形。

②图幅整饰。主要工作是给图幅加适宜图框，并输入图名、测绘单位、测量员、绘图员、检查员、坐标系、高程基准、成图日期等具体内容，从而生成规范规定的标准地形图。

a. 打开分幅图形，将分幅时所保存的图形打开。

b. 加图框和相关整饰信息，操作：“绘图处理”→“标准图幅”→“任意图幅”。

选择某一类型图幅(与图形分幅时一致)，如标准图幅(50 cm×50 cm)，给分幅的图形加上图框和整饰信息。执行此菜单，会弹出如图 8-54 所示的对话框。

按照对话框提示输入图幅信息后，在“左下角坐标”后的对话框中输入图幅左下角坐标(或“图面拾取”方式屏幕捕捉图幅左下角点位)，点击“确认”后生成标准图幅。

首次使用 CASS 系统加图框，还需要对所加的图框进行信息设置。操作：“文件”→“CASS 参数配置”→“图框设置”。屏幕弹出如图 8-55 所示的对话框，在此对话框对图框信息进行设置，方便测绘单位以后使用。

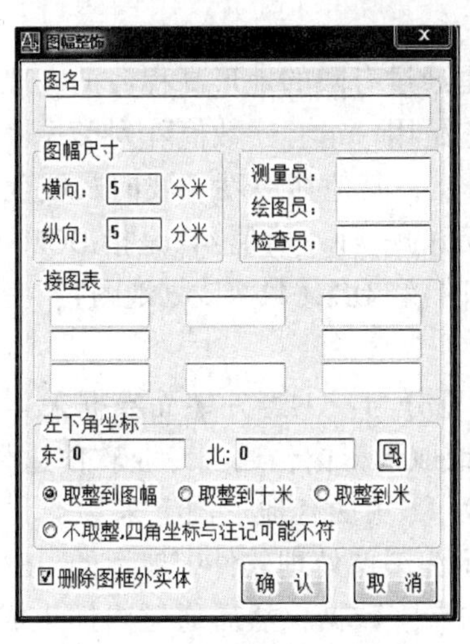

图 8-54　“图幅整饰”对话框

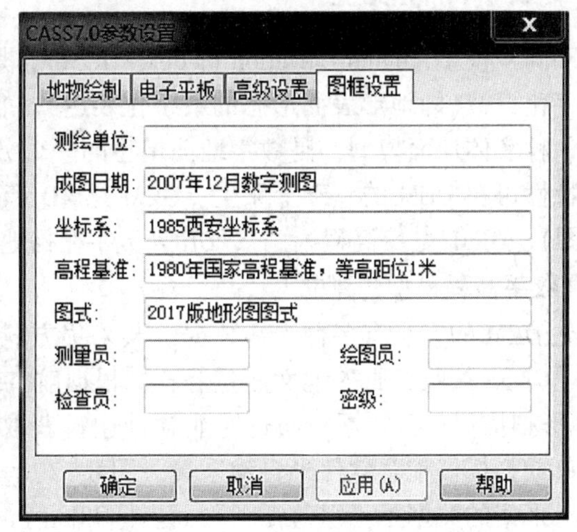

图 8-55　“图框设置”对话框

生成带图框和整饰信息的图幅后，也可在图面修改相关内容，如修改图名、单位名称、成图日期、坐标系统、高程基准、测量员、绘图员、检查员、密级等内容。修改完毕后，就形成了一幅完整的数字地形图。

**(7)成果输出**

如图 8-56 所示，CASS 系统绘制的图形文件默认为 . dwg 格式，为了与其他软件进行数据交换或为 GIS 提供基础数据，系统还提供了 . dxf、. dws 和 . dwt 格式。用户需要时，可驱动绘图仪绘制纸质图。

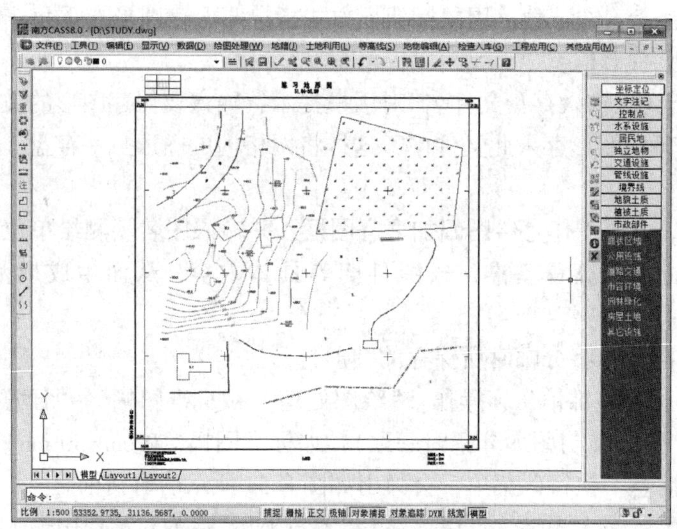

图 8-56　地形图编辑处理

# 8.5　数字高程模型与数字线划地图

## 8.5.1　数字高程模型

数字高程模型(digital elevation model, DEM)，是通过有限的地形高程数据实现对地形曲面数字化模拟(即地形表面形态的数字化表达)。它是用一组有序数值阵列形式表示地面高程的一种实体地面模型，是数字地面模型的一个分支，其他如坡度、坡向及坡度变化率等地貌特性可在 DEM 的基础上派生。DEM 是 4D 产品的一种，所谓 4D 是指 DOM(数字正射影像图)、DEM(数字高程模型)、DRG(数字栅格地图)和 DLG(数字线划地图)。

**(1)数字高程模型的建立**

建立 DEM 的方法有多种。从数据源及采集方式可分为：①野外地面数据采集，如用全站仪、GNSS 接收机野外地面测量等；②根据航空或航天影像，通过专业软件途径获取；③3D 地形扫描仪点云数据，通过专业软件途径获取；④从现有地形图上采集，利用手扶数字化仪或扫描仪配合软件半自动采集。图 8-57 所示为图像处理软件中展示的 DEM。

以上采集的数据是一组包括了平面坐标和高程的点阵数据，然后通过内插生成 DEM。DEM 内插主要有整体内插、分块内插和逐点内插 3 种方法。整体内插的拟合模型是由研究区内所有采样点的观测值建立的。分块内插是把参考空间分成若干大小相同的块，对各分块使用不同的函数。逐点内插是以待插点为中心，定义一个局部函数去拟合周围的数据点，数据点的范围随待插位置的变化而变化，又称移动拟合法。

内插算法主要有规则网络(grid)和不规则三角网(TIN)两种算法。规则格网法的优点是($x$, $y$)位置信息可隐含，无须全部作为原始数据存储，由于是规则网高程数据，在后期数据处理方面比较容易。其缺点是数据采集较麻烦，因为网格点不是地形特征点，一些微地形可能没有记录。数据存储占用空间较大，并且在不规则的地形特征和较为平坦的地形特征之间在数据表示方面不够协调。不规则三角网法的优点是能以不同层次的分辨率来描述地表形态，与格网数据模型相比，TIN 模型在某一特定分辨率下表示复杂表面的效率和精度更高，特别当地形包含有大量特征(如断裂线、构造线)时，TIN 模型能更好地顾及这些特征。存储效率高，数据结构简单，与不规则的地面特征和谐一致，可以表示线性特征和迭加任意形状的区域边界，易于更新，可适应各种分布情况的数据。目前常用的算法是 TIN，然后在 TIN 基础上通过线性和双线性内插建 DEM。

图 8-57　DEM 展示

TIN 是不规则格网中最简单的一种结构。它是利用测区内野外测量采集的所有地形特征点构造出的邻接三角形组成的格网形结构。大比例尺数字测图的建模一般都采用这种方式。由于它保持了细部点的原始精度，从而使整个建模精度得到保证。

TIN 的每一个数据元素的核心是组成不规则三角形三个顶点的三维坐标，这些坐标数据来自外业测量成果，在外业作业过程中，地形点的选择往往是能代表地形坡度的变换点或平面位置的特征点，因此这些点在相关区域内呈离散型(非规则和非均匀分布)，将这些离散点按照一定的规则(一般采用“就近连接原则”)构造出相互连接的三角形格网结构，如果测定了地性线，构网时位于地性线上的相邻点就被强制连接成三角网的各条边，网中每个三角形所决定的空中平面就是该处实际地形的近似描述。根据计算几何原理，可以计算格网中的三角形数目，若区域中有 $n$ 个离散数据点，它们可以构成互不交叉的三角形个数最多不超过 $2n-5$ 个。

建立 TIN 的基本过程是根据外业实测的地形特征点按照就近连接原则，将邻近的三个离散点相连接构成初始三角形，再以这个三角形的三条边为基础连接与其邻近的点组成新的三角形，如此依次连接直到所有三角形都无法扩展成新的三角形，所有点均包含在这些三角形构成的三角网中为止。为了保证 DEM 网格具有较高的精度，应注意构网时把地性线作为 TIN 中三角形的边，扩展 TIN 时先从地性线特征点开始。

目前，数字测图软件、地理信息系统软件和遥感图像处理软件等，都具备建立 DEM 和利用 DEM 的分析应用功能模块。

**(2)数字高程模型的应用**

由于 DEM 描述的是地面高程信息，它在测绘、水文、气象、地貌、地质、土壤、工程建设、通信、军事等国民经济和国防建设以及人文和自然科学领域有着广泛的应用。根据 DEM 的应用类型分为直接应用和扩展应用。

①DEM 的直接应用。以 DEM 高程信息为主，辅助坐标信息，通过模型计算，可以应用在以下方面。高程计算；地表面积、体积计算；剖面线计算；等高线内插；坡度、坡向、曲率计算；土方计算；可视区域分析；洪水淹没分析；晕渲图分析；辅助遥感影像的几何纠正；资源空间分布计算等。

②DEM的扩展应用。以DEM坐标和高程信息为主，结合专业分析模型，可以实现各行业的扩展应用。

a. 科学研究应用。为各种地学模型提供地形参数并辅助地学模型服务于专业领域科学研究。例如，区域和全球气候变化、水资源和野生动植物分布、地质和水文模型建立、地理信息系统、地形地貌分析、土地分类、土地利用、土地覆盖变化监测等。

b. 工程应用。在各类工程中进行辅助决策和设计，以提高服务、设计质量及自动化水平，获取更大经济利益。例如，信号传播；航空航天、地矿开采、旅游展示、道路工程、水利工程、桥渡工程等。

c. 商业应用。为商业活动直接提供DEM数据或提供需要的增值服务，即为特定专业应用定制DEM数据，并提供应用程序和派生产品。例如，通信；空中交通管理与导航、资源规划管理与建设、地质勘探、水文和气象服务、遥感和测绘、多媒体应用、虚拟现实、电子游戏等。

d. 管理应用。地理信息贯穿于政府职能部门的管理、规划等各个层面，不但有助于辅助设计和决策，也可以提高规划投资管理的水平。如资源监测与管理；灾害监测与管理；与GIS联合进行空间分析等。

e. 军事应用。地形图是指挥员的眼睛，随着未来战争的信息化发展，DEM的作用越来越大，例如，电子沙盘、虚拟战场、电子地图、地形匹配导引、军事工程等。

此外，从DEM还能派生以下产品，例如，等高线图、坡度图、晕渲图、通视图、纵横断面图、三维立体透视图等，作为国家地理信息的基础数据。

## 8.5.2　数字线划地图

数字线划地图(digital line graphic，DLG)是与现有线划基本一致的各地图要素的矢量数据集，且保存了各要素间的空间关系信息和相关属性信息的地图，也是4D产品之一。

地形图要素按照数据获取和成图方法的不同，可分为矢量数据和栅格数据两种数据格式。矢量数据是图形的离散点坐标$(x, y)$的有序集合；栅格数据是图形像元值矩阵形式的集合，对应的图形表示法，如图8-58和图8-59所示。

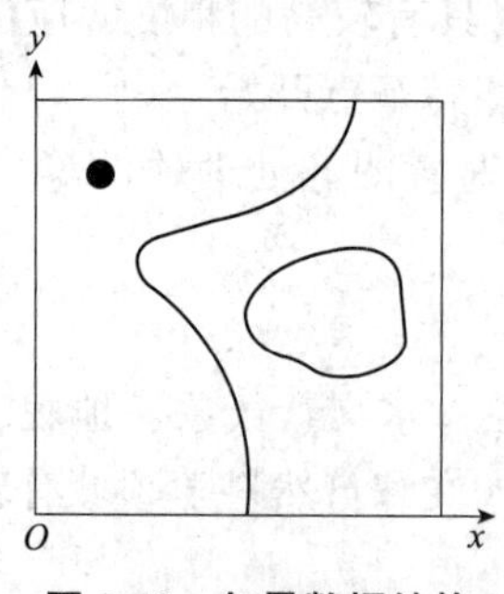


图8-58　矢量数据结构

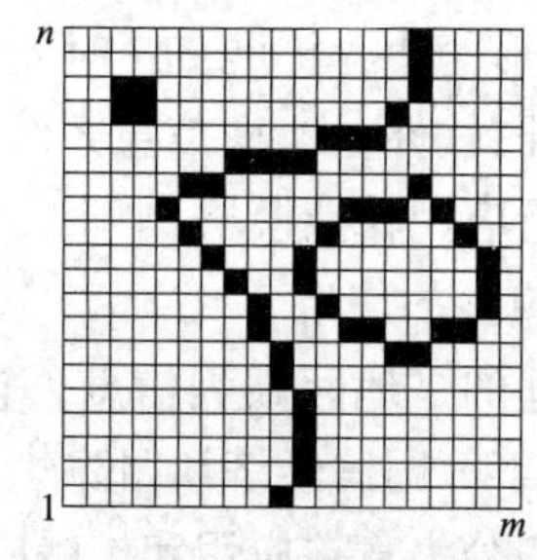


图8-59　栅格数据结构

由野外全站仪、GNSS接收机地面采集的数据是矢量数据；由无人机飞控、航片、纸质激光扫描仪等获得的数据是栅格数据。一幅地图的栅格数据量一般情况下比矢量数据量大得多，且栅格数据不利于数据编辑。因此，数字测图通常采用矢量数据结构和矢量图。

由计算机控制输出的矢量图不仅美观、规范，而且更新方便，应用广泛，因此若采集的数据是栅格数据，必须将其转换为矢量数据。

数字线划地图是一种更为方便的放大、漫游、查询、检查、量测、叠加矢量地图。其数据量小，便于分层，能快速生成专题地图，所以也称作矢量专题信息 DTI(digital thematic information)。此数据能满足地理信息系统进行各种空间分析要求，可随机地进行数据选取和显示，与其他产品叠加，便于分析、决策。数字线划地图的技术特征：地图地理内容、分幅、投影、精度、坐标系统与同比例尺地形图一致；图形输出为矢量格式，任意缩放均不变形。

数字线划地图的生成主要有以下几种方法。

①遥感测绘。根据航空摄影立体像对，在数字摄影测量软件支持下三维跟踪立体测图，或者将航空影像或卫星影像生产的正射影像图(DOM)插入工作区中，然后人工跟踪框架要素，实现数字化测图。目前，国产的数字摄影测量软件 VintuoZo、JX-4C DPW、Mapmatrix、CAD、GIS 都具有相应的功能，而且精度高、速度快。

②全野外地面数字测图。无论是全站仪测图还是 GNSS 接收机测图，最终成果就是 DLG。

③3D 地形扫描仪扫描。3D 地形扫描仪扫描的地形直接为点云数据，经专业数据处理软件处理后，最终成果为 DLG。

④纸质地形图矢量化。纸质地形图扫描成栅格影像图，配合专业软件，人机交互将其要素分类矢量化。目前，常用的国内外测图软件如 CASS、RDMS、EPSW 以及矢量化软件都具有相应的功能。

野外地面数字测图前面已经介绍，遥感测绘和 3D 地形扫描，后续课程将进一步学习，纸质地形图的数字化比较简单，除个别老图需要外，现今基本不再使用，所以不再单独介绍。

需要指出的是：采用全站仪或 GNSS 接收机进行的野外地面数字测图，虽然比传统经纬仪白纸测图有了很大提升，但其野外作业方式仍未摆脱需将所有地形特征点逐一进行测量。随着无人机和 3D 地形扫描仪等测绘新技术的推广使用，除特殊工程外，测绘生产单位逐步不再采用该方式进行大区域地形图的测绘。

## 本章小结

数字地形图是用数字形式记录地形信息的地形图，具有传统纸质地形图无法相比的特点和优势。数字测图系统主要由数据采集、数据处理和数据输出 3 部分组成，可归纳为硬件和软件两大环境。数字测图野外地面数据采集模式有电子平板模式和草图测记模式。本章介绍了全站仪和 GNSS 接收机野外地面数据采集方法。采用全站仪进行数据采集需要进行控制测量，可适合于各种地形条件；采用 RTK/CORS 技术进行数据采集不需要进行控制测量，只需少量控制点进行参数求定，GNSS 测量不要求点间通视，也不受基准站和流动站之间的地物影响，但只适合开阔地区。野外采集的地形点数据可以在相应的数字成图软件内绘制数字地图。数字高程模型 DEM 在国民经济和国防建设领域有着直接和间接的广泛应用。数字线划地图保存了各地形要素间的空间关系信息和相关属性信息，是矢量数据地图。

## 复习思考题

1. 什么是数字化测图？它相比传统测图有哪些优点？
2. 数字化测图的硬件设备有哪些？
3. 数字化测图软件应具备哪些基本功能？
4. 简述全站仪野外数据采集的程序。
5. 简述 GNSS RTK 野外数据采集的程序。
6. 采用“草图测记法”碎部测量的记录应注意哪些事项？
7. 简述 CASS 软件界面的组成。
8. 简述机助绘制等高线的调整应遵循的原则。
9. 什么是 4D 产品？DEM 有哪些直接应用？

# 第三篇

# 地形图应用

# 第 9 章

# 地形图基本知识

【内容提要】本章在大比例尺地形图测绘的基础上，较全面地介绍了国家基本比例尺地形图系列以及对地形图的分幅与编号；构成地形图的“三大要素”；地形图的判读；延伸介绍了电子地图，旨在为地形图的应用打下基础。

地形图是地图的一种，是内容最详尽、最精确的地图，其所表示的内容包括地物和地貌，信息十分丰富。地形图作为客观环境信息的载体和信息传输的工具，具有文字和数字形式所不具备的直观性、一览性、可量测性和综合性的特点。但由于比例尺不同，地形图内容在详略、数量和质量等方面存在差异，从而影响不同比例尺地形图在实践中的应用。

地形图按比例尺分为 3 类：

①大比例尺地形图。通常称 1 : 500、1 : 1000、1 : 2000、1 : 5000 比例尺的地形图为大比例尺地形图。它采用实测方法成图，是城镇规划、市政建设、农田水利等各项工程规划与设计的主要图件。

②中比例尺地形。通常称 1 : 1 万、1 : 2.5 万、1 : 5 万、1 : 10 万比例尺的地形图为中比例尺地形图。由国家专业测绘部门负责测绘，目前均采用航空摄影测量和调绘方法成图，是国民经济建设规划和设计的重要图件，也是国防建设和战役指挥的重要作战图，还是编绘各类专题地图的基础图件。

③小比例尺地形图。通常称 1 : 25 万、1 : 50 万、1 : 100 万比例尺的地形图为小比例尺地形图。一般由中比例尺地形图缩小编绘而成，应用于较大范围的宏观评价和地理信息研究，是国家各部门共同需要的地理信息和地形要素的平台，是制定国家发展战略的重要依据。

## 9.1 我国基本比例尺地形图系列

基本比例尺是根据需要由国家统一规定测制的国家基本地形图的比例尺。根据《国家基本比例尺地形图分幅和编号》(GB/T 13989—2012)，我国基本比例尺地形图系列由 11 种比例尺地形图组成，即 1 : 100 万、1 : 50 万、1 : 25 万、1 : 10 万、1 : 5 万、1 : 2.5 万、1 : 1 万、1 : 5000、1 : 2000、1 : 1000、1 : 500 比例尺地形图。各种比例尺地形图图幅所包括的范围、可以表示的最小长度和面积都是不同的。各种比例尺地形图的基本数据见表 9-1。

**表 9-1　各种比例尺地形图的基本数据**

| 比例尺 | 1∶100 万 | 1∶50 万 | 1∶25 万 | 1∶10 万 | 1∶5 万 | 1∶2.5 万 | 1∶1 万 | 1∶5000 | 1∶2000 | 1∶1000 | 1∶500 |
| --- | --- | --- | --- | --- | --- | --- | --- | --- | --- | --- | --- |
| 图上 1 cm 相当于实地的长度 | 10 km | 5 km | 2.5 km | 2 km | 500 m | 250 m | 100 m | 50 m | 20 m | 10 m | 5 m |
| 图上 1 $cm^2$ 相当于实地面积（$km^2$） | 100 | 25 | 6.25 | 1.0 | 0.25 | 0.0625 | 0.01 | 0.0025 | 0.0004 | 0.0001 | 0.000 025 |
| 实地 1 km 在图上的长度 | 1 mm | 2 mm | 4 mm | 1 cm | 2 cm | 4 cm | 10 cm | 20 cm | 50 cm | 100 cm | 200 cm |
| 比例尺精度（m） | 100 | 50 | 25 | 10 | 5 | 2.5 | 1.0 | 0.5 | 0.2 | 0.1 | 0.05 |
| 等高距（m） | | 100 | 50 | 20 | 10 | 5 | 2.5 | 1 | 0.5/1.0/2.0 | 0.5/1.0/2.0 | 0.5/1.0 |
| 图幅大小 纬差 | 4° | 2° | 1° | 20′ | 10′ | 5′ | 2′30″ | 1′15″ | 25″ | 12.5″ | 6.25″ |
| 图幅大小 经差 | 6° | 3° | 1°30′ | 30′ | 15′ | 7′30″ | 3′45″ | 1′52.5″ | 37.5″ | 18.75″ | 9.375″ |

## 9.2　地形图的分幅与编号

为了便于测绘、使用和管理地形图，需要对地形图统一进行分幅和编号。分幅就是将大面积的地形图按照不同比例尺划分成若干幅小区域的图幅。编号就是将划分的图幅，按比例尺和所在的位置，用文字符号和数字符号进行编号。

地形图分幅的方法有两种：一种是按经纬线分幅的梯形分幅法(又称国际分幅法)；另一种是按坐标格网分幅的正方形(或矩形)分幅法。根据《国家基本比例尺地形图分幅和编号》，我国 1∶100 万~1∶5000 比例尺地形图采用梯形分幅法，1∶2000~1∶500 比例尺地形图宜采用梯形分幅法，也可根据需要采用正方形分幅法或矩形分幅法。

### 9.2.1　梯形分幅和编号

地形图的梯形分幅，由国际统一规定的经线为图幅的东西边界，统一规定的纬线为图幅的南北边界。由于子午线向南北两极收敛，因此，整个图幅呈梯形。又因每幅地形图的图廓由经纬线组成，又被称为经纬线分幅。

梯形分幅编号法有两种形式：一种是以 1993 年 3 月以前旧的地形图分幅编号标准产生的；另一种是以 1993 年 3 月以后新的国家地形图分幅编号标准产生的。

梯形分幅与编号是以国际 1∶100 万地形图的分幅与编号为基础，因而又称为国际分幅。

### 9.2.1.1　旧的梯形分幅编号方法

**(1)1∶100 万地形图的分幅与编号**

全球 1∶100 万地形图实行国际统一的分幅和编号标准，经差为 6°，纬差为 4°。从 180°子午线起，自西向东每隔经差 6°划分为一行，全球表面划分为 60 纵行，依次用数字(数字码)1~60 表示其相应的列号。再从赤道起算，按纬差 4°划为一列，到南、北纬 88°止，将南北半球各分为 22 横列，依次以字母(字符码)A~V 表示其列号；以极点为圆心，纬度 88°圆用 Z 表示，88°以上单独一幅，如图 9-1 所示。

任一幅纬度在 0°~60°的 1∶100 万地形图的图幅大小，都是由纬差 4°的两条纬线和经差 6°的两条子午线所围成的梯形面积，其编号是由所在横列字符码和纵行数字码组成，即“列号码-行号码”。纬度在 60°~76°的 1∶100 万地形图图幅经差为 12°，纬差为 4°；纬度在 76°~88°的 1∶100 万地形图图幅经差为 24°，纬差为 4°(在我国范围内没有纬度 60°以上需要合幅的图幅)。

求算 1∶100 万地形图图幅的编号，可从图 9-1 中直接查取，也可用下式计算：

$$\left.\begin{aligned}列号&=[\varphi/4°]+1\\ 行号&=[\lambda/6°]+31\end{aligned}\right\}\tag{9-1}$$

式中，[　]表示商取整；$\lambda$ 表示图幅内某点的经度或图幅西南图廓点的经度；$\varphi$ 表示图幅内某点的纬度或图幅西南图廓点的纬度。

例如，某地位于东经 116°28′30″、北纬 39°54′20″，根据式(9-1)算出，列号为 10，即字母行号为 50，则该点所在 1∶100 万地形图图幅编号为 J-50。由于我国均位于北半球，故编号前附加的 N 从略。

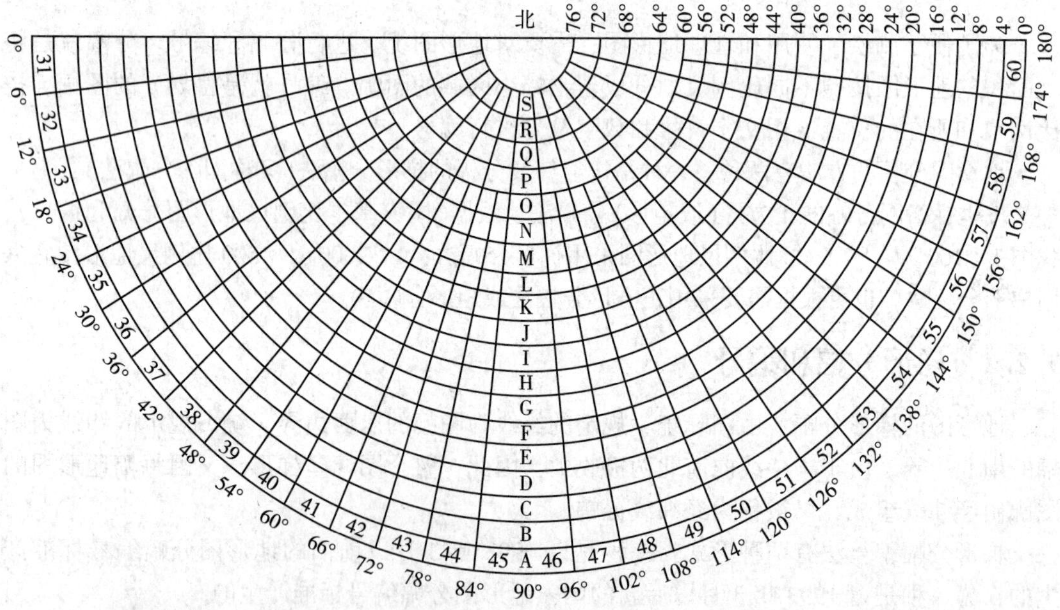


图 9-1　北半球东侧 1∶100 万地图的国际分幅与编号

由于 6°投影带的带号是从首子午线自西向东分带，而 1∶100 万地形图分幅纵列是从 180°子午线自西向东划分，因此，带号与纵列之间存有一定的关系。对于我国而言，其关系为：

$$带号 = 列号 - 30 \tag{9-2}$$

**(2)1∶50 万、1∶25 万、1∶10 万地形图的分幅与编号**

这 3 种比例尺地形图的分幅，都是在 1∶100 万地形图图幅的基础上按相应的经差和纬差来划分的。

一幅 1∶100 万地形图按经差 3°、纬差 2°，将其分成 2 行 2 列，共 4 幅 1∶50 万地形图，分别以 A、B、C、D 表示。

一幅 1∶100 万地形图按经差 1°30′、纬差 1°，将其划分为 4 行 4 列，共 16 幅 1∶25 万地形图，分别以[1]~[16]表示。

一幅 1∶100 万地形图按经差 30′、纬差 20′，将其划分成 12 行 12 列，共 144 幅 1∶10 万地形图，分别以 1~144 表示。

这 3 种比例尺地形图的编号方法为“1∶100 万图号-序号码”。如图 9-2 所示，3 种不同填充图案代表的 1∶50 万、1∶25 万和 1∶10 万地形图图幅编号分别为 J-50-A、J-50-[2]、J-50-5。

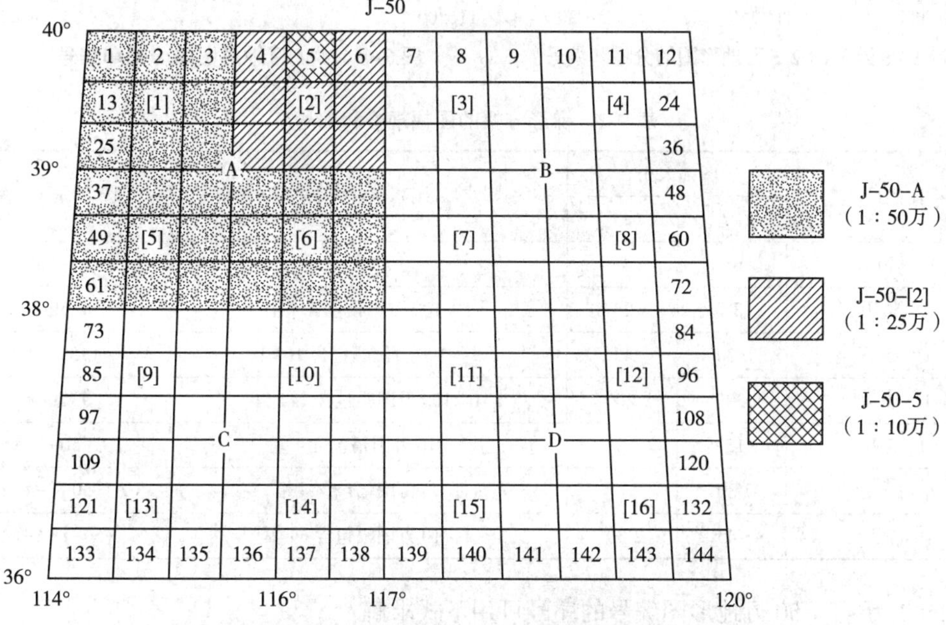


**图 9-2　1∶50 万、1∶25 万、1∶10 万地形图的分幅和编号**

**(3)1∶5 万、1∶2.5 万、1∶1 万地形图的分幅与编号**

这 3 种比例尺地形图的分幅与编号是在 1∶10 万地形图分幅编号的基础上进行的。

一幅 1∶10 万地形图按经差 15′、纬差 10′，将其划分为 2 行 2 列，共 4 幅 1∶5 万地形图，分别以 A、B、C、D 表示，其编号为“1∶10 万地形图编号-序号码”，如上述某地所在的 1∶5 万地形图编号为 J-50-5-B，如图 9-3 所示。

一幅 1∶5 万地形图再按经差 7′30″、纬差 5′，将其划分 2 行 2 列，共 4 幅 1∶2.5 万地形图，分别以 1、2、3、4 表示，其编号为“1∶5 万地形图编号-序号码”，如上述某地所在 1∶2.5 万比例尺地形图编号为 J-50-5-B-4(图 9-3 中有阴影线的图幅)。

一幅 1∶10 万地形图按经差 3′45″、纬差 2′30″，将其划分为 8 行 8 列，共 64 幅 1∶1 万地形图，分别以(1)~(64)表示，其编号为“1∶10 万地形图编号-序号码”，如上述某地所在的 1∶1 万地形图编号为 J-50-5-(24)(图 9-4 中有阴影的图幅)。

上述各比例尺的分幅和编号综合列入表 9-2。

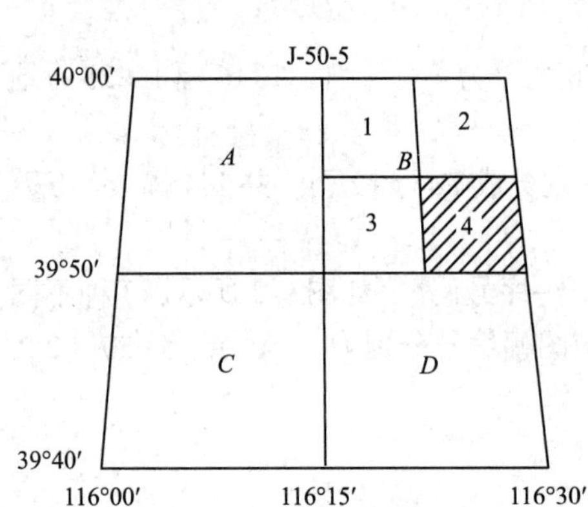


图 9-3　1∶5 万、1∶2.5 万地形图的分幅和编号

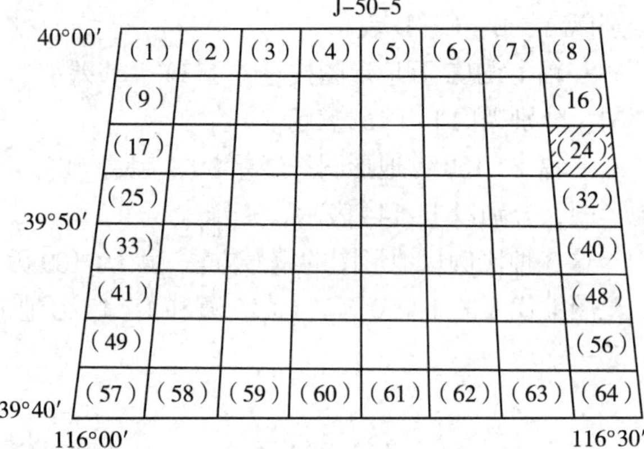


图 9-4　1∶1 万地形图的分幅和编号

**表 9-2　梯形分幅的图幅规格和编号**

| 比例尺 | 图幅大小 | | 图幅包含关系 | 图幅编号示例 |
|---|---|---|---|---|
| | 经差 | 纬差 | | |
| 1∶100 万 | 6° | 4° | | J-50 |
| 1∶50 万 | 3° | 2° | 1∶100 万图幅包含 4 幅 | J-50-A |
| 1∶25 万 | 1°30′ | 1° | 1∶100 万图幅包含 16 幅 | J-50-[1] |
| 1∶10 万 | 30′ | 20′ | 1∶100 万图幅包含 144 幅 | J-50-1 |
| 1∶5 万 | 15′ | 10′ | 1∶10 万图幅包含 4 幅 | J-50-1-A |
| 1∶2.5 万 | 7′30″ | 5′ | 1∶5 万图幅包含 4 幅 | J-50-1-A-1 |
| 1∶1 万 | 3′45″ | 2′30″ | 1∶10 万图幅包含 64 幅 | J-50-1-A-(1) |

1∶1 万~1∶50 万地形图编号的序号可用下式求解：

$$W=V-\left[\frac{(\varphi/\Delta\varphi)}{\Delta\varphi'}\right]\times n+\left[\frac{(\lambda/\Delta\lambda)}{\Delta\lambda'}\right] \tag{9-3}$$

式中，$W$ 表示所求序号；$V$ 表示划分为该比例尺图幅后左下角一幅图的代号数；[　]表示商取整；(　)表示商取余；$n$ 表示划分为该比例尺的列数；$\Delta\lambda$ 表示该比例尺地形图分幅编号基础的前图之经差；$\Delta\varphi$ 表示该比例尺地形图分幅编号基础的前图之纬差；$\Delta\lambda'$表示所求比例尺地形图图幅的经差；$\Delta\varphi'$表示所求比例尺地形图图幅的纬差。

#### 9. 2. 1. 2　新的分幅编号方法

1992 年 12 月，我国颁布了《国家基本比例尺地形图分幅与编号》(GB/T 13989—1992)(已废止)，规定我国国家基本比例尺地形图采用新的分幅与编号方法。2012 年 6 月颁布的《国家基本比例尺地形图分幅和编号》(GB/T 13989—2012)，沿用了(GB/T 13989—1992)的分幅和编号方法。新的分幅和编号方法如下。

**(1)1∶100 万地形图的分幅与编号**

1∶100 万地形图的分幅标准仍按国际分幅法进行。其余比例尺的分幅均以 1∶100 万地形图为基础，按照横行数纵列数的多少划分图幅。1∶100 万图幅编号，由图幅所在的“行号列号”组成。与国际编号基本相同，但行与列的称谓相反。如北京某地所在 1∶100 万图幅编号为 J50。

**(2)1∶500~1∶50 万比例尺地形图的分幅与编号**

1∶50 万、1∶25 万、1∶10 万、1∶5 万、1∶2. 5 万、1∶1 万、1∶5000、1∶2000、1∶1000、1∶500，这 10 种比例尺地形图的编号均以 1∶100 万比例尺地形图的编号为基础，采用行列编号方法进行。1∶500~1∶50 万这十种比例尺地形图与 1∶100 万比例尺地形图的图幅关系详见图 9-5 和表 9-3。

将 1∶100 万地形图按所含各种比例尺图幅的纬差和经差划分为若干行和列，横行从上至下，纵列从左到右依顺序分别用 3 位数字码表示(不足 3 位前面补 0)，各种比例尺地形图采用不同的代码加以区别，详见表 9-4。

**表 9-3　1∶500~1∶100 万地形图的图幅范围和图幅数量关系**

| 比例尺 | 图幅范围 | | 行列数量关系 | | 图幅数量(行数×列数) |
|---|---|---|---|---|---|
| | 经差 | 纬差 | 行数 | 列数 | |
| 1∶100 万 | 6° | 4° | 1 | 1 | 1 |
| 1∶50 万 | 3° | 2° | 2 | 2 | 4 |
| 1∶25 万 | 1°30′ | 1° | 4 | 4 | 16 |
| 1∶10 万 | 30′ | 20′ | 12 | 12 | 144 |
| 1∶5 万 | 15′ | 10′ | 24 | 24 | 576 |
| 1∶2. 5 万 | 7′30″ | 5′ | 48 | 48 | 2304 |
| 1∶1 万 | 3′45″ | 2′30″ | 96 | 96 | 9216 |
| 1∶5000 | 1′52. 5″ | 1′15″ | 192 | 192 | 36 864 |
| 1∶2000 | 37. 5″ | 25″ | 576 | 576 | 331 776 |
| 1∶1000 | 18. 75″ | 12. 5″ | 1152 | 1152 | 1 327 104 |
| 1∶500 | 9. 375″ | 6. 25″ | 2304 | 2304 | 5 308 416 |

**表 9-4　我国基本比例尺代码**

| 比例尺 | 1∶50 万 | 1∶25 万 | 1∶10 万 | 1∶5 万 | 1∶2. 5 万 | 1∶1 万 | 1∶5000 | 1∶2000 | 1∶1000 | 1∶500 |
|---|---|---|---|---|---|---|---|---|---|---|
| 代码 | B | C | D | E | F | G | H | I | J | K |

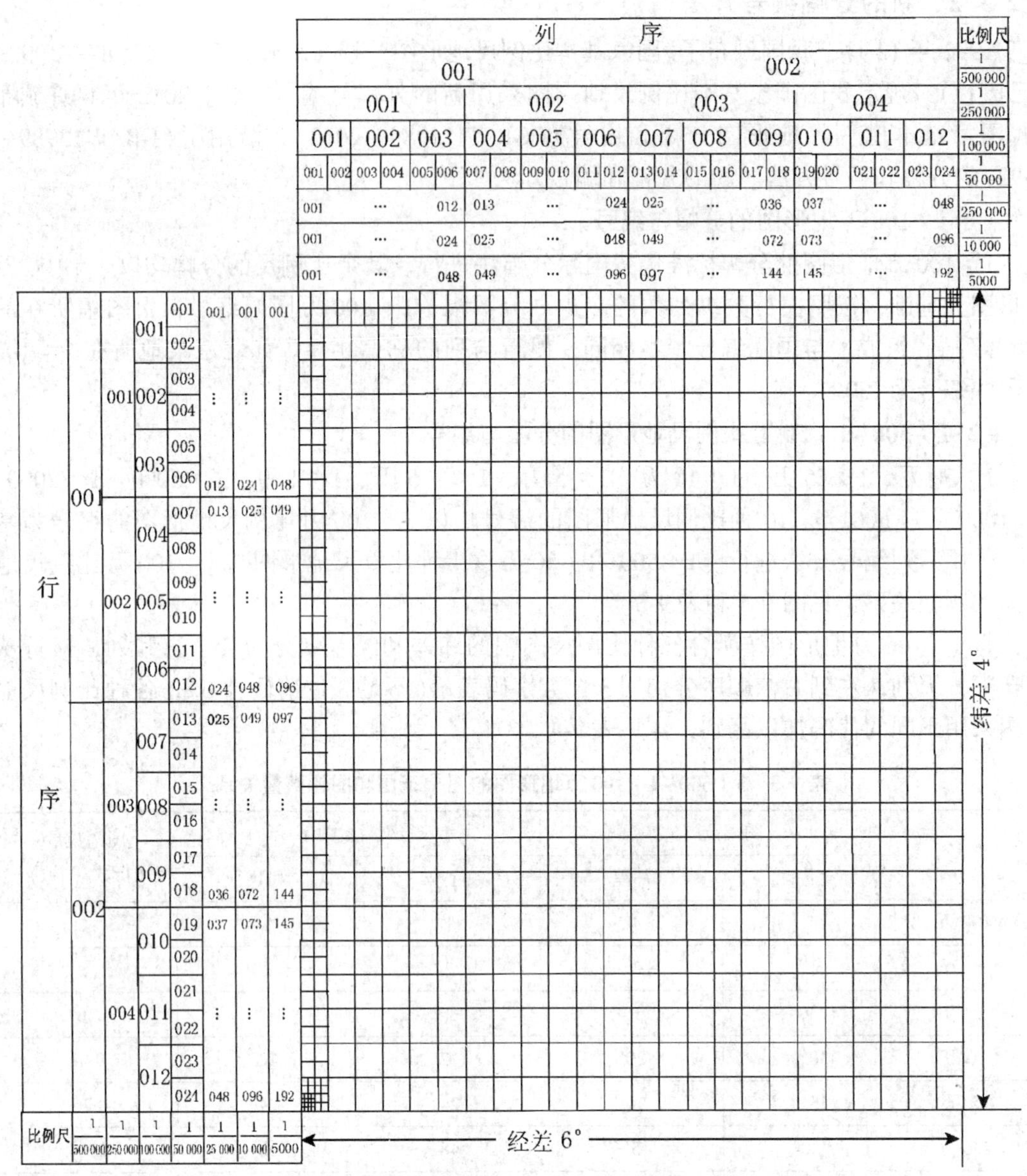


**图 9-5　以 1∶100 万地形图为基础 1∶500~1∶50 万地形图的行列与编号**

1∶2000~1∶50 万比例尺地形图的编号均由 5 个元素 10 位代码构成，即 1∶100 万地形图的行号(字符码)1 位、列号(数字码)2 位、比例尺代码(字符码)1 位、该图幅的行号(数字码)3 位、列号(数字码)3 位，如图 9-6 所示。

1∶1000、1∶500 地形图经、纬度分幅的图幅编号也均以 1∶100 万地形图编号为基础，采用行列编号方法。1∶1000、1∶500 地形图经、纬度分幅的图号由其所在 1∶100 万地形图的图号、比例尺代码和各图幅的行列号共 12 位码组成，如图 9-7 所示。

如果已知某点的经、纬度，可以计算出该点所在的 1∶5000~1∶100 万八种国家基本比例尺地形图的图幅编号。

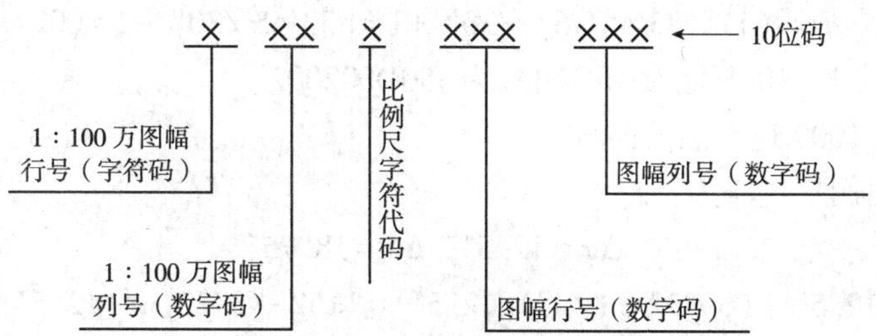


**图9-6　1：2000~1：50万比例尺地形图图号构成**

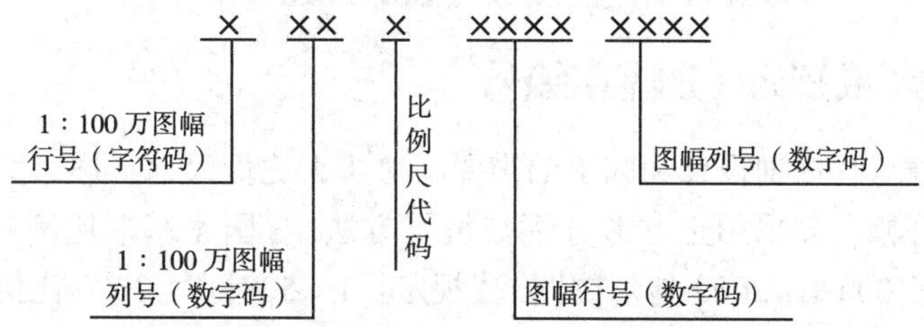


**图9-7　1：500~1：1000比例尺地形图图号构成**

求算1：100万地形图图幅的编号，可用式(9-4)求算。

$$\left.\begin{aligned} a &= [\varphi/4°]+1 \\ b &= [\lambda/6°]+31 \end{aligned}\right\} \tag{9-4}$$

式中，[　]表示商取整；$a$表示1：100万地形图图幅所在纬度带字符码所对应的数字码；$b$表示1：100万地形图图幅所在经度带的数字码；$\lambda$表示图幅内某点的经度或图幅西南图廓点的经度；$\varphi$表示图幅内某点的纬度或图幅西南图廓点的纬度。

求算1：500~1：50万地形图图号后的行编号、列编号，可用式(9-5)求算：

$$\left.\begin{aligned} c &= 4°/\Delta\varphi-[(\varphi/4°)/\Delta\varphi] \\ d &= [(\lambda/6°)/\Delta\lambda]+1 \end{aligned}\right\} \tag{9-5}$$

式中，(　)表示商取余；[　]表示商取整；$c$表示所求比例尺地形图在1：100万地形图图号后的行号；$d$表示所求比例尺地形图在1：100万地形图图号后的列号；$\lambda$表示图幅内某点的经度或图幅西南图廓点的经度；$\varphi$表示图幅内某点的纬度或图幅西南图廓点的纬度；$\Delta\lambda$表示所求比例尺地形图分幅的经差；$\Delta\varphi$表示所求比例尺地形图分幅的纬差。

示例：北京某地位于东经114°33′45″，北纬39°22′30″，求其所在1：10万地形图和1：1000地形图的图号。

解：①计算该地所在的1：100万地形图的图幅编号。

$$a=[39°22'30''/4°]+1=10 \quad \text{（字符码 J）}$$

$$b=[114°33'45''/6°]+31=50$$

该点所在1：100万地形图图号为J50。

②求其在1：10万地形图的图号。

1：10万的比例尺代码为：D。

$$\Delta\varphi=20'\text{；}\Delta\lambda=30'$$

$$c=4°/20'-[(39°22'30''/4°)/20']=12-[3°22'30''/20']=002$$

$$d=[(114°33'45''/6°)/30']+1=[33'45''/30']+1=002$$

则该点所在的 1∶10 万地形图的图号为 J50D002002。

③求其在 1∶1000 地形图的图号。

1∶1000 的比例尺代码为：J。

$$\Delta\varphi=12.5'';\ \Delta\lambda=18.75''$$

$$c=4°/12.5''-[(39°22'30''/4°)/12.5'']=1152-[3°22'30''/12.5'']=0180$$

$$d=[(114°33'45''/6°)/18.75'']+1=[33'45''/18.75'']+1=0109$$

则该点所在的 1∶1000 地形图的图号为 J50J01800109。

## 9.2.2　正方形(或矩形)分幅和编号

为了适应各种工程规划设计和施工的需要，对于大比例尺地形图，大多按纵横坐标格网线进行等间距分幅，即采用正方形分幅与编号方法。《国家基本比例尺地图图示　第 1 部分：1∶500 1∶1000 1∶2000 地形图图式》规定：1∶500～1∶2000 比例尺地形图一般采用 50 cm×50 cm 的正方形分幅或 50 cm×40 cm 的矩形分幅；根据需要，也可以采用其他规格分幅。为了拼接与使用方便，应绘制测区分幅与编号接图表。

正方形或矩形分幅地形图的图幅编号，一般采用图廓西南角坐标千米数编号法，也可选用流水编号法或行列编号法。

**(1)坐标编号法**

采用图廓西南角坐标千米数编号法时，*X* 坐标在前，*Y* 坐标在后，1∶500 地形图取至 0.01 km(如 10.20-31.45)；1∶1000、1∶2000 地形图取至 0.1 km(如 10.2-31.0)。

**(2)流水编号法**

带状测区或小面积测区可按测区统一顺序编号，一般从左到右，从上到下用数字 1，2，3，4，…编定，如图 9-8 中的“××-6”，其中“××”为测区代号。

**(3)行列编号法**

行列编号法一般以代号(如 A，B，C，D，…)为横行由上到下排列，以数字 1，2，3，…为代号的纵列从左到右排列来编定，先行后列，如图 9-9 中的 B-3。

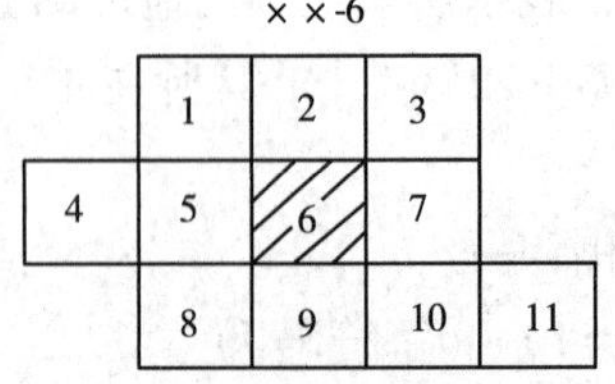


**图 9-8　顺序编号法**

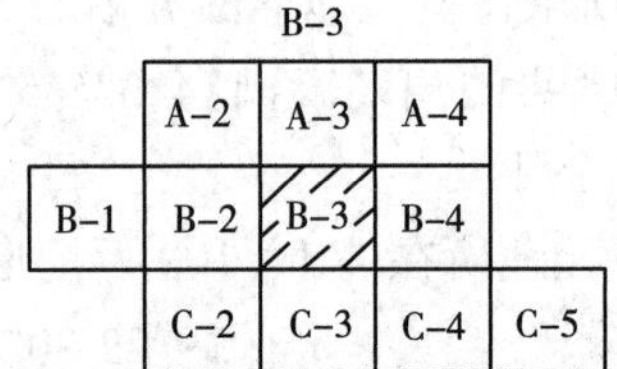


**图 9-9　行列编号法**

也可以采用基本图号法编号，即以 1∶5000 地形图作为基础，较大比例尺图幅的编号是在它的编号后面加上罗马数字。例如，一幅 1∶5000 地形图的编号为 30-50，则其他图的编号如图 9-10 所示。

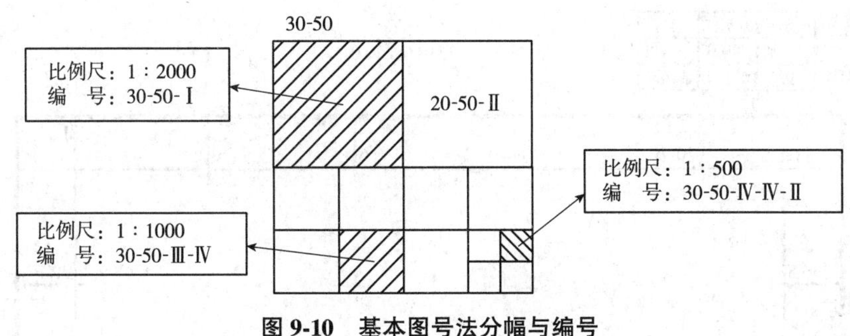


图 9-10　基本图号法分幅与编号

## 9.3　地形图的构成要素

地形图详尽、精确、全面地反映了制图区域自然地理条件和经济社会状况，为人们认识、利用和改造客观环境提供了可靠的地理和社会经济方面的信息。要认识和使用地形图，就必须了解地形图的构成要素：数学要素、地理要素和辅助要素(图 9-11、图 9-12)。

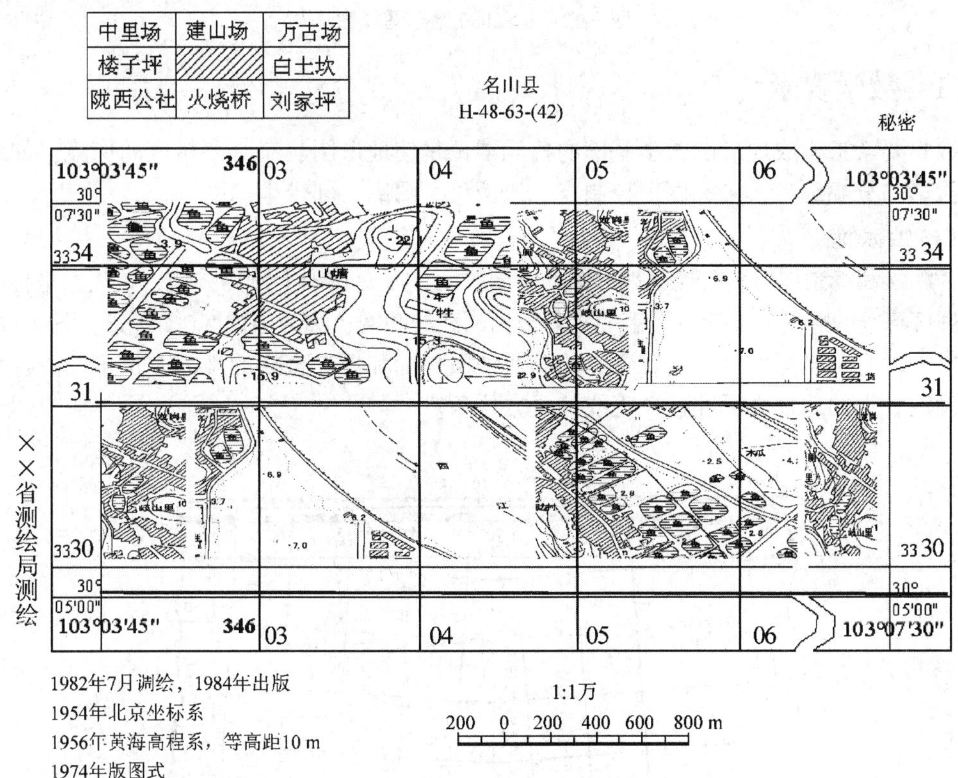


图 9-11　1∶1 万地形图样图

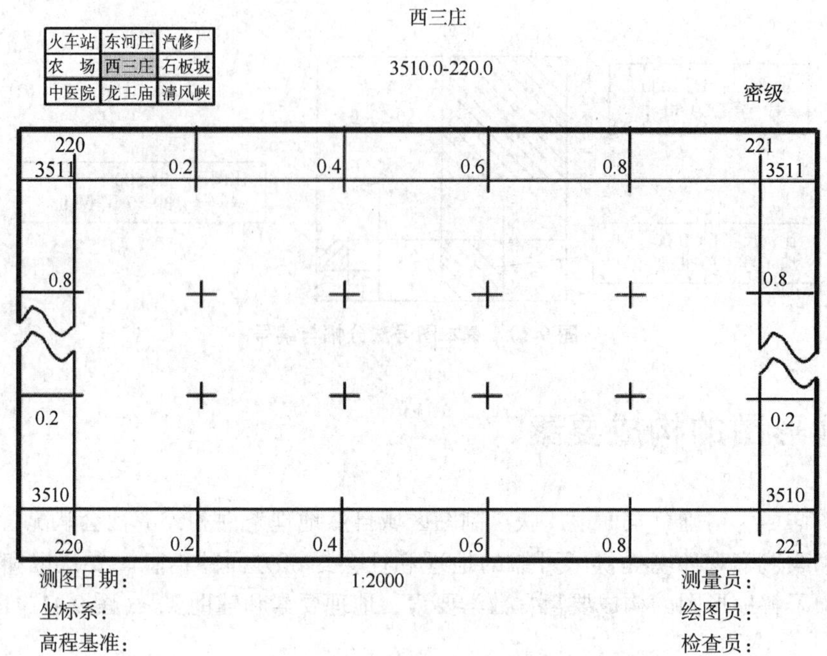


**图 9-12　1∶2000 地形图样图**

## 9.3.1　数学要素

数学要素指构成地形图数学基础的各元素，是使地形图具有必要精度的保障，如地形图的投影与分幅编号、坐标网、控制点、比例尺、图廓、邻带坐标网等。

**(1)坐标网**

为测绘和编制地形图时控制地形图的绘制精度，方便在图上量算方位、距离、坐标和提取地理信息等的需要，而绘在图上的直角坐标网和经纬网，称为坐标网(图 9-13、图 9-14)。

由平面直角坐标网可以确定各点的高斯平面坐标和任一直线的坐标方位角，由经纬网可以确定各点的地理坐标和任一直线的真方位角。

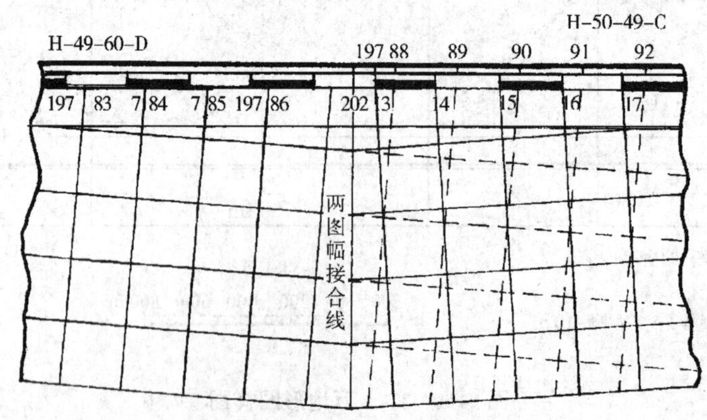


**图 9-13　坐标网的重叠**

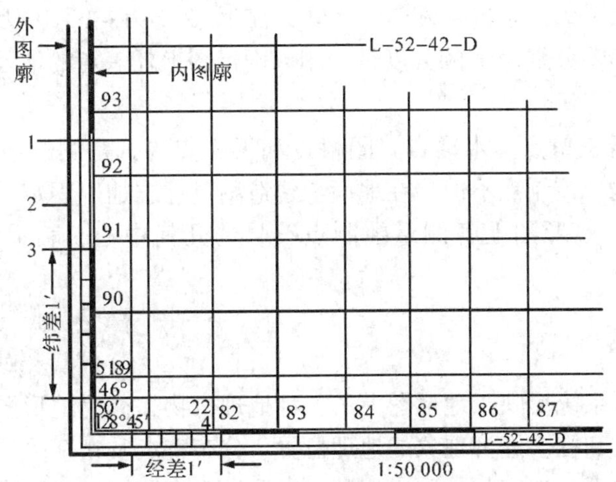


**图 9-14　图廓及坐标网**

①平面直角坐标网。地形图上以高斯投影坐标轴为准，按规定间隔绘出并注有相应高斯平面直角坐标值的直线方格网，称为平面直角坐标网，用以确定点的平面位置。通常以整千米相应图上长度为间隔绘出，故又称千米方格网。

在 1 : 1 万 ~ 1 : 10 万地形图上(图 9-11)，为了便于迅速而准确地指示目标，测定位置、方向、距离和面积，绘有平面直角坐标网。它是由平行于纵轴 $X$ 轴和横轴 $Y$ 轴的等间隔的直线构成，这些平行线称为坐标线。其坐标值以千米为单位注记在内、外图廓之间相应坐标线的延长线上，纵横注记的字头一律向北。

②经纬网。在地形图上按一定经差与纬差绘出的经纬线网，称为经纬网，用以确定点的地理坐标。经纬网通常只在 1 : 25 万 ~ 1 : 100 万地形图上绘出；在比例尺大于 1 : 25 万的(1 : 1 万 ~ 1 : 10 万)地形图上，则只以“分”为单位，用黑白相间的线段在内外图廓间标出，称为分度带。当需要时，再连接分度带的相应分划而构成经纬网。

图 9-11 为梯形图幅，梯形图幅的图廓由上、下两条纬线和左、右两条经线构成，经差为 3′45″，纬差为 2′30″。该图幅位于 113°03′45″E ~ 113°07′30″E、30°05′00″N ~ 30°07′30″N 所包含的范围。

图 9-11 的第一条坐标纵线的 $Y$ 坐标为 34 603 km，其中 34 为高斯投影统一 3°带的带号，其实际的横坐标值应为 603 km−500 km = 103 km，即位于 34 号带中央子午线以东 103 km 处。图中第一条坐标横线的 $X$ 坐标为 3334 km，即表示位于赤道以北约 3334 km 处。

图 9-12 为矩形图幅，图幅大小为 50 cm×50 cm，坐标格网的西南角坐标为(3510. 0 km, 220. 0 km)。可以根据坐标格网，查询出各个点的平面直角坐标。

**(2)图廓**

图廓是图幅四周的范围线，有内外之分(图 9-14)。在大于和等于 1 : 10 万地形图上还有中图廓。内图廓是地形图的实际范围线，绘有坐标格网短线，是图幅范围的界线，也是相邻地形图拼接的公共接图线。梯形图幅的内图廓是由经纬线组成的；矩形内图廓是由纵横坐标线组成。

外图廓位于内图廓之外，由平行于内图廓的粗线组成。外图廓不属于地形图的数学要素，起装饰作用。中图廓位于内、外图廓之间，在1∶2.5万~1∶10万地形图上绘有黑白相间并表示经差、纬差分别为1′的分度带，用以确定图上任一点的地理坐标。

**(3)控制点**

测量控制点包括三角点、水准点、图根点和天文点等，是测绘地形图及工程测量施工、放样的主要依据。控制点不但要在地面上建造测量标志加以固定，而且要用专门的符号在地形图上表示。地形图上各测量控制点符号的几何中心，表示实地控制点的中心位置。

### 9.3.2 地理要素

借助地形图符号系统反映于地形图上的各种地理事物，称为地形图的地理要素，它反映了地面上自然现象和社会经济现象的地理位置、分布特点及相互关系。地理要素是地形图的主要内容，如水系、地貌与土质、植被、居民地、交通线、境界线等。

地理要素主要用注记、颜色、地物、地貌要素符号表示。

**(1)注记**

地形图注记是地形图上文字和数字的统称，是地形图的重要内容之一。地形图注记分为名称注记、说明注记和数字注记(说明物体的数量特征)，是读图与用图的直接依据，在地形图上应准确标注。

**(2)颜色**

为使地形图内容层次分明，清晰易读，有较强的表现力，地形图分层设色注记，如绿色表示与植被有关的物体，蓝色表示与水、冰雪有关的物体，棕色表示地貌与土质，黑色表示地物。

**(3)地物要素**

地形图上的居民地和垣栅、工矿建筑物及其他设施、交通及附属设施、管线及附属设施、水系及附属设施、境界、土质、植被等都属于地物要素。地物要素在地形图上都是按《国家基本比例尺地图图式》规定的符号描绘出来的。

在地形图上可读出居民地类型、密度、分布特点，以及经济、交通、文化等情况；可判读道路等级、分布对地区经济发展的作用；可了解管线、垣栅的分布及走向；可区分河流、湖泊及土质、植被等分布情况。

**(4)地貌要素**

地貌要素是用等高线与地貌有关符号表示的，根据等高线的等高距、密度、地貌有关符号以及等高线的形态，可清晰地显示区域地貌的类型、山脉的走向，而且能表示不同地区地貌的切割程度，以及地貌结构线、特征点的位置和名称注记。

①水系。是各种天然和人工水体及其附属物的总称。在地形图上正确反映了水系类型和形态特征、河网密度、干支流关系、河流的弯曲程度、湖泊分布、水利建设的成就以及海底地貌的基本形态等。

a. 河流。呈线状的天然水流称为河流。在地形图上，采用由河源向下逐渐加粗的单线或由窄变宽的双线符号表示。蓝色实线表示常年有水的水域；蓝色虚线表示季节性有水的水域，如时令河等。另外，地形图上还以说明符号、说明注记和数字注记配合河流符号表示河水的流向、流速、河宽、水深、河底性质等。

b. 湖泊、沼泽与井泉。湖泊、水库是呈面状分布的水体，一般依比例尺用面状符号表示湖泊的类型、面积、形态特征、水质和分布特点，用蓝色实线表示常年湖，用蓝色虚线表示时令湖。为反映沼泽的分布、类型和通行性能，用蓝色水平花纹晕线符号表示能通行的沼泽，用蓝色水平晕线符号表示不能通行的沼泽，或用文字说明其通行状况。

②地貌。地表的高低起伏形态称为地貌，是地形图最重要的地理要素之一。它对气候变化、土壤形成、植物分布以及水系的发育和特点都有很大的影响。同时，它又是各项工程规划设计的依据之一。在地形图上能精确地表示地面的高程和坡度；正确地表示山顶、山背、山脊、山谷、鞍部等地貌形态，清晰地显示地貌的类型和山脉，分水岭的走向；正确反映不同地区地貌的切割程度，正确表示地貌结构线、特征点的位置和名称注记；合理表达地貌与其他要素的关系。地貌按其形态和高度可分为平原、丘陵、山地、高原和盆地 5 种类型。

a. 平原。陆地表面起伏微缓，相对高度一般小于 50 m 的广大坦荡平地称为平原。

b. 丘陵。陆地表面坡度较小，相对高度在 100 m 以下的隆起地貌形态称为丘陵。

c. 山地。地表起伏显著，群山连绵交错，高差一般在 200 m 以上的地区。一般山地都呈线状延伸，由许多条岭谷相间的山体组成，具有一定的走向，这就是山脉。若干条相邻的山脉在成因上有联系，并沿一定走向分布着，总称为山系。

d. 高原。地势较高，地面比较平缓的地区。其海拔一般在 500 m 以上。

e. 盆地。周围有山岭环绕而中央低凹的盆形地貌称为盆地。

③交通线。陆上交通线是联系工业、农业与商业的纽带。根据道路网可以了解该地区交通条件、通行能力及通行数量，判断该地区的经济发展状况。道路还是野外用图和空中判定方位的良好方位物。在地形图上铁路用黑白相间的半依比例线形符号表示；公路用双实线符号表示，用符号的连续性区别现有公路和建筑中的公路，其路面宽度和路面性质则用注记表示。还可用粗红实线表示主要公路，细红实线表示次要公路。其他道路指比公路等级低的道路，在图上只表示它的通行情况，大车路以一虚一实双线表示，乡村路以单实线符号表示，小路以单虚线符号表示。

④境界线。我国行政区划界分为 3 级。它们的符号依行政等级的高低，用繁简不同的图形表示。如一短线两黑点表示省界，一短线一黑点表示县界等。

⑤居民地。是人口分布的标志，既体现了地区经济的发展状况和政治文化意义，又反映水系、地貌、道路等其他要素与人类的联系，是重要的地理要素。在小比例尺地形图上，按居民地的性质和规模以不同图形符号表示。在大中比例尺地形图上，除独立房屋和特殊性居民地外均采用街区式平面图形表示。对于具有方位作用的独立房屋用依比例尺或不依比例尺的相应符号表示，居民地的名称行政等级用相应的字体和字级表示。地形图真实地反映了居民地的位置、范围、平面结构、通行概况、外围轮廓基本特征、行政意义和名称，以及居民地的分布特点等。

⑥植被。是覆盖地面的植物及其群落的总称，是自然地理环境的主要要素。植被是经济建设的重要自然资源，又是生态和绿色环境的重要依据，同时又是部队行动的障碍、隐蔽的场所和判定方位的标志。由于植被一般具有成片分布、面积较大的特点，因此，各种

类型植被的分布界线均依比例尺缩绘于图上，用细点线或细实线描绘，并在其内配置符号或套印绿色配置符号、说明注记和数字注记，来反映植被的类型、分布范围和分布特征等。

⑦其他要素。除上述六大基本要素外，地形图上还详细地表示出其他地物，如管线、垣栅，以及具有控制意义的各种测量标志和具有方位意义的各种独立地物等内容。

### 9.3.3 辅助要素

辅助要素又称整饰要素，指便于识图和用图的注记、辅助图表、说明资料等，用以增强图的表现力和提高其使用价值。

**(1)图名、图号、接图表和密级**

如图 9-11 和图 9-12 上方所示，图名是以本图幅内最著名的地物、地貌名称来命名，图号即图幅编号。图名图号标在北图廓外正中央。接图表绘在北图廓外左上角，由 9 个小长方格组成，用于表示本图幅与相邻图幅的位置关系，中间绘斜线的小格代表本幅图，其余为相邻图幅的图名或图号。保密等级标在北图廓外右上角，以便按规定保管和使用。

**(2)比例尺**

在每幅图南图廓外正中央均注有数字比例尺，在数字比例尺下方绘有直线比例尺，便于图上距离和实地距离的图解换算。

**(3)三北方向线**

在南图廓外绘有真子午线、磁子午线和坐标纵线三者角度关系示意图(图 9-15)，称为三北方向线。三北方向线为地形图定向或图上标定某个地物的方位提供依据，可对图上任一方向的真方位角、磁方位角、坐标方位角进行相互换算。

**(4)坡度尺**

坡度尺是根据地形图上等高线的平距，确定相应的地面坡度或倾角的一种图解工具(图 9-16)。按规定在 1：2.5 万以上更小比例尺地形图的南图廓外绘有坡度尺，可量取相邻 2 条或 6 条等高线间的坡度。

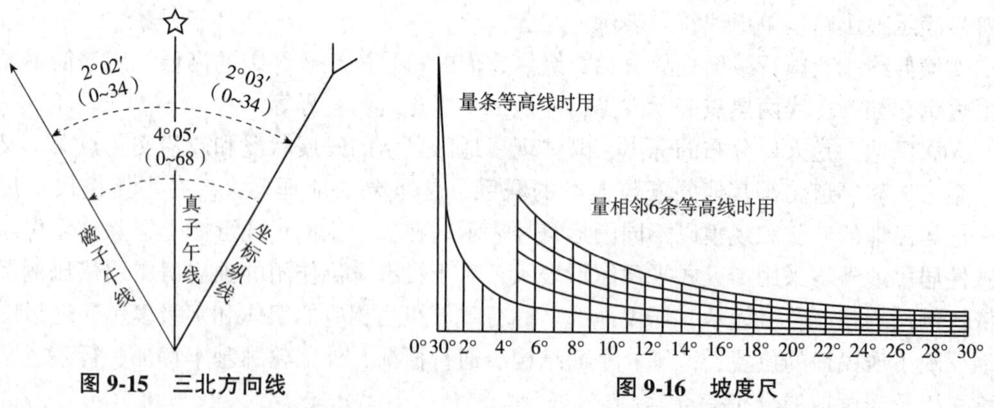


图 9-15　三北方向线　　图 9-16　坡度尺

坡度尺按下列关系绘制：

$$d=\frac{h}{M}\mathrm{arctan}\alpha \quad 或 \quad i=\frac{h}{dM} \tag{9-6}$$

式中，$M$ 为测图比例尺分母值；$\alpha$ 为地面倾角；$d$ 为等高线平距(2~6 条)；$i$ 为地面坡度；$h$ 为等高距。

用分规量出图上相邻 2 条或 6 条等高线之间的平距 $d$ 后，在坡度尺上使分规的两针尖下面对准底线，上面对准曲线，即可在坡度尺上读出地面倾角。

**(5) 其他辅助要素**

在南图廓外还标注有测图采用的坐标系、高程系、等高距、成图时间、成图方法、版图式、测图单位等，可用于对地形图的精确性、现势性、质量等分析时参考。

## 9.4　地形图的判读

地形图准确表达了地理事物的位置、范围、数量和质量特征、空间分布规律以及它们之间的相互联系和动态变化，用图者可以直观、准确地获取相关信息，用于区域研究、规划、工程设计、野外调查与填图等工作。

### 9.4.1　识图概述

提取和应用地形图上的信息，就要把地形图模型上的各个要素转化成读图者对区域自然条件和社会经济现象的智力图像，由静态的、简化的地图模型转变为生动的、详细的区域环境想象图形，在读图者头脑中，建立起客观事物的空间概念，称为地形图阅读，简称读图。地形图阅读是地形图应用的重要组成部分，是用图者应该掌握的基本知识和技能。

地形图是用特殊语言——地形图符号系统，来反映一定区域客观环境的模型，是区域客观环境信息的载体。提取地形图模型上所载负信息，就必须读懂地形图符号，弄清图形符号组合所表达的区域客观环境信息的含义，读出图上所表示内容的位置、分布、大小、形态、数量、质量特征等空间概念。

读图提取的信息内容取决于读图的性质、任务和要求，一般性读图主要是从图上获得“是什么、在哪里”，通常是用语言文字来描述；专业性读图要结合专业要求，运用各种分析方法，把读图阶段所获得的客观事物的信息数量化、图形化和规律化，找出它们之间的辩证关系，为进一步说明和解释这种现象提供依据。

### 9.4.2　读图的方法和程序

熟记地物地貌符号，是识别地形图、利用地形图研究地形和地面状况的基础。读图时，首先要确定对象的位置、范围，在熟悉地形图符号系统及了解区域地理概况之后，按要素或地区仔细阅读，最终理解整个区域的全部内容。在阅读时，应以综合的观点深刻认识地理事物的本质、规律和内在联系(尽可能正确读出地形图隐含的各种地理特征及其现象之间的相互关系)，主要解决地理事物是“什么样的”“什么关系”和“为什么”的问题。

例如，研究水系时，就要了解它的发育状况与地形地貌的关系；研究居民地时，要了解它与地形、交通、水系的有机结合；研究植被时，要了解它与地形、土壤之间内在的联系；研究土地利用时，不仅要了解和研究土质、植被的分布，而且需要与地貌、水系、居民地的分布联系起来，研究它们之间的相互关系。

在地形图判读时，不能孤立进行，必须将各种有关要素联系起来并结合专业知识进行研究分析，找出它们之间的内在联系。

### 9.4.3 地物的识读

识读地物的目的是了解地物的大小、种类、位置和分布情况。

判读地物，主要依靠各种地物符号和注记。为了正确识读各种地物，必须首先熟悉《国家基本比例尺地图图式》中常用的地物符号。这些符号的大小、形状、颜色、意义在该标准中都有具体的规定。它们是识图和用图的工具。符号是地形图的语言，能在某种程度上反映地物的外表特征，可以直观地表示地物的分布情况。因而熟记地物符号，是识别地形图、利用地形图研究地形和地面状况的基础。快速准确判读地物，通常采用两种方法：一是抓住符号的特点；二是结合用图熟记符号。

对于设色地形图，还可以颜色作为地物判读的依据，如蓝色表示水系，绿色表示植被，棕色表示地貌等。

### 9.4.4 地貌的识读

识读地貌的目的是了解各种地貌的分布和地面的高低起伏情况。

要正确认识类型复杂的地貌，首先要熟悉等高线表示基本地貌的方法以及等高线的性质。尽管地貌形态各异，但仍有其共同特征。概括地说，它们都是由山顶、洼地、山背、山谷、鞍部、山脊等组成。只要抓住这些基本特征，识别地貌就比较容易了。

在地形图上，一般情况下最小的闭合小圆圈表示的是山顶，根据这些圆圈的大小和形态，还能分辨出是尖山顶、圆山顶或平山顶。以山顶为准，等高线向低处凸出的是山背，向高处凸出的就是山谷；两个山顶之间，两组等高线凸弯相对的就是鞍部；若干个相邻山顶与鞍部连接的凸棱部分就是山脊；从山顶到山脚的倾斜部分称为斜坡。另外，由于地壳的升降、剥蚀和堆积作用，使局部地区改变了原来的面貌，如雨裂、冲沟、悬崖、绝壁等特殊地貌，因这种地形面积很小、形状奇特，用等高线不易表示，故用特殊地貌符号来表示。

根据等高线表示地貌的原理和特点，结合特殊地貌符号，再考虑自然习惯(如等高线上高程注记的字头总是朝上坡方向，示坡线指向下坡)进行判读，地貌就清楚了。也可先在图上找出地性线，根据地性线的构成对实地的地貌有一个全面的了解，由山脊线可看出山脉连绵，由山谷线可了解水系的分布等。

要想从曲折繁多的等高线中判读整个地貌状况，一般先分析它的水系，在地形图上根据河流的位置找出最大的集水线，称为一等集水线；在一等集水线的两侧可找出二等集水线，同样可找出三等集水线，等等。这些集水线就是一系列山谷线，它们相互联系成网状结构，形似树枝。俗话“无脊不成谷”，在集水线间必有明显或不明显的山脊将其分开，这些山脊也是相互联系而形成网状结构的，分布在各谷之间，其延长线就是山脊线或山脉，中间通过的有闭合小环圈的地方就是山顶。这样再与各种地貌形态联系起来，识别地貌就比较简便了，对地形图上整个地貌状况有比较完整的了解，就可进一步找出地貌的分布规律。

**(1) 山地地形的特点**

地貌起伏显著，群山交错连绵，山高坡陡谷深，其间形成一些盆地。居民地小而分散，多分布在谷地和山间盆地。道路稀少且弯曲多。主要道路为乡村路、小路，多依谷而行。山地地形在结构上呈现：山脉脊线脉络连贯突出，山岭支脊纵横相连，其间环抱着许多盆地，居民地坐落于盆地之中，道路穿谷越岭，以沟谷通道将盆地相连。

**(2) 丘陵地形的特点**

北方丘陵地形，山顶浑圆，谷宽岭低，坡度较缓，山谷多耕地或梯田。居民地多依丘傍谷分布。道路依谷分布，交通便利，但高等级公路少，河流较少，河道弯曲；南方丘陵，山顶顶尖坡陡，山脊狭窄，谷地多是稻田，居民地散居山坡、山脚。道路多为山村小路，溪流较多。丘陵地形在结构上呈现：山岭脊线脉络不连贯，居民地坐落于丘谷交错的宽坦谷地，道路依谷构成网状，河流顺谷汇成河系。

**(3) 平原地形的特点**

北方平原地势平坦开阔，起伏和缓，多为耕地，间有小的岗丘、垄岗，居民地多集中分布。道路成网，四通八达，集镇村落之间有公路相通；南方平原地势平坦开阔，除公路外，乡村路窄而弯曲，且多桥梁，河流、湖泊遍布，沟渠纵横。平原地形在结构上呈现：以城市为中心，县镇为烘托，村庄散布其间；铁路、公路为干线，其他道路补充构网；江河、运河绕居民地而过的平坦沃野景观。

通过对地形图上表示的各种地理现象进行分析，就能掌握某地的基本情况，真正做到“图在胸中装，未到知概况”。若在图上进行选线，只要在图上掌握了沿线的地貌变化、路线转折、沿途经过的主要方位物等，再持图到野外实地选线时，由于路线清、位置明，边走边对照地形，就能切实做到“人在地上走，心在图中移”。

# 9.5　电子地图

## 9.5.1　电子地图的概念

电子地图是利用计算机技术，将存储于计算机设备上的数据在屏幕上进行可视化表现的地图产品，又称为瞬时地图或屏幕地图。它以可视化的数字地图为背景，用文本、图片、图表、声音、动画、视频等多种媒体为表现手段综合展示地区、城市、旅游景点等区域综合面貌的现代信息产品，是数字化技术与古老地图学相结合而产生的新地图品种。

电子地图可以显示在计算机屏幕上，内容是动态的、可调整的，可由使用者进行交互式操作，也可以随时打印输出到纸张上。电子地图均带有操作界面，可通过人机交互手段可以实时、动态地提供显示、读取、信息检索、数值分析、过程模拟、未来预测、决策咨询和定位导航等功能。电子地图涉及数字地图制图技术、地理信息系统、计算机图形学、多媒体技术和计算机网络技术等现代高新技术。它的图形数据往往是矢量和栅格混合使用，可反映多维地理信息。

## 9.5.2 电子地图的优点

**(1)信息量大**

纸质地图由于存储介质单一，限制了其信息量和表现手段。而电子地图以计算机技术作为支撑，其信息存储和表现能力得到了极大的扩展。技术成熟、价格低廉的存储设备，为电子地图承载现实世界的海量数据提供了可靠的保证。同时，发达的计算机图像处理技术，又为电子地图将海量数据以丰富多彩的形式呈现在使用者面前提供了全方位的支持。

**(2)动态性**

纸质地图以静态的形式反映了地理空间中某时刻的地物状态及其相互之间的静态联系，而难以表达随时间变化的动态过程。电子地图则是使用者在不断与计算机的对话过程中动态生成的，使用者可以指定地图显示范围，自由组织地图要素，因而使用电子地图比纸质地图更灵活。

电子地图的动态性表现在两个方面：一是用时间维度的动画地图来反映事物随时间变化的动态过程，并通过对动态过程的分析来反映事物发展变化的趋势，如植物范围的动态变化、水系的水域面积变化等；利用图像技术来表达地理实体及现象随时间连续变化的整个过程，并通过分析来总结事物变化的规律，预测未来的发展趋势。二是利用闪烁、渐变、动画等虚拟动态显示技术表示没有时间维度的静态信息，以增强地图的动态特性。

**(3)交互性**

电子地图的数据存储与数据显示相分离，地图的存储是基于一定的数据结构以数字化的形式存在的。因此，当数字化数据进行可视化显示时，地图用户可以对显示内容及显示方式进行干预，如选择地图符号和颜色，将制图过程和读图过程在交互中融为一体。不同的使用者由于使用的目的不同，在同样的电子地图系统中会得到不同的结果。

**(4)无级缩放**

纸质地图必须经过地图分幅处理，才能完整表达整个区域的内容，且一旦制作完成，其比例尺是固定的。电子地图具有数据存储和显示技术的独特优势，可以任意无级缩放和开窗显示，以满足应用的需要。

**(5)无缝拼接**

电子地图能容纳一个地区可能需要的所有地图图幅，不需要进行地图分幅，所以是无缝拼接，利用漫游和平移阅读整个地区的“大”地图。

**(6)多尺度显示**

由计算机按照预先设计好的模式，动态调整好地图载负量。比例尺越小，显示地图信息越概略；比例尺越大，显示地图信息越详细。

**(7)多维性**

电子地图利用计算机图像处理技术可以直接生成三维立体影像，并可对三维地图进行拉近、推远、三维漫游及绕 $X$、$Y$、$Z$ 3 个轴方向旋转，还能在地形三维影像上叠加遥感图像，逼真地再现地面情况。此外，运用计算机动画技术，还可产生飞行地图和演进地图。飞行地图能按一定高度和路线观测三维图像，演进地图能够连续显示事物的演变过程。

**(8)超媒体集成**

电子地图以地图为主体结构，将图像、图表、文字、声音、视频、动画作为主体的补充融入电子地图中，通过各种媒体的互补，弥补地图信息的缺陷。

**(9)共享性**

数字化使信息容易复制、传播和共享。电子地图能够大量无损复制，并且通过计算机网络传播，实现共享。信息的存储、更新以及通信方式较为简便，便于携带与交流。在数字技术的支持下，利用互联网，电子地图的传输十分高效，多人共享使用电子地图已十分普遍。

**(10)空间分析功能**

电子地图具备地理信息系统的基本功能，并且具有在电子媒体上应用各种不同的格式来创建、存储和表达地图空间信息的能力，可进行路径查询分析、量算分析和统计分析等空间分析。

### 9.5.3 电子地图的应用

作为信息时代的新型地图产品，电子地图不仅具备了地图的基本功能，在应用方面还有其独特之处，因而被广泛地应用于政府宏观管理、科学研究、经济建设、规划、预测、大众传播媒介信息服务和教学等领域。另外，它与全球导航卫星系统(GNSS)相连，在军事、航天、航空以及汽车导航等领域中也有十分广泛的应用。

**(1)在地图量算和分析中的应用**

在地图上量算坐标、角度、距离、面积、体积、高度、坡度等是地图应用中常遇到的作业内容。这些工作在纸质地图上实施时，需要使用一定的工具和手工方法，操作比较烦琐，精度也不易保证。但在电子地图上，这些操作可通过直接调用相应的算法完成，简单方便，精度仅取决于地图比例尺。

**(2)在导航中的应用**

地图是驾驶出行的必备工具。电子地图能存储全国的道路数据，可供随时查阅和更新。电子地图可帮助选择行车路线，制订旅行计划。电子地图能在车辆行进中接通全球导航卫星系统(GNSS)，将目前所处的位置显示在地图上，并指示前进路线和方向，预计到达时间等。

在航海中，电子地图可将船的位置实时显示在地图上，并随时提供航线和航向。船进港时，可为船实时导航，以免触礁或搁浅。在航空中，可将飞机的位置实时显示在地图上，也可随时提供航线、航向信息。

**(3)在(公共)旅游交通中的应用**

电子地图可将与景点介绍、交通指南、餐饮住宿等有关的空间信息通过网络发布，用户也可以通过机场、火车站、广场、商场等公共场所的电子地图触摸屏，获得交通、旅游、购物等信息。通过旅游景区App，旅游者可深入了解旅游景区基本情况，选择旅游路线，制订最佳的旅游计划，为旅游者节约时间和费用。

**(4)在军事指挥中的应用**

在军队自动化指挥系统中，电子地图与卫星系统链接，指挥员可从屏幕上观察战局变化，指挥部队行动。作为现代武装力量标志的飞机、战舰、装甲车、坦克上都装有电子地图系统，随时将其所在的位置实时显示在电子地图上，供驾驶人员观察、分析和操作，同时将其所在的位置实时显示在指挥部电子地图系统中，供指挥员随时了解和掌握战况，为指挥决策服务。电子地图还可以模拟战场，为军事训练服务。

**(5)在规划管理中的应用**

规划管理需要大量信息和数据支持，而电子地图作为空间信息的载体和有效的可视化方式，在规划管理中是必不可少的。电子地图不仅能覆盖其规划管理的区域，而且内容现势性很强，并有与使用目的相适宜的多比例尺的专题地图。可在电子地图上进行距离、面积、体积、坡度等指标的量算分析，还可进行路径查询分析和统计分析等空间分析，能满足现代化规划管理对地图的要求。

**(6)在防洪救灾中的应用**

防洪救灾电子地图可显示各种等级堤防分布、险段分布和交通路线分布等详细信息，为各级防汛指挥部门制订抗洪抢险方案(如物资调配、人员转移、安全救护等方面)提供科学依据，基于“3S”技术的防汛电子地图是集 GIS、RS 和 GNSS 技术功能于一体，高度自动化、实时化和智能化的全新防洪救灾指挥信息系统，是空间信息实时采集、处理、更新及动态过程的现势性分析与提供决策辅助信息的有力手段。防汛电子地图可为各级防汛指挥部门防汛指挥和抗洪抢险的决策提供科学依据。同时，可对洪涝灾害造成的损失作出较为准确的评估，为救灾工作提供依据；还可为各级防汛指挥办公室的堤防建设规划、防汛基础设施建设规划服务，更加合理地规划防汛设施建设，把洪涝灾害减小到最低程度。

**(7)在其他领域的应用**

电子地图的应用领域非常广泛，各种与空间信息有关的系统中都可以应用电子地图。农业部门可用电子地图表示粮食产量、各种经济作物产量情况和各种作物播种面积分布，为各级部门决策服务；气象部门将天气预报电子地图与气象信息处理系统相链接，把气象信息处理结果可视化，向人们实时地发布天气预报和灾害性的气象信息，为国民经济建设和人们的日常生活服务。

## 本章小结

地图是遵循一定数学法则，以图形或数字的形式表示具有空间分布特性的地理信息的载体。它具有严密的数学基础、完整统一的符号系统和文字注记。按比例尺，分为大、中、小比例尺地图。1∶500~1∶100 万 11 种比例尺地图是国家基本比例尺地图。

为便于测绘、管理与使用地形图，基本比例尺地图均按规定进行统一分幅与系统的编号。中小比例尺的地图采用按经纬线分幅的梯形分幅法，在 1∶100 万地图的基础上分幅编号；根据国家地形图新的分幅编号方法，1∶2000~1∶50 万比例尺地形图的编号由 5 个元素 10 位代码构成，1∶1000、1∶500 地形图编号由 5 个元素 12 位代码构成。这种编号方法有利于计算机管理。大比例尺地形图采用正方形(或矩形)分幅，通常按照西南角坐标千米数编号，也可根据情况采用其他编号方法。

地形图由数学要素、地理要素、辅助要素等三大要素构成。数学要素是指构成地形图数学基础的各元素，使地图上各种地理要素与相应的地面景物之间保持一定对应关系的坐标网、比例尺、控制点等要素，是地形图量算的数学基础；地理要素是指地面上自然和经济社会现象的地理位置、分布特点及相互联系，是地形图的主要内容，地物、地貌等；水系、地貌与土质、植被、居民地、交通线、境界线等地理要素是地图的主体，是地球表面上基本的自然和人文要素；辅助要素是图上注记、辅助图表、说明资料等是一组为方便使用而附加的文字和工具性资料，以及坡度尺、三北方向线等。

电子地图是数字地图制图的重要技术和产品，具有传统纸质地图所无法比拟的优势和特点。它与纸质地图相比具有交互性、无极缩放、无缝、可动态调整载负量、可多维显示、共享、统计分析等优点，应用领域十分广泛。

## 复习思考题

1. 国家基本地形图包括哪些？

2. 地形图为什么要进行分幅编号？分幅编号方法有哪几种？试比较其特点。

3. 已知某地的地理坐标为东经 114°20′，北纬 30°13′，求此地所在 1∶100 万、1∶10 万、1∶5 万、1∶2.5 万、1∶1 万、1∶5000 比例尺地形图的图幅编号(用新的分幅编号方法)？

4. 某农业经济技术开发区范围是：东经 119°15′~119°45′，北纬 39°50′~40°10′，此范围内包括多少幅 1∶10 万、1∶5 万、1∶2.5 万、1∶1 万比例尺地形图？各自的编号是什么？

5. 简述地形图的基本内容。

6. 如何进行地形图的判读？在判读过程中应注意什么？

7. 何谓电子地图？它与传统纸质地图相比具有哪些优点？

# 第 10 章

# 地形图应用

【内容提要】在掌握地形图识图判读技能的基础上，本章重点介绍了在纸质地形图上获取地理信息的方法：计算点的坐标、高程，两点间距离、方位角、坡度，在图上选定设计路线，绘制纵断面图，确定汇水周界和面积测定等；地形图的野外应用：地形图定向、在图上确定站立点位置和调绘填图；在综合分析地形的基础上，在图上进行规划设计。本章还介绍了利用数字地形图进行基本几何要素查询、土方量计算和断面图绘制的基本方法。

大比例尺地形图是国民经济建设、国防建设和科学研究等领域不可缺少的基础资料，在进行各项建设和设计时，不仅要以地形图为底图进行总平面的布设，而且要根据需要和相关条件，在纸质地形图上利用相应工具或在数字地形图上利用计算机进行一定的量算工作，以便因地制宜、合理利用地形进行规划和设计。因此，正确应用地形图，是每一位测绘技术人员必须具备的基本技能。

## 10.1 纸质地形图的室内应用

### 10.1.1 确定点的平面位置

**(1) 求点的地理坐标**

如图 10-1 所示，欲求 $P$ 点的地理坐标，根据地形图的经纬度注记和黑白相间的分度带，初步确定 $P$ 点在纬度 38°56′线以北，经度 115°16′线以东。再以对应的分度带用直尺绘出经纬度为 1′的网格，并量出经差 1′的网格长度为 57 mm，纬差 1′的长度为 74 mm；过 $P$ 点分别作平行纬线 $Pd$ 和平行经线 $Pf$ 两直线，设量得 $Pd=23$ mm，$Pf=44$ mm，则 $P$ 点的经纬度按下式计算。

经度：

$$\lambda_P = 115°16' + \frac{23}{57} \times 60'' = 115°16'24''$$

纬度：

$$\varphi_P = 38°56' + \frac{44}{74} \times 60'' = 38°56'36''$$

**(2) 求点的平面直角坐标**

如图 10-1 所示，欲求 $A$ 点的平面直角坐标，先从图中找出 $A$ 点所在的千米格网西南角的坐标 $x_A = 4312$ km，$y_A = 20\ 349$ km。过 $A$ 点分别作平行于 $X$ 轴和 $Y$ 轴的两个线段 $Ac$ 和 $Ab$，然后量出 $Ac$ 和 $Ab$ 并按比例尺计算其实地长度，设 $Ac = 632$ m、$Ab = 361$ m，则

$$x_A = 4311 + 0.632 = 4311.632(\text{km})$$

$$y_A = 20\ 349 + 0.361 = 20\ 349.361(\text{km})$$

若要精确计算该点坐标，就必须消除或减弱图纸伸缩变形引起的坐标量算误差。首先应量千米网格长，看是否等于理论长度，如不等时，$A$ 点的坐标应按下式计算。

$$X_A = 4\ 311\ 000 + \frac{Ac}{l} \times 1000(\text{m})$$

$$Y_A = 20\ 349\ 000 + \frac{Ab}{l} \times 1000(\text{m})$$

式中，$l$ 为千米网格长，m。

如果是电子地形图，可在相关软件的环境中，在图上用鼠标点取 $A$ 点的坐标。

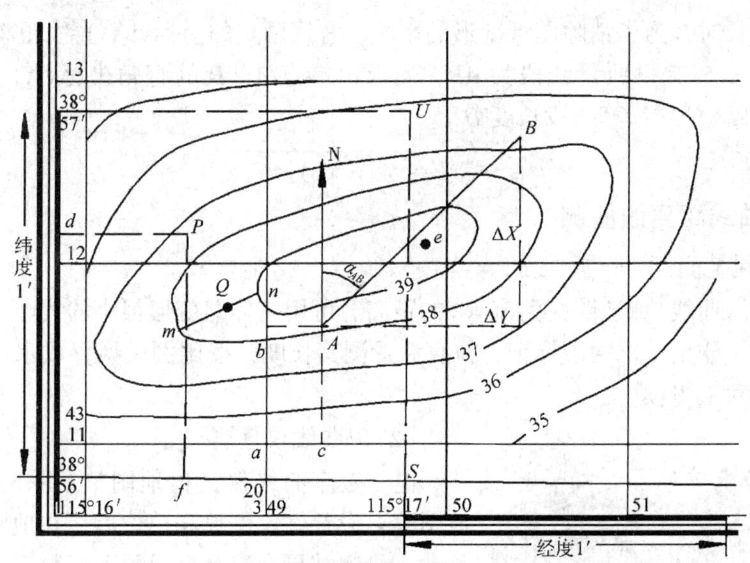


**图 10-1　求图上点的坐标、高程和坐标方位角**

## 10.1.2　确定点的高程

如果所求点恰好位于等高线上，则该点高程等于所在等高线高程。如图 10-1 所示 $m$ 点的高程为 38 m。

若所求点处于两条等高线之间，如图 10-1 所示 $Q$ 点，可按平距与高差的比例关系求得。过 $Q$ 点引一直线与两条等高线交于 $mn$，分别量取 $mn$、$mQ$ 之长，则 $Q$ 点高程 $H_Q$ 可按下式计算。

$$H_Q = H_m + \frac{mQ}{mn} \cdot h \tag{10-1}$$

假如所求点位于山顶或凹地，在同一等高线的包围中，那么该点的高程就等于最近首曲线的高程，加上或减去 1/2 基本等高距。如图 10-1 中 $e$ 点的高程为 39.5 m。

点在鞍部可按组成鞍部的一对山谷等高线的高程，再加上半个等高距；或以另一对山顶等高线的高程，减去半个等高距，即得该点高程。

实际应用中，可根据上述原理用目估法求算点的高程，其高程误差满足规范要求。

## 10.1.3 确定两点间的距离

### 10.1.3.1 直线距离的量测

**(1)图解法**

用两脚规在图上卡出线段的长度，再与图上的直线比例尺进行比量，即可得出其水平距离。也可用直尺先量出线段的图上长度 $d$(一般量测两次，较差小于 0.2 mm 时取平均值)，再乘以比例尺分母 $M$，即得出实地水平距离 $D$。

$$D=d \cdot M \tag{10-2}$$

**(2)解析法**

当距离较长时，为了消除图纸变形的影响，宜用两点的坐标计算直线距离。

如图 10-1 所示，设所量线段为 $AB$，先求出端点 $A$、$B$ 的直角坐标($X_A$，$Y_A$)和($X_B$，$Y_B$)，然后按距离公式计算线段长度 $D_{AB}$。

$$D_{AB}=\sqrt{(x_B-x_A)^2+(y_B-y_A)^2} \tag{10-3}$$

### 10.1.3.2 曲线距离的量测

**(1)用线绳量测**

在图上量取曲线(如道路、河流等)的距离，可用一伸缩变形很小的线绳，沿曲线放平并与曲线吻合，作出始末两端标记，拉直后量测其长度，按比例尺换算成水平距离，或直接到直线比例尺上量读。

图 10-2 地图笔

**(2)用曲线仪量测**

电子数字曲线仪又称地图笔(图 10-2)。直接在地图笔上设置好比例尺和单位后，在地图上沿着轨迹移动，量测结果在液晶显示器上以数字给出曲线的实际距离，精度可达 3/1000。

### 10.1.3.3 倾斜距离的量测

对坡度均匀的地表，倾斜距离 $D'$可由两点间的水平距离 $D$ 及其高差 $h$ 或地面的倾斜角 $\alpha$ 按下式计算。

$$D'=\sqrt{D^2+h^2} \quad 或 \quad D'=\frac{D}{\cos\alpha} \tag{10-4}$$

从图上量测的距离，不论是直线距离还是曲线距离，都是两点间的水平距离。但地形的起伏会使实地地面距离比水平距离长，为了尽量接近实际情况，要加一改正数。由于沿线平均坡度不易求出，根据测绘经验，应用时常按平坦地区加 10%~15%，丘陵地区加 15%~20%，山地加 20%~30%。这只是个实验平均数，有时此数大或小，使用时要注意。

## 10.1.4　确定直线的方向

**(1) 图解法**

如欲求图上某直线 $AB$ 的坐标方位角，可用量角器直接量取，方法如图 10-3 所示。

若还需求算直线 $AB$ 的磁方位角或真方位角，可利用地形图左下方的偏角略图和注记的磁偏角 $\delta$、子午线收敛角 $\gamma$ 进行换算。

**(2) 解析法**

当直线距离较长或直线两端点不在同一幅地形图内时，可用两点的坐标计算方位角。如图 10-1 所示，欲求一直线 $AB$ 的坐标方位角，先求出两端点 $A$、$B$ 的直角坐标值 $(X_A, Y_A)$ 和 $(X_B, Y_B)$，则坐标方位角 $\alpha_{AB}$ 为：

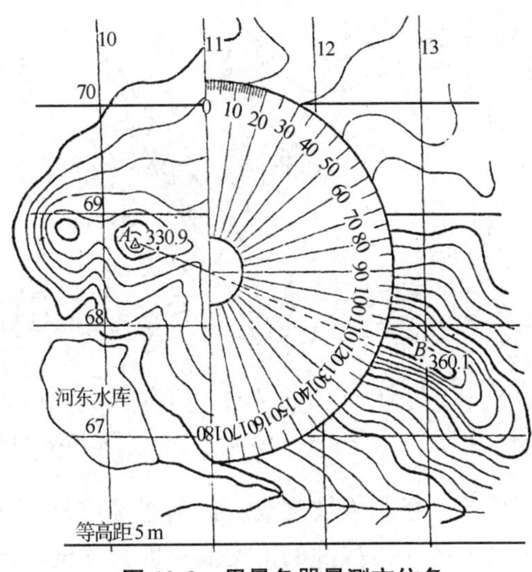


图 10-3　用量角器量测方位角

$$\alpha_{AB}=\tan^{-1}\frac{Y_B-Y_A}{X_B-X_A}=\tan^{-1}\frac{\Delta Y}{\Delta X} \tag{10-5}$$

值得一提的是，$\tan^{-1}\frac{\Delta Y}{\Delta X}$的值域为(−90°，+90°)，而方位角 $\alpha$ 的范围是(0°，360°)，故必须先判定直线 $AB$ 所在的象限再确定坐标方位角。

## 10.1.5　确定地面坡度

**(1) 按公式量算坡度**

设地面两点间的水平距离为 $D$，高差为 $h$，则该两点连线的坡度为：

$$i=\tan\alpha=\frac{h}{D}=\frac{h}{d\cdot M} \tag{10-6}$$

式中，$i$ 为直线的坡度，常用百分率或千分率表示；$\alpha$ 为直线倾斜角；$d$ 为图上两点间长度；$M$ 为地形图比例尺分母。

按上面的公式，在地形图上量出线段的长度，计算出两点间的高差，便可算出该线段的坡度。

**(2) 用坡度尺量算坡度**

利用坡度尺可直接在地形图上分别测定 2～6 条相邻等高线间任意方向线的坡度(图 10-4)。方法：先用两脚规量取图上 2～6 条等高线间的宽度，然后到坡度尺上比量，在相应垂线下边就可读出它的坡度，要注意卡量的等高线条数要与在坡度尺上比量的条数一致。

**(3) 求某地区的平均坡度**

首先按该区域地形图等高线的疏密情况，将其划分为若干同坡度小区；然后在每个小

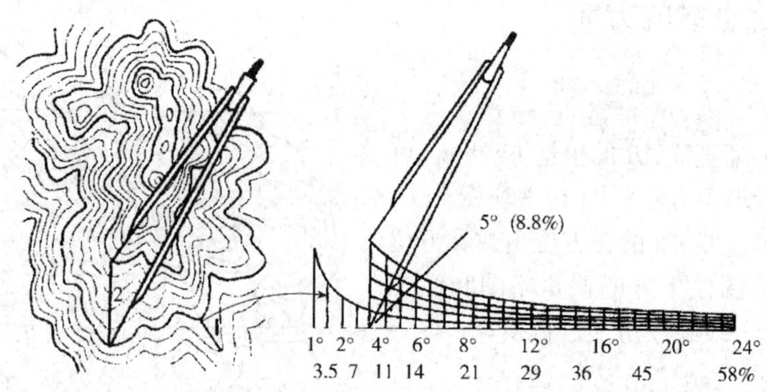


图 10-4 用坡度尺比量坡度

区内绘一条最大坡度线，按前述确定地面坡度的方法求出各线的坡度作为该小区的坡度；最后取各小区坡度的平均值，即为该地区的平均坡度。

若设计精度要求较高，应将各小区的面积作为权重，对各小区的坡度取加权平均值作为该地区的平均坡度。

### 10.1.6 按限定坡度选定最佳路线

在进行线路工程设计时，往往需要在坡度 $i$ 不超过某一数值的条件下选定一条最短的路线。如图 10-5 所示，已知图的比例尺为 1∶1000，等高距 $h=1$ m，需要从河边 $A$ 点至山顶修一条坡度不超过 2%的道路，在地形图上选定符合要求的最短路线的方法如下：

①计算通过相邻两等高线间的实地最短水平距离：

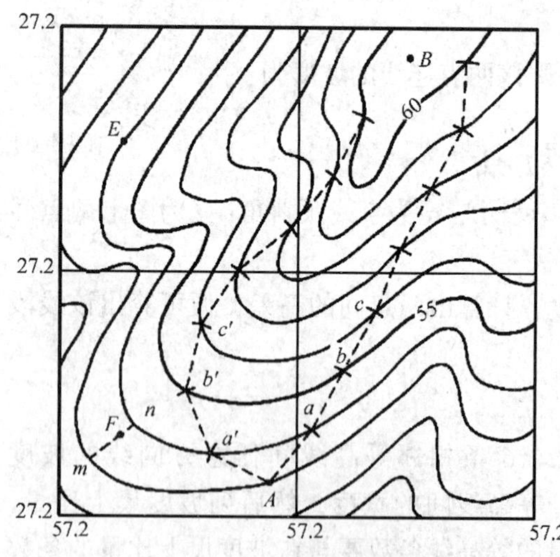


图 10-5 选定最佳路线

$$D=\frac{h}{i}=\frac{1}{2\%}=50\ (\mathrm{m})$$

②换算为图上距离：

$$d=\frac{D}{M}=\frac{50}{1000}=50\ (\mathrm{mm})$$

③以 $A$ 点为圆心，以 $d$ 为半径画圆弧，交高程为 54 m 等高线于 $a$、$a'$点，然后分别以 $a$、$a'$点为圆心，以 $d$ 为半径画圆弧，分别交高程为 55 m 等高线于 $b$、$b'$点，依次类推，直至路线到达山顶为止。将相邻各点用直线连接起来，即为符合要求的最短路线。两线再进行比较，即可选出最佳路线。

如果某相邻两等高线间的平距大于 50 mm，则说明该段地面小于规定的坡度，此时该段路线就可以向任意方向铺设。实际操作中，在地面小于规定坡度的地段用直尺沿路线方向直接连直线穿过。

### 10.1.7　确定平面面积

**(1)解析法**

利用闭合多边形顶点的解析坐标计算面积的方法称为解析法，其优点是计算面积的精度高。

如图 10-6 所示，四边形 *ABCD* 各顶点坐标分别为：$(X_1,\ Y_1)$、$(X_2,\ Y_2)$、$(X_3,\ Y_3)$、$(X_4,\ Y_4)$。将各顶点投影于 *x* 轴，则多边形相邻点 *X* 坐标之差是相应梯形的高，相邻点 *Y* 坐标是相应梯形的上底和下底。故四边形 *ABCD* 的面积 *S* 等于 4 个梯形的面积的代数和，即

$$S=\frac{1}{2}[(X_1-X_2)(Y_1+Y_2)+(X_2-X_3)(Y_2+Y_3)-(X_1-X_4)(Y_1+Y_4)-(X_4-X_3)(Y_4+Y_3)]$$

将上式化简并将图形扩充至 *n* 个顶点的多边形，可写成一般式：

$$S=\frac{1}{2}\sum_{i=1}^{n}X_i(Y_{i+1}-Y_{i-1}) \tag{10-7}$$

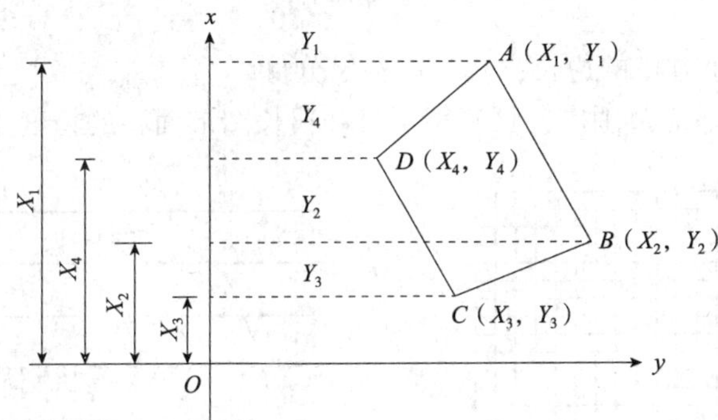


**图 10-6　解析法求算面积**

若将各顶点投影于 *y* 轴，同理可推导出另一种形式。

$$S=\frac{1}{2}\sum_{i=1}^{n}Y_i(X_{i-1}-X_{i+1}) \tag{10-8}$$

式(10-7)和式(10-8)是多边形顶点采用顺时针编号时的面积计算公式。如果计算多边形顶点采用逆时针编号，则面积计算公式为：

$$S=\frac{1}{2}\sum_{i=1}^{n}X_i(Y_{i-1}-Y_{i+1}) \tag{10-9}$$

或

$$S=\frac{1}{2}\sum_{i=1}^{n}Y_i(X_{i+1}-X_{i-1}) \tag{10-10}$$

注意：因图形是闭合的，当 $i=1$ 时，式中 $X_{i-1}=X_n$，$Y_{i-1}=Y_n$；当 $i=n$ 时，$X_{i+1}=X_1$，$Y_{n+1}=Y_1$。

若用程序型计算器或计算机应用以上两个公式编制程序，计算两个结果以作校核。

**(2)图解法**

根据几何学原理可知，对于实地图形按比例缩小绘在地形图上，相应图形面积之比等

于相应比例尺分母平方之比，其关系式为：

$$\frac{a}{S}=\frac{1}{M^2} \tag{10-11}$$

式中，$S$ 为实地面积；$a$ 为地形图上面积；$M$ 为地形图比例尺分母。

①几何图形法。若欲测的图形是由直线连接的多边形，可将图形分解为若干个三角形、梯形，然后量取计算所需的元素(长、宽、高)，应用面积计算公式求出各个简单图形的面积，取和即为多边形的面积，再乘以比例尺分母的平方，即得到所测图形的实地面积。为了提高量测精度，所量图形应采用不同的分解方法计算两次，两次结果精度≤1/100，取平均值作为最后结果。

②透明方格纸法。若地形图上所求的面积范围很小，其边线是不规则的曲线，可采用透明方格纸法。如图 10-7 所示，测量面积时，先将透明方格纸覆盖在图形上并固定，先数出图形内的整方格数 $n$，然后数出边缘上不完整的方格数，经凑整为 $q$，由此求得图形包含的方格总数，则所求图形的面积 $S$ 为：

$$S=(n+q)a^2\frac{M^2}{10^6} \tag{10-12}$$

式中，$a$ 为透明小方格的边长；$M$ 为比例尺分母。

该法简单易行，适应范围广，量测小图斑和狭长图形面积的精度比求积仪高。

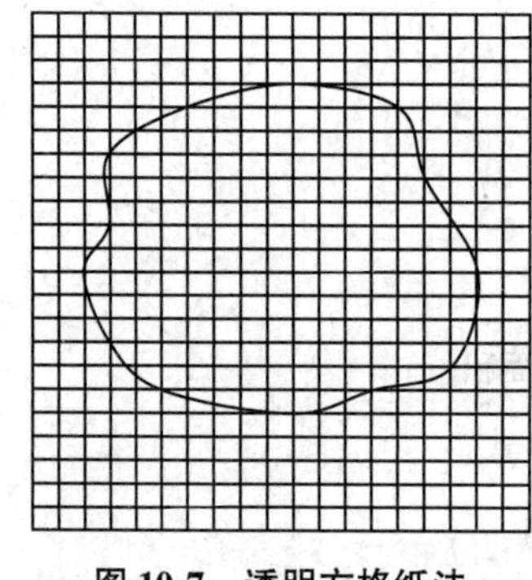

图 10-7 透明方格纸法

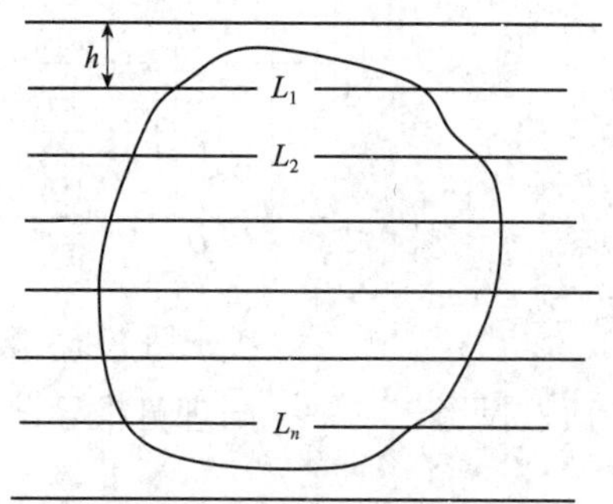


图 10-8 平行线法

③平行线法。如图 10-8 所示，平行线法是在透明模片上制作间隔相等的平行线，间隔 $h$ 可采用 2 mm。量测时把平行线模板放在欲量测的图形上，整个图形被平行线切成若干个等高的梯形。设图中梯形的中线分别为 $L_1$，$L_2$，…，$L_n$，量取其长度，则面积 $S$ 为：

$$S=h(L_1+L_2+\cdots+L_n)=h\sum_{i=1}^{n}L_i \tag{10-13}$$

**(3) 求积仪法**

测量图形面积的仪器称为求积仪，有机械式求积仪和数字式求积仪。求积仪的优点是操作简便、速度快，且能保证一定的精度。目前主要使用的是数字式求积仪。

数字式求积仪是应用电子技术测量图形面积的仪器。它可以自动显示面积值、重复量测的平均面积值和若干小图形面积的累计值。其操作简便、量测速度快、精度高，一般能满足土地调查的要求。

图 10-9 是 KP-90N 型电子求积仪的正反面图，它由动极轴、电子计算器和跟踪臂三部分组成。

①量测面积的操作步骤。将图纸固定在图板上，放大镜放在图形中央，并使动极轴与跟踪臂成 90°。按 ON 键接通电源。按 SCALE 键输入图形比例尺分母 $M$。按 UNIT-1 键，显示公制面积单位，按 UNIT-2 键显示公制的 $cm^2$、$m^2$ 和 $km^2$。将仪器安放在图形的左侧，标出起点 $A$，并使之与描迹放大镜红圈中心重合。按启动键 START，计算器发出声响，以示测量开始。手握跟踪放大镜，使红圈中心沿图形轮廓线顺时针描迹一周，回到起点 $A$，按 MEMO 键结束，显示屏上即显示实地面积值。

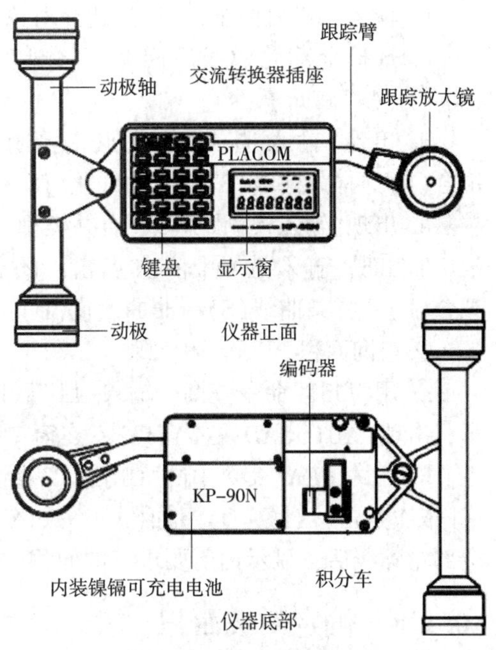

图 10-9　电子求积仪

为提高量测精度，需对同一图形重复量测，在每次量测结束时按 MEMO 键，进行存储，最后按 AVER 键，显示平均面积值。电子求积仪的量测精度一般为 1/1000 或更高。

②注意事项。图上面积小于 5 $mm^2$ 的图斑不宜使用求积仪；量测时图纸应平整；极点位置应使极臂与航臂的交角保持在 30°～150°范围内；大图斑须分割成小图斑，分别测定然后累加。

实验证明，量测≤1 $cm^2$ 的特小面积，应首选方格法，其次是平行线法；量测 1～10 $cm^2$ 的小面积，宜用平行线法或求积仪复测法；量测 10～100 $cm^2$ 的大面积，宜用求积仪法；量测 3～5 个边的多边形，最好采用图解法；量测较大面积，应首选电子求积仪。

**(4) CAD 法**

如果是电子地形图，就可以用 CAD 计算任意闭合图形的实际面积，操作简便快速。

*方法一：*

①从“工具”菜单中选择“查询”，然后选择“面积”。

②出现“指定第一个角点或[依次点击：对象(O)→加(A)→减(S)]：”。

③在被测量区域的轮廓线上依次指定点，然后按 ENTER 键。

④AutoCAD 将连接第一点到最后一点以形成一个闭合区域，显示出面积的测量值。

当所测区域的轮廓线中包含有弧线时，应采用方法一来求算面积，若采用方法二求算面积则会出错(求算的面积小于实际面积)；当所测区域的轮廓线中不包含弧线时，采用方法一或方法二求算面积均可。

*方法二：*

①将轮廓线转为多段线并闭合。

a. 输入“PE”后回车，出现“PE PEDIT 选择多段线或[多条(M)]：”。

b. 输入“M”后回车，出现“选择对象:”。

c. 选择全部轮廓线后回车，出现“是否将直线和圆弧转换为多段线?［是(Y)/否(N)?］<Y>”后回车。

d. 出现“输入选项［依次点击：闭合(C)→打开(O)→合并(J)→宽度(W)→拟合(F)→样条曲线(S)→非曲线化(D)→线型生成(L)→放弃(U)］:”，输入“J”回车。

e. 出现“输入模糊距离或［合并类型(J)］<0.0000>:”后回车。

f. 出现“输入选项［依次点击：闭合(C)→打开(O)→合并(J)→宽度(W)→拟合(F)→样条曲线(S)→非曲线化(D)→线型生成(L)→放弃(U)］:”后回车。

②查询面积。

a. 用“LIST”命令查询。输入“LI”后回车，出现“选择对象:”。选择全部轮廓线后回车，出现“AUTOCAD 文本窗口”，在窗口里面我们就可以看到所要求算的面积。

b. 用“AREA”命令中的“OBJECT”查询。输入“AREA”后回车，出现“指定第一个角点或［依次点击：对象(O)→加(A)→减(S)］:”。输入“O”后回车，出现“选择对象:”选择全部轮廓线后，显示出所要求算的面积。

### 10.1.8 确定斜坡面积

自然地面通常是倾斜的，如果在实际中(如造林绿化)需知某区域自然地面的面积，可依据图上等高线的疏密，把该地区划分成若干相同坡度区域，分别量算出各区的坡度和水平面积，或量算出全区的平均坡度和水平面积，然后根据倾斜面与水平面的关系，计算倾斜面的面积。

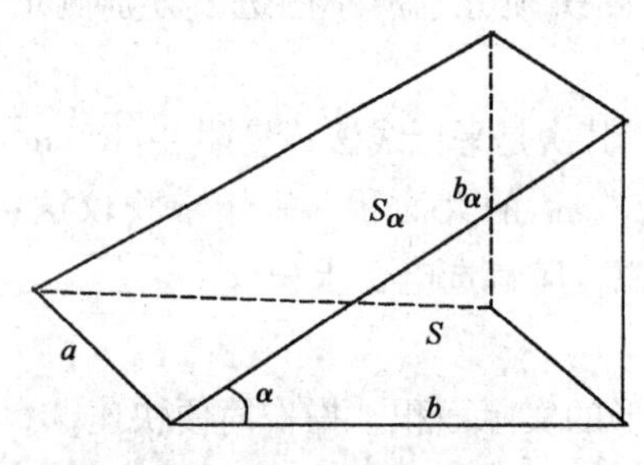

图 10-10 确定斜坡面积

如图 10-10 所示，$S$ 为水平面积，$S=a\cdot b$；$S_\alpha$ 为倾斜面积，$\alpha$ 为该斜面的坡度角，则 $S_\alpha=a\cdot b_\alpha$，由图可知边 $b$ 与边 $b_\alpha$ 之间的关系为：

$$b_\alpha=\frac{b}{\cos\alpha} \tag{10-14}$$

故

$$S_\alpha=a\cdot b_\alpha=\frac{ab}{\cos\alpha}=\frac{S}{\cos\alpha} \tag{10-15}$$

### 10.1.9 确定汇水周界

在建筑桥涵、修建水库的水坝和流域治理等工程建设中，需要知道有多大面积的雨水往这个河流或谷地汇集，这个面积就称为汇水面积。

降雨时，山地的雨水是向山脊的两侧分流的，所以山脊线就是地面上的分水线。汇水周界是由一系列的山脊线连接而成的，因此，某水库或河道周围地形的分水线(各分水线处处与等高线垂直)所包围的面积就是该水库或河道的汇水面积(图 10-11)。确定汇水周界，可以从地形图上已设计的坝址或涵闸的一端开始，经过一系列相邻的山顶和鞍部，连续勾出该流域的分水线，直到坝址的另一端而形成的一条闭合曲线，即为汇水周界。汇水的边界线确定后，可用相应方法求算汇水面积。

### 10.1.10　绘制纵断面图

纵断面图是表示某一方向地面起伏状况的剖面图。在线路工程设计中，为了进行填挖方量的概算以及合理地确定线路的纵坡，都需要利用地形图绘制纵断面图。如图 10-12 所示，欲绘制 *AB* 方向的断面图，方法如下：

①在图纸上以横轴 *AB* 表示水平距离，其比例尺一般与地形图的比例尺相同；以纵轴 *AH* 表示高程，为了明显地反映地面的起伏情况，一般高程比例尺比水平比例尺大 10~20 倍。然后在纵轴上注明高程，并按等高距作与横轴平行的高程线。

②先在地形图上连 *AB* 直线，设 *AB* 直线与各等高线的交点分别是 1，2，3，…。将各交点至 *A* 点的距离截取到横轴上，定出各点在横轴上的位置。

③自横轴上的 *A*，1，2，3，…，*B* 各点作垂线，与各点在地形图上的高程值相对应的高程线相交，其交点就是断面上的点。

④把相邻点用光滑曲线连接起来，就是 *AB* 方向的纵断面图。

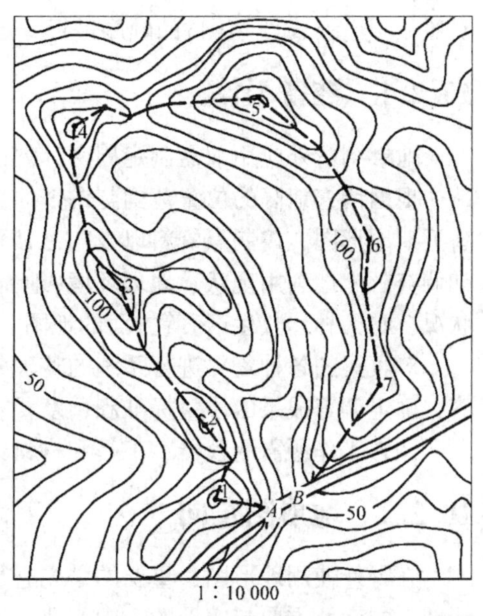

图 10-11　确定汇水周界

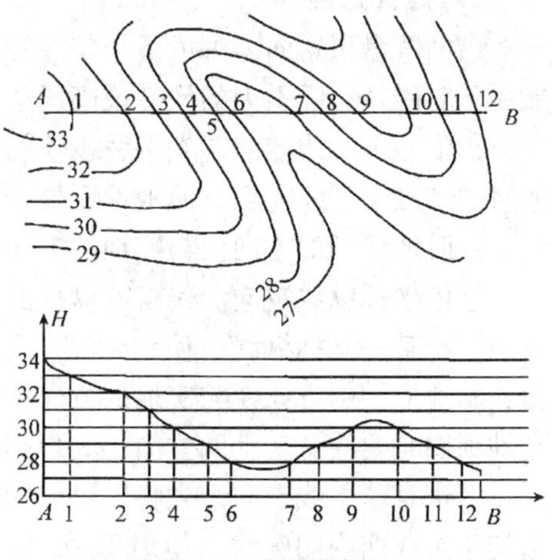

图 10-12　绘制纵断面

### 10.1.11　在土地平整中的应用

将施工场地的自然地表按要求整理成一定高程的水平地面或一定坡度的倾斜地面的工作，称为土地平整。在土地平整工作中，为使填(挖)土石方量基本平衡，常利用地形图上的等高线确定填(挖)边界和进行填(挖)土石方量的概算。土地平整的方法很多，其中方格网法是最常用的一种，方法参见 12.4.2。

利用地形图平整土地与土地平整测量的不同之处在于：前者是将方格网直接绘制在地形图上拟平整的场地内，各方格顶点的地面高程是根据地形图上的等高线用内插法求算出来的；而后者是在实地用木桩布设方格网，然后直接测出各方格顶点的地面高程。

## 10.2　纸质地形图的野外应用

地形图的野外应用是指利用地形图进行野外调查和填图。地形图是野外调查的工作底图和基本资料，任何一种野外调查工作都必须依靠地形图。根据野外用图的技术需求，在野外使用地形图需按准备、定向、定点(确定站立点在图上的位置)、对照(地形图与实地对照)、填图(调绘填图)的顺序进行。

### 10. 2. 1 准备工作

地形图野外应用前需制定周密计划，如调查范围、方法、时间、人员和经费等。

根据调查地区的位置范围与调查的目的和任务，确定所需地形图的比例尺和图号，准备近期地形图、控制点资料以及与之匹配的最新航片。此外，还要收集各种有关的资料，如调查区土地利用现状、地理环境(地貌、气候、土壤、植被等)和经济社会(人口、用地状况，农、林、牧生产)等方面的地图、文字和统计资料。

对收集的各种资料进行系统的整理分析，供调查使用。明确野外调查的重点地区和内容，确定调查成果的质量标准和精度要求。

调查工作所需的仪器、工具和材料，应依据技术设计而定并加以准备。

### 10. 2. 2 地形图定向

在野外使用地形图，重要的是先进行地形图定向而后确定点位。地形图定向是指使地形图上的南北方向与实地的方向一致，也就是使地形图上各方向线与实地相应的方向线在同一竖直面内，与实地方向一致。地形图定向常用的方法有以下几种。

**(1)磁针定向**

借助罗盘仪定向，可依磁子午线标定，也可按坐标纵轴线或真子午线标定，但该法不能用于对磁针有吸引力的铁件或高压电力线附近。磁针定向方法如下。

①依磁子午线定向。先将罗盘仪的度盘零分划线朝向北图廓(图 10-13)，并使罗盘仪的直边与磁子午线吻切，使地形图处于水平位置，轻轻转动地形图使磁针北端对准零分划线，这时地形图的方向便与实地的方向一致了。

②依坐标纵线定向。先将罗盘仪的度盘零分划线朝向北图廓(图 10-14)，使罗盘仪的直边切于某一坐标纵线，使地形图大致水平。然后转动地形图使磁针北端对准磁坐偏角值，则地形图的方向便与实地的方向一致了。因为磁坐偏角有东偏和西偏之别，所以在转动地形图时要注意转动的方向，其规则是：东偏向西(左)转，西偏向东(右)转。

③依真子午线定向。先将罗盘仪的度盘零分划朝向北图廓(图 10-15)，使罗盘仪的直边切于东或西内图廓线，使地形图处于水平位置。转动地形图使磁针北端对准磁偏角值(东偏时向西转，西偏时向东转)，这时，地形图的方向也就定好了。

**(2)直长地物定向**

当站立点位于线状地物(如道路、沟渠等)上(或附近)时(图 10-16)，可先将照准仪(或三棱尺、铅笔)切于图上线状符号的直线部分上，使地形图大致水平，然后转动地形图，用视线瞄准地面相应线状地物远方，使图上线段与实地相应线段重合或平行时，地形图定向即可完成。

**(3)方位物定向**

当用图者能够确定站立点在图上的位置时，如图 10-17 所示，将图纸方向与实地大体一致，在图上和实地寻找相对应的独立地物，如独立树、烟囱、路口、桥涵等方位物。先

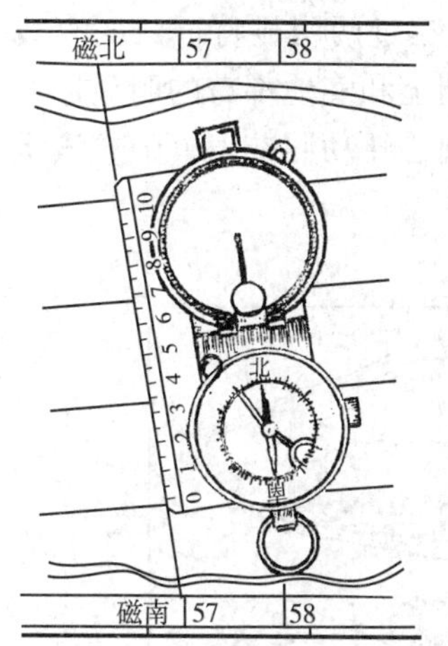


图 10-13　依磁子午线定向

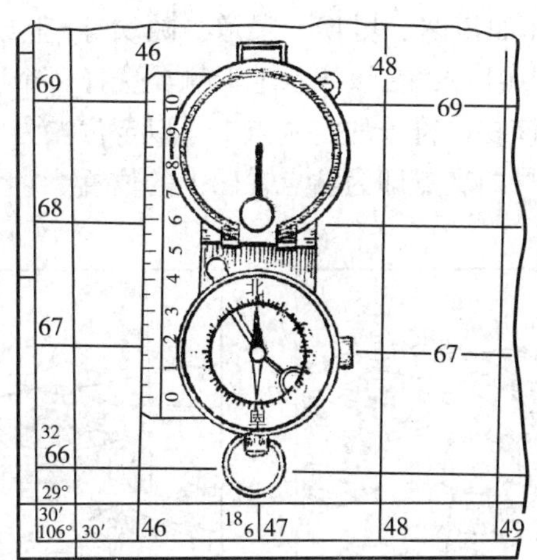


图 10-14　依坐标纵线定向

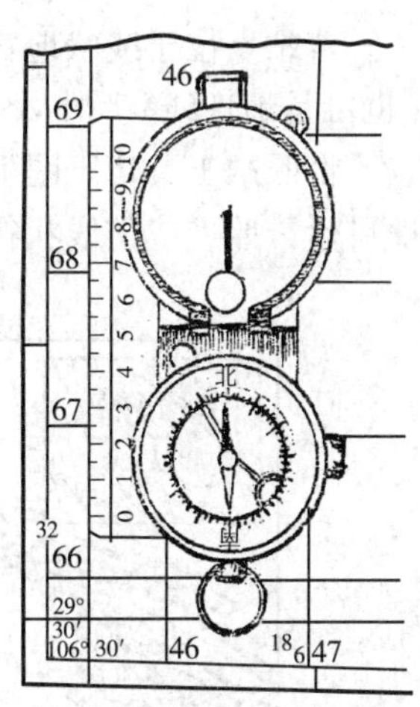


图 10-15　依真子午线定向

图 10-16　用直长地物定向

图 10-17　按方位物定向

将照准仪(三棱尺、铅笔)切于图上的站立点和远处某独立物符号定位点的连线上，然后转动地形图，当照准线通过地面上的相应方位物中心时，地形图定向就完成了。

## 10.2.3　确定站立点在图上的位置

在地形图野外应用过程中，随时需要找到调查者和观测目标点在地形图上的位置。调查者安置图板滞留观察填图的地点，称为测站点或站立点，简称站点；需要判读的地形点以及需要填图的新增地物点、变更的地貌点称为观测目标点。站点应尽量设在有利于调绘的地形特征点上。确定站立点在图上的位置主要有以下方法。

**(1)比较判定法**

比较判定法是指按照现地对照的方法比较站点四周明显地物(如桥梁、房屋、道路交叉点等)、地貌(如山顶、山谷、鞍部等)特征点在图上的位置(图 10-18)，再依它们与站立点的关系直接确定站点在图上位置的方法。这是确定站点最简便、最常用的基本方法。站点应尽量设在利于调绘的地形特征点上，这时，从图上找到该特征点的符号定位点，即站立点在图上的位置。

**(2)截线法**

若站点位于线状地物(如道路、堤坝、渠道、陡坎等)上或在过两明显特征点的直线(也可是地性线)上时(图 10-19)，在该线状地形侧翼选择一个图上和实地都有的明显地形点，将照准工具切于图上该物体符号的定位点上，以定位点为圆心转动照准工具瞄准该实地目标，照准线与线状符号的交点即为站点在图上的位置。

图 10-18　比较判定法确定站立点

图 10-19　截线法确定站立点向

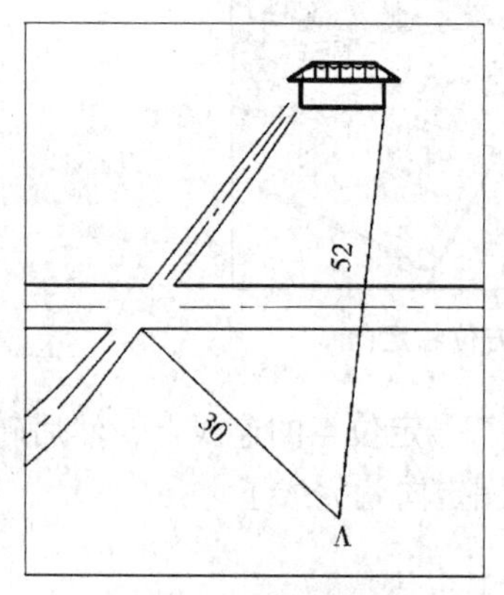


图 10-20　距离交会法确定站立点

**(3)距离交会法**

根据 2~3 个明显地物点至站点的距离，在图上交出站点的位置。如图 10-20 所示，要在图上标出站点 $A$ 的位置，首先在实地量出道路交叉点和房角点至 $A$ 点的距离，如分别为 30 m 和 52 m，然后根据比例尺换算出相应的图上距离，用两脚规在图上交出 $A$ 点的位置。

距离测量可利用手持激光测距仪，但测距仪的仰俯角大于 5°时，应把斜距化为平距，才能在图上作距离交会。

**(4)后方交会法**

①直尺后方交会法。用罗盘仪标定地形图方向，选择图上和实地都有的 2~3 个同名目标(图 10-21)，图上在一个目标的符号定位点上竖插一根细针，使直尺紧靠细针转动，照准实地同名目标，在图上沿直尺边向后绘出方向线，同法照准其他目标，画出方向线，其交点就是站点在图上位置。如果 3 个方向线不交于一点，若误差(示误三角形)在容许范围内，可取其中心点作为站点在图上的位置。

②透明纸后方交会法。当利用常规方法无法进行地形图定向时，可用此法进行图上定点(图 10-22)。先在站点上置平图板，在图上固定一张透明纸，用铅笔在纸上标出一点 $O$，并从 $O$ 点分别瞄准实地 3 个明显的地物点 1、2、3，绘出 3 条方向线。将透明纸在图上移动或转动，当各方向线都同时通过图上相应目标点 1、2、3 时，将纸上的 $O$ 点刺到图上就是站点的图上位置。最后以 3 方向线中最长的方向线标定地形图方向，其他两条方向线进行检核。

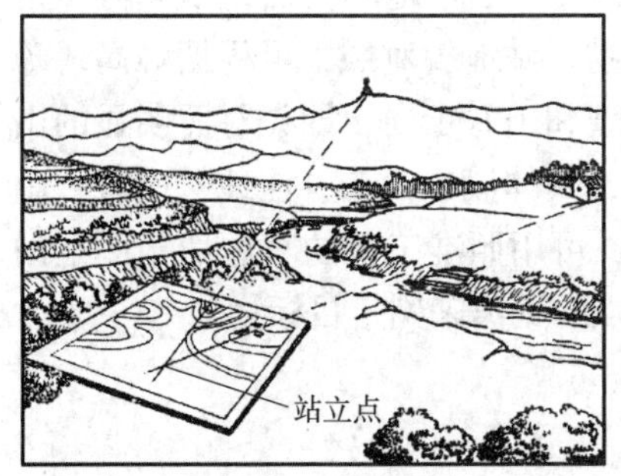


图 10-21　直尺后方交会法确定站立点

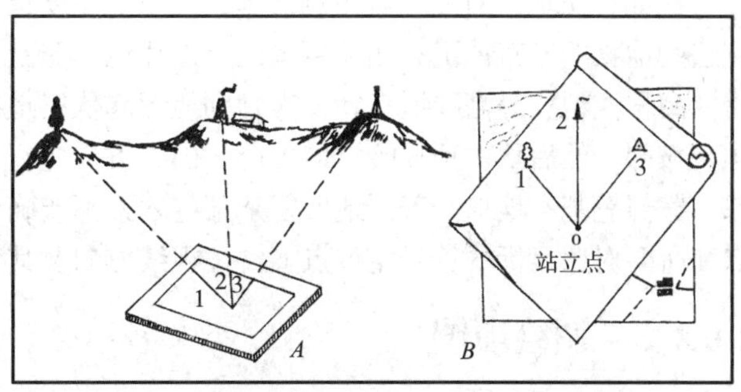


图 10-22　透明纸后方交会法确定站立点

③磁方位角交会法。在隐蔽地区(如丛林中)确定站点在图上的位置时，可用磁方位角交会法：先设法登高(图 10-23)，从远方找到两个以上图上与实地都有的明显目标，用罗盘仪测定这些目标的磁方位角，再下到地面，借助罗盘仪标定地形图方向，先以罗盘仪的直边切于图上一已知目标符号定位点上，以该点为中心旋转罗盘仪，当磁针北端指向相应磁方位角值时，沿直边向后画出一方向线。同法描绘另一目标的方向线。各方向线的交点，就是站点的图上位置。

图 10-23　磁方位角交会法确定站立点

为保证方向交会的精度，交会角最好接近 90°。如限于条件，相邻两方向线的交会角不应小于 30°，也不应大于 150°。该法不能用于对磁针有吸引力的铁件或高压电力线附近。

**(5) 手持 GNSS 定位法**

性能优良的手持 GNSS 定位精度在 5～10 m，利用其确定站立点非常方便。方法：首先对手持 GNSS 进行必要的参数设置，然后在站立点搜索与跟踪卫星，待信号稳定后便得到该点的高斯平面直角坐标；再依该坐标值在地形图上进行展点，即得到站立点在图上的位置。但要注意周围没有影响卫星信号的遮蔽物。

### 10.2.4　地形图与实地对照

确定地形图的方向和站立点在图上的位置后，就可以依照图上站点周围的地理要素，在实地找到相应的地物、地貌；或者观察地面站点周围的地物地貌，将地形图上各种地物符号和等高线与实地地物、地貌的形状、大小及相互位置关系一一对应起来，判明地形的基本情况。通过地形图与实地对照，了解和熟悉周围地形情况，比较地形图上内容与实地相应地形是否发生了变化。

地形图与实地对照的方法：由左到右，由近及远，由点到线，由线到面。先对照大环境，再缩小到某点附近的小范围，即从整体到局部，与测图过程一致。具体来讲，先对照主要明显的地物、地貌，再以它为基础，依相关位置对照其他一般的地物、地貌。

例如，做地物对照，可由近而远，先对照主要道路、河流、居民地和突出建筑物等，再按这些地物的分布情况和相关位置逐点逐片地对照其他地物。做地貌对照，可根据等高线疏密、高程注记、等高线形态特征来判别地形起伏、地貌类型和山脊走向，即先对照明显的山顶、鞍部，然后从山顶顺岭脊向山麓、山谷方向进行对照，具体读出山头、洼地、山背、山谷、鞍部等基本地形。若因地形复杂某些要素不能确定时，可用照准工具的直边切于图上站点和所要对照目标的符号定位点上，按视线方向及其与站点的距离来判定目标物。

### 10.2.5　调绘填图

在对站立点周围地理要素认识的基础上调绘填图。用实地考察与调查的方法直接获取地理信息并填绘于地形图或像片图上的技术过程，称为野外填图。例如，把新建的电站、道路、房屋、水库、土地利用类型界线或地貌类型界线等点、线、面状地物填绘到地形图上，以及把图上有的、但实地已不存在的房屋等地物或地貌类型界线删除。当地形图陈旧，地形图上的地物、地貌与实际情况相差太大时，应向当地居民作详细的询问调查。

将地面上各种形状的物体填绘到图上，目的是确定这些物体图形特征点的图上位置。填图的要求：标绘的内容要线划清晰、位置准确、图形正确。填图尽量采用比较法，当用该法不能定位时，可视具体情况采用下述方法。

**(1)极坐标法**

以站立点为中心，瞄准周围所要填图的各碎部点，根据所获得的方向和站立点至碎部点的距离来确定碎部点在图上的位置。这与碎部测量中的极坐标法基本相同，不同之处在于站立点不安置经纬仪，距离通过步测或目测获得(详见 7.4.2 小节)。

**(2)直角坐标法**

当站立点位于直线地物上时，测出该地物两侧较近目标在直线地物上的投影点，进而量测出至站立点的纵横距离来确定目标在图上的平面位置(详见 7.4.2 小节)。

**(3)距离交会法**

在目标与站立点的距离不太远且便于量距的情况下，选择地上和图上都有的两个明显的地物点，量出目标到站立点的距离，然后在图上交会。距离的测量可利用手持激光测距仪(详见 7.4.2 小节)。

**(4)前方交会法**

当目标较远且明显地形点较少时，可寻找两个与目标交角较好、地上和图上都有的明显的地形特征点进行交会定点(详见 7.4.2 小节)。

在野外调绘中，仅用一种方法是不够的，一般以比较判定法为主，再根据实地情况与其他方法配合填图，如果需要确定碎部点的高程，可根据碎部点在地形图上的位置量算求得，或在站立点采用视距法、简易测高法测定。

## 10.3　数字地形图的应用

数字地形图是在一定坐标系统内具有确定的坐标和属性的地形要素和现象的离散数据，是以数据库为基础，以数字形式存储在计算机存储介质上，用以表达地物、地貌特征点的空间集合。随着计算机技术和数字化测绘技术的迅速发展，数字地形图越来越广泛地应用于国民经济建设、国防建设和科学研究等各个方面。在数字化成图软件环境下，利用数字地形图可以非常方便地获取各种地形信息，并且具有精度高、速度快、便于保存的特点，地形图在管理和使用上体现了纸质地形图所无法比拟的优越性。

本节主要以 CASS 7.0 软件为例介绍数字地形图的应用。

## 10.3.1　查询基本几何要素

用 CASS 7.0 软件打开数字地形图，用鼠标点击“工程应用”菜单，弹出如图 10-24 所示，则可进行相应的查询。

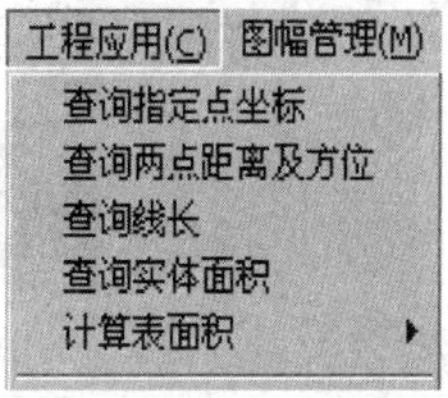

工程应用(C)　图幅管理(M)
查询指定点坐标
查询两点距离及方位
查询线长
查询实体面积
计算表面积 ▸

图 10-24　几何要素查询提示

**(1) 查询指定点坐标**

用鼠标点击“工程应用”菜单中的“查询指定点坐标”，用鼠标点击所要查询的点即可。结果如下：

| 指定查询点： |
|---|
| 测量坐标：X=31 401.020 米　　Y=53 472.760 米　　H=38.596 米 |

也可先进入点号定位方式如 38，确定，点坐标如下：

| 指定查询点：38 |
|---|
| 测量坐标：X=31 540.225 米　　Y=53 294.115 米　　H=0.000 米 |

注意：系统左下角状态栏显示的坐标是笛卡儿坐标系中的坐标，与测量坐标系的 $X$、$Y$ 的顺序相反。用此功能查询时，系统在命令行给出的 $X$、$Y$ 是测量坐标系的值。

**(2) 查询两点距离及方位**

用鼠标点击“工程应用”菜单下的“查询两点距离及方位”。用鼠标分别点击所要查询的两点即可。也可以先进入点号定位方式，再输入两点的点号。

例如，在状态栏直接输入点号，第一点 41，第二点 42。结果如如下：

| 第一点：41 |
|---|
| 第二点：42 |
| 两点间实地距离=42.000 米，图上距离=84.000 毫米，方位角=147 度 18 分 52.90 秒 |

**(3) 查询线长**

用鼠标点取“工程应用”菜单下的“查询线长”。用鼠标点击图上曲线即可。

**(4) 查询实体面积**

用鼠标点取“工程应用”菜单下的“查询实体面积”。如用鼠标点击待查询的由点 9、20、37、123、121 和 69 构成的六边形的边界线(图 10-25)，即可查询实体面积。

**(5) 计算表面积**

对于不规则地貌，其表面积很难通过常规的方法计算，在这里可以通过建模的方法计算。系统通过 DTM 建模，在三维空间内将高程点连接为带坡度的三角形，再通过每个三角形面积累加得到整个范围内不规则地貌的面积。例如，计算由点 9、20、37、123、121 和 69 构成的六边形范围内地貌的表面积(图 10-26)。

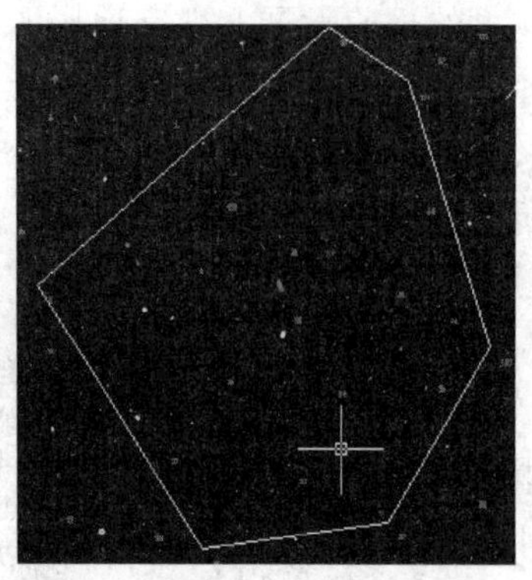

图 10-25　选定计算区域

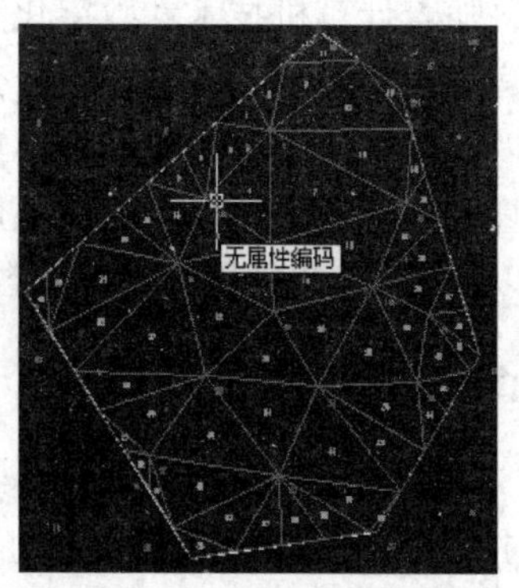


图 10-26　表面积计算结果

点击“工程应用\ 计算表面积\ 根据坐标文件”命令，命令区提示：

请选择：“(1)根据坐标数据文件，(2)根据图上高程点：”回车选 1；“选择土方边界线”用拾取框选择图上的复合线边界；“请输入边界插值间隔(米)：<20>”输入 10 即得结果，图 10-26 为建模计算表面积的结果。Surface. log 文件保存在\ CASS70 \ SYSTEM 目录下面，可打开 surface 文件查看。

另外，计算表面积还可以根据图上的高程点，操作步骤相同，但计算的结果会有差异。因为利用坐标文件计算时，边界上内插点的高程由全部的高程点参与计算得到；而由图上高程点来计算时，边界上内插点只与被选中的点有关，故边界上点的高程会影响表面积的结果。哪种方法计算比较合理，这与边界线周边的地形变化条件有关，变化越大的，越趋向于由图面上来选择。

## 10. 3. 2　计算土石方量

在“工程应用”下拉菜单中提供了 5 种土方量的相关计算方法，即 DTM 法、断面法、方格网法、等高线法和区域土方量平衡法，并简要介绍其他 4 种方法。其中 DTM 法是目前较好的土方计算方法。本节主要介绍 DTM 法。

**(1)DTM 法**

由数字地形模型(digital terrain models，DTM)来计算土方量，是根据实地测定的地面点坐标($X$，$Y$，$Z$)和设计高程，通过生成三角网来计算每一个三棱锥的填挖方量，最后累计得到指定范围内填(挖)方的土方量，并绘出填(挖)方分界线。

DTM 法土方计算有 3 种方法：由坐标数据文件计算；依照图上高程点进行计算；依照图上的三角网进行计算。

①根据坐标计算。步骤如下：a. 用复合线画出所要计算土方的区域，一定要闭合，但尽量不要拟合。因为拟合后的曲线在进行土方计算时会用折线迭代，影响计算结果的精度。b. 鼠标依次点击“工程应用→DTM 法土方计算→根据坐标文件”。c. 提示“选择边界线”，用鼠标点取所画的闭合复合线弹出土方计算参数设置对话框(图 10-27)。其中，区域面积为复合线围成的多边形的水平投影面积；平场标高为设计要达到的目标高程；边界采样间隔为边界插值间隔的设定，默认值为 20 m；边坡设置，选中处理边坡复选框后，则

坡度设置功能变为可选，选中放坡的方式(向上或向下：指平场高程相对于实际地面高程的高低，平场高程高于地面高程则设置为向下放坡)。然后输入坡度值。d. 设置好计算参数后，屏幕上显示填挖方的提示框，命令行显示："挖方量=××××$m^3$，填方量=××××$m^3$"。同时，图上绘出所分析的三角网、填挖方的分界线(白色线条)，如图 10-28 所示。关闭对话框后，系统提示"请指定表格左下角位置：<直接回车不绘表格>"，用鼠标在图上适当位置点击，CASS 7.0 会在该处绘出一个表格，包含平场面积、最大高程、最小高程、平场标高、填方量、挖方量和图形，如图 10-29 所示。

图 10-27　土方计算参数设置

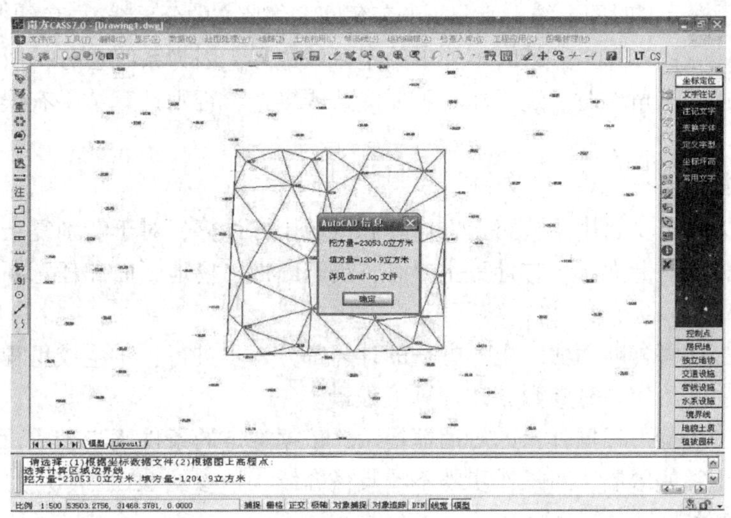


图 10-28　填挖方提示框

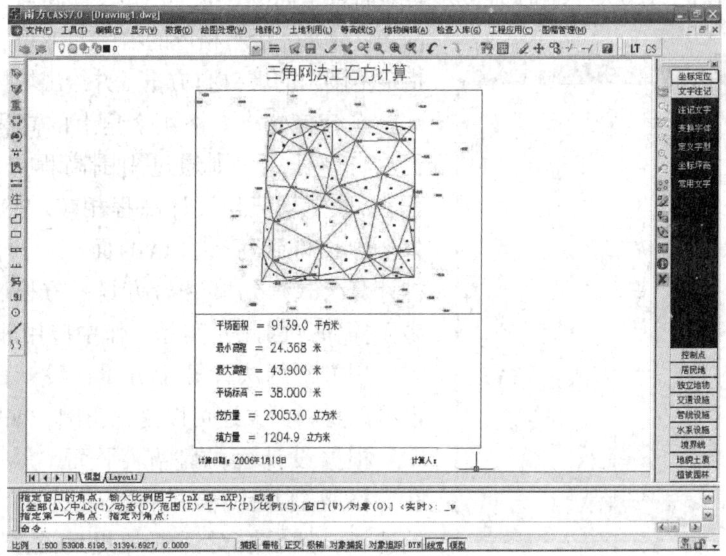


图 10-29　填挖方量计算结果表格

②根据图上高程点计算。步骤如下：首先要展绘高程点，然后用复合线画出所要计算土方的区域，要求同 DTM 法。用鼠标点取“工程应用”菜单下“DTM 法土方计算中”子菜单的“根据图上高程点计算”。提示“选择边界线”，用鼠标点取所画的闭合复合线。提示“选择高程点或控制点”，此时可逐个选取要参与计算的高程点或控制点，也可拖框选择。如果键入“ALL”回车，将选取图上所有已经绘出的高程点或控制点。弹出“DTM 土方计算参数设置”对话框，以下操作则同坐标计算法。

③根据图上的三角网计算。步骤如下：建立 DTM，对已经生成的三角网进行必要的添加和删除，使结果更接近实际地形。用鼠标点取“工程应用”菜单下“DTM 法土方计算”子菜单中的“依图上三角网计算”。提示“平场标高(米)”，输入平整的目标高程。提示“请在图上选取三角网”，用鼠标在图上选取三角形，可以逐个选取也可拉框批量选取。回车后屏幕上显示填挖方的提示框，同时图上绘出所分析的三角网、填挖方的分界线(白色线条)。

注意：用此方法计算土方量时不要求给定区域边界，因为系统会分析所有被选取的三角形，因此在选择三角形时一定要注意不要漏选或多选，否则计算结果有误，且很难检查出问题所在。

**(2)断面法**

断面法土方计算主要用于公路土方计算和区域土方计算，对于特别复杂的地方可以用任意断面设计方法。断面法土方计算主要有：道路断面、场地断面和任意断面 3 种计算土方量的方法。

无论采用上述哪种断面法，土方方量的计算都分 4 步进行：①生成里程文件；②选择土方计算类型；③给定计算参数；④计算工程量。

具体的操作步骤可根据弹出的对话框提示，依据选定的条件逐步完成，最后得到所需要的成果。鉴于篇幅限制，对操作步骤不作具体介绍，请参见 CASS 7.0 用户手册。

**(3)方格网法**

由方格网计算土方量是根据实地测定的地面点坐标($X$，$Y$，$Z$)和设计高程，通过生成方格网来计算每一个方格内的填(挖)方量，最后累计得到指定范围内的填(挖)方量，并绘出填挖方分界线。

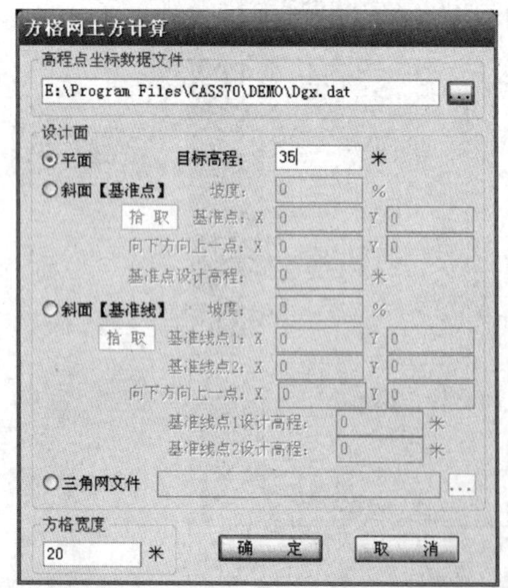


图 10-30　“方格网土方计算”对话框

系统首先将方格 4 个角上的高程相加(如果角上没有高程点，则通过周围高程点内插得出其高程)，取平均值与设计高程相减。然后通过指定的方格边长得到每个方格的面积，再用长方体的体积计算公式得到填(挖)方量。方格网法简便直观，易于操作，因此在实际工作中应用非常广泛。

用方格网法计算土方量，设计面可以是平面，也可以是斜面，还可以是三角网，如图 10-30 所示。

根据设计面的情况(平面、斜面或三角网)，在方格网土方计算对话框“设计面”栏中做好相应的选择，然后按对话框的提示逐步完成。最后结果如图 10-31 所示。

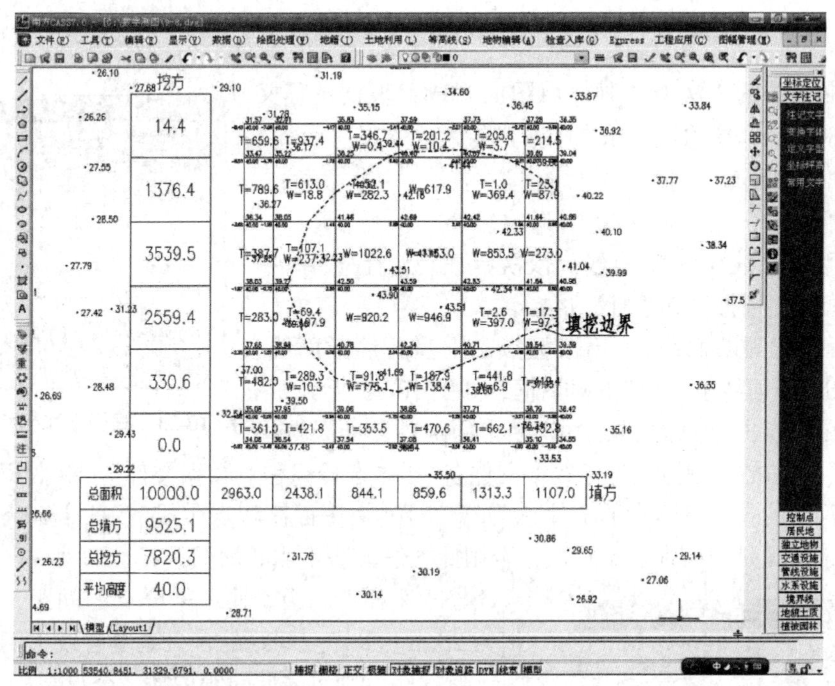


图 10-31　方格网法土方计算成果

**(4) 等高线法**

将纸质地形图扫描矢量化后可以得到数字地形图。但这样的图没有高程数据文件，所以无法用前述的几种方法计算土方量。

一般来说，这些图上都有等高线，所以，CASS 7.0 开发了由等高线计算土方量的功能，用此功能可计算任意两条等高线之间的土方量，但所选等高线必须闭合。由于两条等高线所围面积可求，两条等高线之间的高差已知，因此可求出这两条等高线之间的土方量。

根据弹出的对话框的提示逐步完成操作，如图 10-32 所示。

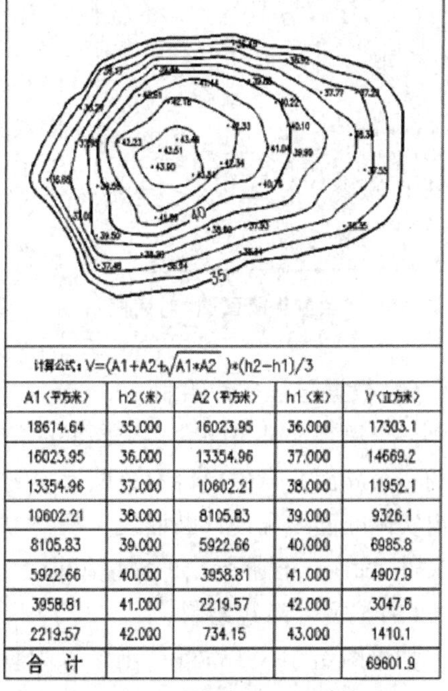


计算公式：$V=(A1+A2+\sqrt{A1*A2})*(h2-h1)/3$

| A1（平方米） | h2（米） | A2（平方米） | h1（米） | V（立方米） |
|---|---|---|---|---|
| 18614.64 | 35.000 | 16023.95 | 36.000 | 17303.1 |
| 16023.95 | 36.000 | 13354.96 | 37.000 | 14669.2 |
| 13354.96 | 37.000 | 10602.21 | 38.000 | 11952.1 |
| 10602.21 | 38.000 | 8105.83 | 39.000 | 9326.1 |
| 8105.83 | 39.000 | 5922.66 | 40.000 | 6985.8 |
| 5922.66 | 40.000 | 3958.81 | 41.000 | 4907.9 |
| 3958.81 | 41.000 | 2219.57 | 42.000 | 3047.6 |
| 2219.57 | 42.000 | 734.15 | 43.000 | 1410.1 |
| 合　计 | | | | 69601.9 |

图 10-32　等高线法土方计算成果

**(5) 区域土方量平衡法**

土方平衡的功能常在场地平整时使用。当一个场地的土方平衡时，挖掉的土石方量刚好等于填方量。以填(挖)方边界线为界，从较高处挖得的土石方直接填到区域内较低的地方，就可完成场地平整。这样可以大幅减少运输费用。

根据弹出的对话框的提示逐步完成操作，最后就能得到所需要的成果。

### 10.3.3　绘制断面图

绘制断面图的方法有 4 种：由图面生成；根据里程文件绘制；根据等高线绘制；根据三角网绘制。

**(1)由图面生成**

步骤如下：

①先用复合线生成断面线，依次点击“工程应用”→“绘断面图”→“根据已知坐标”功能。

②提示“选择断面线”，用鼠标点击上步所绘断面线。屏幕上弹出“断面线上取值”的对话框，如图 10-33 所示。

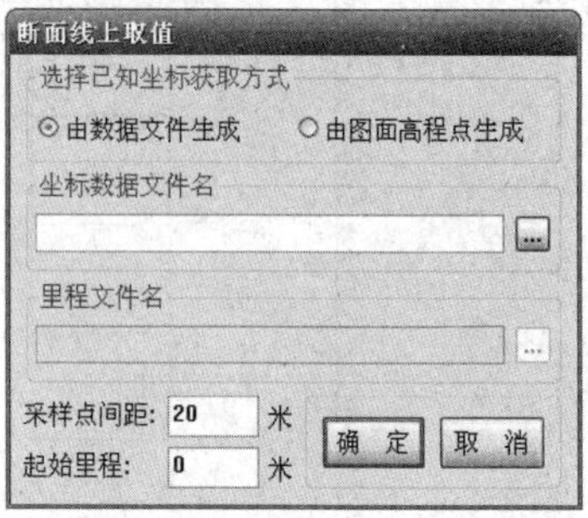

图 10-33　根据已知坐标绘断面图

③用鼠标点击“坐标获取方式”栏中的选项。如果选择“由数据文件生成”，则在“坐标数据文件名”栏中选择高程点数据文件(坐标数据文件是指野外观测得到的包含高程点的文件)。如果选择“由图面高程点生成”，此步则为在图上选取高程点，前提是图面存在高程点，否则此方法无法生成断面图。

④输入采样点间距。输入采样点的间距，系统的默认值为 20 m。采样点间距的含义是复合线上两顶点之间若大于此间距，则每隔此间距内插一个点。

⑤输入起始里程<0. 0>系统默认起始里程为 0。

⑥点击“确定”之后，屏幕弹出绘制纵断面图对话框，如图 10-34 所示。

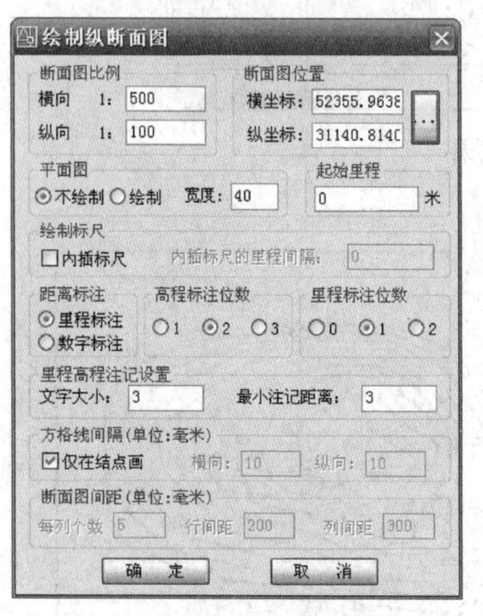


图 10-34　“绘制纵断面图”对话框

⑦输入相关参数。例如，横向比例为 1∶<500>输入横向比例，系统的默认值为 1∶500；纵向比例为 1∶<100>输入纵向比例，系统的默认值为 1∶100；断面图位置可以手工输入，也可在图面上拾取。

可选择是否绘制平面图、标尺、标注以及注记的设置。

⑧点击“确定”之后，屏幕上出现所选断面线的断面图，如图 10-35 所示。

**(2)根据里程文件绘制**

一个里程文件可包含多个断面的信息，此时绘断面图就可一次绘出多个断面。里程文件的一个断面信息内允许有该断面不同时期的断面数据，这样绘制这个断面时就可以同时绘出实际断面线和设计断面线。操作方法：依次选择“工程应用”→“绘断面图”→“根据里程文件”命令，根据弹出的对话框提示，逐步完成操作，最后得到所需要的成果。

**(3)根据等高线绘制**

如果图面存在等高线，则可以根据断面线与等高线的交点来绘制纵断面图。操作方法：依次选择“工程应用”→“绘断面图”→“根据等高线”命令，命令行提示“请选取断面线”，选择要绘制断面图的断面线。屏幕弹出绘制纵断面图对话框，如图 10-34 所示，后续操作方法详如前所述。

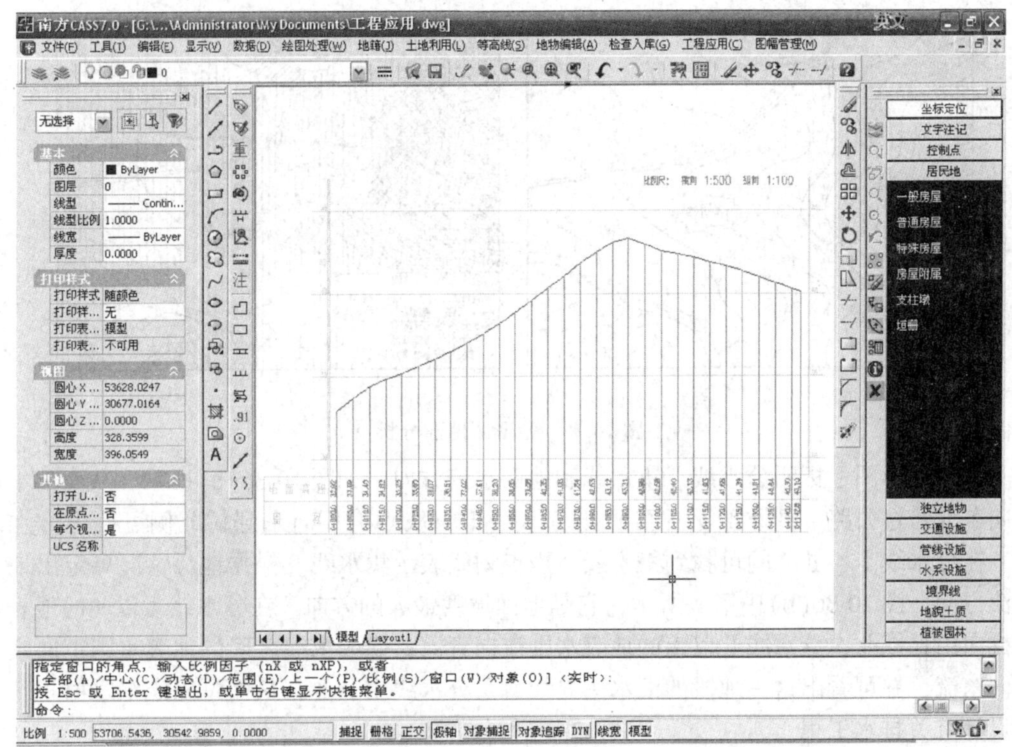


图 10-35　纵断面图

**(4) 根据三角网绘制**

如果图面存在三角网，则可以根据断面线与三角网的交点来绘制纵断面图。操作方法：依次选择“工程应用”→“绘断面图”→“根据三角网”命令，命令行提示“请选取断面线”，选择要绘制断面图的断面线。屏幕弹出绘制纵断面图对话框，如图 10-34 所示，操作方法详如前述。

# 10.4　地形图在城镇规划中的应用

## 10.4.1　规划建筑用地的地形分析

在规划设计前，首先要按建筑、交通、给水、排水等对地形的要求进行地形分析，以便充分合理地利用和改造原有地形。地形分析包括以下内容。

**(1) 地形图地形分析**

①地形总体特征分析。从图 10-36(a) 可以看出这个地区的地形特点是：光明村以西有一座高约 115 m 的小山，山的东边有一片坎地，南面有几条冲沟；村南有一条河流，其南岸有一片沼泽地；在向阳公路以北有一个高出地面约 30 m 的小丘，小丘东西向地势较南北向平缓；村西的地形，从 75 m 等高线以上较陡，55~75 m 等高线一段渐趋平缓，55 m 等高线以下更为平坦。总之，该地区除了小山和小丘以外是比较平缓的。

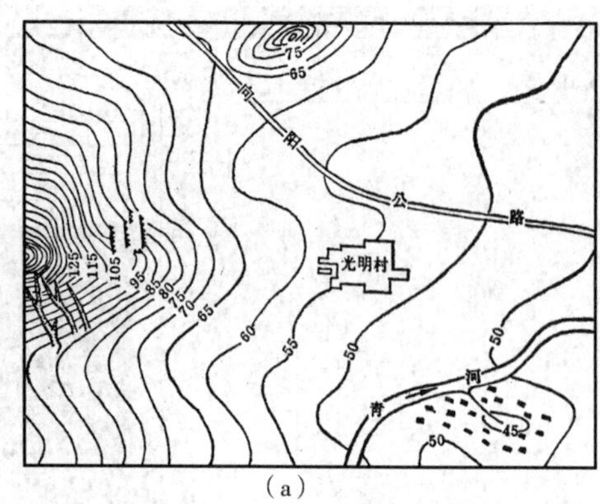

(a)

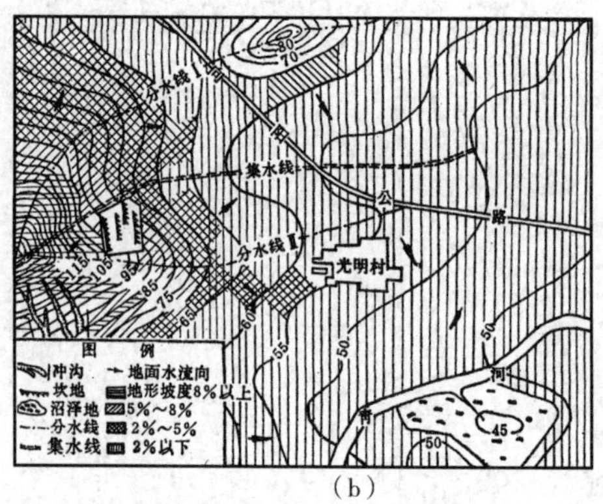

(b)

**图 10-36　地形图地形分析**

②在地形图上标明分水线、集水线和地面水流方向。如图 10-36(b)所示，从西部小山顶向东北跨过公路，到北部小丘可找出分水线Ⅰ，从小山顶向东到村北侧可找出分水线Ⅱ。在分水线Ⅰ、Ⅱ之间可找到集水线，用点划线表示集水线。根据地势情况可定出地面水流方向，图 10-36(b)中箭头所示，它是地面坡度最大的方向。在分水线Ⅰ以北的地表水都排向山丘以北，分水线Ⅱ以南的地表水则流向青河，而分水线之间的地表水则汇向集水线向东流，并可看出这一地段的汇水边界线就是分水线Ⅰ、Ⅱ，从而可确定汇水面积，以便设计有关排水工程。

**(2)在地形图上划分不同坡度的地段并计算面积**

城镇各项工程建设对用地的坡度都有一定的要求，因此，在规划设计之前必须将用地区域划分为各种不同坡度的地段。如图 10-36(b)所示，应用各种符号或不同的颜色表示出了 2%以下、2%~5%、5%~8%以及 8%以上等不同地面坡度的地段，从而可以计算各种坡度地段的面积作为分区规划设计的依据。

**(3)特殊地形分析**

如图 10-36 所示，其特殊地段包括冲沟、坎地、沼泽地等，是否可作为建设用地，必须作进一步调查，并结合地质勘探和水文资料进行分析，才能确定某些地段的性质和用途。因此，在地貌复杂或具有特殊要求的地区，一般除了绘制地形分析图外，还要根据地质、气候等自然条件进行综合分析，以便经济合理地选择城镇用地和规划城镇功能分区。

## 10.4.2　城镇规划中地形图的使用

在城镇规划中，总体布置应充分考虑地形因素。在总体规划阶段，常选用 1∶10 000 或 1∶5000 地形图，在详细规划阶段，考虑到建筑物、道路、排水给水等各项工程初步设计的需要，通常选用 1∶2000、1∶1000、1∶500 等比例尺的地形图。应用地形图进行小区规划或建筑群体布置时，一般要求处理好如下几个方面的问题。

**(1)地貌与建筑群体布置**

建筑物随地形布置的 3 种形式：沿等高线方向布置、垂直于等高线方向布置和斜交于等高线方向布置。一般坡度在 5%以下时，建筑群体可自由布置而不受限制；当坡度为

5%~10%时(缓坡)，布置建筑群体时受地形的限制不大，可采用筑台和提高勒脚的方法来处理；当坡度大于 10%时，一定要根据地形、使用要求及经济效果来综合考虑 3 种布置的组合形式。

在山地或丘陵地区进行建筑群体布置时，因大部分地面坡度大于 10%，所以必须注意适应地形变化，尽量减少土方量，争取绝大部分的建筑有良好的朝向，并提高日照、通风的效果。例如，图 10-37(a)是没有考虑地形和气候条件，布置成规则的行列式，造成间距不良、工程量较大、用地不经济。若按图 10-37(b)并结合地形灵活布置为自由式或点式，在建筑面积与图 10-37(a)相同的情况下，通过改进了平面布置，既减少了挖方工程，又增大了房屋间距，也提高了日照、通风等效果，从而改善了使用条件。可见，充分结合地形来确定建筑群体的布置方案，是应用地形图进行规划设计的重要问题。

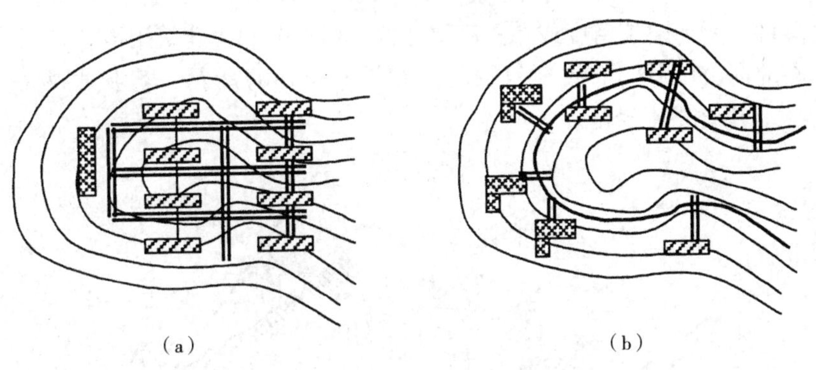


图 10-37　地貌与建筑群布置

**(2) 地貌与服务性建筑的布置**

服务性建筑的布置，要使居民地能在一定的范围内满足日常生活上的需要。为此，应用地形图进行居住区规划设计时，要结合地形考虑服务半径的大小，使该区居民均感便利。一般顺等高线方向交通便利，其服务半径可以大些；而垂直等高线方向，则坡坎或梯道较多，交通较为不便，其服务半径则宜小些。

服务性建筑的布置不仅要考虑服务半径，还要考虑服务高差，宜将其设在高差中心处(图 10-38)，以减少上下坡的距离。

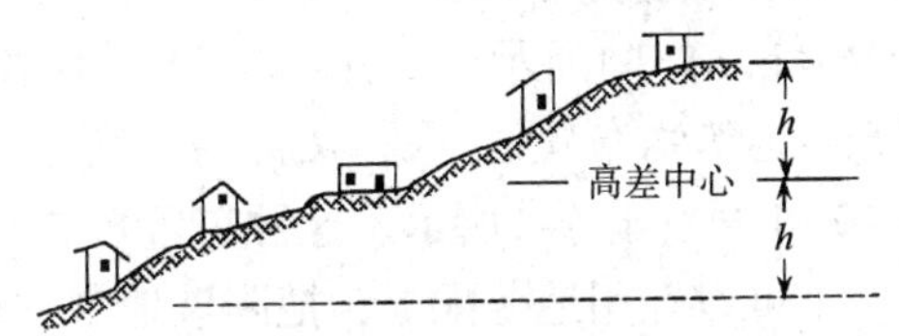


图 10-38　地貌与服务性建筑的布置

**(3) 地貌与建筑通风**

山地或丘陵地区的建筑通风，除了受季风影响外，还受建筑用地的地貌及温差而产生的局部地方风的影响。有时这种地方小气候对建筑通风起着主要作用，人们称其为地形风。常见的地形风有顺坡风、山谷风、越山风等，其成因各不相同。

地形风不仅种类不同，而且受地形条件的影响，风向变化也不同。如图 10-39 所示，当风吹向山丘时，由于地形影响，在山丘周围会形成不同的风向区，一般可将山丘分为：迎风坡区、背风坡区、涡风区、高压风区和越山风区。在山地或丘陵地利用地形图作规划设计时，结合风向与地形的关系考虑建筑分区和布置，也是不可忽视的问题。

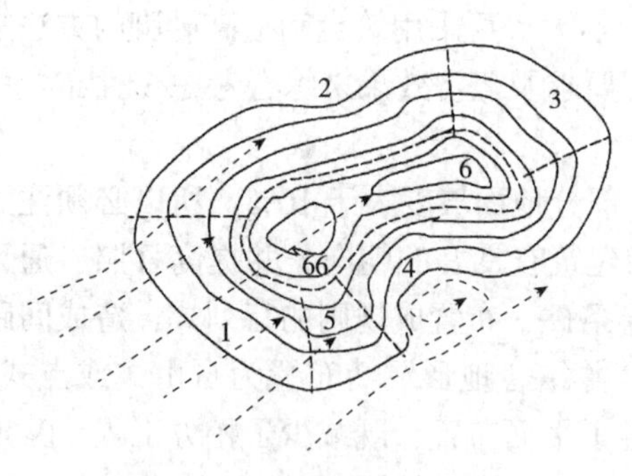


1. 迎风坡区；2. 顺风坡区；3. 背风坡区；
4. 涡风区；5. 高压风区；6. 虚线圈内为越山风区。

**图 10-39　地貌与建筑通风**

**(4)地貌与建筑日照**

在平地，建筑物合理日照间距仅与建筑物布置形式和朝向有关。而在山地和丘陵地区，建筑物日照间距，除布置形式和朝向两个影响因素外，还受地貌坡向和坡度的明显影响。因此，利用地形图布置建筑物时，要根据地貌的坡度和坡向密切结合建筑布置形式和朝向，确定合理的建筑日照间距。

如图 10-40(a)所示，在南向坡(阳坡)，当建筑物平行于等高线布置时，其地面坡度越大，日照间距 $D$ 就越小，所以，可以利用向阳坡日照间距小的条件，增加建筑密度或布置高层建筑，以充分利用建筑用地。

但是，在北向坡(阴坡)布置建筑物时，如图 10-40(b)所示，其坡度越大，所需日照间距 $D$ 也越大，用地很不经济。

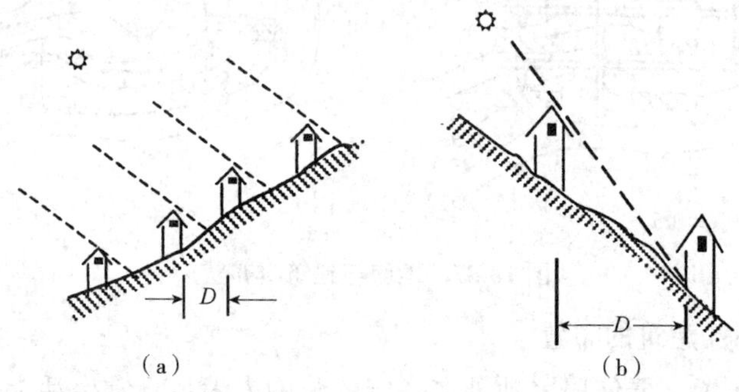


**图 10-40　建筑物与日照**

为了合理利用地形，争取良好的日照条件，建筑物常采取垂直或斜交等高线布置，如图 10-41(a)(b)所示，这种争取不与等高线平行的布置形式可以缩小建筑物间距得到直射阳光。建筑物布置也可采取斜列、交错、长短结合、高低错落和点式平面等处理，如图 10-41(c)(d)(e)所示。这种布置形式可以缩小建筑物间距并从建筑物之间透过直射阳光。也可以在用地分配上，把阴坡地规划为绿地、运动场、停车场等公共设施用地。

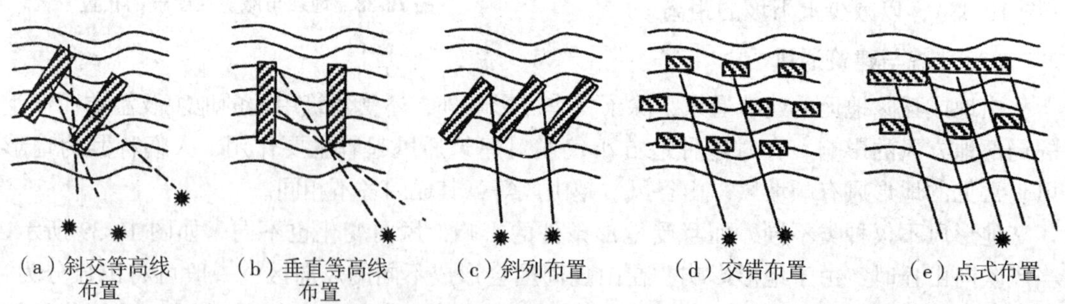


**图 10-41　建筑物结合等高线的布置形式**

## 本章小结

地形图是工程建设规划和设计阶段所必需的图面资料。地形图的应用是测绘技术人员应当掌握的必备技能。在地形图上可求算点的坐标、高程，求直线的坐标方位角、长度和坡度；主要方法可归纳为解析法和图解法两种。

地形图的野外应用技能主要是指实地定向、定位，在此基础上再进行调绘填图等工作。定向可利用罗盘、线状地物、独立地物、明显地形点进行，因地制宜灵活选用；确立站立点位置(定位)主要依据明显地形点，或者采用侧方交会、后方交会等方法。面积量算主要有坐标法、图解法、求积仪法、CAD 法。坐标法具有最高精度，若结合现代计算技术，其优势更加明显；图解法虽然精度较低，但适宜量测小图斑的面积。数字地形图具有精度高、速度快、现势性强、便于保存的特点。

利用数字地形图很容易查询点的坐标(包含高程)，两点间的距离及坐标方位角、线长、实体面积和表面积，还能方便计算土方量和绘制断面图等工程方面的应用。在土石方量的计算中，DTM 法是目前较好的一种方法，而方格网法由于简便直观，易于操作，在实际工作中应用地非常广泛。

地形图在城镇规划中发挥着重要作用，利用它可确定最佳路线，绘制某一线路方向的纵断面图，确定汇水周界，计算地表面积和土石方量等。在地形图上可获取规划区域的许多地形条件信息，为用地选择、建筑布局、给排水系统规划等提供科学依据。

## 复习思考题

1. 在教学用地形图上做题：

(1)求任意一山顶的地理坐标、高斯平面直角坐标值。

(2)依图上某一条路线为运动路线，分析在运动中所看到的山体特征、地理景观、地域文化、建筑等的特征。

(3)依某山顶为站立点，试述所观察到的周围山顶、鞍部、山脊、沟谷、河流、山坡、山脚、山背和植被。

2. 根据图 10-42 完成以下题目：

(1)在图上量算出 $A$ 点和 $B$ 点的坐标，并计算出 $A$ 点与 $B$ 点之间的水平距离。

(2)分别用解析法和图解法求图上 $AB$ 直线的方位角 $\alpha_{AB}$。

(3)求图上 $A$、$B$ 两点高程。

(4)计算 $A$、$B$ 两点间的坡度。

(5)绘出 $AB$ 直线的纵断面图。要求水平比例尺 1∶500、高程比例尺 1∶50。

(6)若从 $A$ 点向东北山顶 $B$ 点修建一条坡度不超过 2/100 的道路，请在图上标出最佳路线。

3. 在纸质地形图上量测面积的方法有哪些？有哪些优缺点？

4. 数字地形图与传统纸质地形图相比有何特点？

5. 如何在数字地形图上求某点的高程？

6. 请在数字地形图上用两种方法计算某区域的土方量，并比较其结果。

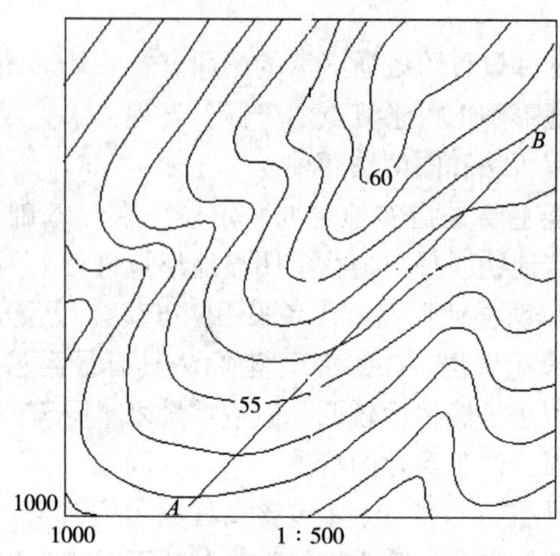


图 10-42 局部地形图

# 第四篇

# 施工测量

# 第 11 章

# 测设的基本工作

【内容提要】本章是施工测量的基础，概述了测设工作的基本内容和特点，重点介绍了施工放样中水平角度、水平距离和高程的测设方法；测设点的平面位置的几种方法；坡度线和圆曲线的测设方法。

测设在规划设计和勘察测绘等单位也被称为放样或者放线，是测量工作的重要任务之一，在各种工程建设中应用非常广泛。它是根据施工的需要，将图纸上规划设计好的建(构)筑物的平面位置和高程，按要求以一定的精度在实地标定出来，作为施工的依据。点的位置是由平面位置和高程确定的，而点的平面位置通常是由水平距离和水平角度来确定，所以测设的基本工作包括水平角度、水平距离和高程的测设。

测设和测图相比，一是在作业顺序上正好相反；二是均遵循“从整体到局部，先控制后碎部”的测量基本原则。

测设是整个施工过程的组成部分，所以它必须与施工组织相协调，在精度和速度方面满足施工的需要。测设前，需根据工程性质、设计要求、客观条件等因素来制定切实可行的测设精度和方法。

为了使测设点位正确，必须认真执行自检、互检制度。测设前，应认真阅读图纸，核准测设数据，杜绝计算粗差，检核测量仪器。测设时，反复检查校核，精益求精，一丝不苟，严格按照设计尺寸测设到实地上。否则，就会“差之毫厘，失之千里”。测设后，所有测设数据、测设过程和结果，均应完整地记录、汇总、保存，以作为工程竣工验收资料参考。

## 11.1 水平角度、水平距离和高程的测设

### 11.1.1 水平角度的测设

水平角度的测设是在一个已知测站上安置仪器，根据一条已知边的方向和设计的角度值，在地面上定出第二条边的方向。根据精度要求的不同，一般有两种方法。

**(1)一般方法**(直接法)

当测设水平角度的精度要求不高时，可采用盘左、盘右取中数的方法，因而此法也称

为盘左盘右分中法。如图 11-1 所示，设地面上已有 $AP$ 方向，要从 $AP$ 顺时针测设一水平角度 $\beta$，以定出 $AB$ 方向。这时，可先在 $A$ 点安置经纬仪，用盘左瞄准 $P$ 点，读取此时的水平度盘读数，设为 $\alpha$，然后顺时针旋转照准部，当水平盘读数为 $\alpha+\beta$ 时，在视线方向上定出 $B_1$ 点；同法用盘右定出另一点 $B_2$，取 $B_1$、$B_2$ 的中点 $B$，则 $\angle PAB$ 就是要标定的角 $\beta$。

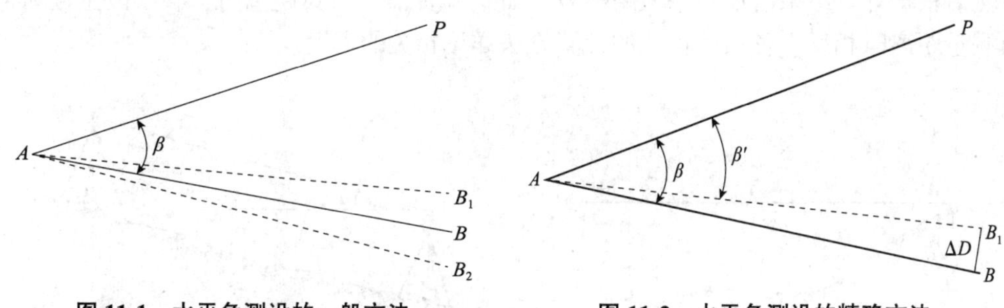


**图 11-1　水平角测设的一般方法**　　**图 11-2　水平角测设的精确方法**

**(2)精确方法**(归化法)

当测设水平角度精度要求较高时，可以采用作垂线改正的方法，以提高测设的精度。如图 11-2 所示，可先用盘左根据要标定的角度 $\beta$ 定出 $B_1$ 点，然后用测回法精确测出 $\angle PAB_1$(视精度要求可多测几个测回)设为 $\beta'$，并用钢尺量取 $AB_1$ 水平距离 $D_1$，接着计算设计角度与实测的角度之差 $\Delta\beta$ 以及与 $AB_1$ 垂直的距离 $\Delta D$。

$$\left.\begin{aligned}\Delta\beta&=\beta-\beta'\\ \Delta D&=D_1\frac{\Delta\beta}{\rho}\end{aligned}\right\}\tag{11-1}$$

式中，$\rho=206\ 265''$。

最后在 $B_1$ 点垂直于 $AB_1$ 方向上量取长度 $\Delta D$ 得 $B$ 点，则 $\angle PAB$ 为欲测设的水平角度。当 $\Delta\beta>0$ 时，由 $AB_1$ 垂直向外量测垂距 $\Delta D$；当 $\Delta\beta<0$ 时，向内量测垂距 $\Delta D$。

为检查测设是否正确，还应对 $\angle PAB$ 进行检查测量，将测量结果与设计水平角度 $\beta$ 进行比较，若较差小于 $\pm8''$，则认为测设的水平角度符合质量要求。

### 11.1.2　水平距离的测设

在地面上丈量两点间的水平距离时，首先是用尺子量出两点间的距离，再进行必要的改正，以求得准确的实地水平距离。而测设已知的水平距离时，其程序恰恰相反，其做法如下。

**(1)钢尺测设法**

①一般方法(直接法)。如图 11-3 所示，欲在 $AC$ 方向上测设出水平距离 $D$，以定出 $B$ 点，可用钢尺直接量取设计长度，并在地面上临时标出其终点 $B$，这一过程称为往测。

为检核起见，应往返丈量测设的距离，往返丈量的较差若在限差之内，取其平均位置作为 $B$ 点。

若地面有一定的坡度，应将钢尺一端抬高拉平并用垂球投点进行丈量，具体方法参见 4.1 节距离的平量法。

②精确方法(归化法)。当测设精度要求高时，应使用检定过的钢尺，用经纬仪定线，根据设计的水平距离 $D$，经过尺长改正 $\Delta l_d$，温度改正 $\Delta l_t$ 和倾斜改正 $\Delta l_h$ 后，计算出沿地面应量取的倾斜距离 $D'$。

$$D'=D-(\Delta l_d+\Delta l_t+\Delta l_h) \tag{11-2}$$

然后根据计算结果沿地面量取距离 $D'$。此时应注意，测设距离时，各项改正数的符号应与测量距离时相反，各项改正数的计算方法详见相关的书籍。

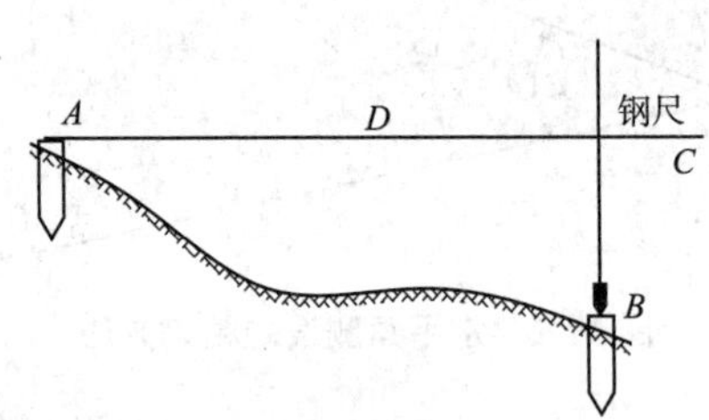


图 11-3　水平距离测设的一般方法

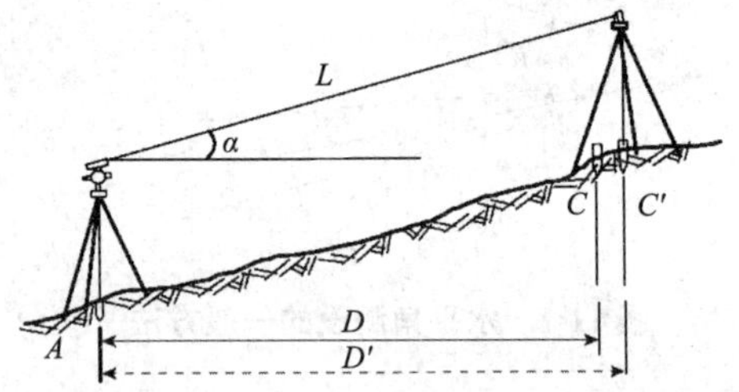


图 11-4　测距仪、全站仪测设水平距离

**(2)测距仪测设法**

长距离的测设应采用测距仪。如图 11-4 所示，测距仪置于 $A$ 点，沿已知方向前后移动反射棱镜，使测距仪显示的距离略大于设计的水平距离，定出 $C'$点。在 $C'$点立棱镜，测出竖直角 $\alpha$ 及斜距 $L$，计算出水平距离 $D'=L\cos\alpha$，求出 $D'$与应测设的水平距离 $D$ 之差 $\Delta D=D-D'$。根据 $\Delta D$ 的符号在实地用钢尺沿测设方向将 $C'$改正至 $C$ 点，并用木桩标定。为了检核，应将棱镜立于 $C$ 点再实测 $AC$ 距离，其不符值应在限差内，否则应再次进行改正，直至符合精度要求。

**(3)全站仪测设法**

如图 11-4 所示，全站仪置于 $A$ 点。在全站仪距离测量模式的菜单中有“放样”选项，只要用户输入测站点至放样点的距离，放样点的方向由用户根据计算出的其与后视方向的水平夹角 $\beta$ 确定，对准棱镜测距后，屏幕显示实测水平距离与设计距离之差 $dD$，观测员据此指挥司镜员在望远镜视线方向前后移动棱镜，直至 $dD=0$ 为止。$dD>0$ 时，棱镜向近处移动；$dD<0$ 时，棱镜向远处移动。

一般建筑设计给出的是房屋轴线交点的坐标，所以在使用距离测量模式下的“放样”选项之前，用户应根据测站点的已知坐标反算出测站点至每个房屋轴线交点的水平距离 $D$ 和坐标方位角 $\alpha$。

## 11.1.3　高程的测设

根据附近的水准点将设计的高程测设到现场作业面上，称为高程测设。在建筑设计和施工中，为了计算方便，一般把建筑物的室内地坪用±0 表示，基础、门窗的标高都是以±0 为依据确定的。

**(1)视线高法**

如图 11-5 所示，$A$ 为已知高程点，高程为 $H_A$，欲测设 $B$ 点，并使其高程等于设计高程

$H_B$。为此，可在 $AB$ 间安置水准仪，后视 $A$ 点上水准尺若读数为 $a$，则水准仪的视线高程为 $H_i=H_A+a$，要使 $B$ 点的高程为 $H_B$，则竖立于 $B$ 点的水准尺读数应为 $b=H_i-H_B$，此时可上下移动 $B$ 点木桩侧面的水准尺，当水准尺的读数为 $b$ 时，水准尺的零刻划位置即为欲设高程 $H_B$ 的位置，然后在 $B$ 点的木桩侧面紧靠尺底画一横线作为标志。

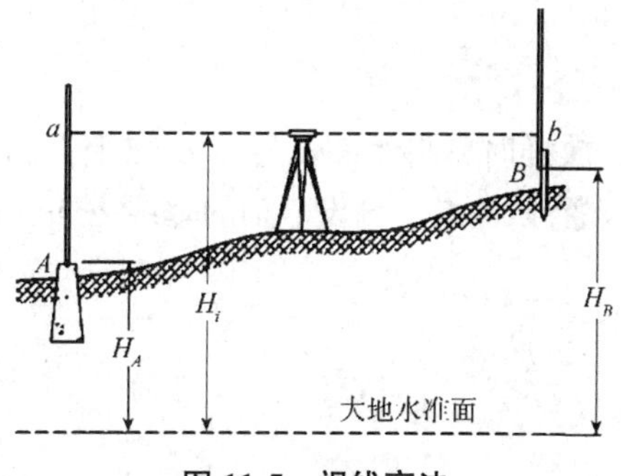


图 11-5　视线高法

**(2)水准尺与钢尺联合测设法**(高程的传递)

对建筑物基坑内进行高程放样时，设计高程点 $B$ 通常远远低于视线，所以安置在地面上的水准仪看不到立在基坑内的水准尺。此时可借助钢尺，配合水准仪进行，如图 11-6 所示，$MN$ 为支架，用于悬挂钢尺，使其零端向下。放样时水准仪先安置在地面上，然后安置在基坑内分别进行观测。若地面上水准仪的后视读数为 $a_1$，前视读数为 $b_1$，则其视线高为 $H_i=H_A+a_1$；若基坑内水准仪的后视读数为 $a_2$，则其视线高为 $H'_i=H_A+a_1-(b_1-a_2)$，若 $B$ 点的设计高程为 $H_B$，则基坑内水准尺上的读数 $b_2$ 为：

$$b_2=H'_i-H_B=H_A-H_B+a_1-(b_1-a_2) \tag{11-3}$$

同样的方法也可将高程从低处向高处引测，这种高程测设方法在工程建设中应用十分广泛。

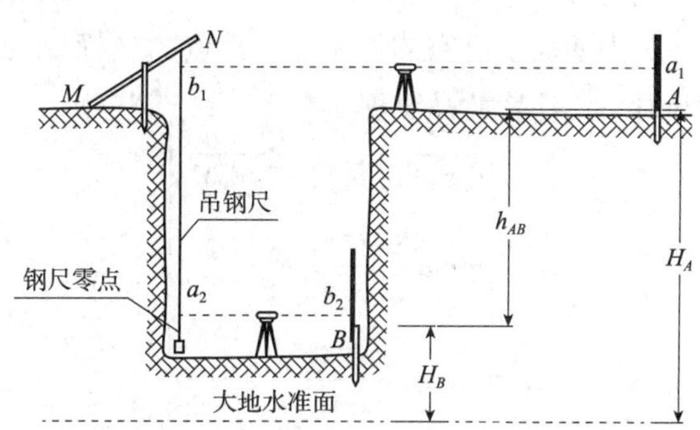


图 11-6　高程传递(测设深基坑内的高程)

# 11.2　点的平面位置测设

测设点的平面位置通常需要两个放样的要素：它们可以是两个角度、两个距离或一个角度加一个距离，下面介绍几种常用的放样方法。

## 11.2.1　直角坐标法(支距法)

当施工控制网为建筑方格网或建筑基线，而待定点离控制网较近时，常采用直角坐标法测设点位。如图 11-7 所示，$xOy$ 为建筑基线，欲在地面上定出建筑物 $A$ 点的位置，$A$ 点的坐标($x_A$，$y_A$)已在设计图上确定。这时，只需求出 $A$ 点相对于 $O$ 点的坐标增量。

$$\Delta x = x_A - x_O$$
$$\Delta y = y_A - y_O$$

放样时，将经纬仪置于 $O$ 点上，瞄准 $O_y$ 方向，并沿此方向上量取 $\Delta y$ 得 $M$ 点，再将仪器置于 $M$ 点，测设 $y$ 轴的垂线方向，并量取 $\Delta x$ 即得 $A$ 点。同理，也可由 $x$ 轴方向测设。

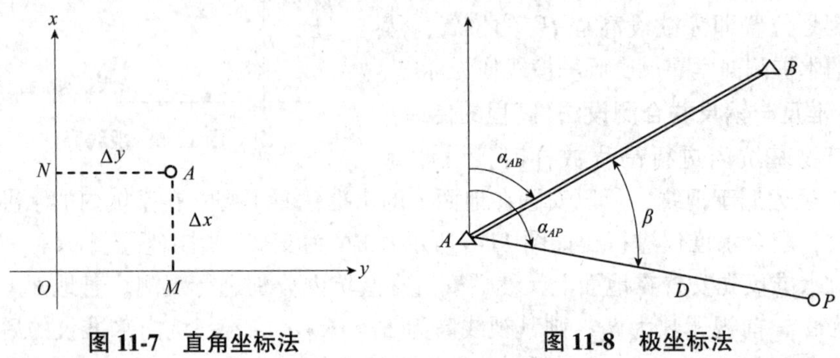


图 11-7　直角坐标法　　图 11-8　极坐标法

## 11.2.2　极坐标法

极坐标法是根据一个角度和一个边长来放样点的平面位置，放样前需先计算出放样点的测设数据。

**(1)经纬仪测设**

如图 11-8 所示，$A$、$B$ 为地面上已有的控制点，$P$ 点的坐标($x_P$，$y_P$)由设计给定。先根据 $A$、$P$ 点的坐标按下列公式计算放样数据。

$$\left.\begin{aligned} D &= \sqrt{(x_P - x_A)^2 + (y_P - y_A)^2} \\ \alpha_{AP} &= \arctan \frac{y_P - y_A}{x_P - x_A} \\ \alpha_{AB} &= \arctan \frac{y_B - y_A}{x_B - x_A} \\ \beta &= \alpha_{AP} - \alpha_{AB} \end{aligned}\right\} \tag{11-4}$$

注意：$\alpha_{AP}$、$\alpha_{AB}$ 的计算要注意其所在的象限，最后确定坐标方位角的大小。

放样时，将经纬仪安置于 $A$ 点上，瞄准 $B$ 点，按水平角度测设法测设 $\beta$ 角，标定出 $AP$ 方向，并在视线方向上用钢尺按距离测设法量取水平距离 $D$，即得 $P$ 点的位置。

**(2)全站仪测设**

全站仪在数字化测图中的应用非常广泛，在进行建筑施工放样时也非常方便、快捷，尤其是使用微型棱镜放样非常方便。全站仪放样建筑物的坐标能适应各类地形和施工现场情况，而且精度较高，操作简单，在生产实践中被广泛采用。

①用水平角和水平距离测设。用全站仪放样时，可在放样过程中边输入放样点的坐标边放样，也可以在计算机上编写控制点和房屋轴线交点的坐标文件，然后上传到全站仪中，测站点至放样点的坐标方位角及水平距离由全站仪自动反算出。下面以图 11-9 为例，

在控制点 $A$ 安置全站仪，以控制点 $B$ 为后视方向，放样 1、2、3、4 四个轴线交点的操作步骤如下：

a. 将控制点和待放样点的数据文件由计算机上传到全站仪中的文件"fy"中，文件名可自定义。

b. 在全站仪的"放样"选项，调用文件"fy"，然后进入放样界面。

c. 设置 $A$ 点为测站点，$B$ 点为后视方向，此时全站仪要求分别确认测站点和后视方向点的坐标正确无误，然后仪器显示 $AB$ 的坐标方位角值。

d. 转动全站仪的照准部，精确瞄准 $B$ 点后，设置该方向的水平度盘读数为 $AB$ 的坐标方位角。

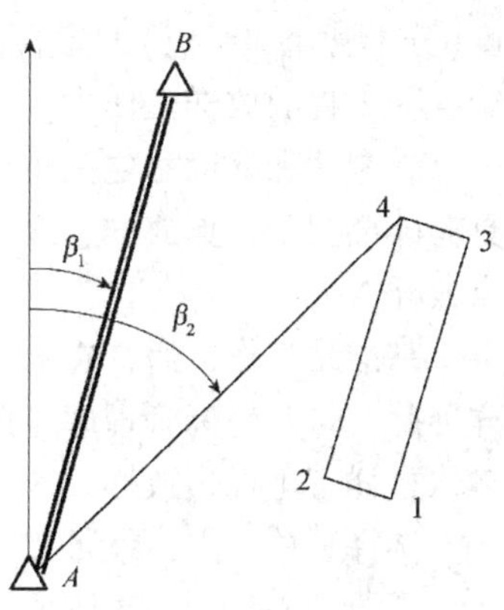


**图 11-9　全站仪测设**

e. 选择"输入放样点"选项，若设置 3 点为放样点，此时全站仪提示确认放样点 3 的坐标，然后仪器自动计算出 $A3$ 的坐标方位角和水平距离。

f. 旋转全站仪的照准部，对另外一个棱镜测量后，菜单显示中 $HR$ 的数值为望远镜当前视线方向的坐标方位角，$dHR$ 为当前视线方向的坐标方位角与 $A3$ 坐标方位角的设计值之差，若 $dHR$ 为负值，表示还要增大视线方向的坐标方位角值；若 $dHR$ 为正值，则表示要减小视线方向的坐标方位角值。转动照准部，直至 $dHR=0$ 为止，此时视线方向的坐标方位角为 $A3$ 坐标方位角的设计值。

g. 照准棱镜，进行距离测量，$HZ$ 为仪器至棱镜的水平距离，$dZ$ 为当前水平距离与设计水平距离之差，若 $dZ$ 为负值，表示棱镜还需要在望远镜视线方向向远处移动，否则向近处移动，直到 $dZ=0$ 为止，此时棱镜所在的位置即为放样的 3 点，同理可以放样 1、2、4 点。

②利用坐标测设。全站仪坐标放样法的实质就是极坐标法，其操作步骤如下：

a. 在测站点安置全站仪，输入测站点坐标，也可以在计算机上编写控制点和房屋轴线交点的坐标文件，然后上传到全站仪中。

b. 瞄准后视点并输入后视点坐标或坐标方位角，并测量后视点坐标，以确认后视点坐标准确无误。

c. 输入或调用放样点和测站点的坐标，仪器可自动计算测设数据。

d. 在待定点的概略位置竖立棱镜，用望远镜瞄准棱镜，按坐标放样功能键，则可立即显示当前棱镜位置与放样点的坐标差 $dx$ 和 $dy$。

e. 根据坐标差移动棱镜位置。若 $dx$ 为正，需要向南移动，否则向北移动；若 $dy$ 为正，需要向西移动，否则向东移动。当 $dx=0$ 且 $dy=0$ 时，这时棱镜中心所对应的位置就是放样点的位置，然后在地面上做出标志。

**(3) RTK 测设**

随着 GNSS 定位技术的快速发展，各种工程的测设对快速高精度定位的需求也日益强烈。目前使用最为广泛的高精度定位技术就是 RTK(real-time kinematic，实时动态定位)，RTK 技术的关键在于使用了 GNSS 的载波相位观测量，并利用了参考站和移动站之间观测误差的空间相关性，通过差分的方式除去移动站观测数据中的大部分误差，从而实现高精度(分米甚至厘米级)的定位。RTK 技术不但可以确定点的位置，而且在现实中已经应用于各种工程的放样工作中。

参考站和移动站之间的无线控制技术确保了 RTK 流动站高效可靠的野外测量工作，具有碎部测量、点放样、线放样、曲线放样、线路放样和电力线放样等功能，下面仅介绍点放样。

基准站工作以后，在 RTK 流动站的数据采集手薄中选择测量中的“点放样”，进入放样屏幕，打开坐标管理库，此时可以打开事先编辑好的放样文件，选择放样点，也可以边输入放样点坐标边放样。

选择了放样点，就可以开始放样，屏幕显示当前点与放样点之间的 $dx$ 和 $dy$。若 $dx$ 为正，需要向南移动，否则向北移动；若 $dy$ 为正，需要向西移动，否则向东移动。当 $dx=0$ 且 $dy=0$ 时，此时的 RTK 流动站即为放样点的实际位置。

### 11.2.3　距离交会法

距离交会法适用于场地平坦、量距方便且控制点与待定点的距离又不超过钢尺长度的放样，即由两个控制点向待定点丈量两个已知距离来确定点的平面位置，如图 11-10 所示。从两个控制点 $A$、$B$ 向同一待测点 $P$ 用钢尺拉两段由坐标反算的距离 $D_1$、$D_2$，相交处即为测设点位 $P$。

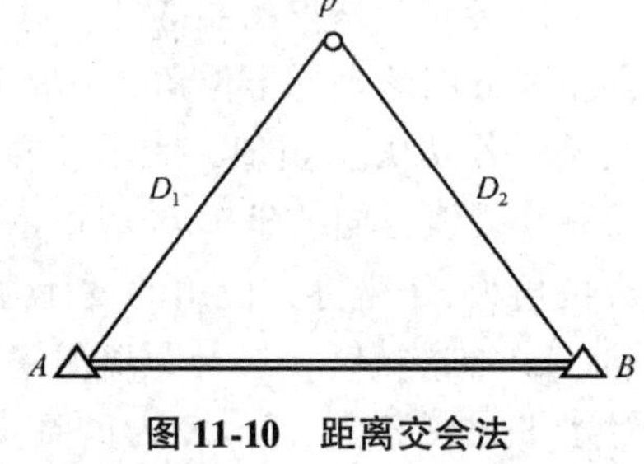


图 11-10　距离交会法

### 11.2.4　角度交会法

角度交会法常用于放样一些不便量距或测设的点位远离控制点的独立点位，该法根据两个角度，从已有的两个控制点确定方向交会出待求点的位置。如图 11-11 所示，$A$、$B$ 为已知点，坐标为 $A(x_A, y_A)$、$B(x_B, y_B)$，$P$ 为设计好的待放样点。放样时，首先根据坐标反算公式分别计算出 $\alpha_{AB}$、$\alpha_{AP}$、$\alpha_{BP}$，然后计算出测设数据 $\beta_1$、$\beta_2$。在 $A$、$B$ 两点上分别安置经纬仪，测设出 $\beta_1$、$\beta_2$ 角，确定 $AP$ 和 $BP$ 的方向，并在 $P$ 点附近沿这两个方向定出 $a$、$b$ 和 $c$、$d$，而后在 $a$、$b$ 和 $c$、$d$ 之间分别拉一细绳，它们的交点即为 $P$ 点的位置。当精度要求较高时，应利用 3 个已知点交会，以资校核。

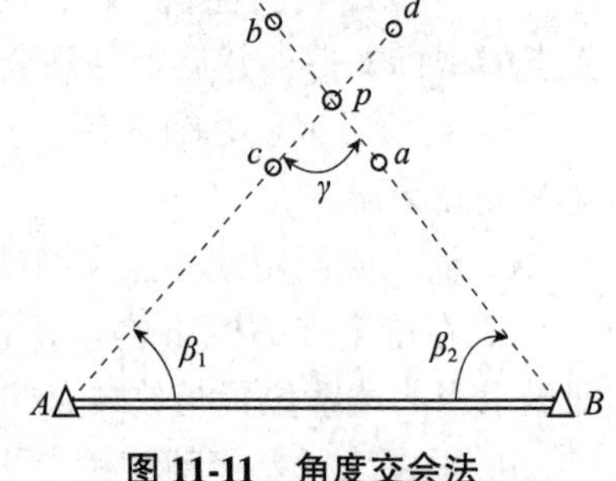


图 11-11　角度交会法

## 11.3　坡度线与圆曲线的测设

### 11.3.1　坡度线的测设

修筑路线工程时，经常需要在实地测设已知设计坡度的直线，如图 11-12 所示。设地面上有一点 $A$，其高程为 $H_A$，今欲由 $A$ 点沿 $AB$ 方向测设一条坡度为 $i$ 的倾斜直线，若 $A$、$B$ 两点间的水平距离为 $D$，则坡度线另一端 $B$ 的高程为：

$$H_B = H_A + iD \tag{11-5}$$

从而可按测设高程的方法标出 $B$ 点。

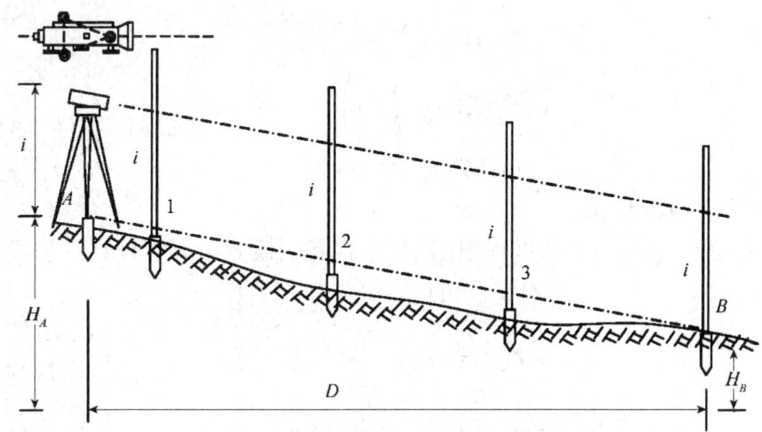


**图 11-12　水准仪倾斜视线法**

如果要在坡度线上设置同坡度的点，在坡度变化不大的地方，可使用水准仪倾斜视线法。如图 11-12 所示，要在 $AB$ 方向上定出与 $AB$ 同坡度的点 1、2、3，可在 $A$ 点安置水准仪，使其中一个脚螺旋大致在 $AB$ 方向上，另两个脚螺旋连线大致垂直于 $AB$ 方向，量得仪器高 $i$。视线照准 $B$ 点的水准尺后，转动 $AB$ 方向上的脚螺旋，使 $B$ 点水准尺的读数等于 $A$ 点的仪器高 $i$，此时视线就平行于设计坡度线 $AB$ 了。然后，在 1、2、3 等处各打入木桩，使立于桩上的水准尺读数均等于仪器高 $i$，在木桩侧面紧靠尺底画一横线作为标志，然后把各木桩的横线标志进行连线，即为设计的坡度线。

在坡度变化大的地方，用经纬仪同样可以标定同坡度点，不过不是转动脚螺旋，而是转动望远镜的制动螺旋和微动螺旋，使视线平行于设计坡度线，然后利用上面的方法标定同坡度点。

## 11.3.2　圆曲线的测设

在路线施工中，路线转弯处有时会遇到一些曲线的测设。另外，现代办公楼、旅馆、饭店、医院、交通建筑物等建筑平面图形有些部位被设计成圆弧形，有的整个建筑为圆弧形，有的建筑物是由一组或数组圆弧曲线与其他平面图形组合而成，这时需测设圆曲线，这里仅以圆曲线为例说明曲线的测设方法。圆曲线的测设分两步进行，首先是圆曲线主点的测设，然后进行圆曲线的细部测设。

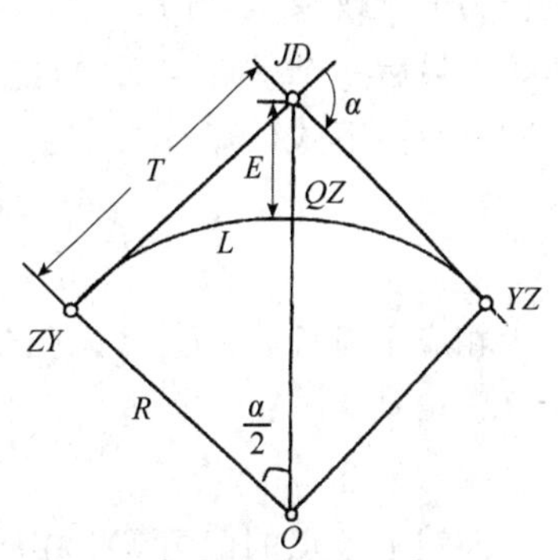


**图 11-13　圆曲线元素**

图 11-13 为一圆曲线，$ZY$ 为曲线的起点，$QZ$ 为曲线的中点，$YZ$ 为曲线的终点，称为圆曲线的三主点，交点 $JD$ 表示转向点。

圆曲线元素包括曲线转向角 $\alpha$、曲线半径 $R$、切线长 $T$、曲线长 $L$、曲线外矢距 $E$ 及切曲差 $q$。圆曲线元素的计算公式如下：

$$\left.\begin{aligned} T &= R\tan\frac{\alpha}{2} \\ L &= \frac{\pi}{180^\circ}\cdot\alpha\cdot R = R\frac{\alpha}{\rho} \\ E &= R\left(\sec\frac{\alpha}{2}-1\right) \\ q &= 2T-L \end{aligned}\right\} \tag{11-6}$$

式中，$\alpha$ 以度(°)为单位。

曲线三主点 $ZY$、$QZ$、$YZ$ 的里程根据 $JD$ 里程和曲线测设元素计算，公式为：

$$\left.\begin{aligned} ZY_{里程} &= JD_{里程}-T \\ QZ_{里程} &= ZY_{里程}+\frac{L}{2} \\ YZ_{里程} &= QZ_{里程}+\frac{L}{2} \\ YZ_{里程} &= JD_{里程}+T-q\text{(校核)} \end{aligned}\right\} \tag{11-7}$$

**(1)一般圆曲线测设**

①圆曲线主点的测设。如图 11-13 所示，在交点 $JD$ 上安置经纬仪，沿两切线方向各丈量切线长 $T$，分别得到曲线的起点和终点，打入木桩并写上桩号。然后由 $JD$ 瞄准 $(180°-\alpha)/2$ 方向，得角平分线方向。沿此方向量出外矢距 $E$，求得曲线中点 $QZ$，打入木桩，写上桩号，这样圆曲线三主点的位置就确定了。

②圆曲线细部点的测设。测设较长的曲线时，仅测设出曲线三主点是不够的，还需要在曲线上测设出一系列的细部点，以便详细表示曲线在地面上的位置。下面介绍两种常用的方法：偏角法和切线支距法。

a. 偏角法。曲线上的点位是由切线与弦线的夹角(称为偏角)和规定的弦长测定的。如图 11-14 所示，为了计算工程量和施工方便，需把各细部点里程凑整，这样，曲线势必分为首、尾两段零头弧长 $l_1$、$l_2$ 和中间几段相等的整弧长 $l$ 之和。

$$L = l_1+nl+l_2 \tag{11-8}$$

先进行测设数据的计算，设 $P_1$ 为圆曲线上的第一个整桩，它与圆曲线起点 $ZY$ 点之间弧长为 $l_1$，以后 $P_1$ 与 $P_2$，$P_2$ 与 $P_3$，…，$P_i$ 与 $P_{i+1}$，弧长都是 $l$，$l_1$ 所对圆心角为 $\varphi_1$，圆曲线上最后一个整桩与 $YZ$ 点之间的弧长为 $l_2$，$l_2$ 所对圆心角为 $\varphi_2$，$l$ 所对圆心角为 $\varphi$，这些圆心角按下式计算。

$$\varphi = \frac{l}{R}\cdot\frac{180^\circ}{\pi},\ \varphi_1 = \frac{l_1}{R}\cdot\frac{180^\circ}{\pi},\ \varphi_2 = \frac{l_2}{R}\cdot\frac{180^\circ}{\pi} \tag{11-9}$$

相应于弧长 $l_1$、$l_2$，$l$ 的弦长 $S_1$、$S_2$，$S$ 计算公式如下：

$$S_1 = 2R\sin\frac{\varphi_1}{2},\ S_2 = 2R\sin\frac{\varphi_2}{2},\ S = 2R\sin\frac{\varphi}{2} \tag{11-10}$$

曲线上各点的偏角等于相应孤长所对圆心角的 1/2，即

$P_1$ 点的偏角为：

$$\delta_1=\frac{\varphi}{2} \tag{11-11}$$

$P_2$ 点的偏角为：

$$\delta_2=\frac{\varphi_1}{2}+\frac{\varphi}{2} \tag{11-12}$$

$P_3$ 点的偏角为：

$$\delta_3=\frac{\varphi_1}{2}+\frac{\varphi}{2}+\frac{\varphi}{2}=\frac{\varphi_1}{2}+\varphi \tag{11-13}$$

……

终点 YZ 的偏角为：

$$\delta=\frac{\varphi_1}{2}+\frac{\varphi}{2}+\cdots+\frac{\varphi_2}{2}=\frac{\alpha}{2} \tag{11-14}$$

偏角法测设曲线的优点是安站灵活，方法简便，且能自行闭合检核。其缺点是量距误差容易积累。

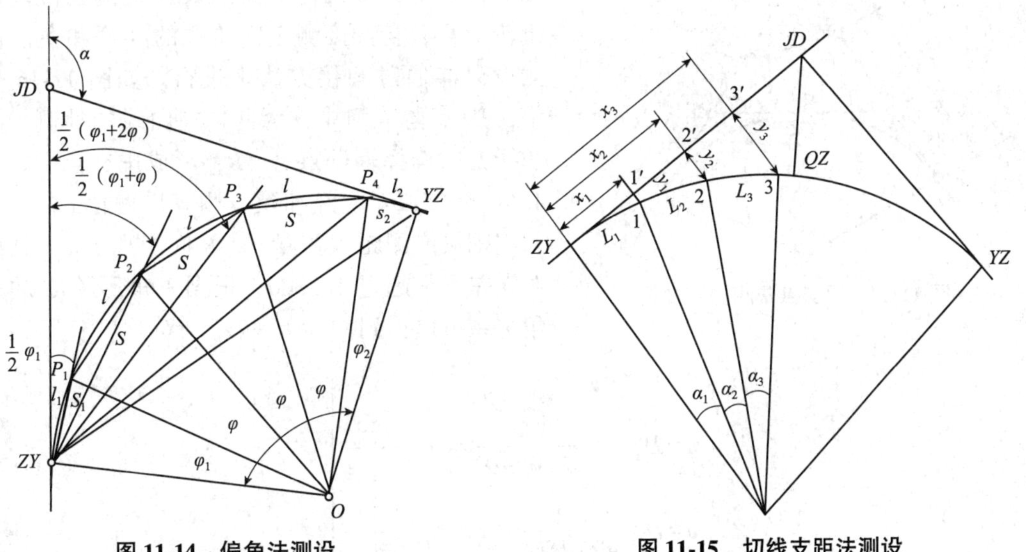


**图 11-14　偏角法测设**　　**图 11-15　切线支距法测设**

b. 切线支距法。如图 11-15 所示，切线支距法实质上是直角坐标法，以曲线起点 ZY 或终点 YZ 为坐标原点，以曲线的切线为 $x$ 轴，垂直于切线且过切点的半径为 $y$ 轴，构成测设坐标系，曲线上各点的坐标 $x_i$，$y_i$ 按下列公式计算：

$$\left.\begin{aligned}x_i&=R\sin\alpha_i\\y_i&=R(1-\cos\alpha_1)\end{aligned}\right\} \tag{11-15}$$

将 $\alpha_i=\frac{l_i}{R}\cdot\frac{180°}{\pi}$代入上式，并按级数展开，得圆曲线的参数方程为：

$$
\left.\begin{aligned}
x_i &= l_i - \frac{l_i^3}{6R^3} + \frac{l_i^5}{120R^4} \\
y_i &= \frac{l_i^2}{2R} + \frac{l_i^4}{24R^3} + \frac{l_i^6}{720R^5}
\end{aligned}\right\} \tag{11-16}
$$

用切线支距法测设圆曲线细部点的步骤：将仪器安置在起点 $ZY$ 上，瞄准交点 $JD$，此时视线方向即为切线方向($x$ 轴)。自 $ZY$ 点在切线方向上量取 $x_i$ 得 $1'$，$2'$，…点。在 $1'$，$2'$，…点上沿垂直切线方向($y$ 轴)量取 $y_i$ 值，即为圆曲线上 1，2，…点的位置。如此继续下去，即得到一系列圆曲线上需要的放样点。

当支距 $y_i$ 不长时，切线支距法具有精度高、操作简单等优点。

**(2)困难地段的圆曲线测设**

由于地形、地物障碍的限制，使曲线测设不能按常规方法进行，必须因地制宜，采用相应措施。下面介绍几种测设方法。

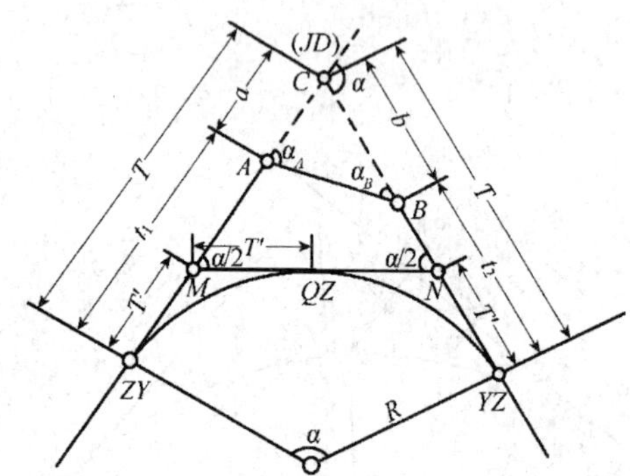

**图 11-16　虚交点法测设圆曲线**

①虚交点法测设圆曲线主点。在山区、河谷等复杂地段，交点 $JD$ 落入河道、沼泽、深谷等处，不能安置仪器，而形成虚交的情况。由于转向角不能直接测定，曲线的计算和主点的测设只能通过间接方法来进行。如图 11-16 所示，$JD$ 点落入河中，为此，在曲线的外侧，沿切线方向选择辅助点 $A$、$B$，形成虚交点 $C$。在 $A$、$B$ 点分别安置经纬仪，测算出偏角 $\alpha_A$、$\alpha_B$，并用钢尺或测距仪测量 $A$、$B$ 间距离 $D_{AB}$，其相对误差不得超过 1/2000，根据三角形 $ABC$ 的边角关系可以得到：

$$
\left.\begin{aligned}
\alpha &= \alpha_A + \alpha_B \\
a &= D_{AB}\frac{\sin\alpha_B}{\sin(180°-\alpha)} = D_{AB}\frac{\sin\alpha_B}{\sin\alpha} \\
b &= D_{AB}\frac{\sin\alpha_A}{\sin(180°-\alpha)} = D_{AB}\frac{\sin\alpha_A}{\sin\alpha}
\end{aligned}\right\} \tag{11-17}
$$

根据偏角 $\alpha$ 和设计半径 $R$，可计算 $T$、$L$。由 $a$、$b$、$T$ 可计算出辅助点 $A$、$B$ 离曲线起点、终点的距离 $t_1$ 和 $t_2$。

$$
\left.\begin{aligned}
t_1 &= T - a \\
t_2 &= T - b
\end{aligned}\right\} \tag{11-18}
$$

由 $t_1$、$t_2$ 可测设曲线起点和终点。

圆曲线中点 $QZ$ 的测设可采用中点切线法。设 $MN$ 为曲线中点的切线，由于 $\angle CMN = \angle CNM = \alpha/2$，则 $M$、$N$ 至 $ZY$、$YZ$ 的切线长 $T'$ 为：

$$
T' = R\tan\frac{\alpha}{4} \tag{11-19}
$$

然后由 ZY、YZ 点分别沿切线方向量 $T'$值，得 M、N 点。取 MN 的中点，即得曲线中点 QZ。也可由 N 点沿 MN 方向量取 $T'$，得 QZ 点，以作检核。

②偏角法测设视线受阻。用偏角法测设圆曲线，遇有障碍视线受阻时，可将仪器搬到能与待定点相通视的已定桩点上，运用同一圆弧段两端的弦切角(偏角)相等的原理，找出新测站点的切线方向，就可以继续施测。

如图 11-17 所示，仪器在 ZY 点与 $P_4$ 不通视。可将经纬仪移至已测定的 $P_3$ 点上，后视 ZY 点，使水平度盘读数为 0°0′00″，倒镜后再拨 $P_4$ 点的偏角 $\Delta_4$，则视线方向便是 $P_3P_4$ 方向。从 $P_3$ 点沿此方向量出分段弦长，即可定出 $P_4$ 点位置。以后仍用测站在 ZY 时计算的偏角测设其他各点，偏角不另行计算。

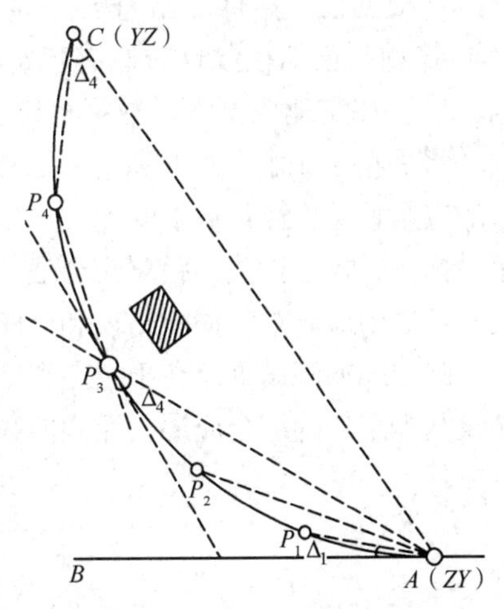

图 11-17　视线受阻时的测设方法

若不在 $P_3$ 点设站，利用同一圆弧段的弦切角和圆周角相等原理及 A 点所计算的偏角值，可在 C 点设站，以 CA 为置零方向，转动照准部，使水平盘读数为 $P_4$ 点原来计算的偏角值 $\Delta_4$，得 $CP_4$ 方向，再由 $P_3$ 量出其弦长与 $CP_4$ 方向线相交得 $P_4$ 点，同法可得其他各点。

③曲线起点或终点遇障碍。当曲线起点受地形、地物的限制，里程不能直接测得或不能在起点进行曲线详细测设时，可用以下办法进行圆曲线测设。桩号测设，如图 11-18 所示，A 为 ZY 点，C 为 JD 点，B 为 YZ 点。A 点落在水中，测设时，先在 CA 方向线上选一点 D，再在 C 点向前沿切线方向用钢尺量出 T，定 B (YZ)点，将经纬仪置于 B 点。测出 $\beta_2$，则在三角形 BCD 中，有

$$\left.\begin{aligned}\beta_1&=\alpha-\beta_2\\ CD&=T\frac{\sin\beta_2}{\sin\beta_1}\end{aligned}\right\}\tag{11-20}$$

则

$$AD=CD-T$$

在 D 点桩号测定后，加上距离 AD，即得 A 点里程。如图 11-18 所示，曲线上任一点 $P_i$，其直角坐标为$(x_i,\ y_i)$。用切线支距法测设 $P_i$ 时，不能从 A 点量取 $x_i$，但可从 C 点沿切线方向量取 $T-x_i$，从而定出曲线点在切线上的垂足 $P_i'$，再从垂足 $P_i'$定出垂线方向，沿此方向量取 $y_i$，即可定出曲线 $P_i$ 点的位置。

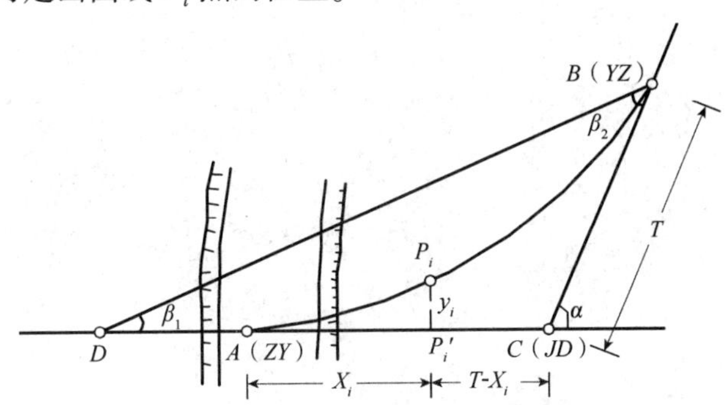

图 11-18　曲线起(终)点遇障碍时测设方法

## 本章小结

测设与测图工作的程序恰好相反，它是在地面上尚无点的标志，而只有设计数值的情况下，根据已知条件测出符合一定精度要求的实地标志的工作。测设必须先求出设计建(构)筑物与已知控制点或原有建筑物之间的水平角度、水平距离、高程和坡度这些测设数据，然后在实地依据测设数据标定出设计建(构)筑物的特征点的平面位置和高程。

水平角度、水平距离和高程的测设有一般方法，也有精确方法，而全站仪测设水平距离法的应用日益广泛；坡度的测设介绍了水平视线法和倾斜视线法；点的平面位置的测设有直角坐标法、极坐标法、距离交会法、角度交会法，其中直角坐标法在建筑工程中应用较多，极坐标法中应着重掌握全站仪和RTK在测设点位中的应用，而交会法主要应用在一些特殊场所；圆曲线的测设重点在于主点和细部点的测设方法；坡度线和圆曲线测设是对前面介绍的测设基本工作的综合应用，而圆曲线在一些复杂地段的测设比较烦琐，要采用适宜的方法。

## 复习思考题

1. 何谓测设？它与测定有哪些基本区别？测设的基本工作有哪些？

2. 点的平面位置测设有哪几种方法？各适合什么场合？各需计算哪些数据？如何计算？

3. 已知 $\alpha_{AB}=275°06'00''$，$A$ 点坐标为 $X_A=12.74$ m，$Y_A=76.21$ m；若要测设坐标为 $X_P=40.16$ m，$Y_P=75.31$ m 的 $P$ 点，试计算在 $A$ 点用极坐标法测设 $P$ 点所需的数据，绘图说明并叙述测设步骤。

4. 某建筑场地上有一水准点 $BM$，其高程为128.416 m，欲测设高程为129.000 m的室内±0标高，设水准仪在水准点所立水准尺上的读数为1.246 m，试计算前视应读数并简述测设步骤。

5. 地面点 $A$ 的高程为 $H_A=32.35$ m，$AB$ 距离为50 m，欲测设 $AB$ 两点间坡度为+3%的直线，如何在实地测设？并绘图说明。

6. 已知偏角 $\alpha=10°25'$，圆曲线设计半径 $R=800$ m，转折点 $JD$ 桩号为11+295。试求圆曲线主点的里程桩号。

# 第 12 章

# 施工测量

【内容提要】本章主要介绍了施工控制测量的特点、建筑方格网和建筑基线的测设方法；竣工测量的主要内容和竣工总平面图的编绘方法；线路工程测量中中线测量、路线纵横断面测量及其断面图的绘制；园林工程测量中园林建筑物的定位、树木定植及园林道路、水体测设的方法；土地平整测量中用方格法平整土地的方法。

## 12.1 建筑施工测量

建筑施工测量是指根据图纸上建(构)筑物的设计尺寸，算出各特征点与邻近控制点的距离、角度、高差等数据，然后以邻近控制点为基础，将建(构)筑物特征点标定于实地，作为建筑施工的依据，也称测设。

一般建筑施工测量的精度高于地形测量的精度，它取决于建(构)筑物的大小、等级、建筑材料和用途。例如，高层建筑物的测量精度高于低层建筑物，钢结构建筑物的测量精度高于其他结构，装配式建筑物的测量精度高于非装配式建筑物。因此，测量人员必须了解设计内容、性质以及对测量工作的精度要求，熟悉有关图纸，了解施工的全过程，掌握施工现场的变动情况，使施工测量能够与施工密切配合。施工测量的校核工作至关重要，必须采用各种方法加强外业数据和内业成果的校核，确保施工质量万无一失，因此必须遵循“边测量边校核”的原则。

建筑施工测量主要包括施工控制网的建立、施工放样和竣工测量等工作。

### 12.1.1 施工控制测量

在勘测阶段建立的控制网是为测图而布设的，未考虑待建建(构)筑物的总体布局，控制点的分布、密度和精度难以满足施工测量的要求。为了保证施工质量，避免放样误差的积累，必须遵循“由整体到局部，先控制后细部”的原则，即先在工程现场建立统一的施工平面控制网和高程控制网，然后根据施工控制网再测设建(构)筑物的平面位置和高程。

施工现场条件复杂，地形、地貌及周边环境各不相同，工程开工次序及交叉作业等相互影响，受开挖土方及各类施工用水、电管网铺设、工棚、材料场等操作面的局限，在确定控制点位置时存在很多困难。因此，一定要考虑控制点在施工期间能长期保存，通视良好且容易恢复。

#### 12.1.1.1 平面施工控制网

平面施工控制网根据施工要求及地形情况不同，可采用三角网、导线网、建筑方格网或建筑基线等形式。

**(1)三角网、导线网**

在山区和丘陵地区，常采用三角网作为建筑场地的首级平面控制。三角网常布设成两级：一级为基本网，用以控制整个场地。根据场地的大小和放样的精度要求，基本网可按城市一级或二级小三角测量的技术要求建立。另一级为加密网，是在基本网的基础上用交会等方法加密建立，用以测设建筑物。

在城镇和工厂的平坦地区，常采用导线网作为施工平面控制。导线网也常布设成两级：一级为首级控制网，多布设成环形，按城市一级或二级导线的要求建立。另一级为加密导线网，在首级控制网的基础上加密而成，用以测设局部建筑物。

**(2)建筑方格网**

根据建筑设计总平面图上各建(构)筑物及各种管线的布设情况，结合现场的地形情况拟定。

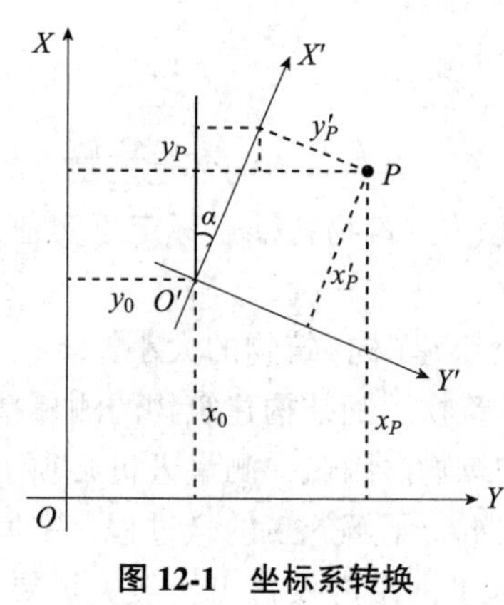


**图12-1 坐标系转换**

①施工坐标与测量坐标的转换。在设计和施工部门，为了工作上的便利，常采用一种独立坐标系统，称为施工坐标系。如图12-1所示，其纵轴通常采用$X'$(或$A$)表示，横轴用$Y'$(或$B$)表示。施工坐标系的$X'$轴和$Y'$轴应与场区主要建(构)筑物或主要道路、管线方向平行。当施工坐标系与测量坐标系不一致时，在施工方格网测设之前，应把主点施工坐标换算为测量坐标，以便求算测设数据。施工坐标系与测量坐标系之间的关系，可用施工坐标原点$O'$在测量坐标系中的坐标($x_0$，$y_0$)及纵轴$X'$在测量坐标系中的坐标方位角$\alpha$来确定。在进行施工测量时，上述数据由勘测设计单位提供。

如图12-1所示，设已知$P$点的施工坐标($x'_P$，$y'_P$)，可按下式将其换算为测量坐标($x_P$，$y_P$)：

$$\left.\begin{aligned} x_p &= x_0 + x'_P\cos\alpha - y'_P\sin\alpha \\ y_P &= y_0 + x'_P\sin\alpha + y'_P\cos\alpha \end{aligned}\right\} \tag{12-1}$$

②建筑方格网的布设。首先，根据建筑设计总平面图上各建(构)筑物、管线、道路的位置，结合现场的地形，选定建(构)筑物的主轴线，然后再布置方格网，以便于直角坐标法的放样。方格网的形式可布置成正方形或矩形。当场区面积较大时，常分两级。首级可采用“十”字形、“口”字形或“田”字形，然后加密方格网。当场区面积不大时，尽量布置成全面方格网。布网时应做到：方格网的主轴线应布设在场区的中部，并与拟建建(构)筑物的主轴线相平行；方格网的折角应严格成90°；方格网的边长一般为100~200 m，边长

视建(构)筑物的大小和分布而定，为了便于使用，边长尽可能为 10~50 m 的整倍数；方格网的边应保证通视且便于测距和测角，点位标石应能长期保存。

③建筑方格网的测设。如图 12-2 所示，1、2 点是测量控制点，$A$、$O$、$B$ 为主轴线的主点。首先将 $A$、$O$、$B$3 点的施工坐标换算成测量坐标，再根据其坐标反算出测设数据，即放样元素 $\alpha_{12}$、$\alpha_{1A}$、$\alpha_{1O}$、$\alpha_{1B}$、$D_{1A}$、$D_{1O}$、$D_{1B}$，然后按极坐标法分别测设出 $A$、$O$、$B$3 个点的概略位置，以 $A'$、$O'$、$B'$表示。如图 12-3 所示，再用混凝土桩把 3 点固定下来，桩的顶部常设置一块 10 cm×10 cm 的铁板供调整点位使用。由于主点测设误差的影响，致使 3 个主点一般不在一条直线上，因此需要在 $O'$点上安置经纬仪，精确测量$\angle A'O'B'$的角值$\beta$，若$\beta$与 180°之差在 10″之内，可认为 3 点的位置正确；否则应进行调整。

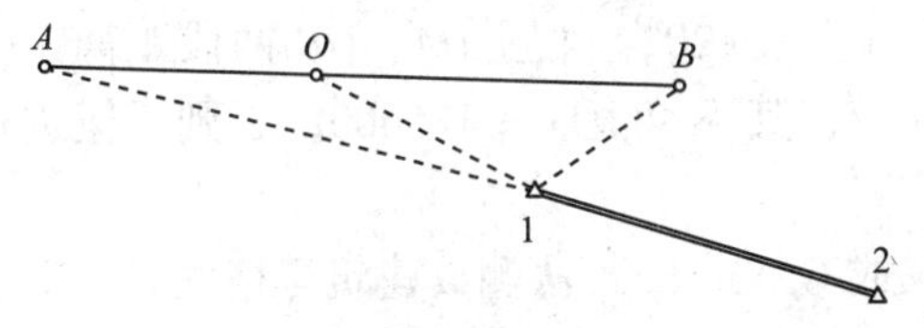


图 12-2　极坐标法测设主轴线

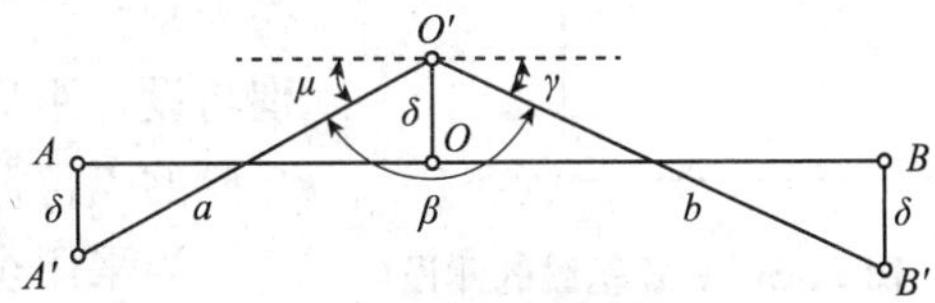


图 12-3　主轴线调整

$$\mu+\beta+\gamma=180^\circ$$

$$\mu''=\frac{\delta}{\alpha/2}\cdot\rho''$$

$$\gamma''=\frac{\delta}{b/2}\cdot\rho''$$

$$\delta=\frac{180^\circ-\beta}{\dfrac{\rho''}{a/2}+\dfrac{\rho''}{b/2}}=\frac{ab}{2(a+b)}\cdot\frac{180^\circ-\beta}{\rho''} \tag{12-2}$$

调整时，各主点应沿 $AOB$ 的垂直方向移动同一改正值 $\delta$，使三主点呈一条直线。图 12-3 中，$\delta$ 和$\mu$、$\gamma$ 角值均很小，故按如图所示方向，将三点移动$\delta$后再测量$\beta$，如果测得的结果与 180°之差仍超限，应再进行计算、调整，直到误差在允许范围之内为止。

三主点测设好后，将经纬仪安置 $A$ 点，瞄准 $B$ 点，分别向左、向右测设 90°，按照角度精密测设的方法进行，测设出另一主线，同样用混凝土桩按设计距离，在地上定出其概略位置，再精确测出距离，在铁板上刻出其精确点位。同法，再以基本方格网点为基础，加密方格网中其余各点。

**(3) 建筑基线**

施工场地不大时，可在场地上布置一条或几条基线作为施工场地的控制，这种基线称为建筑基线。

①建筑基线的布设。建筑基线的布设是根据建筑物的分布、场地的地形和原有控制点的状况而选定的。建筑基线应靠近主要建筑物，并与其轴线平行。如图 12-4 所示，通常建筑基线可布设成三点直线形、三点直角形、四点“丁”字形和五点“十”字形。为便于检查建筑基线点有无变动，基线点数应大于 3 个。

②建筑基线的测设。根据建筑物的设计坐标和附近已有的测量控制点，在图上选定建

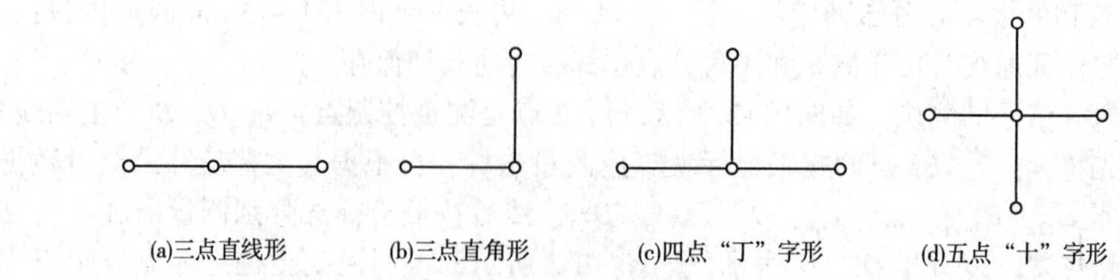


图 12-4 建筑基线形式

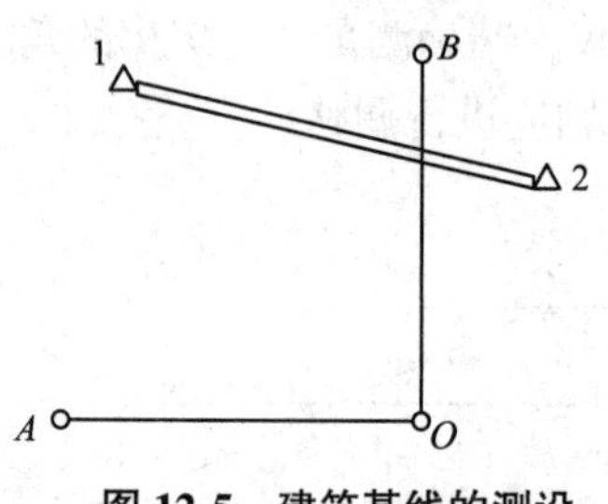


图 12-5 建筑基线的测设

筑基线的位置，求算测设数据，并在地面上测设出来。如图12-5所示，根据测量控制点1、2，用极坐标法分别测设出 $A$、$O$、$B$3个点。然后把经纬仪安置在 $O$ 点观测 $\angle AOB$ 是否为90°，其不符值应≤±20″。丈量 $OA$、$OB$ 两段距离，分别与设计距离相比较，其不符值应≤1/5000；否则，应进行必要的点位调整。

当采用全站仪或GNSS-RTK法测设建筑方格网时，则不需计算测设数据，直接用坐标放样即可。

#### 12.1.1.2 高程施工控制网

在建筑场地，水准点的密度应尽可能满足安置一次仪器即可测出所需的高程点，但测绘地形图时所布设的水准点往往是不够的，因此需要增设一些水准点。四等水准点可与平面控制点共用点位(建筑方格网点可兼作高程控制点)，三等水准点应单独埋设，距建筑物25 m以上，距回填土边线不小于15 m，在整个施工区域内建立可靠的水准点，在大的建筑场地应形成水准网。建筑场地的高程控制测量应尽量与国家高程控制点或与城市高程控制点联测，以便建立统一的高程系统。

一般情况下，四等水准测量的方法即能满足一般建筑工程的需要，多层建筑用三、四等水准观测的方法观测。此外，为了测设方便和减小误差，在建筑物内部或附近可专门设置内地坪±0.000水准点。但需要注意，设计中各建筑物的±0.000的高程不一定相等，应明确加以区别。

### 12.1.2 建筑施工测量

#### 12.1.2.1 建筑物轴线的测设

由于在设计总平面图上往往给出拟建建筑物与现有建筑物或道路中心线的位置关系，其主轴线可以依据给定的关系进行测设；还可根据建筑物各角点的坐标用直角坐标法或极坐标法进行放样。

在建筑物主轴线的测设工作完成之后，应立即将主轴线的交点用木桩标定于地面上，并在桩顶上钉小钉作为标志，再根据建筑物平面图，将其内部开间的所有轴线都一一测出。然后检查、修正房屋各轴线之间的距离及垂直度，其误差不得超过轴线长度的1/5000。最后根据中心轴线，用石灰在地面上撒出基槽开挖边线，以便开挖。

#### 12.1.2.2 建筑物的定位

建筑物的定位，就是把建筑物外廓各轴线的交点(简称角桩)测设在地面上，然后根据这些点进行细部放样。角桩的定位一般有以下几种方法。

**(1) 利用现有建筑物定位**

如图 12-6 所示，给出办公室与实验室两墙的外缘间距为 12 m，两建筑物互相平行。实验室为已有建筑，办公室为拟建建筑。定位时，首先延长实验室东、西墙量一段距离 $d$ 得 $A$、$B$ 两点，将经纬仪安置在 $A$ 点上，瞄准 $B$ 点，并从 $B$ 沿 $AB$ 方向量出 12. 25 m 得 $C$ 点(因办公室外墙为三七墙，轴线偏里，离外墙皮 25 cm)，再继续量 25. 80 m 得 $D$ 点，然后将经纬仪分别安置 $C$、$D$ 两点上，后视 $A$ 点并左转 90°沿视线量出距离 $d'$($d'=d+0.250$ m)得 $M$、$Q$ 两点，再继续量出 15. 00 m 得 $N$、$P$ 两点。$M$、$N$、$P$、$Q$ 4 点即为办公室外廓定位轴线的交点。最后，查 $NP$ 的距离是否等于 25. 80 m，$\angle MNP$ 和 $\angle NPQ$ 是否等于 90°，误差要在 1/5000 和 1′之内。各轴线交点测设后，打上木桩并钉一小钉表示点位。

**(2) 利用道路中心线定位**

如图 12-7 所示，拟建建筑物的主轴线平行于道路中心线。测设时先找出道路中心线，然后在道路中心线作垂线并按总平面图上设计的距离，在地面上截取相应长度便得主轴线 $AB$ 和 $CD$。

此外，还可利用其他明显地物点(如电杆、独立树)来进行建筑物定位。

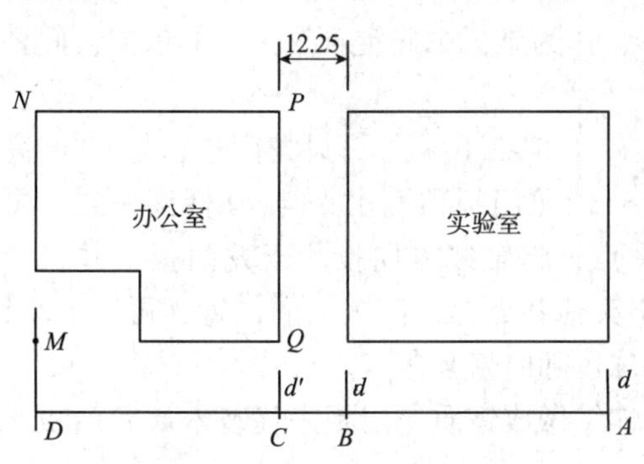


图 12-6　利用现有建筑物定位

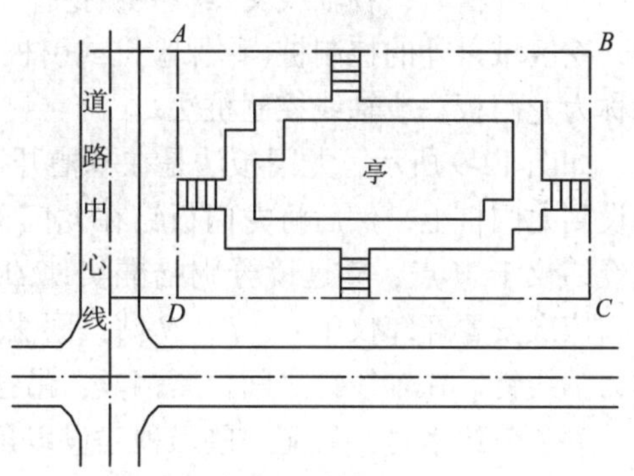


图 12-7　利用道路中心线定位

**(3) 根据建筑方格网定位**

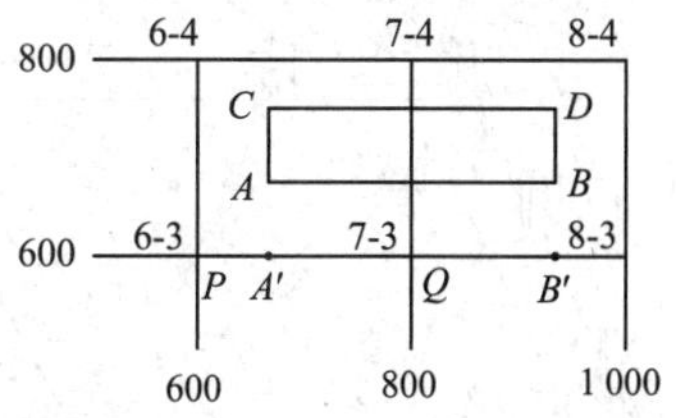


图 12-8　根据建筑方格网定位

在施工现场上，若已建立建筑方格网或建筑基线，可根据建筑物各角点的坐标来测设主轴线。如图 12-8 建筑物各角点的纵横坐标已由表 12-1 给出，由 $A$、$B$ 坐标值可算得建筑物的长度 $AB=CD=886-630=256$ m，宽度 $AC=BD=700-664=36$ m。测设主轴线 $AB$、$CD$ 时，先安置经纬仪于 $P$ 点照准 $Q$ 点，在视线上自 $P$ 点量 $P$、$A$ 的横坐标差 $PA'=630-600=30$ m 得 $A'$点；再延长视线从 $Q$ 点起量取 $Q$、$B$ 点的横坐标差 $QB'=886-800=86$ m 得 $B'$点。然后安置经纬仪于 $A'$点后视 $B'$点，按逆时针方向测设 90°角，在视线上量 $A$ 点至 $A'$点纵坐标值之差 $A'A=664-600=64$ m 得 $A$ 点，在这个方向上量 $AC=700-664=36$ m 得 $C$ 点；再置经纬仪于 $B'$点，用上面同样方法定出 $B$ 和 $D$ 点，这就测设出主轴线 $AB$ 和 $CD$，并用钢尺实量 $AB$ 与 $CD$ 是否相等，对角线 $AD$ 与 $CB$ 是否相等，以校正测量的点位是否准确。

表 12-1　建筑物角点坐标

| 点号 | $x$(m) | $y$(m) | 点号 | $x$(m) | $y$(m) |
|---|---|---|---|---|---|
| $A$ | 664 | 630 | $C$ | 700 | 630 |
| $B$ | 664 | 886 | $D$ | 700 | 886 |

**(4)根据控制点**(三角点、导线点、图根点)**定位**

当今施工测量多采用全站仪实施，全站仪在施工测量中对轴线点(角点)的测设过程如下：

①在某一已知控制点上设站，包括对中、整平，输入测站点坐标，以另一已知控制点定向，输入定向点坐标，转动照准部，精确定向后确认。

②将待测设建筑物角点的设计坐标(应与控制点坐标统一)，全部输入全站仪。

③依次测设出各角点位置，打下木桩，并钉上小钉。

④当场计算出各相邻点间的距离，用钢尺检核各相应实测点间的距离，若超限应返工重测。

#### 12.1.2.3　控制桩与龙门板测设

施工开槽时，各轴线交点桩要被挖掉。为了方便施工，在施工前要将各轴线延长至基槽开挖区域以外的控制桩(称保险桩或引桩)上，作为施工中确定轴线位置的依据，此种方法称为龙门板法或轴线控制桩法。

如图 12-9 所示，龙门板法是在基槽开挖线外 1.5~2.0 m 外钉设龙门桩，将±0 的高程测设到龙门桩上，然后将龙门板钉在龙门桩上，使龙门板顶面水平与±0 标高一致；再安置经纬仪于 $M$ 点，望远镜分别瞄准实地 $Q$、$N$ 点，将轴线方向投测于龙门板上并钉上小钉。依次安置经纬仪于 $Q$、$P$、$N$ 站，同法定出其他各点在龙门板上的位置，再钉上小钉，称为轴线钉。在轴线钉之间拉紧钢丝，吊挂垂球可随时恢复角点。

为了节约木材，目前一些工程建设以角钢连结做成钢质龙门板来代替木质龙门板。龙门板占地面积较大，不利于机械开挖施工。

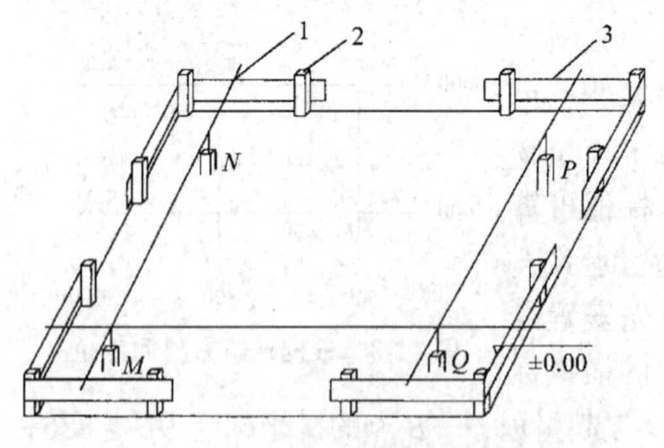

图 12-9　龙门板的设置

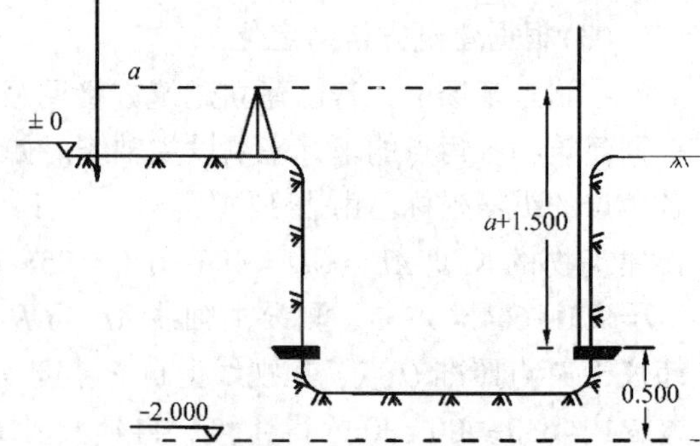

图 12-10　基础施工测量

#### 12.1.2.4　基础施工测量

当基槽按灰线开挖接近槽底的设计标高时，如图 12-10 所示，为了控制开挖基槽的深度，在接近槽底标高某整分米(如图所示的 0.5 m)时，应用水准测量的方法，在基槽壁上每隔 3~5 m 和转角处测设一水平桩，作为清理槽底和打基础垫层的依据。基槽开挖完成后，应根据轴线控制桩或龙门板，复核基槽宽度和槽底标高，合格后方可进行垫层施工。

垫层浇筑后，根据中心钉或控制桩，用拉小线吊垂球或经纬仪，将轴线交点投测到垫层上，并用墨线弹出轴线和基础墙的边线，作为砌筑基础和墙身的依据。

### 12.1.2.5　墙体施工测量

墙体施工测量主要包括轴线投测和标高传递两项工作。

**(1)轴线投测**

①吊线坠法。在多层建筑物施工中，一般用 10 kg 重的特制线坠，直径 0.5 mm 的钢丝悬吊，在首层的地面上以靠近高层建筑结构四周的轴线点为准，逐层向上悬吊引测轴线以控制结构的竖向偏差。此法简单易行，但风力较大或楼层较高时，要采用一些必要措施，如用铅直的塑料管套坠线，以防风吹，并采用专用观测设备，以保证精度。

②激光铅垂仪法。铅垂仪又称垂直仪，置平仪器上的水准管气泡后，仪器的视准轴即处于铅垂位置，可以据此进行向上或向下投点(图 12-11)。若采用内控法，首先，应在建筑物底层平面轴线桩位置预埋标志；其次，在施工时要在每层楼面相应位置处都预留 30 cm 的孔洞，供铅垂仪照准及安放接收屏之用。高程传递可在预留的孔洞中进行。

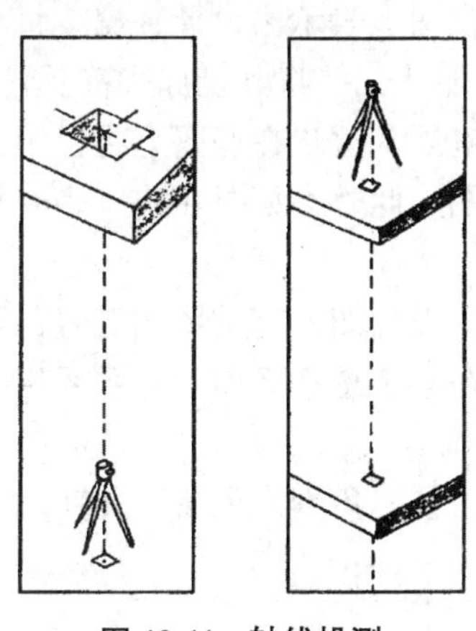

图 12-11　轴线投测

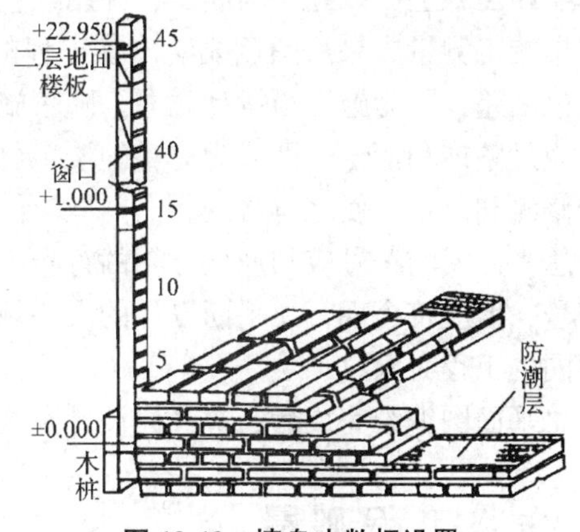


图 12-12　墙身皮数杆设置

**(2)标高传递**

高层建筑物施工中，经常要由下层向上层传递标高，以便使楼板、门窗口、室内装修等工程的标高符合设计要求。传递高程的方法有利用皮数杆传递高程、利用钢尺直接丈量、吊钢尺法(利用水准仪观测钢尺上下传递高程)和普通水准测量等。

一般传递标高的方法是用皮数杆上标明的标高，一层层连续向上传。在砌墙体时，墙身皮数杆一般立在建筑物的拐角和隔墙处，作为砌墙时掌握高程和砖缝水平的主要依据(图 12-12)。为了便于施工，采用里脚手架时，皮数杆立在墙外边；采用外脚手架时，皮数杆应立在墙里边。立皮数杆时，先在立杆处打一木桩，用水准仪在木桩上测设出±0 高程位置，其测量容许误差为±3 mm。然后，把皮数杆上的线±0 与木桩上±0 线对齐，并用钉钉牢。为了保证皮数杆稳定，可在皮数杆上加钉两根斜撑，前后要用水准仪进行检查。

### 12.1.3 竣工测量

工程在施工过程中的设计变更、施工误差和建筑物变形等原因，使建筑物的竣工位置往往与原设计位置不完全相符。为了确切地反映工程竣工后的现状，为工程验收和以后的管理、维修、扩建、改建、事故处理提供依据，需要进行竣工测量和编绘竣工总平面图。

**(1)竣工测量**

在每一个单项工程竣工后，必须由施工单位进行竣工测量，提供工程的竣工测量成果，作为编绘竣工总平面图的依据。竣工测量的内容包括：建筑物的坐标、几何尺寸、地坪和房角标高，附注房屋结构层数、面积和竣工时间等。地下管线要测定准确，作为备案资料。还要测绘道路转折点、交叉点、围墙拐角点的坐标，绿化地边界等。

竣工测量与地形图测量的方法相似，不同之处主要是竣工测量要测定许多关键细部点的坐标和高程，因此，图根点的布设密度要大一些，细部点的测量精度要精确至厘米。

**(2)竣工总平面图的编绘**

编绘竣工总平面图时需掌握的资料有设计总平面图、系统工程平面图、设计变更的资料、施工放样资料、沉降观测资料、施工测量检查及竣工测量资料。

编绘时，先在图纸上绘制坐标格网，再将设计总平面图上的图面内容，按其设计坐标用铅笔展绘在图纸上，以此作为底图，并用红色数字在图上表示出设计数据。每项工程竣工后，根据竣工测量成果用黑色线绘出该工程的实际形状，并将其坐标和高程注在图上。黑色和红色之差，既为施工与设计之差。随着施工的进展，逐步在底图上将铅笔线都绘成黑色线。经过整饰和清绘，即成为完整的竣工总平面图。此外，如果在施工中有较大的变动也要作修测和改正，使之符合现状。

竣工总平面图的符号应与原设计图的符号一致。原设计图没有的图例符号，可使用新的图例符号，但应符合现行总平面设计的有关规定。在竣工总平面图上一般要用不同的颜色表示不同的工程对象。

竣工总平面图编绘完成后，应经原设计及施工单位技术负责人审核、会签。

## 12.2 线路工程测量

线路状工程(如铁路、公路、渠道及管线等线形的带状构筑物)的测量工作称为线路工程测量。尽管各自特点不一样，但它们测量的程序和方法大致相同。其主要测量工作包括踏勘选线、中线测量、曲线测量和纵(横)断面测量等。

### 12.2.1 踏勘选线

踏勘选线的主要任务是在实地选定合理的线路，标定线路中心位置。踏勘选线首先是踏查工作，是根据任务需要搜集、查阅研究相关资料，包括原有的地形图、地质图、航片、气象和水文资料等，了解测区控制点的分布情况，初步拟订路线的大致位置，现场踏勘，概估工程量和投资额，为编制计划任务书提供资料。应先在图上选出几条路线，经实地踏勘，对线路方向从经济、地形、地质条件、使用合理性等诸方面综合考虑，权衡各种利弊关系，择优选出一条线路，并在地面上确定线路的起点、转折点和终点位置，且用木桩标定出来。

## 12.2.2　中线测量

线路都是由直线与曲线或曲线与曲线共切线连接组合而成的(图 12-13)。中线测量是将道路中心线具体测设到地面上去。其主要工作包括：测设中线各交点和转点；量距和钉桩；测量路线各转向角；测设圆曲线、缓和曲线等。

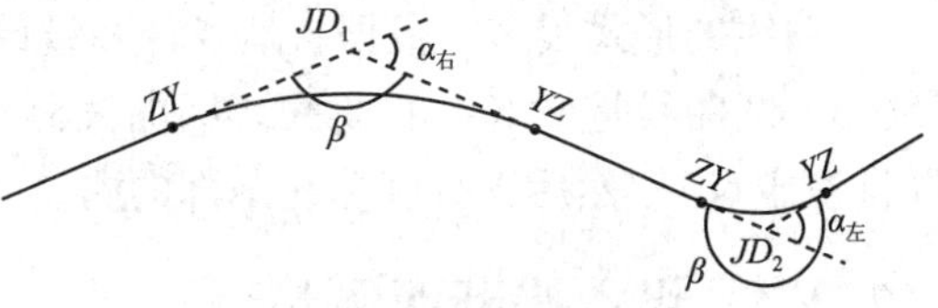


图 12-13　路线平面线形

各类曲线交点用汉语拼音字母表示，常见的有：直圆点(*ZY*)、直缓点(*ZH*)、缓圆点(*HY*)、圆缓点(*YH*)、缓直点(*HZ*)、圆直点(*YZ*)和交点(*JD*)等。

**(1)转向角的测定**

线路改变原来方向时相邻两直线相交的点称为交点(*JD*)。在交点上相邻线路后视方向的延长线与前视方向线的夹角称为交角，也称偏角，常用 $\alpha$ 表示。有左偏与右偏之分，在延长线左侧的称为左偏角 $\alpha_{左}$，在延长线右侧的称为右偏角 $\alpha_{右}$。如图 12-13 所示，$JD_1$、$JD_2$ 为交点，$\alpha_{左}$、$\alpha_{右}$为转向角。在线路测量中，偏角通常是用观测线路前进方向的右角 $\beta$ 计算而得。

当右角 $\beta<180°$，为右转角。

$$\alpha_{右}=180°-\beta \tag{12-3}$$

当右角 $\beta>180°$，为左转角。

$$\alpha_{左}=\beta-180° \tag{12-4}$$

右角 $\beta$ 的测定应使用精度不低于 $DJ_6$ 级经纬仪，采用测回法观测一个测回，两个半测回所测角度的较差限差，对于一般公路应为±60″以内，符合要求时可取其平均值作为最后结果。

**(2)里程桩的设置**

里程桩又称中桩，是确定线路中线位置和线路长度、测量线路纵横断面的依据。里程桩必须由线路起点开始沿线路中线，用皮尺、测绳、全站仪或 RTK 等工具进行距离测量。

里程桩分为整桩和加桩两种，每个桩的桩号表示该桩距线路起点的里程。如桩号为 3+220 表示该桩距道路起点为 3220 m。整桩是由线路起点开始，每隔 20 m 或 50 m 设置一桩(曲线上不同半径每隔 5 m、10 m 等长度设置)。加桩是设置在线路纵横向地形明显变化处、与建(构)筑物相交处，以及曲线的主点位置。加桩分地形加桩和地物加桩。一般地形加桩精确到米，地物加桩精确到分米。整桩和加桩统称为中桩。

里程桩是表示线路的长度，但在局部地段改线或量距、计算中发生错误而出现实际里程与桩号不一致的现象，视为断链。断链分长链和短链两种，实际里程比桩号长时为长链，反之为短链。为了不牵动全线桩号的变动，在局部改线或差错地段改用新桩号，其他不变地段仍采用老桩号，并在新老桩号变更处打断链桩。其写法是：新桩号＝老桩号。例如，1+828＝1+900，短链 72 m，这表明改动后的路线实际长度比原桩号短了 72 m。

## 12. 2. 3　曲线测设

曲线测设是线路工程测量的组成部分。线路的中线方向不可能自始至终是一条直线，当线路由一个方向转到另一个方向时，一般用曲线连接。

曲线的形式很多，根据自然条件和设计要求有：圆曲线、复曲线、反向曲线和回头曲线等。圆曲线是最基本的曲线。圆曲线测设通常分两步进行，首先测设圆曲线的主要点(即三主点)，然后进行圆曲线细部的测设(详见 11. 3. 2 节介绍)。

## 12. 2. 4　纵、横断面测量

### 12. 2. 4. 1　纵断面测量

线路的纵断面测量是测定线路中线各里程桩的地面高程，绘出线路中线上地面起伏状况的纵断面图，进行纵坡设计，计算中桩填挖尺寸，以解决线路在竖直面上的位置问题。

为了提高测量精度和便于成果检查，线路测量可分为两步进行：首先在沿线路方向设置若干水准点于拟建道路两侧附近，建立线路的高程控制，称为基平测量。然后根据各水准点的高程，分段测量各里程桩的地面高程，称为中平测量。基平测量一般按四等水准测量的精度要求。中平测量一般只做单程观测，按普通水准的精度要求进行。

**(1)基平测量**

水准点是线路高程测量的控制点，在勘测和施工阶段甚至长期都要使用，应选在地基稳固、易于引测及施工时不易受破坏的地方。

水准点分永久性和临时性两种。永久性水准点的布设密度视工程需要而定。水准点沿线路布设于线路中线两侧 50~300 m 的范围内，其布设间距以 1. 0~1. 5 km 为宜。在线路的起点和终点、桥梁两岸、隧道两端，以及需要长期观测高程的重点工程附近均应布设。临时性水准点的布设密度，根据地形复杂程度和工程需要来定。水准点的高程可从国家水准点引测，也可以假定。

在精度方面，水准测量可在两水准点间进行往返观测，两次高差不符值为 $f_{h_{允}} \leqslant \pm 40\sqrt{D}$ (mm)。如在允许范围内，取平均值，符号取往测时的符号。

**(2)中平测量**

中平测量通常采用不同水准测量的方法施测，以相邻两个基本水准点为一测段，用附合水准测量的方法从一个水准点出发，对测段范围内所有路线中桩逐个测量其地面高程，最后附合到另一个水准点上。中平测量时，每一测段除观测中桩外，还需设置传递高程的转点，转点位置应选择在稳固的桩顶或坚石上，视距限制在 150 m 以内，相邻转点间的中桩称为中间点，为提高传递高程的精度，每一测站应先观测前后转点，转点读数至毫米(mm)，然后观测中间点，中间点读数至厘米(cm)即可，立尺应紧靠桩边的地面上。

①观测步骤。

a. 如图 12-14 所示，仪器安置在 I 站上，后视 $BM_1$，前视 $TP_1$，记入表 12-2 中。

b. 后尺依次立于 0+000，0+020，…，0+100 点上，并依次观测，分别记入中间点栏中。

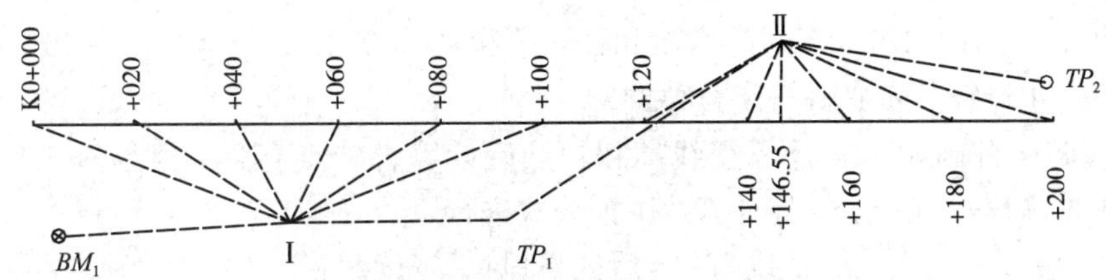


图 12-14　中平测量

c. 仪器搬至Ⅱ站，后尺立于 $TP_2$ 上，原定于 $TP_1$ 点上的尺不动。这时后尺变前尺，前尺变后尺。后视 $TP_1$，前视 $TP_2$，读数记录。

d. 同法，在 $TP_1$ 点上的水准尺依次立在 0+120，0+140，0+146.55，…，0+200 等点上，并依次观测和记录。

依此法进行观测，直至附合到 $BM_2$ 为止。

表 12-2　中平测量记录表

| 测点 | 读数(m) | | | 视线高程(m) | 高程(m) | 备注 |
|---|---|---|---|---|---|---|
| | 后视 | 中间点 | 前视 | | | |
| $BM_1$ | 1.358 | | | 215.664 | 214.306 | 在 0+010 附近 |
| 0+000 | | 1.56 | | | 214.10 | |
| 0+020 | | 1.72 | | | 213.94 | |
| 0+040 | | 0.60 | | | 215.06 | |
| 0+060 | | 2.17 | | | 213.49 | |
| 0+080 | | 0.92 | | | 214.74 | |
| 0+100 | | 0.50 | | | 215.16 | |
| TP.1 | 2.192 | | 1.324 | 216.532 | 214.340 | |
| 0+120 | | 0.62 | | | 215.91 | |
| 0+140 | | 1.12 | | | 215.41 | |
| 0+146.55 | | 1.20 | | | 215.33 | |
| 0+160 | | 0.85 | | | 215.68 | |
| 0+180 | | 0.52 | | | 216.01 | |
| 0+200 | | 1.01 | | | 215.52 | |
| $TP_2$ | 2.245 | | 1.521 | | 215.011 | |
| …… | | | | | | |
| $BM_2$ | | | 1.828 | | 215.428 | 在 0+320 附近 |
| $\sum$ | 5.795 | | 4.673 | | | |

②计算方法。

a. 校核。将测得的水准点间的高差和基平测得的高差比较，$f_h \leqslant f_{h_{容}} = \pm 40\sqrt{D}$(mm)，即可进行下一步计算。不必进行闭合差调整。

b. 计算各中桩高程。先计算视线高程，然后计算各转点高程，经检查确认无误后，再计算各中桩高程。每一测站的计算按下列公式进行。

$$\left.\begin{aligned}&视线高程=后视高程+后视读数\\&转点高程=视线高程-前视读数\\&中桩高程=视线高程-中视读数\end{aligned}\right\} \tag{12-5}$$

记录和计算同普通水准测量。

### 12.2.4.2　横断面测量

线路横断面测量，就是测定中线两侧垂直于中线方向的地面起伏，并绘成横断面图，供路基、边坡、特殊构筑物的设计、土石方量计算和施工放样之用。横断面测量的宽度，一般自中线两侧各测出 10~50 m，或按工程要求距离施测。高差和距离一般准确到 0.05~0.10 m 即可满足工程要求。

**(1)横断面方向的确定**

当地面平坦时，横断面方向偏差的影响不大，其方向可以目估，但在地形复杂的山坡地段，偏差对横断面则影响显著。直线段与圆曲线段横断面方向的测定可用解析法放样边桩来取得，也可用如下方法。此法在平坦地段也可用于边桩放样。

如图 12-15 所示，$A$、$B$、$C$ 3 点为圆曲线上整桩号点(每 20 m 一点)，取一 50 m 皮尺 3 人作业。一人将尺头放在 $A$ 点，另一人将尺尾放在 $C$ 点，第三人抓住 25 m 处，拉直皮尺。此时在皮尺 25 m 处的位置点 $E$ 与 $B$ 点的连线方向即横断面方向。

沿着 $BE$ 方向，量出 $B$ 点到边桩点的距离，即得边桩点 $P_1$。再取皮尺起点放在 $A$，拉直到 $P_1$ 点，捏紧此处，转向后拉到 $B$ 点。此时，$P_1A$、$P_1B$ 构成固定三角形(图 12-16)，在 $A$、$B$、$P_1$ 点的三人拉尺同时沿着公路方向向前 20 m 左右($A \to B$，$B \to C$)，即可得 $C$ 点的边桩位置 $P_2$，依此类推得 $D$ 点的边桩位置 $P_3$。

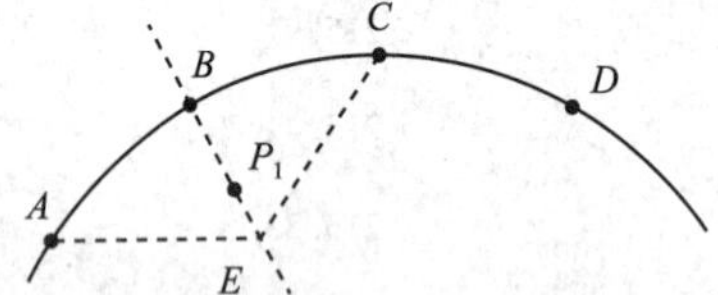


图 12-15　等距离法定横断面方向

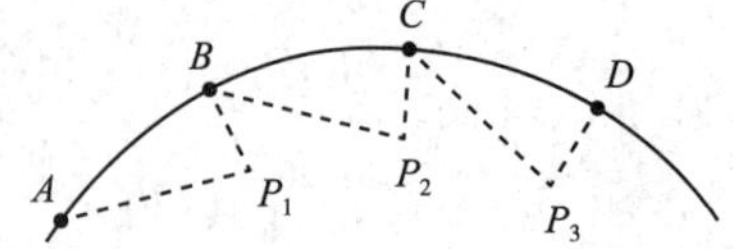


图 12-16　固定三角形法定横断面方向

**(2)横断面的测量方法**

①水准仪皮尺法。当横断面精度要求较高、横断面方向高差不大时，多采用水准仪皮尺法。如图 12-17 所示，水准仪安置后，以中桩地面点为后视点，以中桩两侧横断面方向坡度变化点为前视点，水准尺读数读至厘米，用皮尺分别量出各立尺点到中桩的水平距离，高差由后视读数与前视读数求差得到，表 12-3 中左侧和右侧记录平距和高差，以分数形式注记：分子表示高差，分母表示平距；高差为正号表示上坡，高差为负号表示下坡。

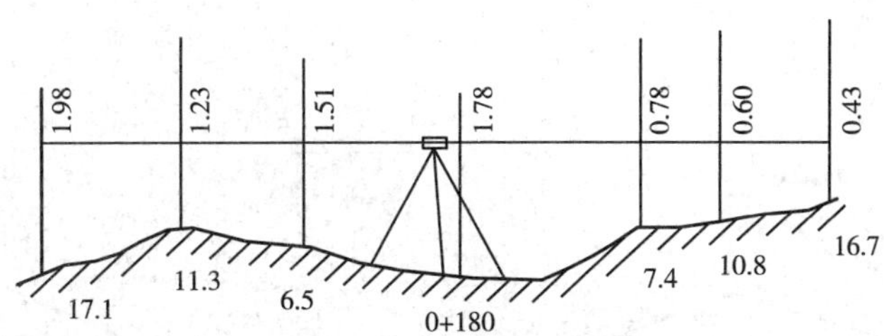


图 12-17　水准仪法测横断面

表 12-3　横断面测量记录表

| 左侧 | 中桩号 | 右侧 |
|---|---|---|
| $\frac{-0.20}{17.1}$　$\frac{+0.55}{11.3}$　$\frac{+0.27}{6.5}$ | 0+180 | $\frac{+1.00}{7.4}$　$\frac{+1.18}{10.8}$　$\frac{+1.35}{16.7}$ |

②地形图法。利用大比例尺地形图，在地形图上标定横(纵)断面方向，根据比例尺和高程直接绘制横(纵)断面图。

## 12.2.5　纵、横断面图绘制

**(1)纵断面图绘制**

纵断面图既能体现线路中线方向的地面高低起伏情况，又可在其上进行纵坡设计，是线路纵向设计和施工中的重要资料。

纵断面图绘制时，以里程为横坐标，以高程为纵坐标，为了明显表示地面起伏及绘图需要，纵断面的高程比例尺比距离比例尺大 10~20 倍。一般采用纵向比例尺为 1∶200，横向比例尺为 1∶2000。纵断面图一般自左至右绘制在透明毫米方格纸的背面，这样可防止用橡皮修改时把方格擦掉。

图 12-18 为道路纵断面图，图的上半部，从左至右绘有贯穿全图的两条线。细折线表示中线方向的地面线，是根据中平测量的中桩地面高程绘制的；粗折线表示纵坡设计线。此外，上部还注有竖曲线示意图及其曲线元素；桥梁和涵洞的类型、孔径和里程桩号；其他道路交叉点的位置、里程桩号和有关说明等，图下部几栏表格，注记有关测量及纵坡设计资料。

①图纸的左边自下而上填写直线与曲线、桩号、填挖土、地面高程、设计高程、坡度与距离栏。上部纵断面图上的高程按规定的比例尺注记，首先要确定起始高程(如图 12-18 中 0+000 桩号的地面高程)在图上的位置，且参考其他中桩的地面高程，以使绘出的地面线处在图纸上适当的位置。

②桩号栏按各桩里程及比例尺填写。

③地面标高中，注上对应于中桩桩号的地面高程，并在纵断面图上按各中桩的地面高程依次点出其相应的位置，用细直线连接各相邻点位，即得中线方向的地面线，产生断链要标示出来，短链时地面线断开，长链时交错并标注。

④直线与曲线一栏，应按里程桩号标明路线的直线部分和曲线部分。曲线部分用直角

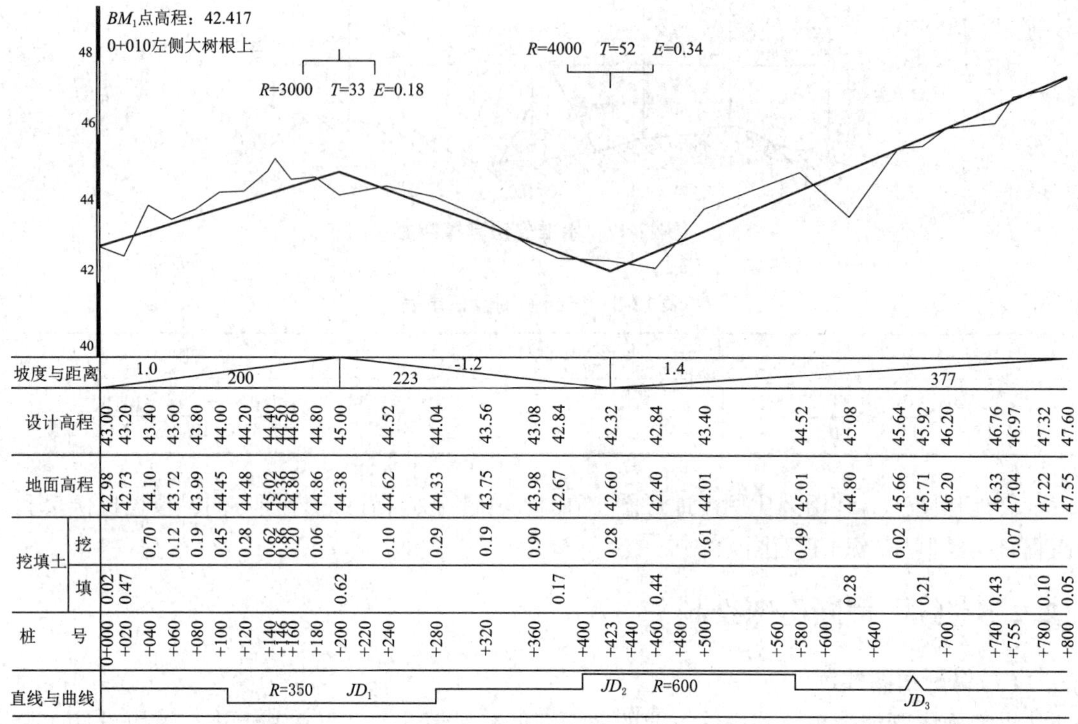


图 12-18 路线纵断面

折线表示，上凸表示路线右偏，下凹表示路线左偏，并注明交点编号及其桩号。小于 5°的交角，用锐角折线表示。此外，还应注明交点处的曲线元素。

⑤在上部地面线部分进行纵坡设计。设计时要考虑施工时的工程量最小，填挖方尽量平衡及小于限制坡度等道路有关技术规定。

⑥坡度与距离一栏内，分别用斜线或水平线表示设计坡度的方向，线上方注记坡度数值(以百分比表示)，下方注记坡长，水平线表示平坡。不同的坡段以竖线分开。某段的设计坡度值按下式计算。

$$设计坡度=\frac{终点设计高程-起点设计高程}{平距} \tag{12-6}$$

⑦根据设计坡度值及起点高程计算各点设计高程，而后在设计高程一栏内，分别填写相应中桩的设计路面高程。

$$设计高程=起点高程+设计坡度\times起点至该点的水平距离 \tag{12-7}$$

⑧在填高挖深一栏内，接下式进行施工量的计算。

$$某点的施工量=该点地面高程-该点设计高程 \tag{12-8}$$

式中，求得的施工量，正号为挖深，负号为填高。

需要注意的是，纵坡设计线为路面中线高程设计线，考虑到结构层的厚度，挖方区要增加挖深深度(即结构层厚度)。填方要减少填方高度(预留结构层厚度)。

**(2)横断面图绘制**

横断面图表示了中桩处垂直于线路中线方向的地面起伏情况。其绘制是根据所测各点的平距和高差，由中桩开始，逐一将断面中地面点绘在毫米方格纸上，并连成折线即得横断面的地面线。如图 12-19 所示为中桩的横断面图，其上方粗线是所设计的路基断面。横断面图的纵、横比例尺相同，常用 1∶100 或 1∶200。

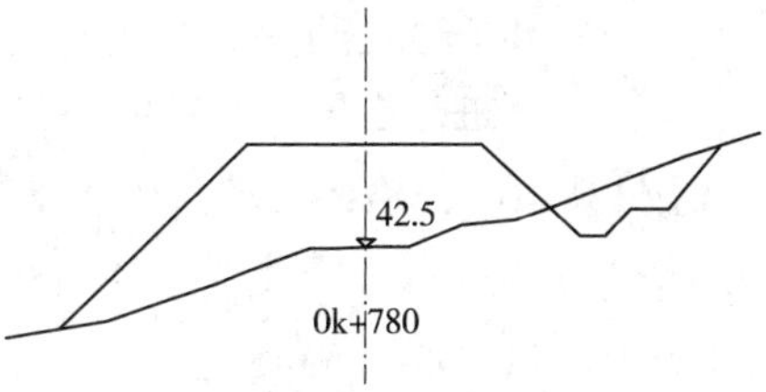

图 12-19　路基横断面

## 12.2.6　竖曲线测设

在线路纵坡的变更处，当两相邻的不同坡度的设计线相交时，将形成坡度差。为了满足视距要求和行车平稳，在竖直面内用圆曲线将两段纵坡线连接起来，这种曲线称为竖曲线。竖曲线有凸形竖曲线和凹形竖曲线两种类型。图 12-20 所示为凸形竖曲线。

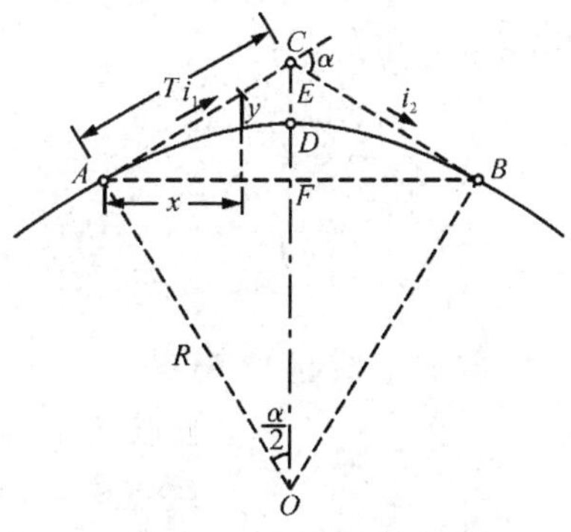


图 12-20　竖曲线测设元素

首先进行测设数据计算。根据线路纵横断面图中所设计的曲线半径 $R$ 和相邻坡道的坡度 $i_1$，$i_2$ 计算测设数据，如图 12-20 所示。竖曲线计算的目的是确定设计纵坡上指定桩号的路基设计标高。计算步骤如下：

①计算竖曲线的基本要素。竖曲线长 $L$，切线长 $T$，外距 $E$ 计算公式如下：

$$\left.\begin{aligned} L&=R\cdot(i_1-i_2)\\ T&=\frac{R\cdot(i_1-i_2)}{2}\\ E&=\frac{T^2}{2R}\end{aligned}\right\}\tag{12-9}$$

②计算竖曲线起终点的桩号。

$$\left.\begin{aligned}&\text{竖曲线起点的桩号}=\text{变坡点的桩号}-T\\&\text{竖曲线重点的桩号}=\text{变坡点的桩号}+T\end{aligned}\right\}\tag{12-10}$$

③计算竖曲线上任意点切线标高及改正值。

$$\text{切线标高}=\text{变坡点的标高}\pm(T-x)\cdot i\tag{12-11}$$

改正值：

$$y_i=\frac{x_i^2}{2R}\tag{12-12}$$

式中，$y_i$值在凹形曲线中取正号，在凸形曲线中取负号。各桩桩点的路面高程=该桩点起始坡高程+该桩 $y_i$ 值。$x_i$ 的取值范围在 $A$ 到 $B$ 之间，表示与 $A$ 点的距离，在纵断面图上插入竖曲线，调整曲线处的设计线标高，调整挖填值。在 $x_i$>$AF$ 时，$DB$ 段高程=$CB$ 坡上该桩点高程+该桩 $y_i$ 值。

④计算竖曲线上任意点设计标高。

$$\left.\begin{array}{l}\text{某桩号在凸形竖曲线的设计标高}=\text{该桩号在切线上的设计标高}-y\\\text{某桩号在凹形竖曲线的设计标高}=\text{该桩号在切线上的设计标高}+y\end{array}\right\}\tag{12-13}$$

【例】某山区公路，变坡点桩号 K2+30.00，高程 238.66 m，前坡为上坡，$i_1=5\%$，后坡为下坡，$i_2=-4\%$，竖曲线半径 1000 m，试计算竖曲线诸要素以及桩号为 K2+000.00 和 K2+100.00 处的设计标高。

解：①计算竖曲线要素。$\alpha=i_1-i_2=5\%-(-4\%)=0.09$，为凸形竖曲线。

曲线长：

$$L=R(i_1-i_2)=1000\times0.09=90(\text{m})$$

切线长：

$$T=R(i_1-i_2)/2=45(\text{m})$$

外距

$$E=\frac{T^2}{2R}=1.01(\text{m})$$

②计算竖曲线起、终点桩号。

$$\text{起点桩号}=(\text{K}2+30.00)-45=\text{K}1+985.00$$

$$\text{终点桩号}=(\text{K}2+30.00+45)=\text{K}2+75.00$$

③K2+000.00、K2+100.00 的切线标高和改正值。

$$\text{K}2+000.00\text{ 的切线标高}=238.66-(\text{K}2+30.00-\text{K}2+000.00)\times5\%=237.16(\text{m})$$

$$\text{K}2+000.00\text{ 的改正值}=\frac{(\text{K}2+000.00-\text{K}1+985.00)^2}{2\times1000}=0.11(\text{m})$$

$$\text{K}2+100.00\text{ 的切线标高}=238.66-(\text{K}2+100.00-\text{K}2+30.00)\times4\%=235.86(\text{m})$$

$$\text{K}2+100.00\text{ 的改正值}=\frac{(\text{K}2+75.00-\text{K}2+100.00)^2}{2\times1000}=0.31(\text{m})$$

④K2+000.00、K2+100.00 的设计标高。

$$\text{K}2+000.00\text{ 的设计标高}=237.16-0.11=237.05(\text{m})$$

$$\text{K}2+100.00\text{ 的设计标高}=235.86-0.31=235.55(\text{m})$$

计算出竖曲线各里程桩的设置高程后，竖曲线的测设实质上是在竖曲线上测设各里程桩的设计高程，因此实际工作中，测设竖曲线一般与测设路面高程桩一起进行。测设时只需把已算出的各里程桩的设计高程测设于各桩的顶面或侧面即可(参见 11.1.3 小节)。

## 12.2.7 道路施工测量

### 12.2.7.1 线路中线恢复

从线路勘测到开始施工，往往会有一些中桩丢失，故在施工之前，应根据设计文件进行中线的恢复工作，并对原来的中线进行复核，以保证线路中线位置准确可靠。恢复中线所采用的测量方法与线路中线测量方法基本相同。此外，对线路水准点也应进行复核，必要时还应增设一些水准点以满足施工需要。

### 12. 2. 7. 2　路基边桩测设

测设路基边桩就是在地面上将每一个横断面的路基边坡线与地面的交点，用木桩标出来。边桩的位置由两侧边桩至中桩的平距来确定。常用的测设方法如下：

**(1)图解法**

直接在横断面图上量取中桩至边桩的平距，然后在实地用皮尺沿横断面方向将边桩丈量并标定出来。在填挖方不大时使用此法较多。

**(2)解析法**

在没有横断面图的情况下，首先计算求出路基中心桩至边桩的距离，然后在实地沿横断面方向按距离将边桩放出来，具体方法按下述两种情况进行。

①平坦地段边桩测设。图 12-21 为填方路堤，路堤边桩至中桩的距离 $D$ 应为：

$$D=\frac{B}{2}+mH \tag{12-14}$$

图 12-22 为挖方路堑，路堤边桩至中桩距离 $D$ 为：

$$D=\frac{B}{2}+S+mH \tag{12-15}$$

式中，$B$ 为路基设计宽度；$m$ 为边坡率；$H$ 为填挖高度；$S$ 为路堑边沟顶宽。

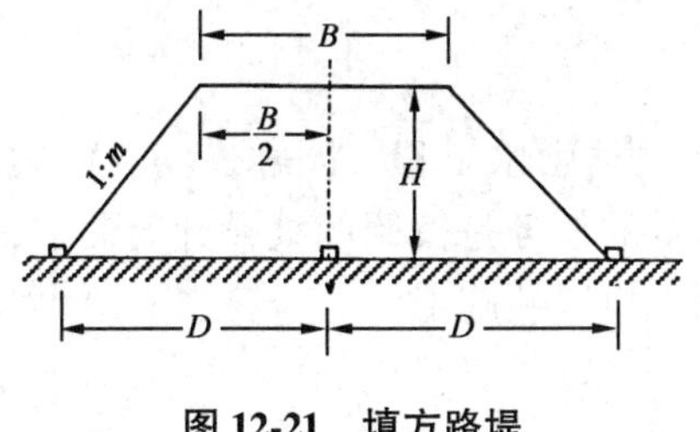

图 12-21　填方路堤

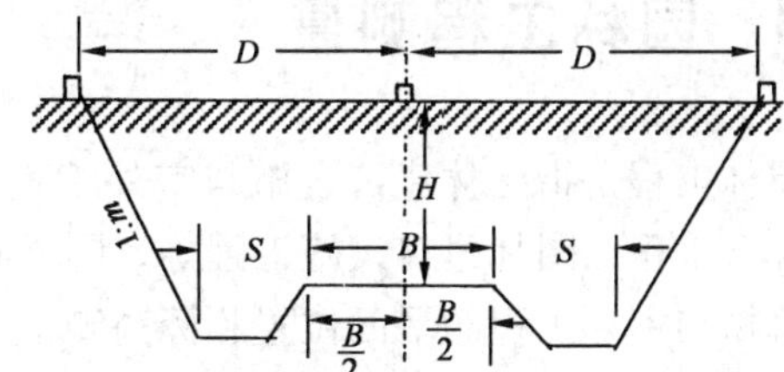

图 12-22　挖方路堑

根据算得的距离从中桩沿横断面方向量距，打上木桩即得路基边桩。若断面位于弯道上有加宽或有超高时，按上述方法求出 $D$ 值后，还应在加宽一侧的 $D$ 值上加上加宽值。

②倾斜地段边桩测设。如图 12-23 所示，边桩至中桩的距离 $D_1$、$D_2$ 分别为：

斜坡上侧：

$$D_1=\frac{B}{2}+m(H-h_1) \tag{12-16}$$

斜坡下侧：

$$D_2=\frac{B}{2}+m(H+h_2) \tag{12-17}$$

如图 12-24 所示路堑坡顶至中桩的距离 $D_1$、$D_2$ 分别为：

$$\left.\begin{aligned} D_1&=\frac{B}{2}+S+m(H+h_1)\\ D_2&=\frac{B}{2}+S+m(H-h_2)\end{aligned}\right\} \tag{12-18}$$

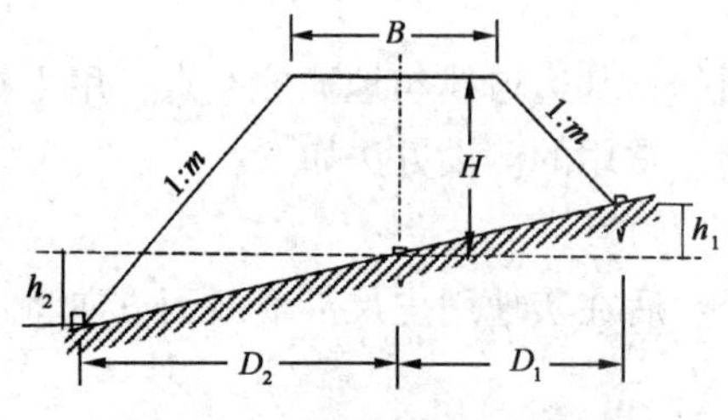

图 12-23　倾斜地段填方路基

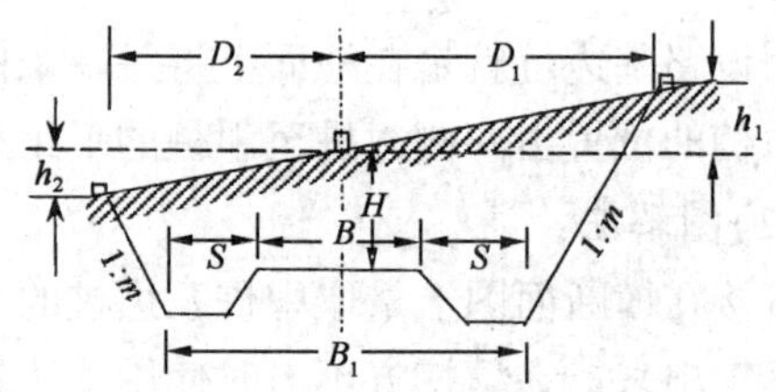

图 12-24　倾斜地段挖方路基

式中，$h_1$、$h_2$ 分别为上、下侧坡脚(或坡顶)至中桩的高差。

其中 $B$、$S$ 和 $m$ 为已知，故 $D_1$、$D_2$ 随着 $h_1$、$h_2$ 变化而变化。由于边桩未定，所以 $h_1$、$h_2$ 均为未知数，实际工作中采用“逐次趋近法”。其测设原理为：

测设时根据中桩的填挖高度 $H$ 和地面横坡 $m$ 的大小，先假设一个中桩到边桩的距离 $D_1'$，并用手水准测出假定点 1 和中心桩的高差 $h_1'$，并代入式(12-18)计算 $D_1'$，看计算得到的结果与假定的距离是否一致，如 $D_1>D_1'$，说明假定的边桩离中桩太近，然后重测 $h_1'$，代入公式再行计算；反之，说明假定的边桩离中桩太远。这样逐次渐近直到计算值和假定值一致，打下木桩。

## 12.3　园林工程测量

园林工程是指园林建筑设施与室外工程，包括园林山水工程、园林道路、桥梁工程、假山置石工程、园林建筑设施工程等。园林施工测量的任务是按照图纸设计的要求，把园林建筑物与室外工程的平面位置和标高测设到地面上，以便施工。

### 12.3.1　园林主要工程的测设

**(1)园林建筑物测设**

园林建筑物的测设是按照设计要求，把建筑物的平面位置和标高测设到地面上，以便施工(参见 12.1 节)。

**(2)园路的测设**

公园道路分为主园路和次园路两种。主园路能通行汽车，要求比较高；次园路一般是人行道。主园路的测设方法和线路工程测量一样(参见 12.2 节)，这里只介绍次园路的测设方法。

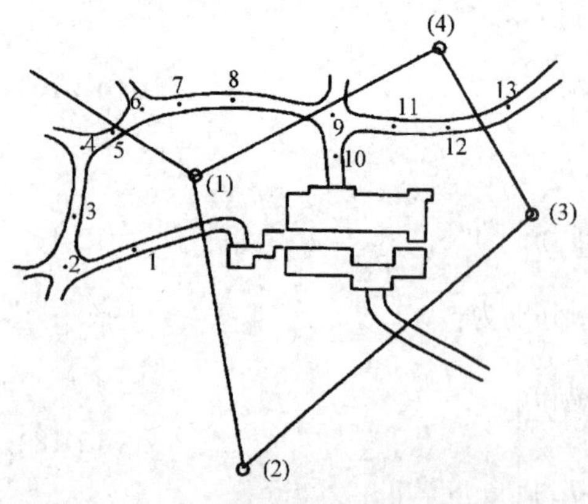

图 12-25　园路测设

园路放线时，把路中心线的交叉点、拐弯点(如图 12-25 中的 1，2，3，…)的位置测设到地面上，定点距离不宜过长，地形变化不大地段一般以 10～20 m 测设一点，圆弧地段还要加密。点位打一木桩，写上编号，然后用水准仪施测路中线各点原地面高程，作适当调整，求出各点填挖高写在桩上。施工时，根据路中心点和图上设计路宽，在地面画出路边线，如与实际地形不合适，可适当修改。

测设园路用小平板仪比较方便。也可根据控制点或明显地物点用直角坐标法或极坐标法进行。圆弧如有设计半径，在地面先放出圆心，然后在地面上用皮尺画圆弧。

**(3) 公园水体测设**

园林挖湖、修渠的测设一般有以下两种方法：

①用经纬仪、罗盘仪测设。如图 12-26 所示，在设计图上，根据湖泊、水渠的外形轮廓曲线，标注拐点的位置(如 1，2，3，4，…)，在设计图上量出这些点的坐标，利用它们与控制点 *A* 或 *B* 的相对关系，计算放样元素，用极坐标法将它们测设到地面上，并钉上木桩，然后用较长的绳索把这些点用圆滑的曲线连接起来，即得湖池的轮廓线，用白灰撒上标记。

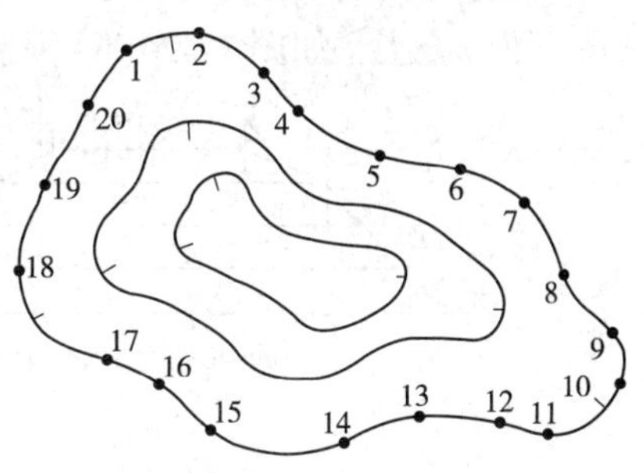

**图 12-26　水体测设**

湖中等高线的位置也可用上述方法测设，每隔 3～5 m 钉一木桩，并用水准仪按测设设计高程的方法，将要挖深度标在木桩上，以作为掌握深度的依据。也可以在湖中适当位置打上几个木桩，标明挖深，便可施工。施工时木桩处暂时留一土墩，以便掌握挖深，待施工完毕，最后把土墩去掉。

岸线和岸坡的定点放线应当正确，为了施工方便，还可用边坡样板来控制边坡坡度，如图 12-27 所示。

如果用推土机施工，定出湖边线和边坡样板就可动工，开挖快到设计深度时，用水准仪检查挖深，然后继续开挖，直至达到设计深度。

②方格网法测设。如图 12-28 所示，把欲放样的湖面在图上画成方格网，将图上方格网按比例尺放大到实地上，根据图上湖泊(或水渠)外轮廓线各点在格网中的位置，在地面方格网中找出相应的点位，如 1，2，3，4，…等曲线转折点，再用长麻绳依图上形状将各相邻点连成圆滑的曲线，顺着曲线撒上白灰，做好标记。若湖面较大，可分成几段实施，用长 30～50 m 的麻绳来分段连接成圆滑的曲线。等深线测设方法与上述相同。

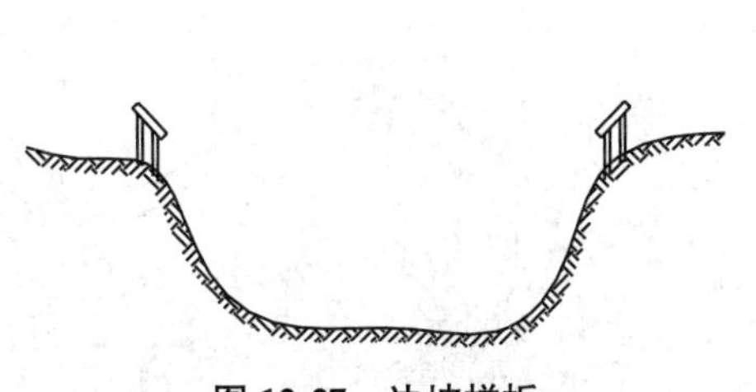
**图 12-27　边坡样板**

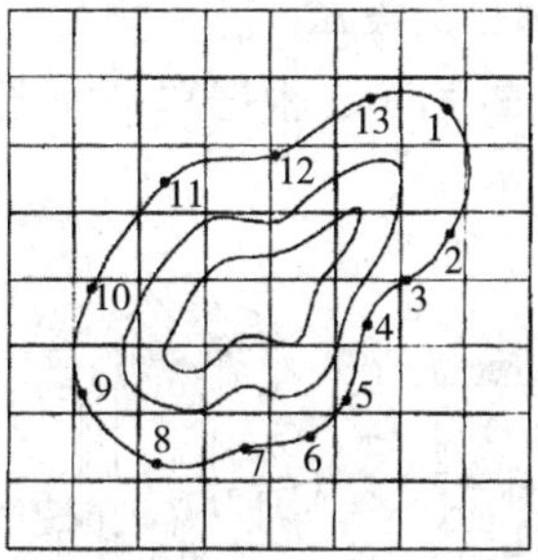

**图 12-28　用格网法作水体测设**

**(4) 堆山测设**

堆山或微地形等高线平面位置的测定方法与湖泊、水渠的测设方法相同。堆山等高线标高可用竹杆表示。具体做法如图 12-29(a)所示，从最低的等高线开始，在等高线的轮廓线上，每隔 3~6 m 插一长竹杆(根据堆山高度而灵活选用不同长度的竹杆)。利用已知水准点的高程测出设计等高线的高度，标在竹杆上，作为堆山时掌握堆高的依据，然后进行填土堆山工作。在第一层的高度上继续又以同法测设第二层的高度，堆放第二层、第三层直至山顶。坡度可用坡度样板来控制。

当土山高度小于 5 m 时，可把各层标高一次标在一根长竹杆上，不同层用不同颜色表示，便可施工，如图 12-29(b)所示。

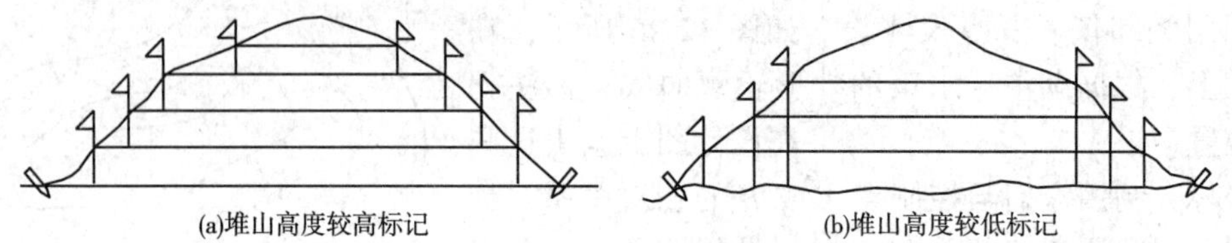

(a)堆山高度较高标记　　(b)堆山高度较低标记

**图 12-29　堆山高度标记**

如果用机械堆土，只要标出堆山的边界线，司机参考堆山设计模型，就可堆土，等堆到一定高度以后，用水准仪检查标高，不符合设计的地方，用人工加以修整，使之达到设计要求。

**(5)平整场地的放样**

平整场地一般用方格法，先在设计图上按要求打好方格网(一般边长为 20 m)，放线时将图上方格点测设到地面上，打上木桩并写上编号和填挖高(施工标高)，在地面上标出施工零线，便可施工(参见 12.4 节)。

## 12.3.2　不规则图形的园林建筑测设

在园林建筑中，有的亭、廊、水榭的平面形状为了适应地形或考虑造园艺术性，往往设计为不规则的图形和不规则的轴线，有时建筑物还修建在山坡或水边，受地形限制，不能随意摆布。这种园林建筑的定位就不能完全按照上述方法，而应该采取下述方法来进行测设。

如图 12-30 所示，荷花亭是设计在湖边，半靠水面，半靠岸边。如图 12-31 所示，亭子附近有导线点 $C$、$D$，欲测亭子的 6 个特征点 $E$、$F$、$G$、$H$、$I$、$J$。方法如下：

**(1)经纬仪测设法**

如图 12-31 所示，根据总平面图和附近控制点 $C$、$D$，在实地采用直角坐标法或极坐标

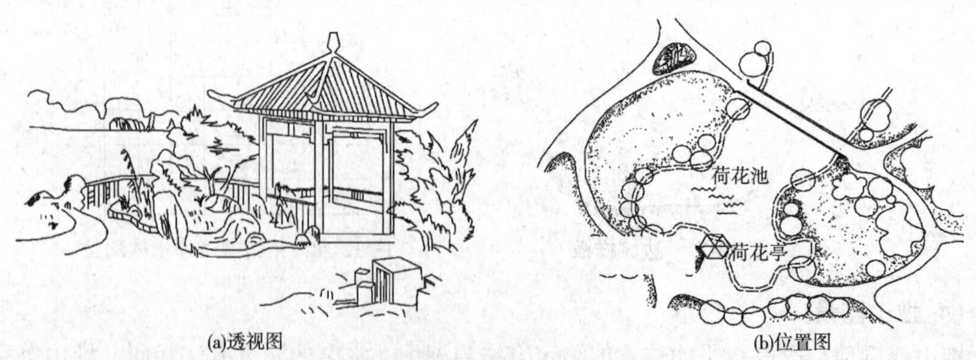


(a)透视图　　(b)位置图

**图 12-30　荷花亭透视图和位置图**

法定出亭子的中心点 $O$ 及亭子的一个角点(如 $J$)，然后丈量 $O$ 与角点之间的距离，与设计值比较看其相对误差是否小于限差的要求，合格后用皮尺拉出一个正三角形(如此时 $O$ 与角点之间的距离为 2. 25 m，则一人手持 0 刻划和 6. 75 m 处，一人手持 2. 25 m 处，一人手持 4. 50 m 处绷直，形成一正三角形)，将该正三角形的一角与 $O$ 点对齐，一角与已定位出的角点对齐，则剩下的一个角所对应的即为亭子的一个角点。用该方法可以将亭子的所有角点(特征点)定位出来。

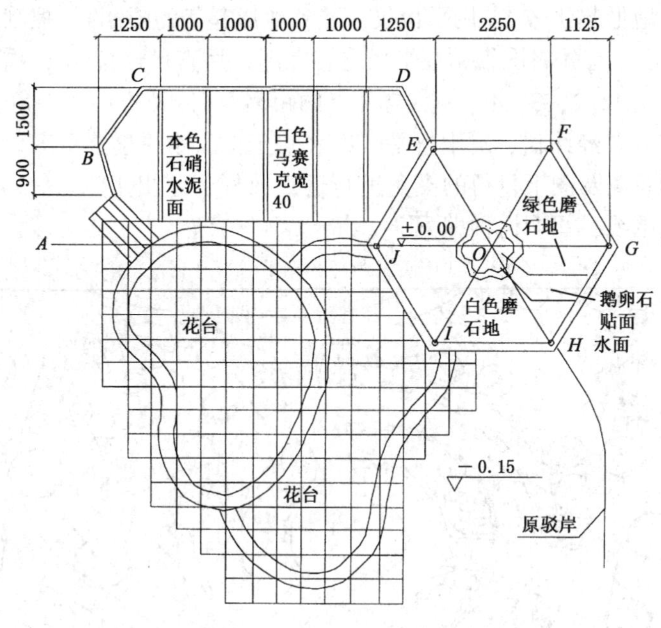


图 12-31　荷花亭平面图

此法定位精度较好，但要求施工现场地面平整，测设线路上无障碍物；若离导线点较远，测设的工作效率不高。

**(2) 全站仪测设法**

根据亭子中心 $O$ 点的坐标、亭子边长及 $JOG$ 的连线垂直于纵轴 $x$ 可求得角点 $J$、$G$ 的坐标，应用三角公式计算出其他角点的坐标。再根据已知导线点的坐标，计算出各角点的极坐标测设数据。在导线点 $D$ 安置全站仪，以另一点 $C$ 定向，根据角度值和距离测设出各角点的坐标，并对相邻角点距离值进行校核。该法不但精度高，且工作效率也高。

## 12. 3. 3　园林树木种植定点放样

种植设计是园林设计的详细设计内容之一。种植设计图包括设计平面表现图、种植平面图、详图以及必要的施工图解和说明。种植施工前需要定点放样，种植放样不必像建筑或道路施工那样准确。但是，当种植设计要满足一些活动空间尺寸，控制或引导视线时，或者所种植的树木作为独立景观时，以及树木为规则式种植时，树木的间距、平面位置以及树木间的相互位置关系都应尽可能准确地标定。放样时，首先应选定一些点或线作为依据，例如，现状图上的建筑物、构筑物、道路或地面上的水准点等，然后将种植平面上的网格或截距放样到地面上，并依次确定乔灌木的种植穴和草本、地被物的种植范围线。

#### 12. 3. 3. 1 公园树木种植放线

树木种植方式有两种：一种是单株(如弧植树、大灌木与乔木配植的树丛)，它们每株树中心位置可在图纸上明确表示出来；另一种是只在图上标明范围而无固定单株位置的树木(如灌丛、成片树林、树群)。它们的放线方法主要是：

**(1)经纬仪法**

在范围较大、地形起伏较大(用平板仪会受到地形起伏的限制)、控制点明确时可用此法。如图 12-32 所示，首先将图纸粘在平板上，在图上用直尺连接 *AK*，作为定向线，用量角板和直尺分别量出 1，2，3，4，…点与 *A* 点的距离及与 *AK* 方向的夹角。

在地面上 *A* 点安置经纬仪，对中整平，用 *K* 点定向、水平度盘置零后，按图上量得的尺寸换算成实地的距离及图上量得的夹角进行逐点放样，定出 1，2，3，4，…等点位置，并钉木桩，明确范围线，写明树种即可。

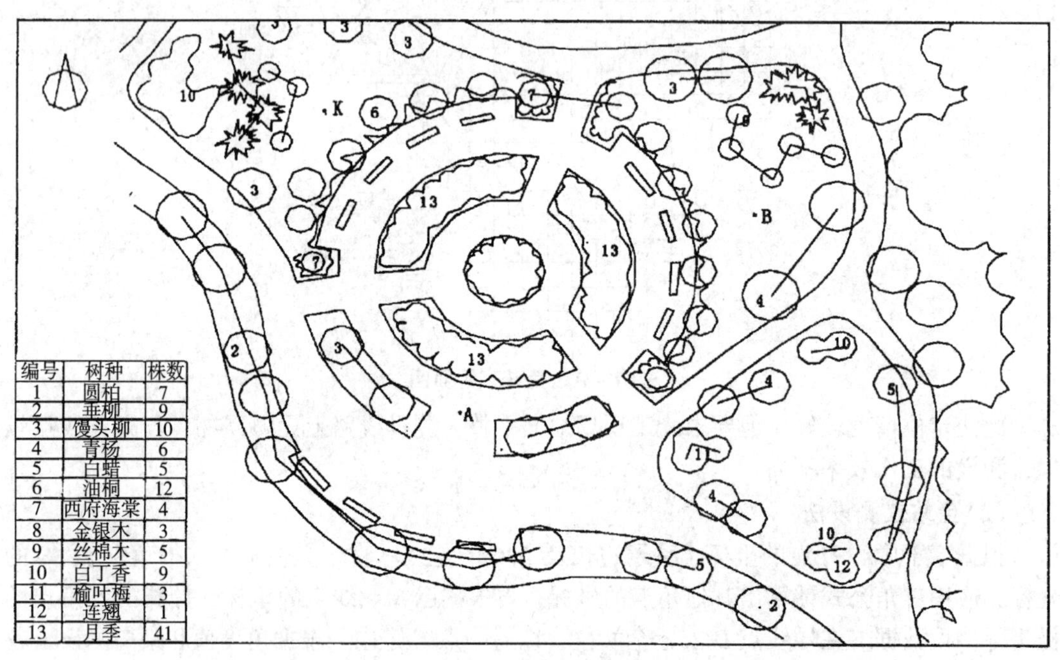

| 编号 | 树种 | 株数 |
|---|---|---|
| 1 | 圆柏 | 7 |
| 2 | 垂柳 | 9 |
| 3 | 馒头柳 | 10 |
| 4 | 青杨 | 6 |
| 5 | 白蜡 | 5 |
| 6 | 油桐 | 12 |
| 7 | 西府海棠 | 4 |
| 8 | 金银木 | 3 |
| 9 | 丝棉木 | 5 |
| 10 | 白丁香 | 9 |
| 11 | 榆叶梅 | 3 |
| 12 | 连翘 | 1 |
| 13 | 月季 | 41 |

**图 12-32 种植设计图**

图上第 13 点是树丛，可在范围的边界上找出一些拐弯点，分别按上法测设在地面上，然后用长绳将范围界线按设计形状在地面上标出并撒上白灰线，并将树种名称、株数写在木桩上，钉在范围线内。花坛先放中心线，然后根据设计尺寸和形状在地面上用皮尺作几何图画出边界线。

**(2)网格法**

适用于范围大，地势平坦的绿地。其做法是按比例相应地在设计图上和在地上分别画出距离相等方格(20 m×20 m 为最好)，定点时先在设计图上量好树木对方格的坐标距离，在现场按相应的方格找出定植点或树木范围线的位置，钉上木桩或撒上灰线标明。

**(3) 交会法**

适用于范围小，现有建筑物或其他地物与设计图相符的绿地。其做法是：根据两个建筑物或固定地物与测点的距离用距离交会法定出树木边界线或单株位置(参见 11.2.3 节)。

**(4) 支距法**

此种方法在园林施工中经常用到，是一种简便易行的方法。它是根据树木中心点至道路中线或路牙线的垂直距离，用皮尺进行放线(参见 11.2.1 节)。

### 12.3.3.2　规则的防护林、风景林、护岸林、苗圃的种植放线

有两种定植法：矩形法和菱形法。

**(1) 矩形法**

如图 12-33 所示，*ABCD* 为作业区的边界，放样步骤：

①以 *A′B′* 为基准线按半个株行距先量出 *A* 点(地边第一个定植点)的位置，量 *AB* 使其平行于基线 *A′*、*B′*，并使 *AB* 的长为行距的整倍数，在 *A* 点上安置仪器或用皮卷尺作 $AB \perp AD$，且 *AD* 边长为株距的整倍数。

②在 *B* 点作 $BC \perp AB$，并使 $BC = AD$，定出 *C* 点。为了防止错误，可在实地量 *CD* 长度，看其是否等于 *AB* 的长度。

③在 *AD*、*BC* 线上量出等于若干倍于株距的尺段(一般以接近百米测绳长度为宜)得 *E*、*F*、*G*、*H* 诸点。

④在 *AB*、*EF*、*GH* 等线上按设计的行距量出 1，2，…和 1′，2′，…等点。

⑤在 1—1′，2—2′，3—3′，…连线上按株距定出各栽植点，撒上白灰为记号。为了提高工效，在测绳上可按株距扎上红布条，就能较快地定出种植点的位置。

**(2) 菱形法**

如图 12-34 所示，放线步骤：①~③步同前。第④步是按半个行距定出 1，2，3，…和 1′，2′，3′，…等点。第⑤步是连 1—1′，2—2′，3—3′，…等直线，奇数行的第一点应从半个株距起，按株距定各种植点，偶数行则从 *AB* 起算出按株距定出各栽植点。

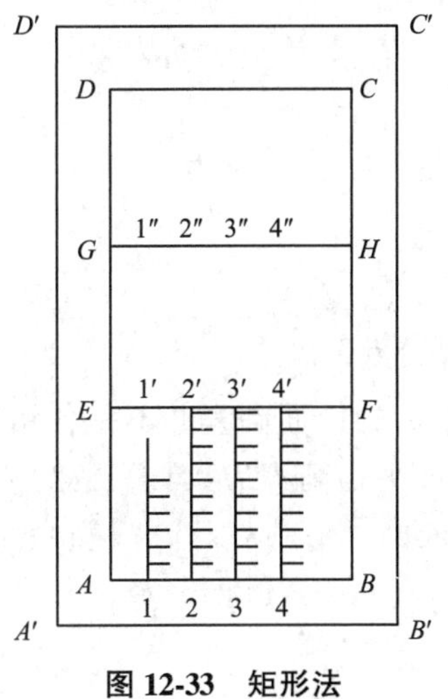


图 12-33　矩形法

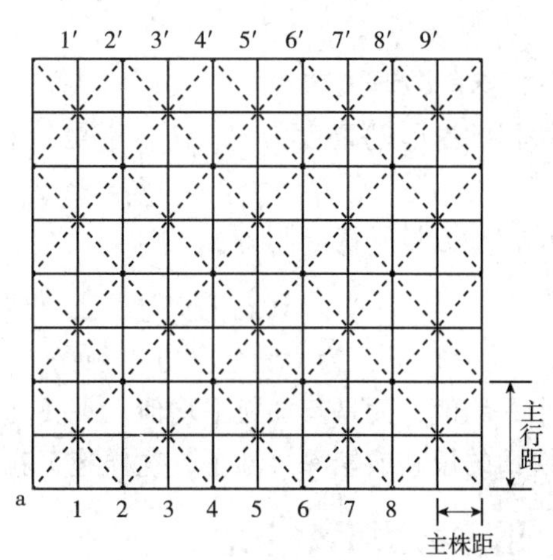


图 12-34　菱形法

#### 12.3.3.3　行道树定植放线

道路两侧的行道树，要求栽植的位置准确、株距相等。一般是按道路设计断面定点。在有路牙的道路上，以路牙为依据进行定植点放线。无路牙则应找出道路中线，并以此为定点的依据，用皮尺定出行距，大约每10株钉一木桩。做好控制标记，每10株与路另一侧的10株一一对应(应校核)，最后用白灰标定出每个单株的位置。

## 12.4　土地平整测量

我国虽然陆地面积广阔，但人口众多，人均可利用土地资源远远低于世界平均水平。人均占有土地少，人均占有耕地就更少，土地资源变得更为紧缺。保护耕地，实施中低产田改造，开发可利用的土地资源是实现可持续发展的物质基础。如破旧砖窑地、施工场地遗弃地、高低不平的耕地等，均需经过土地平整，扩大耕地面积，改良土壤，使其成为保水、保土、保肥的良田，以利于充分发挥水土资源的经济效益、生态效益和社会效益。所谓"三通一平"中的"一平"就是指土地平整，土地平整是使土地增值、农业增效、农民增收的重要措施。在各项工程建设中的施工场地，如修筑大型广场和某些建筑施工等，也需要进行场地平整。本节介绍3种常用的土地平整方法。

### 12.4.1　田块合并的平整测算方法

如图12-35所示，有4块不等高的平台阶地，现为了适应机械化要求合并成一大块。设4块的面积为 $S_i(i=1, 2, 3, 4)$，高程为 $H_i$，可用水准仪测出，其高程可用假定高程或引测附近水准点而获得。若田面比较平坦可只测地段中间有代表性的一点，若田面有较均匀的坡度，可在田块两端各测一点取平均值，作为本块田的高程。田块合并后的大块田平均高程为 $H_m$。为满足土方填挖平衡，$H_m$ 可按下式求出：

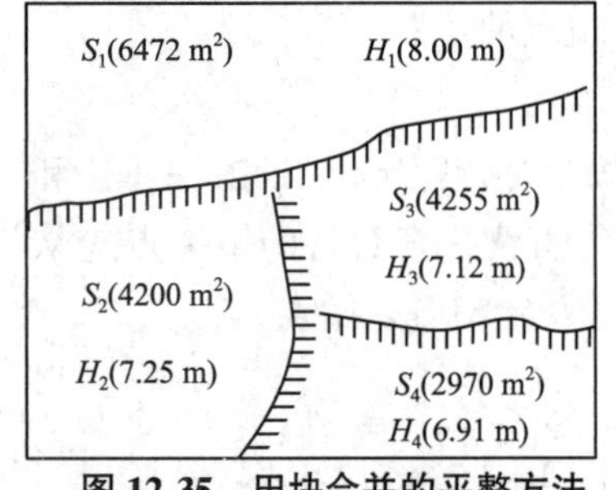


图12-35　田块合并的平整方法

$$H_m=\frac{S_1H_1+S_2H_2+\cdots+S_iH_i}{S_1+S_2+\cdots+S_i} \tag{12-19}$$

设4块田的挖(填)高度为 $H_m-H_i$，于是各个田块挖(填)土方量为：

$$V_i=S_i(H_m-H_i) \tag{12-20}$$

根据填挖土方量平衡原则得：

$$\sum V_i=0,\ \sum S_i(H_m-H_i)=0 \tag{12-21}$$

由式(12-19)可见，为了满足土方平衡条件，平整后的田面高程并不是各块田面高程的简单算术平均值，而是其加权平均值。平整后的田面平均高程 $H_m$ 计算出来后，即可逐个算出各块田的填高或挖深尺寸了，这样施工就有了依据。

### 12.4.2　用方格法平整土地

地形复杂且平整地块面积较大时，可用方格测量的办法来解决。

#### 12.4.2.1　测设方格网

方格网通常布设在地块边缘。先用标杆定出一条基准线，在基准线上，每隔一定距离打一木桩，如图 12-36 中的 $A$，$B$，$C$，$D$，…。然后在各木桩上作垂直于基准线的垂线(可用经纬仪测设、用卷尺根据勾股弦定理及距离交会的办法来作垂线)，延长各垂线，在各垂线上按与基准线同样的间距设点打桩，这样就在地面上组成了方格网。方格网的大小是根据地块、地形、施工方法而定的。一般人力施工采用(10 m×10 m)~(20 m×20 m)；机械化施工可采用(40 m×40 m)~(100 m×100 m)。为了计算方便，各方格点应对照现场绘出草图，并按行列编号。

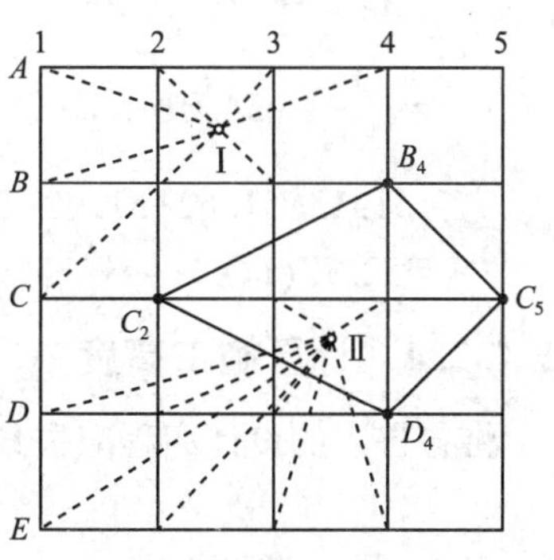


图 12-36　方格法平整土地

在测区有控制点时，也可根据 $X$、$Y$ 方向布设方格网，坐标取 10 的倍数，用极坐标法测设方格网，再测出边界范围坐标即可。

#### 12.4.2.2　测各方格点地面高程

如图 12-36 所示，若方格网范围不大，将仪器大约安置在地块中央，整平仪器，依次在各方格点上立标尺，测量其桩点地面高程。如果面积较大或桩点间高差较大时，需在方格网内测设一条闭合水准路线，如可利用 $C_2$、$B_4$、$C_5$、$D_4$ 等桩点构成闭合水准路线。然后引测水准点的高程到 $C_2$(或其他)桩点，或假设 $C_2$ 桩点的高程，按等外水准测量的方法测出 $B_4$、$C_5$、$D_4$ 桩点的高程。

如图 12-36 中的Ⅰ、Ⅱ为测站点，在一个测站上同时测量若干个桩点的地面高程，其方法是：先将后视点高程加上后视读数获得水平视线高程，然后用每站的水平视线高程分别减去各桩点的前视读数，得到各桩点的地面高程。若方格点正处在局部凹凸处，扶尺者可在附近高程有代表性的地面立尺。如附近无水准点，可假定某一方格点的桩顶高程作为起算高程。水准尺的读数可读至厘米。

#### 12.4.2.3　计算地面平均高程

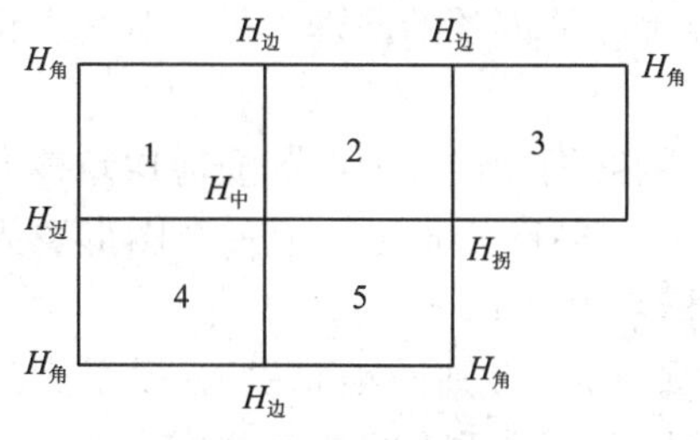


图 12-37　桩点位置及名称

地面平均高程的计算一般采用加权平均值法。其思路是先分别求出网格中每个方格的平均高程，然后将所有方格的平均高程之和除以方格总数，即得整个地块的平均高程 $H_{\mathrm{m}}$。在图 12-37 中，如将方格网各桩点分成角点、边点、拐点和中点，在这些点上的相应高程为 $H_{角}$、$H_{边}$、$H_{拐}$、$H_{中}$，据此，不难推算出地块平均高程的计算公式为：

$$H_{\mathrm{m}} = \frac{1}{4n}\left(\sum H_{角} + 2\sum H_{边} + 3\sum H_{拐} + 4\sum H_{中}\right) \tag{12-22}$$

式中，$n$ 为小方格总数。

按上式计算出的图 12-37 方格网中的平均高程为：

$$H_m = \frac{1}{4n}(\sum H_{角} + 2\sum H_{边} + 3\sum H_{拐} + 4\sum H_{中})$$

$$= \frac{1}{4 \times 11}[(54.01+50.67+52.11+53.70+54.73)+2\times(54.42+53.92+53.54+51.62+51.13+51.62+51.90+52.94)+3\times53.04+4\times(53.00+53.30+52.02+52.37+52.71)]$$

$$=52.73(m)$$

#### 12.4.2.4 计算施工高度

将各桩点的设计高程减去地面高程即为各点施工高度，也称挖填深度。

$$h_i = H_m - H_{地} \tag{12-23}$$

式中，$h$ 为填挖高度，m。$h$ 为正，表示填高；$h$ 为负，表示挖深。

**(1) 平整成水平面时施工高度计算**

当平整后地面为水平面时，按式(12-22)所得的平均地面高程就是平整后各点的地面设计高程，因此，平整成水平面的各桩点的施工高度就可求出。

**(2) 平整成双(单)向坡度的施工高度计算**

为了节省土方工程和满足地面灌溉或排水的需要，需要整成具有 1 个或 2 个有一定坡度的斜平面。为此，一般把平均高程 $H_m$ 作为平整场地平面图形重心的设计高程。当场地的平面图形对称时，其形心即是重心位置；当平面图形为非对称的情况下，由于重心位置难以定准，不但造成内业计算烦琐，而且使填挖土方量不易平衡。下面从力学的原理出发，推导出一种简单实用的计算方法。

如果整个场地的平面形状为矩形，需要平整成向任何方向倾斜的斜平面时，那么其图形的形心可作为重心。根据立体几何原理，若将场地的平均高程 $H_m$ 定为重心点的设计高程时，填挖土方量总是平衡的。

对于平面图形为非对称图形的地块，先假定地块为平整成两个方向有坡度的斜平面，且为同种土质组成的匀质物体，沿地块边缘垂直向下随坡度变化截取一薄层，使其成为一独立的匀质物体，因为匀质物体的重心位置完全取决于该物体的几何形状尺寸，而与其重量无关。所以，匀质物体的几何形心和重心就在同一点上，从力学的原理入手，对其进行受力分析，就能确定不同平面图形的重心所在。

①平整场地为任意图形时重心及坐标求法。把截取的截面看成极薄的匀质薄层。该层上各点所受到的地心引力可视为平行分布力，把整个图形置入以 $O$ 点为原点的平面直角坐标系中(图 12-38)。

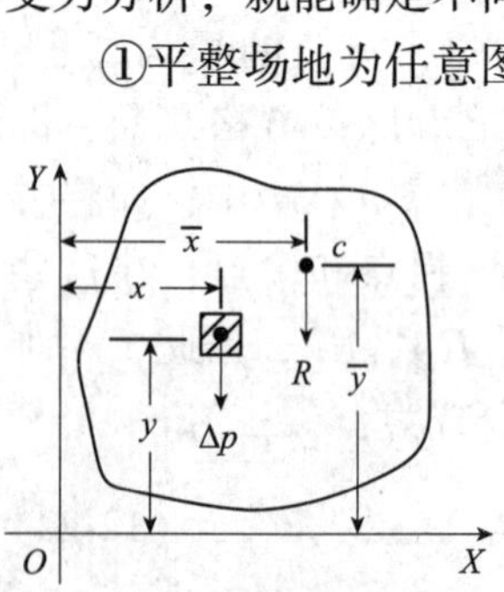

图 12-38 任意图形的重心坐标解算

设单位面积上所受到的重力为 $q$，则微小面积 $\Delta s$ 所受到的重力 $\Delta p = q \cdot \Delta s$，整个匀质薄层上所受重力的合力 $R$ 应为各微小面积上重力的总和。

$$R = \sum \Delta p = \sum q\Delta s = q\sum \Delta s = qs \tag{12-24}$$

式中，$s$ 为地块的总面积；合力 $R$ 作用在形心 $C$ 上。

根据合力矩定理，合力 $R$ 对坐标原点的力矩等于各分力 $\Delta p$ 对坐标原点力矩的代数和。

$$R\bar{x} = \sum(\Delta p \cdot x) \tag{12-25}$$

所以

$$\bar{x} = \frac{\sum \Delta p \cdot x}{R} = \frac{\sum q\Delta s \cdot x}{q\sum \Delta s} = \frac{q\sum \Delta s \cdot x}{q\sum \Delta s} = \frac{\sum \Delta s \cdot x}{\sum \Delta s} \tag{12-26}$$

因为对于一个固定场地上的任意图形，其形心在截面上的位置总是固定的，因此可将截面的位置连同坐标系旋转 90°，如图 12-39 所示，根据以上推断，则可求出重心点的另一坐标值。

$$\bar{y} = \frac{\sum \Delta p \cdot y}{R} = \frac{\sum \Delta s \cdot y}{\sum \Delta s} \tag{12-27}$$

微小面积取得越小，用式(12-26)和式(12-27)计算出的坐标值就越精确。在极限情况下，则计算任意图形的重心坐标的精确公式可用积分表示如下：

$$\left.\begin{aligned} \bar{x} &= \frac{\int_s x\mathrm{d}x}{\int_s \mathrm{d}s} \\ \bar{y} &= \frac{\int_s y\mathrm{d}y}{\int_s \mathrm{d}s} \end{aligned}\right\} \tag{12-28}$$

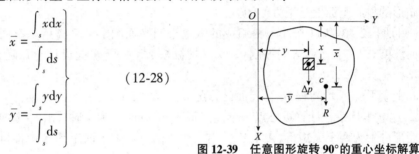

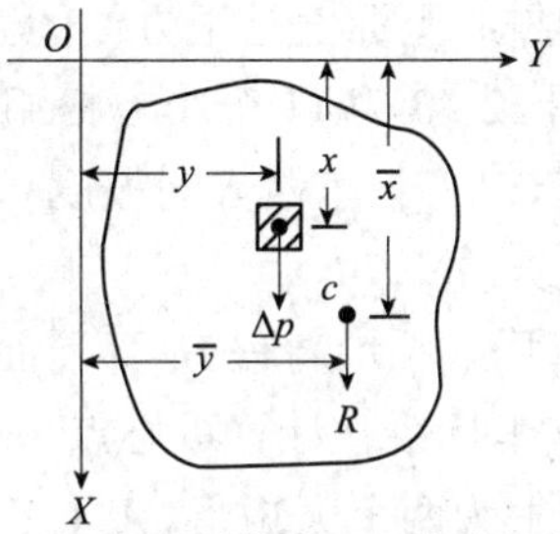

图 12-39　任意图形旋转 90°的重心坐标解算

②场地图形包括多个矩形时的重心及坐标求法。任意图形的重心坐标，一般都需用积分式(12-28)方能精确求得。但在场地平整外业测量时，往往在实测前就把整个任意形状的地块打成方格网(图 12-40)。

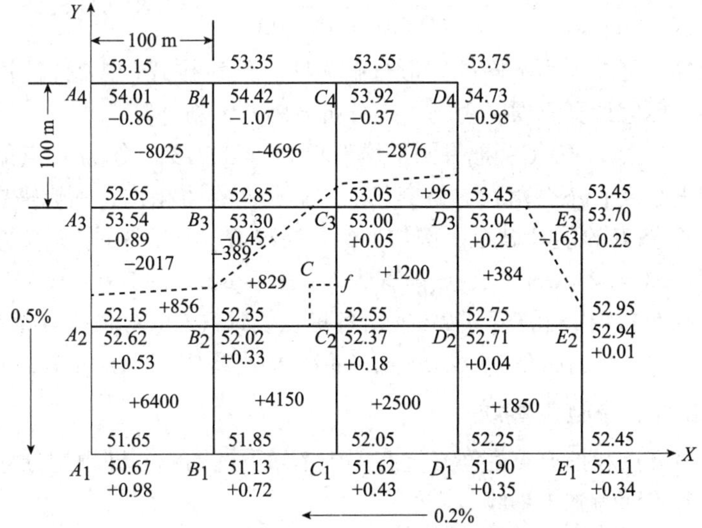


图 12-40　场地平整竖向设计算例

可把图 12-40 视为两个大矩形($A_1A_3E_3E_1$ 和 $A_3A_4D_4D_3$)组成的。这两个矩形分别为对称图形，其面积和重心都易求得；但就整个图形而言为非对称图形，因此，求这种不对称图形的重心时，可把它分解为若干大的矩形，而不直接用积分式(12-28)。根据合力矩定理，只要将积分式(12-28)变换成下面的形式，即可方便地求出整个地块的重心坐标。

$$\left.\begin{aligned}\bar{x}&=\frac{s_1\bar{x}_1+s_2\bar{x}_2+\cdots+s_n\bar{x}_n}{s_1+s_2+\cdots+s_n}\\\bar{y}&=\frac{s_1\bar{y}_1+s_2\bar{y}_2+\cdots+s_n\bar{y}_n}{s_1+s_2+\cdots+s_n}\end{aligned}\right\}\tag{12-29}$$

式中，$s_1$，$s_2$，…，$s_n$ 为分解后各矩形的面积；$\bar{x}_1$，$\bar{y}_1$；$\bar{x}_2$，$\bar{y}_2$；…，$\bar{x}_n$，$\bar{y}_n$ 为各相应矩形的重心坐标。

当分解后各个矩形的重心位置为已知，其面积又容易求得时，采用式(12-29)计算非对称图形的重心坐标值是很方便的。

【例】图 12-40 为 11 个小方格组成的欲建果园平面图形，平整后要有两个斜平面，南北方向坡度 0.5%，东西方向坡度 0.2%。按纵横坡度进行竖向设计，并确定填挖分界线，计算填挖土方量。

a. 计算场地平均高程 $H_m$，前面已算出 $H_m=52.73$ m。

b. 建立坐标系，计算重心点坐标值。把 $A_1E_1$ 方向定为 $x$ 轴，$A_1A_4$ 方向定为 $y$ 轴，把整个图形分解为两个大矩形($A_1A_3E_3E_1$ 和 $A_3A_4D_4D_3$)；由于两个图形均各自对称，且各自的重心易定，故可直接用式(12-29)计算。

$$\bar{x}=\frac{s_1\bar{x}_1+s_2\bar{x}_2}{s_1+s_2}=\frac{400\times200\times200+300\times100\times150}{400\times200+300\times100}=186.36(\text{m})$$

$$\bar{y}=\frac{s_1\bar{y}_1+s_2\bar{y}_2}{s_1+s_2}=\frac{400\times200\times100+300\times100\times250}{400\times200+300\times100}=140.91(\text{m})$$

为了校核计算，可以采用不同的图形分解方法，然后按式(12-28)计算，如两组数据相同，说明重心坐标值计算无误；否则，应分析原因，重新计算。

c. 根据 $\bar{x}$，$\bar{y}$ 确定重心点 $C$。把果园平均高程 $H_m=52.73$ m 作为 $C$ 点的设计高程。因为非对称图形的重心点 $C$ 不会落在方格交点上，而是落在方格内，所以需要根据纵向坡度定出 $C$ 点附近一个格点的设计高程。例如，$C$ 点高程 $H_m=52.73$ m，$f$ 点的高程为 52.73+(200−186.36)×0.2%=52.76 m，$C_2$ 点高程为 52.76−(140.91−100)×0.5%=52.55 m。然后依据纵向坡度 0.5%和横向坡度 0.2%推出各桩点设计高程(南北每格高差 0.5 m，东西每格高差 0.2 m)，如 $C_3$ 的高程为 53.05 m，而 $D_2$ 的高程为 52.75 m 等，并推算填挖深。

#### 12.4.2.5 在略图上绘施工零线

在方格点的填方点和挖方点之间必定有一个不填不挖的点，即填挖分界点(零点)，把相关的零点连接起来即为施工零线。

**(1)在图纸上计算零点确定填挖边界**

如图 12-41 所示，根据相似三角形的比例关系可以计算出零点位置。

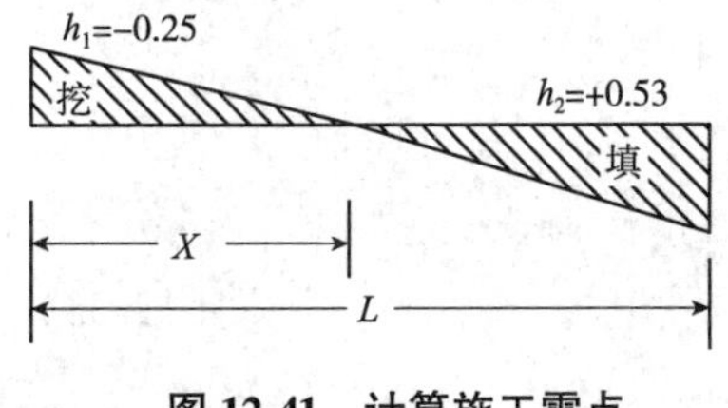

图 12-41　计算施工零点

$$X=\frac{L}{h_1+h_2}\cdot h_1 \tag{12-30}$$

式中，$L$ 为方格边长；$h_1$，$h_2$ 为方格两端的填挖数(用绝对值)；$X$ 为零点距填(挖)数为 $h_i$ 的方格点的距离。

将图 12-41 中数值代入上式得

$$X=\frac{100}{0.25+0.53}\times 0.25=32.1(\mathrm{m})$$

把方格网内相邻零点连接起来构成施工零线，即填挖分界线。

**(2) 在地面上确定零点位置和施工零线**

可根据图上计算零点位置的数据，在实地找到相应的零点，将相邻零点用白灰线撒成填挖分界线，以便施工。图 12-40 虚线为施工零线。

### 12.4.2.6　填挖土方量计算

**(1) 方格法计算土方量**

开挖线(施工零线)确定后，即可按下式分别计算各方格(图 12-42)的填挖土方量：

$$V=A\cdot h \tag{12-31}$$

式中，$V$ 为某方格的填方或挖方数，$\mathrm{m}^3$；$A$ 为该方块的底面积，$\mathrm{m}^2$；$h$ 为该方块各顶点填高(或挖深)的平均高度，m。

计算时应注意，如某方格中既有填高的顶点又有挖深的顶点时，应先按开挖线将方格分块，再分别按填方块、挖方块依其各自的实际面积来计算填(挖)方量。

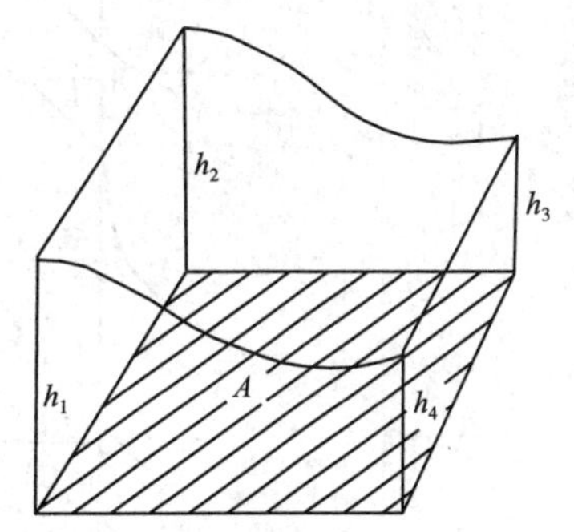

图 12-42　方格法计算土方量

逐一算出各方格的填(挖)方量后，将各方格填、挖土方量分别相加，即得总填方量和总挖方量，且二者应相等。但由于计算公式的近似性，零点选择仍有误差，故一般有些出入。如果填(挖)方量相差较大，经复算又无误时，需要修正设计高程。

$$修正后的设计高程=第一次的设计高程+\frac{挖方总量-填方总量}{平整田块的面积} \tag{12-32}$$

用改正后的设计高程，重新确定开挖线，再计算填、挖土方量，达到填挖基本相等为止。

图 12-40 中各方格的填(挖)量就是按式(12-31)计算出来的，从图 12-41 可计算出 $V_{挖}=18\ 166\ \mathrm{m}^3$，$V_{填}=18\ 265\ \mathrm{m}^3$，相差 99 $\mathrm{m}^3$，填挖方量平衡，误差为 0.54%<1%。

如果平面图形是由两个以上矩形(对称图形)所组成，同样可以方便地分解计算，且重心定位准确，当地形高低变化不很大时，进行竖向设计填(挖)土方量容易平衡。

**(2) 桩点法计算土方量**

开挖线(施工零线)确定后，以桩点代面，即可按下式分别按权重计算各桩点所代表的填(挖)土方量：

$$
\left.\begin{aligned}
V_{角} &= h_{角} \cdot \frac{1}{4}P_{格} \\
V_{边} &= h_{边} \cdot \frac{2}{4}P_{格} \\
V_{拐} &= h_{拐} \cdot \frac{3}{4}P_{格} \\
V_{中} &= h_{中} \cdot \frac{4}{4}P_{格}
\end{aligned}\right\} \tag{12-33}
$$

如图 12-43 所示，方格宽 20 m，用式(12-21)计算 $H_m = 64.84$ m，按式(12-29)计算各桩点所代表的填(挖)土方量并填入表 12-4 中，从表中可计算出 $V_{挖} = 1875\ m^3$，$V_{填} = 1851\ m^3$，相差 24 $m^3$，填、挖方量基本平衡，误差为 1.3%。

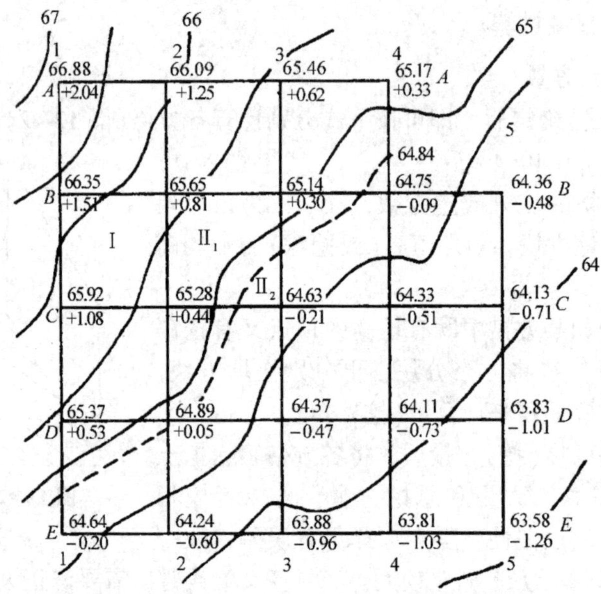


图 12-43　桩点法计算土方量

表 12-4　填、挖土方量计算表

| 填　方 | | | | | 挖　方 | | | | |
|---|---|---|---|---|---|---|---|---|---|
| 点号 | 填高(m) | 点的性质 | 所代表面积($m^3$) | 土方量($m^3$) | 点号 | 填高(m) | 点的性质 | 所代表面积($m^3$) | 土方量($m^3$) |
| $B_4$ | −0.09 | 拐 | 300 | −27 | $A_1$ | +2.04 | 角 | 100 | 204 |
| $B_5$ | −0.48 | 角 | 100 | −48 | $A_2$ | +1.25 | 边 | 200 | 250 |
| $C_3$ | −0.21 | 中 | 400 | −84 | $A_3$ | +0.62 | 边 | 200 | 124 |
| $C_4$ | −0.51 | 中 | 400 | −204 | $A_4$ | +0.33 | 角 | 100 | 33 |
| $C_5$ | −0.71 | 边 | 200 | −142 | $B_1$ | +1.51 | 边 | 200 | 302 |
| $D_3$ | −0.47 | 中 | 400 | −188 | $B_2$ | +0.81 | 中 | 400 | 324 |

（续）

| 填方 | | | | | 挖方 | | | | |
|---|---|---|---|---|---|---|---|---|---|
| 点号 | 填高（m） | 点的性质 | 所代表面积（$m^3$） | 土方量（$m^3$） | 点号 | 填高（m） | 点的性质 | 所代表面积（$m^3$） | 土方量（$m^3$） |
| $D_4$ | -0.73 | 中 | 400 | -292 | $B_3$ | +0.30 | 中 | 400 | 120 |
| $D_5$ | -1.01 | 边 | 200 | -202 | $C_1$ | +1.08 | 边 | 200 | 216 |
| $E_1$ | -0.20 | 角 | 100 | -176 | $C_2$ | +0.44 | 中 | 400 | 176 |
| $E_2$ | -0.60 | 边 | 200 | -106 | $D_1$ | +0.53 | 边 | 200 | 106 |
| $E_3$ | -0.96 | 边 | 200 | -96 | $D_2$ | +0.05 | 中 | 400 | 20 |
| $E_4$ | -1.03 | 边 | 200 | -206 | | | | | |
| $E_5$ | -1.26 | 角 | 100 | -126 | | | | | |
| 填方合计 | | | $\sum V_{填} = -1851$ | | 挖方合计 | | | $\sum V_{挖} = +1875$ | |

## 12.4.3　应用地形图平整土地

在地形图上，在拟平整的范围内绘出方格网，边长一般为 10~20 m，方格边长依地形复杂程度、地形图比例尺以及要求的精度而定。地形复杂方格边长应短；地形简单，方格边长可适当放长。绘好方格后，根据等高线内插法求出各方格顶点的地面高程，并注记在相应格点。然后计算地块的平均高程，推算设计高程和施工量，最后计算土方量，计算过程和方法同前述。

## 12.4.4　常见土建工程中土方测量与计算

**(1) 建筑基坑土方量计算**

在有地下室的建筑施工中，在基坑开挖前，已对原地表进行了测绘，测量了方格网或测绘地形图后，在地形图上打上方格网，获取格网点的高程，计算原地面平均高程。如有放坡，土方工程结束后，测量上口面积和下口面积，再计算土方量。

面积测量可用皮尺量取，也可依次测出基坑边缘坐标，用解析法计算面积。取上下口面积平均值乘以原地表平均高程与坑底高程之差，即得土方开挖量。

**(2) 断面法计算路基土方量**

公路设计图上有各整桩号的横断面图，在横断面图中有路基及边坡轮廓线和原地表线，地表线以上的部分即为填方区。在地表线以下，路基、边坡、边沟、护坡等轮廓线以上的部分为挖方区。

以填方为例，假定 1+040 断面中，算得填方面积为 $S_1$，1+060 断面中填方面积为 $S_2$，则此段填方量为：

$$V=\frac{S_1+S_2}{2}\times(1060-1040) \tag{12-34}$$

当 $S_1$、$S_2$ 面积差异过大时宜采用严密公式：

$$V=\frac{1}{3}(S_1+S_2+\sqrt{S_1 \cdot S_2})\times(1060-1040) \tag{12-35}$$

路基施工中，当同一桩号有挖方有填方，挖方土方可以回填时，称为原桩回填。若此段挖方量大于填方量，则要外运；若挖方量小于填方量，则要借方回填。运距不同，单价也不一样。有时，挖方填方不能重复计算。因此，要因地制宜，了解工程定额，准确计算，才能更好地为工程施工服务。

断面法可应用于平整成水平场地的测量，也可应用于平整成坡地的土方量计算，断面间距根据精度要求而定。

**(3)应用数字地形图计算土方**

随着现代测量技术的发展，测绘数据的采集、传输和处理于自动化为一体，测绘技术全面进入数字化时代。测绘软件借助计算机的计算、统计和存储功能发挥巨大的作用，特别是为工程领域提供不同需求的数字化测绘产品。利用数字地形图进行土方计算，具有操作简单、准确度高、通用性强的特点，常用方法有：三角网法、方格网法、断面法等，可根据实际需要选择不同的计算方法。

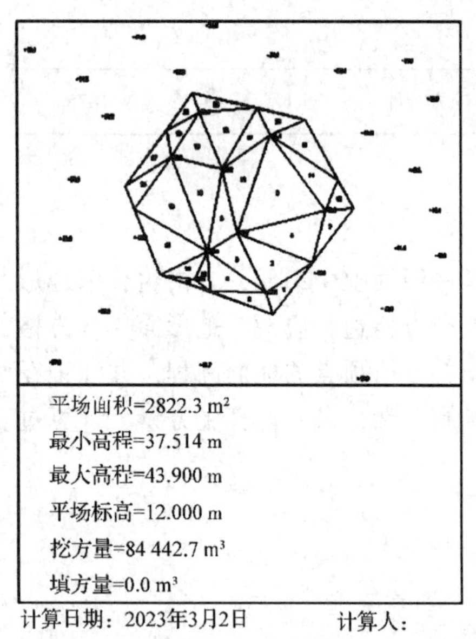

平场面积=2822.3 m²
最小高程=37.514 m
最大高程=43.900 m
平场标高=12.000 m
挖方量=84 442.7 m³
填方量=0.0 m³
计算日期：2023年3月2日
计算人：


**图 12-44 三角网法计算土方量**

例如，用CASS软件三角网法计算山体土石方量。

在地形图上选择计算土方区域内的地貌特征点和测量的高程点，连成三角网(图12-44)，用三角网形体来代替地表面能更好地拟合地形。计算时，将3点高程取平均值，减去设计高程后，乘以3点的水平面积，即得到这个三角形内的土石方量，所有的三角形体积总和即得这个山体的总方量。在指定点处绘制一个土方计算专用表格，并绘出挖填平衡分界线，如图12-44所示。其计算方法参见第10章内容。

## 本章小结

施工的首要任务是测量，而施工测量虽不复杂，但责任重大，稍有不慎便会造成重大的损失。因此，务必认真作业，仔细检查每个数据和操作过程，并在测量过程中要有足够的校核，确保测量成果的准确和可靠。

建筑施工测量工作中，总是先测设主轴线和布设施工测量所需的水准点。主轴线的方向要和主要建筑物的轴线平行，水准点位置要选在施工时引测方便的地方，用它们来控制整个建筑群，以保证每个个体建筑物能够在相应的设计位置处进行施工。

竣工测量必须由施工单位在每一个单项工程完成后进行，提出工程的竣工测量成果，并编绘竣工总平面图，便于日后进行各种设施的维修工作。

线路工程测量包括踏勘选线、中线测量、纵(横)断面测量与断面图绘制等工作。进行道路设计之后，把填挖高度注于相应桩号上，撒石灰线，即可施工。

园林工程测量重点介绍了园林建筑物的定位、园路、公园水体和堆山测设的方法，以及园林树木种植定点放样几种做法。

土地平整测量重点在于用方格法把土地平整成双(单)向坡度的方法和步骤，尤其是重心坐标的解算和填挖深及土方量的计算。

## 复习思考题

1. 何谓施工测量？施工测量的内容包括哪些？
2. 建立施工方格网的原则和基本方法有哪些？
3. 简述利用方格网测设主轴线的方法。
4. 根据下表所列各转角桩号、偏角和圆曲线半径，整理直线、曲线与转角一览表，$\alpha_{01}=84°15'$。

**直线曲线与转角一览表**

| 转角点 | 转角点里程桩桩号 | 偏　　角 | | 曲线元素(m) | | | | |
|---|---|---|---|---|---|---|---|---|
| | | $\alpha_{左}$ | $\alpha_{右}$ | $R$ | $T$ | $L$ | $E$ | $q$ |
| $JD_0$ | 0+000. 00 | | | | | | | |
| $JD_1$ | 0+320. 04 | | 16°45′ | 500 | | | | |
| $JD_2$ | 0+665. 10 | | 5°28′ | 800 | | | | |
| $JD_3$ | 1+442. 32 | | 10°30′ | 1200 | | | | |
| $JD_4$ | 1+797. 93 | | 14°06′ | 1000 | | | | |
| $JD_5$ | 2+131. 80 | 26°41′ | | 300 | | | | |
| $JD_6$ | 2+346. 82 | | | | | | | |
| $\sum$ | | | | | | | | |

5. 园林工程施工测量的主要任务是什么？
6. 园林工程施工测量之前应做哪些准备工作？
7. 如何进行园林水体、堆山的施工放线？
8. 园林树木种植放线主要有哪些方法？
9. 简述方格水准测量平整土地的方法步骤及记录计算过程。

# 参考文献

安广义，柳瑞武，2017. 测量学[M].4版. 北京：中国林业出版社.
北京市测绘设计研究院，2011. 城市测量规范：CJJ/T 8—2011[S]. 北京：中国建筑工业出版社.
卞正富，2012. 测量学[M].2版. 北京：中国农业出版社.
蔡孟裔，2000. 新编地图学教程[M]. 北京：高等教育出版社.
陈改英，2001. 测量学[M]. 北京：气象出版社.
陈兰金，1990. 测量学[M]. 北京：水利电力出版社.
陈丽华，2009. 测量学[M]. 杭州：浙江大学出版社.
陈琳，2011. 现代测量技术[M]. 北京：中国水利水电出版社.
程新文，2000. 测量与工程测量[M]. 北京：中国地质大学出版社.
董斌，徐文兵，2012. 现代测量学[M]. 北京：中国林业出版社.
冯仲科，2002. 测量学原理[M]. 北京：中国林业出版社.
付开隆，2013. 工程测量[M]. 北京：科学出版社.
葛吉琦，1999. 测量学与地籍测量[M]. 西安：西安地图出版社.
谷达华，2003. 测量学[M]. 北京：中国林业出版社.
顾孝烈，鲍峰，程效军，2011. 测量学[M].2版. 上海：同济大学出版社.
郭金运，王大武，1999. 地籍测绘[M]. 北京：地震出版社.
过静珺，2003. 土木工程测量[M]. 武汉：武汉工业大学出版社.
韩熙春，1988. 测量学[M]. 北京：中国林业出版社.
合肥工业大学，1995. 测量学[M].4版. 北京：中国建筑工业出版社.
河北农业大学，2000. 测量学[M].2版. 北京：中国农业出版社.
胡肃宇，2003. 工程测量[M]. 长沙：湖南地图出版社.
胡伍生，潘庆林，1999. 土木工程测量[M]. 南京：东南大学出版社.
贾清亮，2001. 测量学[M]. 郑州：黄河水利出版社.
姜晨光，2012. 高等测量学[M]. 北京：化学工业出版社.
姜远文，唐平英，2002. 道路工程测量[M]. 北京：机械工业出版社.
金和钟，陈丽华，1998. 工程测量[M]. 杭州：杭州大学出版社.
孔达，吕忠刚，2011. 工程测量[M]. 北京：中国水利水电出版社.
李国顺，1985. 测量学[M]. 北京：煤炭工业出版社.
李青岳，1986. 工程测量学[M]. 北京：测绘出版社.
李生平，1993. 建筑工程测量[M]. 武汉：武汉工业大学出版社.
李天文，2007. 现代测量学[M]. 北京：科学出版社.
李天文，张友顺，2004. 现代地籍测量[M]. 北京：北京科学出版社.
李希灿，齐建国，2014. 测量学[M]. 北京：化学工业出版社.
李修伍，1992. 测量学[M]. 北京：中国林业出版社.
李秀江，2013. 测量学[M].4版. 北京：中国林业出版社.
梁勇，齐建国，2000. 工程测绘技术[M]. 北京：中国农业大学出版社.

梁勇，齐建国，2004. 测量学[M]. 北京：中国农业大学出版社.
林文介，文鸿雁，程朋根，等，2003. 测绘工程学[M]. 广州：华南理工大学出版社.
刘大杰，施一民，等，1996. 全球定位系统(GPS)的原理与数据处理[M]. 上海：同济大学出版社.
刘基余，2003. GPS 卫星导航定位原理与方法[M]. 北京：科学出版社.
刘茂华，2015. 测量学[M]. 北京：清华大学出版社.
刘念武，2010. 测量学[M]. 2 版. 北京：中国电力出版社.
刘普海，梁勇，张建生，2006. 水利水电工程测量[M]. 北京：中国水利水电出版社.
南方测绘仪器有限公司，2006. 数字化地形地籍成图系统 CASS 7.0. 用户手册[Z]. 广州：南方测绘仪器有限公司.
南京林业大学，内蒙古林学院，1986. 测量学[M]. 南昌：江西科学技术出版社.
宁津生，陈俊勇，李德仁，等，2004. 测绘学概论[M]. 武汉：武汉大学出版社.
潘正风，杨得麟，2002. 大比例尺数字测图[M]. 北京：测绘出版社.
潘正风，杨得麟，程效军，等，2004. 实用数字测图原理与方法[M]. 武汉：武汉大学出版社.
潘正风，杨正尧，程效军，等，2008. 数字测图原理与方法[M]. 武汉：武汉大学出版社.
沈君河，1994. 地籍测量[M]. 北京：中国农业出版社.
宋子柱，孙忠才，1999. 地籍测量[M]. 北京：中国大地出版社.
覃辉，2008. 土木工程测量[M]. 3 版. 上海：同济大学出版社.
王依，过静君，2009. 现代普通测量学[M]. 2 版. 北京：清华大学出版社.
王晓光，2011. 测量学[M]. 北京：北京理工大学出版社.
王耀强，2000. 测量学[M]. 北京：中国农业出版社.
武汉测绘科技大学，1994. 测量学[M]. 3 版. 北京：测绘出版社.
徐行，1997. 园林工程测量[M]. 哈尔滨：哈尔滨地图出版社.
徐绍铨，张海华，杨志强，等，2004. GPS 测量原理及应用[M]. 武汉：武汉大学出版社.
徐时涛，夏英宣，1990. 实用测量学[M]. 重庆：重庆大学出版社.
徐育康，秦志远，1996. 测量学[M]. 北京：解放军出版社.
杨正尧，2005. 测量学[M]. 北京：化学工业出版社.
伊廷华，2012. 测量学知识要点及实例解析[M]. 北京：中国建筑工业出版社.
詹长根，2001. 地籍测量学[M]. 武汉：武汉大学出版社.
张坤宜，覃辉，金向农，2003. 交通土木工程测量[M]. 武汉：武汉大学出版社.
张慕良，1984. 水利工程测量[M]. 2 版. 北京：水利电力出版社.
张培冀，1999. 园林测量学[M]. 北京：中国建筑工业出版社.
张远智，2005. 园林工程测量[M]. 北京：中国建筑工业出版社.
张正禄，2002. 工程测量学[M]. 武汉：武汉大学出版社.
章书寿，陈福山，1997. 测量学教程[M]. 北京：测绘出版社.
中国人民共和国住房和城乡建设部，2021. 工程测量通用规范：GB 55018—2021[S]. 北京：中国建筑工业出版社.
中国有色金属工业协会，2020. 工程测量标准：GB 50026—2020[S]. 北京：中国计划出版社.
中华人民共和国国家质量监督检查检疫总局，中国国家标准化管理委员会，2008. 中、短程光电测距规范：GB/T 16818—2008[S]. 北京：中国标准出版社.
中华人民共和国国家质量监督检查检疫总局，中国国家标准化管理委员会，2009. 国家三、四等水准测量规范：GB/T 12898—2009 [S]. 北京：中国标准出版社.
中华人民共和国国家质量监督检查检疫总局，中国国家标准化管理委员会，2009. 全球定位系统(GPS)

测量规范：GB/T 18314—2009[S]. 北京：中国标准出版社.
中华人民共和国国家质量监督检验检疫总局，中国国家标准化管理委员会，2018. 国家基本比例尺地图图式　第1部分1∶500　1∶1000　1∶2000地形图图式：GB/T 20257.1—2017[S]. 北京：中国标准出版社.
中华人民共和国交通部，2007. 公路勘测规范：JTG C10—2007[S]. 北京：人民交通出版社.
中华人民共和国住房和城乡建设部，2010. 卫星定位城市测量技术规范：CJJ/T 73—2019[S]. 北京：中国建筑工业出版社.
周秋生，郭建明，2004. 土木工程测量[M]. 北京：高等教育出版社.
周文国，郝延锦，2009. 工程测量学[M]. 北京：测绘出版社.
周相玉，2004. 建筑工程测量[M]. 武汉：武汉理工大学出版社.
邹永康，2000. 工程测量[M]. 武汉：武汉大学出版社.

# 附录　测量学实验指导

## 测量学实验须知

### 一、实验规定

1. 在每次实验之前，必须认真复习教材中本次实验的相关内容，预习实验指导，以明确实验目的、要求，实验步骤及注意事项，并准备好所需文具(计算器、草稿纸等)。

2. 实验须分组进行，每个小组设组长一名，负责仪器工具的借领及归还，并监督本组实验任务保质保量按时完成。

3. 实验应在规定的时间、指定的地点进行，不得无故缺席、迟到和早退，不得擅自改变实验地点、离开实验现场。

4. 实验过程中听从教师的指导，必须认真、仔细地操作。每次实验都应取得合格的实验成果，并提交书写工整、规范的实验报告。每次实验所采集的数据经指导教师检查合格后，方可离开实验现场。

5. 实验过程中，应遵规守纪，注意安全，爱护公共设施，严禁嬉戏打闹。

6. 实验完成后应及时归还仪器。

### 二、测量仪器的借领与使用规则

#### (一) 仪器工具的借领

1. 每次实验由小组长凭有效证件借领仪器和工具，现场清点、检查，如有不符或损坏，可以向仪器派发人员申明并换领或补发。

2. 各小组借领的仪器和工具，不得与其他小组擅自调换或转借。

3. 仪器在归还实验室时，应将架腿擦净，放回原处，并由实验室工作人员对仪器、工具进行检查后方可离开。

#### (二) 测量仪器工具的使用规定

1. 携带仪器时，应检查仪器箱是否扣紧锁好，提手和背带是否牢固。

2. 开箱时，应将仪器箱放置平稳。开箱后，记清仪器在箱内安放的位置，以便用后按原样放回；从箱内取仪器时，应该握住仪器的坚实部位，紧拿轻放，切勿用手提望远镜。

3. 仪器安置于三脚架上时，应一手握住仪器，另一手拧紧连接螺旋，使仪器与三脚架连接牢固，并检查架腿螺旋是否拧紧。

4. 仪器应避免架设在交通要道上，仪器必须有人看守。长时间停测，仪器应装箱。切勿将仪器架在测点上或靠在墙边、树上，以防被物体击倒或跌损，并严禁箱上坐人。

5. 仪器镜头的表面沾有灰尘或其他污物时，应用软毛刷或擦镜纸拂去，严禁用手帕、粗布或其他纸张擦拭。

6. 拧动仪器各部螺旋，用力要适当，不得过紧。未松开制动螺旋时，不得转动仪器或望远镜。微动螺旋不得转至尽头，以防失灵。

7. 测量过程中，应撑伞遮阳、遮雨，严防仪器日晒雨淋。不得将两条腿跨在脚架上，也不能将双手压在仪器上。

8. 测站观测完毕，应关闭电子类测量仪器电源。仪器搬迁时，长距离应将仪器装箱，短距离应一手抱脚架，另一手握基座或支架。严禁抗在肩上或单手托住仪器搬迁。

9. 仪器装箱时应按原样放入，试关箱盖，确认放妥后再拧紧制动螺旋，关箱上锁。

10. 使用钢尺时，应防止扭曲、脚踩、车压。应在留有 2~3 圈的情况下拉尺，用力不得过猛，以免将连接部分拉坏。携尺前进时，应将尺身提起，不得沿地面拖行，以防磨损刻划。用毕应擦净、涂油，以防生锈。

11. 皮尺严防潮湿，如果受潮，应晾干后再卷入盒内。

12. 各种标尺、标杆严禁坐人或用来抬东西，防止磨损刻划。作业时，应由专人扶直，不准贴靠在墙边、树上等。

13. 测图板应注意保护板面，不得乱写乱画。

### 三、测量记录与计算规则

1. 观测成果均需用 2H 或 3H 铅笔记入手簿，不得用草稿纸记录再转抄。

2. 记录字体应端正清晰、数位对齐。字体的大小占格高的 1/2，留的空白作改正错误用。

3. 记录数字要完整，不得省略零位。如水准尺读数 1. 400 或 0. 530；度盘读数 163°00′00″或 227°04′06″中的 0 均应填写。

4. 观测者读出数字后，记录者应边复诵、边记录，以防听错、记错。写错的数字用横线划去，如尾数出错应进行重测。

5. 数据运算应根据所取位数，按“4 舍 6 入”“5 前奇进偶舍”的规则进行凑整。例如，1. 2444、1. 2436、1. 2435、1. 2445 这几个数据，若取至小数点后 3 位，则均应记为 1. 244。

## 实验 1　水准仪的认识与使用

### 一、目的与要求

1. 了解 $DS_3$ 水准仪的基本构造，认识其主要部件的名称和作用。

2. 练习水准仪的基本操作和在一个测站上的观测、记录与计算。

### 二、仪器及工具

$DS_3$ 水准仪 1 台，脚架 1 个，水准尺 2 根，尺垫 2 个，记录板 1 块。

## 三、方法与步骤

1. 安置仪器。打开水准脚架，脚架开张度和高度要适中，使架头大致水平。打开仪器箱，取出水准仪置于脚架上面，旋紧脚架中心螺旋固定好仪器。

2. 认识仪器。指出仪器各部件的名称和位置，了解其作用并熟悉其使用方法，同时弄清水准尺的分划注记，学会读数。

3. 粗平。先用双手同时向内或向外转动一对脚螺旋，使圆水准器气泡居中，再转动另一只脚螺旋使圆气泡居中，若一次不能居中，可反复进行。注意：左手大拇指的移动方向即为气泡移动的方向，右手则相反。

4. 瞄准。调节目镜调焦螺旋，使十字丝清晰。打开水平制动螺旋，用瞄准器粗瞄水准尺，再调节物镜调焦螺旋使水准尺也清晰，转动水平微动螺旋，精确瞄准水准尺。

5. 消除视差。眼睛上下微小移动，检查是否存在视差。若有视差必须加以消除。方法是：仔细反复调节目镜和物镜对光螺旋，直至水准尺成像稳定读数不变为止。

6. 精平。转动微倾螺旋，使水准管气泡两端的半泡影像重合成圆弧状，即符合气泡严格居中。

7. 读数。立即用十字丝横丝在水准尺上读数，读出米、分米、厘米，并估读出毫米。

8. 测定高差。在仪器两侧相距约 60 m 的两点上各立一根水准尺，一点作为后视点，另一点为前视点。先由一人进行观测(瞄准、精平、读数)，记录并计算高差，改变仪器高，由第二人再做一遍，并检查与第一人所测结果是否相同。

## 四、注意事项

1. 安置仪器时应将仪器中心连接螺旋旋紧，防止仪器从脚架上脱落。

2. 遵守操作规程，转动各螺旋时要轻、稳、慢，不能用力过大。

3. 瞄准目标时务必注意消除视差。

4. 每次读数前务必检查符合水准气泡是否居中，必须保证两个半泡影像重合成光滑的圆弧后方可读数。

5. 原始数据用铅笔记录，不允许涂改，错的直接划掉。

## 五、记录格式

水准测量记录表

仪器型号：　　　　日期：　　　　天气：　　　　观测员：　　　　记录员：

| 测站 | 点号 | 水准尺读数(mm) | | 高差(m) | 平均高差(m) | 高程(m) | 备注 |
|---|---|---|---|---|---|---|---|
| | | 后视 | 前视 | | | | |
| | | | | | | | |
| | | | | | | | |
| | | | | | | | |
| | | | | | | | |

(续)

| 测站 | 点号 | 水准尺读数(mm) | | 高差(m) | 平均高差(m) | 高程(m) | 备注 |
|---|---|---|---|---|---|---|---|
| | | 后视 | 前视 | | | | |
| | | | | | | | |
| | | | | | | | |
| | | | | | | | |
| | | | | | | | |

# 实验 2　普通水准测量

## 一、目的与要求

1. 学会在实地选择测站和转点，掌握普通水准测量的基本方法。

2. 掌握利用实测数据进行闭合水准路线高差闭合差的计算、调整和高程的计算方法。

## 二、仪器及工具

$DS_3$ 水准仪 1 台，脚架 1 个，水准尺 2 根，尺垫 2 个，记录板 1 块。

## 三、实验方法与步骤

首先选定一个起始高程点 $BM_1$，假定该点高程为一整数，再选定 3~4 个待测高程点，组成一条闭合水准路线。点与点之间的距离以安置 1~2 站为宜。每一测站的观测步骤为：

1. 在 $BM_1$ 点和第一个待定点分别立水准尺，在距两点大致等距处安置仪器。仪器粗平后，瞄准后视尺，调焦并消除视差，调节水准管使其影像符合，读取后视读数；再瞄准前视尺，精平后读取前视读数，记入手簿，计算两点之间的高差。

2. 沿着选定的路线，重复观测步骤 1 的，逐点向前推进，依次连续设站，连续观测，最后回到起始点 $BM_1$，完成整个闭合水准路线的测量。

3. 立即算出高差闭合差 $f_h = \sum h_{测}$，并利用后视读数总和减去前视读数总和等于 $f_h = \sum h_{测}$ 进行校核。如果 $f_h \leqslant 12\sqrt{n}$（$n$ 为测站数）说明观测成果合格，即可进行高差闭合差的调整并推算各点高程。否则，要分析原因，返工重测。

## 四、注意事项

1. 水准尺读数必须读出四位，记录员必须记满四位，“0”不可忽略。

2. 水准尺要扶直，临时转点要放置尺垫。

3. 记录员记录严禁涂改、转抄，字迹工整。

4. 水准仪距前后尺距离应尽量相等，以消除或减少仪器 $i$ 角误差及地球曲率和大气折光的影响。

5. 水准尺必须有人扶持。

## 五、记录格式

记录格式见表1，计算格式见表2。

表1　水准测量记录表

仪器型号：　　日期：　　天气：　　观测者：　　记录者：

| 测站 | 点号 | 后视读数(m) | 前视读数(m) | 高差(m) | 备注 |
|---|---|---|---|---|---|
| | | | | | |
| | | | | | |
| | | | | | |
| | | | | | |
| | | | | | |
| | | | | | |
| | | | | | |
| | | | | | |
| | | | | | |
| | | | | | |
| 计算检核 | $\sum$ | | | | |

表2　闭合水准线路闭合差调整表

计算者：　　检查者：　　日期：

| 点号 | 测站数 $n$ | 实测高差(m) | 改正数(mm) | 改正后高差(m) | 高程(m) | 备注 |
|---|---|---|---|---|---|---|
| | | | | | | |
| | | | | | | |
| | | | | | | |
| | | | | | | |
| | | | | | | |
| | | | | | | |
| 辅助计算 | | | | | | |

# 实验3　经纬仪的认识与使用

## 一、目的与要求

1. 了解经纬仪的基本构造及其主要部件的名称及作用。
2. 掌握经纬仪对中、整平、瞄准和读数的方法。

## 二、仪器及工具

经纬仪 1 台，脚架 1 个，标杆 2 根，记录板 1 块。

## 三、实验方法与步骤

1. 认识经纬仪的构造。由指导教师讲授经纬仪的照准部、水平度盘和基座 3 部分，并介绍各部件的名称及其作用。

2. 练习经纬仪的安置。包括对中和整平两项内容。

①对中。目的是使水平度盘的中心与测站点在同一条铅垂线上。

使用光学对中器的操作方法：将仪器置于测站点上，架头大致水平，三个脚螺旋的高度适中，光学对中器大致在测站点的正上方，转动对中器目镜使分划板中心的圆圈清晰，再推拉目镜使测站点影像清晰，若中心圈与测站点相距较远，则应平移脚架。而后旋转脚螺旋，使测站点与中心圈重合，伸缩架腿，概略整平圆水准器，再用脚螺旋使圆水准器气泡居中；然后移动基座使之精确对中，最后旋紧中心螺旋。对中要反复进行，直至误差小于 1 mm 为止。

垂球对中的方法：平移脚架(架头要大致水平)，使垂球尖大致对准测站点标志，将脚架脚尖踩入土中。稍微旋松连接螺旋在架头上平移仪器基座，使垂球尖准确对准测站点后，再旋紧连接螺旋。对中误差应小于 3 mm。

②精平。目的是使水平度盘处于水平位置。方法是使照准部水准管与两个脚螺旋连线平行，两手以相反方向同时旋转两脚螺旋，使水准管气泡居中；再将照准部旋转 90°，用第三个脚螺旋使气泡居中。如此反复进行，直至水准管气泡在任何位置都处于居中位置。

③瞄准。用望远镜上的瞄准器瞄准目标，旋紧望远镜和照准部的制动螺旋；转动望远镜的目镜使十字丝清晰；转动物镜调焦螺旋，使目标影像清晰；转动水平与上下微动螺旋，用十字丝竖丝精确瞄准目标，并消除视差。

④读数。调节反光镜的位置，使读数窗亮度适当；旋转读数显微镜的目镜，使度盘及其分微尺的刻划清晰，按读数规则和方法读出水平度盘的读数，或从显示屏读取水平度盘读数。

## 四、注意事项

1. 瞄准目标时，要消除视差，并尽可能瞄准其底部，以减小目标倾斜引起的误差。
2. 安置仪器时应将仪器中心连接螺旋旋紧，防止仪器从脚架上脱落。
3. 对中时应使脚架架头大致水平，否则会导致整平困难。
4. 不能强行转动仪器，需要转动时先松开制动螺旋，各个螺旋要慢慢转动。

# 实验 4　测回法观测水平角

## 一、目的与要求

1. 进一步熟悉经纬仪的构造和基本操作方法。
2. 掌握测回法观测水平角的程序与计算方法。

## 二、仪器及工具

经纬仪 1 台，脚架 1 个，测杆 2 根，记录板 1 块。

## 三、实验方法与步骤

1. 在地面上选择 $A$、$B$、$C$ 3 点组成三角形，点与点之间的距离不小于 50 m。在 $A$ 点安置仪器，对中整平，在 $B$、$C$ 点竖立标志。

2. 盘左。照准左目标 $B$，配置水平度盘读数略大于 0°，读出此读数 $B_{左}$；顺时针旋转照准部，瞄准右目标 $C$，读取水平度盘读数 $C_{左}$，则

$$上半测回角值\quad \beta_{左}=C_{左}-B_{左}$$

3. 盘右。先照准右目标 $C$，读出水平度盘读数 $C_{右}$，逆时针旋转照准部，瞄准左目标 $B$，读出水平度盘读数 $B_{右}$，则

$$下半测回角值\ \beta_{右}=C_{右}-B_{右}$$

如果 $\beta_{左}$ 与 $\beta_{右}$ 之差不大于±40″，则 $\beta=1/2(\beta_{左}+\beta_{右})$ 作为一测回的角度观测值。

4. 如果要观测 $n$ 个测回，每测回对左目标盘左观测时，水平度盘应配置 $180°/n$ 的整倍数来观测。检查各测回角值互差是否超限（≤±24″），若符合要求，计算测回平均角值。

同法测出其余两个内角，计算角度闭合差 $f_\beta=\sum\beta_{测}-180°$，若角度闭合差不超过 $f_{\beta容}=\pm40''\sqrt{n}$（$n$ 为测站数），则成果合格。

## 四、注意事项

1. 瞄准目标时，用十字丝竖丝瞄准目标的底部，以减小目标倾斜所造成的测角误差。

2. 同一测回观测时，勿动复测扳手或度盘变换手轮，以免发生错误。

3. 计算半测回角值时，当右目标读数小于左目标读数时，则右目标读数先加上 360°，然后减去。

4. 观测过程中若发现气泡偏离超过 1 格时，应重新整平并重测该测回。

5. 限差要求：对中误差小于 3 mm，上、下半测回角值互差不超过 40″；各测回角值互差不超过 24″，超限应重测。

## 五、记录格式

**测回法测角记录表**

仪器型号：　　　　日期：　　　　天气：　　　　观测员：　　　　记录员：

| 测站 | 盘位 | 目标 | 水平度盘读数（° ′ ″） | 半测回角值（° ′ ″） | 一测回角值（° ′ ″） | 备注 |
|---|---|---|---|---|---|---|
| | 左 | | | | | |
| | | | | | | |
| | 右 | | | | | |
| | | | | | | |

（续）

| 测站 | 盘位 | 目标 | 水平度盘读数<br>( ° ′ ″ ) | 半测回角值<br>( ° ′ ″ ) | 一测回角值<br>( ° ′ ″ ) | 备注 |
|---|---|---|---|---|---|---|
| | 左 | | | | | |
| | | | | | | |
| | 右 | | | | | |
| | | | | | | |
| | 左 | | | | | |
| | | | | | | |
| | 右 | | | | | |
| | | | | | | |
| | 左 | | | | | |
| | | | | | | |
| | 右 | | | | | |
| | | | | | | |
| | | | | | | |

## 实验 5　方向观测法观测水平角

### 一、目的与要求

1. 掌握方向法观测水平角的操作程序及计算方法。
2. 弄清归零、归零差、归零方向、2*C* 变化值的概念以及各项限差的规定。

### 二、仪器及工具

经纬仪 1 台，脚架 1 个，测杆 4 根，记录板 1 块。

### 三、实验方法与步骤

#### (一) 观测

在地面上选择一测站点 *O* 和 4 个观测点 *A*、*B*、*C*、*D*，分别在 4 点上竖立标杆。

1. 在测站点 *O* 对中、整平仪器。

2. 盘左。瞄准零方向 *A*(选择观测条件好的目标作为零方向)，配置水平度盘读数略大于 0°，读出读数 $a_1$ 并记录。沿顺时针方向依次瞄准 *B*、*C*、*D*，得读数 $b_1$、$c_1$、$d_1$，并记录，再次瞄准起始方向 *A*，得读数 $a'_1$，称为盘左归零。检查归零差是否超限(≤±18")。

3. 盘右。瞄准零方向 *A*，读出读数 $a_2$。沿逆时针方向依次照准 *D*、*C*、*B*，得读数 $d_2$、$c_2$、$b_2$，再瞄准 *A*，得读数 $a'_2$，称为盘右归零。检查归零差是否超限(≤±18")。

为消除度盘刻划不均匀的误差，在进行第 *n* 测回观测时，起始方向的度盘位置应按 180°/*n* 的倍数来配置。

### (二)计算

1. 同一方向两倍照准误差 $2C=L-(R\pm180°)$。

2. 各方向的平均读数 $=\frac{1}{2}[L+(R\pm180°)]$。

3. 各方向的平均读数减去起始方向的平均读数，即得各方向的归零方向值。

4. 计算各测回同一方向的平均值，并检查同一方向值各测回互差是否超限。

## 四、注意事项

1. 要选择清晰、明显、背景突出、便于照准和避开有旁折光源的目标作为零方向(起始方向)。

2. 各目标到测站之间的距离不宜相差太大，避免在测回中进行多次调焦。

3. 每次观测应瞄准目标的相同部位。

4. 限差规定：半测回归零差不大于±18″，同一方向值各测回互差不大于±24″，超限应重测。

## 五、记录格式

方向观测法记录表

仪器型号：　　　　日期：　　　　天气：　　　　观测员：　　　　记录员：

| 测站 | 测回数 | 目标 | 水平度盘读数 | | $2C=L-(R\pm180°)$ | 平均读数 $=\frac{1}{2}[L+(R\pm180°)]$ | 归零后方向值 | 各测回归零方向值的平均值 |
|---|---|---|---|---|---|---|---|---|
| | | | 盘左 $L$ | 盘右 $R$ | | | | |
| | | | (° ′ ″) | (° ′ ″) | (° ′ ″) | (° ′ ″) | (° ′ ″) | (° ′ ″) |
| 0 | 1 | | | | | | | |
| | | | | | | | | |
| | | | | | | | | |
| | | | | | | | | |
| | | | | | | | | |
| | | | | | | | | |
| 0 | 2 | | | | | | | |
| | | | | | | | | |
| | | | | | | | | |
| | | | | | | | | |
| | | | | | | | | |

# 实验 6　竖直角观测与光学视距测量

## 一、目的与要求

1. 掌握竖直角的观测与计算方法。

2. 理解竖盘指标差的概念，掌握竖盘指标差的计算方法。

3. 掌握光学视距测量的程序与计算方法。

## 二、仪器及工具

光学(或电子)经纬仪 1 台，标杆 2 根，视距尺 1 根，记录板 1 块。

## 三、实验方法与步骤

### (一)竖直角观测

在测站点安置经纬仪，对中、整平。确定仪器的竖直角和竖盘指标差的计算公式。选定远处一明显目标点。

1. 盘左。用中横丝瞄准目标，调节指标水准管气泡居中，读出竖盘数值 $L$，根据公式计算出盘左竖直角 $\alpha_{左}=90°-L$(竖直度盘注记为顺时针)。

2. 盘右。瞄准同一目标，调节指标水准管气泡居中，读出竖盘读数 $R$，根据公式计算出盘右竖直角 $\alpha_{右}=R-270°$。

3. 竖盘指标差 $x=(L+R-360°)/2$。

4. 一测回竖直角 $\alpha=(\alpha_{左}+\alpha_{右})/2$ 或 $\alpha=1/2(L-R-180°)$。

### (二)视距测量(可把竖直角观测与视距测量结合)

1. 在测站点 $A$ 安置仪器，量取仪器高 $i$，在距 $A$ 点 50~80 m 处选一 $B$ 点并立视距尺。

2. 盘左。用中横丝瞄准视距尺上约为仪器高的刻划，分别读取上、下视距丝在尺上的读数 $a$ 和 $b$，计算尺间隔 $l=|a-b|$；将中横丝瞄准尺上高为 $i$ 的分划，使竖盘指标水准管气泡居中，读取竖盘读数，计算竖直角 $\alpha$；计算水平距离 $D=Kl\cos^2\alpha$ 和高差 $h=D\tan\alpha+i-v$。

3. 盘右。同法观测、记录与计算。精度要求不高时，可只用盘左位置进行观测。

## 四、注意事项

1. 在照准目标时，盘左与盘右要用中横丝瞄准目标的同一位置。

2. 每次读取竖盘读数前，必须使竖盘指标水准管气泡居中。

3. 计算竖直角及竖盘指标差时应注意正负号。竖盘指标差互差应不超过±25″。

4. 视距尺应垂直，切忌前俯后仰，读数要准确，以保证视距精度。

5. 限差要求：同一边往返测的距离相对误差应不超过 1/300；高差之差应小于 5 cm。

## 五、记录格式

**表 1　竖直角观测记录表**

仪器型号：　　　　日期：　　　　　　天气：　　　　观测员：　　　　　记录员：

| 测站 | 目标 | 盘位 | 竖盘读数<br>(° ′ ″) | 半测回竖直角<br>(° ′ ″) | 指标差<br>(″) | 一测回竖直角<br>(° ′ ″) | 备注 |
|---|---|---|---|---|---|---|---|
| | | 左 | | | | | |
| | | 右 | | | | | |
| | | 左 | | | | | |
| | | 右 | | | | | |
| | | 左 | | | | | |
| | | 右 | | | | | |
| | | 左 | | | | | |
| | | 右 | | | | | |

**表 2　视距测量记录表**

仪器高(m)：　　　　　　　　　　　　测站高程(m)：

| 测站 | 目标 | 竖盘位置 | 视距尺读数 | | | 视距间隔 $n$ | 竖盘读数<br>(° ′ ″) | 竖直角<br>(° ′ ″) | 水平距离<br>(m) | 高差<br>(m) |
|---|---|---|---|---|---|---|---|---|---|---|
| | | | 上丝 $a$ | 下丝 $b$ | 中丝 $v$ | | | | | |
| | | 左 | | | | | | | | |
| | | 右 | | | | | | | | |
| | | 左 | | | | | | | | |
| | | 右 | | | | | | | | |
| | | 左 | | | | | | | | |
| | | 右 | | | | | | | | |
| | | 左 | | | | | | | | |
| | | 右 | | | | | | | | |

# 实验 7　全站仪的认识与使用

## 一、目的与要求

1. 掌握全站仪的基本操作和基本设置。
2. 掌握某型号全站仪的测距、测角、坐标测量等基本功能的使用。

## 二、仪器及工具

全站仪 1 台，反射棱镜 1 副，伞 1 把。

## 三、实验方法与步骤

1. 在指定地点安置全站仪和反棱射镜，熟悉仪器各部件的名称和作用。
2. 了解全站仪的测量模式，用全站仪进行距离、角度、坐标等测量。
3. 从液晶显示屏直接读数，记录数据于手簿。

## 四、注意事项

1. 全站仪属于精密仪器，一定要轻拿轻放。
2. 全站仪望远镜不能直接瞄准太阳，以免损坏仪器元件。

## 五、记录格式

**全站仪的认识和使用**

仪器型号：　　　　日期：　　　　天气：　　　　观测员：　　　　记录员：

| 测站 | 盘位 | 目标 | 水平盘读数 ( ° ′ ″ ) | 半测回水平角 ( ° ′ ″ ) | 一测回水平角 ( ° ′ ″ ) | 竖盘读数 ( ° ′ ″ ) | 半测回竖直角 ( ° ′ ″ ) | 一测回竖直角 ( ° ′ ″ ) | 水平距离 (m) |
|---|---|---|---|---|---|---|---|---|---|
|  | 左 |  |  |  |  |  |  |  |  |
|  |  |  |  |  |  |  |  |  |  |
|  | 右 |  |  |  |  |  |  |  |  |
|  |  |  |  |  |  |  |  |  |  |
|  | 左 |  |  |  |  |  |  |  |  |
|  |  |  |  |  |  |  |  |  |  |
|  | 右 |  |  |  |  |  |  |  |  |
|  |  |  |  |  |  |  |  |  |  |
|  | 左 |  |  |  |  |  |  |  |  |
|  |  |  |  |  |  |  |  |  |  |
|  | 右 |  |  |  |  |  |  |  |  |
|  |  |  |  |  |  |  |  |  |  |
|  | 左 |  |  |  |  |  |  |  |  |
|  |  |  |  |  |  |  |  |  |  |
|  | 右 |  |  |  |  |  |  |  |  |
|  |  |  |  |  |  |  |  |  |  |

# 实验 8　钢尺量距与罗盘仪定向

## 一、目的与要求

1. 掌握在地面上标定直线及普通钢尺距离丈量的方法。
2. 掌握用罗盘仪测定直线的磁方位角的方法。

## 二、仪器及工具

钢尺1盒，标杆3根，测钎4根，木桩及小钉各4个，垂球1个，斧头1把，罗盘仪1台，记录板1块。

## 三、实验方法与步骤

1. 在较平坦地面上选定相距80~100 m的$A$、$B$两点打下木桩，桩顶钉上小钉，若在水泥地面画上"+"作为标志。在$A$、$B$两点竖立标杆，在$A$、$B$之间进行直线定线。

2. 往测时，后尺手持钢尺零端，前尺手持尺盒并携标杆和测钎沿$AB$方向前进，行至约一尺段处停下，听后尺手(或定线员)指挥左、右移动标杆，当标杆进入$AB$线内后插入地面，前、后尺手拉紧钢尺，后尺手将零刻划对准$A$点，前尺手在整尺段处插下测钎，即量完第一尺段。两人抬尺前进，当后尺手行至测钎处，同法量取第二尺段并收取测钎，继续量取其他整尺段。最后为不足一整尺段时，前尺手将一整分划对准$B$点，后尺手读出钢尺读数，两者相减即为余长$q$。最后计算总长：

$$D_{往}=n \cdot l+q$$

式中，$n$为后尺手中收起的测钎数(整尺段数)；$l$为钢尺名义长度；$q$为余尺段长。

再由$B$向$A$进行返测，计算往返丈量结果的平均值及相对误差。

3. 将罗盘仪分别安置在$A$、$B$点测定磁方位角，取其平均值$\alpha=\frac{1}{2}[\alpha_{正}+(\alpha_{反}\pm180°)]$作为$AB$直线的磁方位角。

## 四、注意事项

1. 量距时，钢尺要拉直、拉平、拉稳；前尺手不得握住尺盒拉紧钢尺。

2. 测磁方位角时，要认清磁针北端，应避免铁器干扰，搬迁罗盘仪时应固定磁针。

3. 限差要求为：量距的相对误差应小于1/2000；正、反方位角误差应小于1°，超限应重测。

## 五、记录格式

**钢尺量距与罗盘仪定向记录表**

仪器型号：　　日期：　　天气：　　观测员：　　记录员：

| 线段名称 | 观测次数 | 整尺段数 $n$ | 余尺段 $q$ (m) | 距离 $D=n \cdot l+q$ (m) | 平均距离 (m) | 相对精度 | 正、反磁方位角 (° ′) | 平均磁方位角 (° ′) |
|---|---|---|---|---|---|---|---|---|
| | 往 | | | | | | | |
| | 返 | | | | | | | |
| | 往 | | | | | | | |
| | 返 | | | | | | | |
| | 往 | | | | | | | |
| | 返 | | | | | | | |

# 实验9　经纬仪导线测量及内业计算

## 一、目的与要求

1. 掌握经纬仪钢尺(或全站仪)导线的布设和外业测量方法。
2. 掌握导线内业计算的方法。

## 二、仪器及工具

经纬仪(或全站仪)1台，脚架1个，测杆2根，钢尺1把，标记笔1支，记录板1块。

## 三、实验方法与步骤

1. 选点。在场地上选定4个导线点(做出标记)组成闭合导线，并对导线点进行编号。
2. 测角。安置经纬仪(或全站仪)于各个导线点上，对中、整平。用测回法测量各内角一测回。
3. 量距。用钢尺往返丈量各边长，边长超过整尺长时应进行直线定线。
4. 定向。用罗盘仪按照直线定向的方法，测定出起始边的方位角。
5. 检核。每条边的往返距离丈量相对误差应小于1/2000；4个内角之和与360°之差应不超过$\pm 40''\sqrt{4}=80''$。若不超限，说明数据合格；否则，需要返工重测。

## 四、注意事项

1. 往返丈量导线边长，其相对误差不得超过1/2000，角度闭合差不得超过$\pm 40''\sqrt{n}$。
2. 导线点间应相互通视，应避免长短边的悬殊布置。
3. 当夹角接近180°时，应特别注意分清左、右目标。
4. 导线内业计算，利用测得的数据，课后完成导线的坐标计算。

## 五、记录格式

距离丈量格式见表1，角度测量记录格式见“测回法观测记录表”。导线坐标计算格式见表2。

**表1　距离丈量记录表**

日期：　　　　　　　　钢尺整尺段长(m)：　　　　　　　　记录员：

<table>
<tr><th>测线</th><th>方向</th><th>整尺段</th><th>零尺段</th><th>总计</th><th>较差</th><th>精度 K</th><th>平均值</th><th>备注</th></tr>
<tr><td rowspan="2"></td><td></td><td></td><td></td><td></td><td rowspan="2"></td><td rowspan="2"></td><td rowspan="2"></td><td rowspan="2"></td></tr>
<tr><td></td><td></td><td></td><td></td></tr>
<tr><td rowspan="2"></td><td></td><td></td><td></td><td></td><td rowspan="2"></td><td rowspan="2"></td><td rowspan="2"></td><td rowspan="2"></td></tr>
<tr><td></td><td></td><td></td><td></td></tr>
<tr><td rowspan="2"></td><td></td><td></td><td></td><td></td><td rowspan="2"></td><td rowspan="2"></td><td rowspan="2"></td><td rowspan="2"></td></tr>
<tr><td></td><td></td><td></td><td></td></tr>
</table>

表 2　导线坐标计算表

| 点号 | 观测角（° ′ ″） | 改正后角度（° ′ ″） | 坐标方位角（° ′ ″） | 边长（m） | 增量计算值 | | 改正后坐标增量 | | 坐　标 | |
|---|---|---|---|---|---|---|---|---|---|---|
| | | | | | $\Delta x$(m) | $\Delta y$(m) | $\Delta \bar{x}$(m) | $\Delta \bar{y}$(m) | $X$(m) | $Y$(m) |
| | | | | | | | | | | |
| | | | | | | | | | | |
| | | | | | | | | | | |
| | | | | | | | | | | |
| | | | | | | | | | | |
| | | | | | | | | | | |
| $\Sigma$ | | | | | | | | | | |

$f_\beta=$　　　　　　　　　　　　　　$f_{\beta容}=$

$f_x=$　　　　　　　　$f_y=$　　　　　　$f_D=$

$K=$

# 实验 10　GNSS 的认识和使用

## 一、目的与要求

1. 认识 GNSS 接收机各部件，掌握其功能。
2. 掌握 GNSS 接收机的安置。
3. 掌握用 GNSS 进行定位测量的操作过程。

## 二、仪器及工具

GNSS 接收机 1~2 套，对讲机 1 台。

## 三、实验方法与步骤

1. 在指定的测站点和待测点安置 GPS 接收机，量取仪器高。
2. 认识和熟悉仪器各部件的名称和作用。
3. 在指挥员的指令下，统一开机，并记录开机时间。
4. 在 GNSS 接收机接收卫星信号的过程中注意观察，当各接收机显示信号接收完毕后，在指挥员指挥下统一关机，并记录关机时间。

## 四、注意事项

1. 要仔细对中、整平、量取仪器高。仪器高要用小钢卷尺在互为 120°方向量 3 次，互差小于 3 mm。
2. 在作业过程中不得随意开关电源。

3. 不得在接收机附近(5 m 以内)使用手机、对讲机等通信工具，以免干扰卫星信号。

4. 仪器应远离大面积水面和高压线等强磁场以及可能干扰卫星信号的地方。

# 实验 11　经纬仪测绘法测绘地形图

## 一、目的与要求

掌握经纬仪测绘法测绘大比例尺地形图的基本方法。

## 二、仪器及工具

经纬仪 1 台，脚架 1 个，视距尺 1 根，绘图小平版 1 套，绘图纸 1 张，量角器 1 个，计算器 1 个，标记笔 1 支，比例尺 1 把，测杆 1 根，记录板 1 块。

## 三、实验方法与步骤

1. 在地面上选择两个已知控制点 $A$、$B$，把绘图纸用胶带固定在平板上，在图纸的适宜位置展绘出 $a$、$b$ 两控制点。用大头针把绘图量角器固定在小平板的 $a$ 点上，使量角器能围绕 $a$ 点自由旋转。

2. 在 $A$ 点安置经纬仪，对中、整平，量出仪器高 $i$，瞄准 $B$ 方向，配置水平度盘读数为 $0°00'00''$；同时把小平板安置在经纬仪的附近。

3. 视距尺放置在碎部点 $C$ 上，用经纬仪瞄准 $C$ 点，读取水平度盘读数 $\beta$，读出上丝读数 $a$、中丝读数 $\nu$、下丝读数 $b$ 和竖盘读数 $L$。

4. 用视距测量公式计算 $AC$ 的水平距离 $D$、高差 $h$ 及 $C$ 点的地面高程 $H$。

$$D=Kl\cos^2\alpha$$

式中，$K=100$；$l=|a-b|$；$\alpha=90°-L$。

$$h=D\tan\alpha+i-\nu$$

则

$$H=H_A+h$$

5. 在小平板上，以 $a$、$b$ 两点连线为基准，用量角器对准水平角 $\beta$ 的数值；在量角器的直尺上找到 $C$ 点在图上的位置并在图纸上标出，在右侧标注 $H$ 的数值。

这样第一个特征点测量完毕，继续测出其他特征点。用地形图图式符号把相连的特征点连接起来。

## 四、注意事项

1. 测图比例尺为 1∶500。应随测、随算、随绘。

2. 竖直角可只用盘左位置观测，读数读至整分数。

3. 上、下丝读数应读至毫米，中丝读数可读至厘米。

4. 水平角读数可读至整分数。碎部点距离和高程计算至厘米。

5. 观测期间要经常进行定向归零检查，发现问题及时纠正或重测。

6. 碎部点应选择地物和地貌特征点。

## 五、记录格式

**视距法地形测量记录表**

仪器型号：　　日期：　　天气：　　观测员：　　记录员：
测　站：　　后视点：　　仪器高 $i$：　　测站高程：

| 特征点号 | 水平角 $\beta$ (° ′ ″) | 上丝 $a$ (m) | 下丝 $b$ (m) | 中丝 $v$ (m) | 尺间隔 $l$ (m) | 竖盘读数 $L$ (° ′ ″) | 竖直角 $\alpha$ (° ′ ″) | 水平距离 $D$ (m) | 高差 $h$ (m) | 高程 $H$ (m) |
|---|---|---|---|---|---|---|---|---|---|---|
| | | | | | | | | | | |
| | | | | | | | | | | |
| | | | | | | | | | | |
| | | | | | | | | | | |
| | | | | | | | | | | |
| | | | | | | | | | | |
| | | | | | | | | | | |
| | | | | | | | | | | |
| | | | | | | | | | | |

# 实验 12　数字化测绘地形图

## 一、目的与要求

1. 掌握全站仪进行数字化测绘地形图的方法。

2. 了解使用某一数字化成图软件编辑图形、输出图形的方法。

## 二、仪器及工具

全站仪 1 台，脚架 1 个，棱镜 2 副，棱镜杆 2 根。

## 三、实验方法与步骤

1. 进入程序测量模式。将全站仪采用光学对中方法安置于测站控制点上，开机进入程序测量模块。

2. 创建作业。在程序测量模块中创建新的作业，输入作业文件名字。进行碎部测量，碎部点观测数据和坐标高程，将直接保存在文件中，供下一步内业数字成图使用。创建作业，相当于给观测的数据存放起一个文件名。当然也可打开一个原有的作业名。

3. 设置测站点、后视点信息，后视归零。

①测站点信息设置。进入测站点信息输入屏幕，输入该测站点的详细信息：点号、仪器高、点号编码(草图法可不输入)，确认。若该点信息已经存放在创建的作业中，则系统自动调用该点的坐标和高程；若文件中没有该点信息，则屏幕显示坐标和高程输入屏幕，此时输入以上测站点信息，便设置完成。

②后视点信息设置及后视归零。进入后视点信息输入屏幕，输入后视点号。若内存中已有该点的信息，则屏幕显示后视方位角；若文件中无该点信息，屏幕提示输入该点的坐标。然后按屏幕提示照准后视目标，将水平度盘归零，确认，便完成后视点信息设置和后视归零。

4. 碎部点数据采集。进入碎部点数据采集屏幕，第一个点的测量需要置入碎部点点号和反射棱镜高，然后照准碎部点所立对中杆，按确认键开始测量。待坐标显示于屏幕后，按相应的确认键，测量碎部点的信息自动存储于上述创建的作业文件中。此时，观测员用对讲机将该点的点号报告给立镜员，如张三，15 号，李四 16 号。立镜员听到自己的名字和点号后就可以移动到下一个测点上。再次出现测量屏幕，其碎部点点号递增，默认上一个碎部点的反射棱镜高，并准备下一次测量。如此反复将各个碎部点测量出来，用于地形图、地籍图或断面图的绘制。

5. 碎部记录。立镜员要现场记录立镜处的点号、地物属性及连线关系，如房屋，12-13-17-G。

6. 观测练习。每位学生都要按照以上实验步骤练习设置测站点、后视点信息并后视归零；熟悉碎部点的测量方法和记录方法。

### 四、注意事项

1. 后视归零后，要注意检查测站和后视点信息是否设置正确。一般坐标差和高程差，在每项小于 0.05 m 的前提下认为设置准确，可以开始碎部测量，否则应查找原因，重新设置。

2. 记录员记录的地物属性和连线关系信息要准确、清楚，复杂地物还需绘制草图，以便于室内数字成图。

## 实验 13　地形图的识读

### 一、目的与要求

1. 了解地形图上地物符号和地貌符号的含义及表示方法。

2. 建立地形图图式符号与表示对象的联系，加深对地形图的认识。

3. 掌握地形图上地物和地貌识读的基本方法。

### 二、仪器与工具

大比例尺地形图 1 张，地形图图式 1 本，三角板 1 副，比例尺 1 把。

### 三、方法与步骤

1. 地形图图外注记识读。了解图廓外图名、图号和接图表、比例尺、分度带和坐标格网、三北方向线、坡度尺、测图时间、坐标系统、高程系统及图式等，全面了解制图区域地形的基本情况。例如，由接图表可以了解与相邻图幅的关系；由比例尺可知地形图内容的详略；根据测图日期可了解地形图的现势性等。

2. 地物识读。识读前要熟悉一些常用地物符号，了解地物符号和注记的确切含义。识读时要充分利用地形图上的注记与地物之间及地物与地貌之间的相对关系，了解图内主要地物的分布情况。

3. 地貌识读。首先要掌握等高线表示地貌的原理和等高线的特性，熟悉各种典型地貌的等高线形态和特征。在进行地貌识读时，根据等高线的形态，判明实地的地貌形态，从山脊线看懂山脉的连绵，从山谷线找出水系的分布；然后根据等高线的疏密判断地面坡度及地势走向，用尺子量算等高线平距可知地面坡度。

4. 识读顺序。先了解图幅内的整体概况，即先判明图内地势形态的基本类型，如河流流向、深度，再根据用图需要，对某些内容作详细观察分析，弄清地物之间的位置关系和有关的地势变化。必要时，在图上量算一些数据，使识读更加具体。

## 四、注意事项

1. 在地物识读时要注意区别比例符号和非比例符号，对非比例符号要注意其定位点。

2. 在地形图识读时，不能将地物与地貌的识读完全分开。

3. 对于室内识读不了的地物地貌，条件允许时，应在实地根据相关位置进行对照判读。

# 实验 14　地形图的室内应用

## 一、目的与要求

1. 熟练从地形图上获取有关信息，如点的平面坐标、高程、等高距等。

2. 掌握在地形图上进行基本的量算工作，提高运用地形图的能力。

## 二、仪器与工具

比例尺 1 把，三角板 1 副，分规 1 支，计算器 1 台，毫米透明方格纸若干。

## 三、方法与步骤

### (一) 图 1 实验内容

根据图 1 完成以下实验内容：

1. 求下列各项：

$X_n=$　　　$Y_n=$　　　$X_m=$　　　$Y_m=$

$H_n=$　　　$H_m=$　　　坡度 $i_{MN}=$

直线 $MN$ 的平距 $D_{MN}=$　　　方位角 $\alpha_{MN}=$

2. 试从码头 $P$ 点选定一坡度为 5% 的公路至火车站 $Q$ 点。

①求坡度为 5% 的路线经过相邻两等高线间的水平距离 $d$。

②在地形图上定出公路路线(直接画在地形图上)。

3. 平整土地。根据填挖相等的原则确定图中 $a$、$b$、$c$、$d$ 范围内的设计高程，绘制填

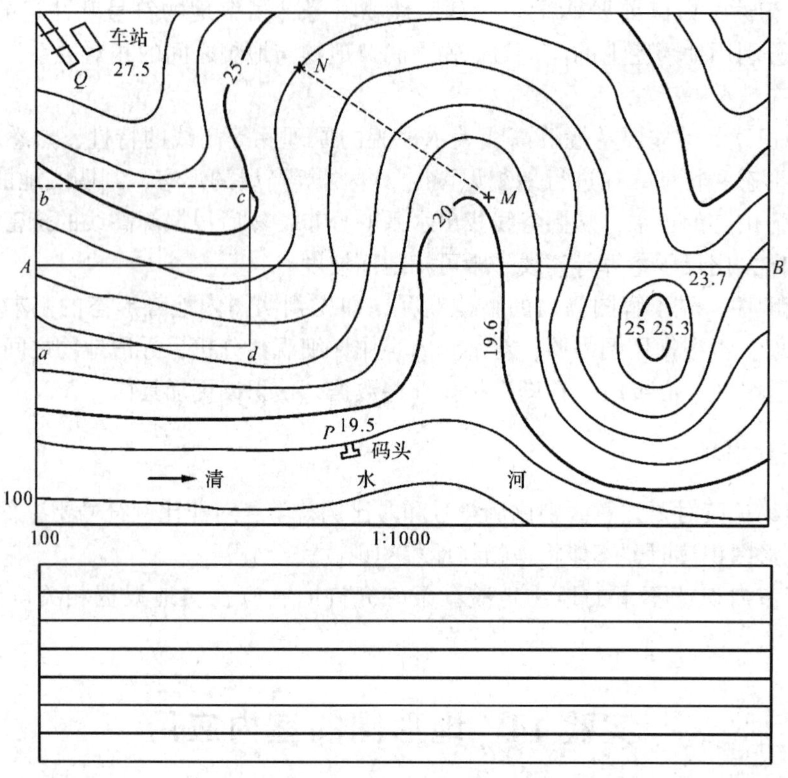


图 1

挖边界线，用方格法估算填挖土方量。

4. 绘出沿直线 *AB* 方向的纵断面图(在图下绘制，比例尺：平距为 1 : 1000，高程为 1 : 100)。

**(二)图 2 实验内容**

根据图 2 完成以下内容：

1. 若在谷地的狭窄处 *AB* 筑一水坝，试绘出谷地与水坝 *AB* 间汇水面积的边界线(汇水周界)。

2. 若水面高程为 54 m，试用透明方格纸法或求积仪法求水面面积和库容(库底的高程为 50.3 m)。

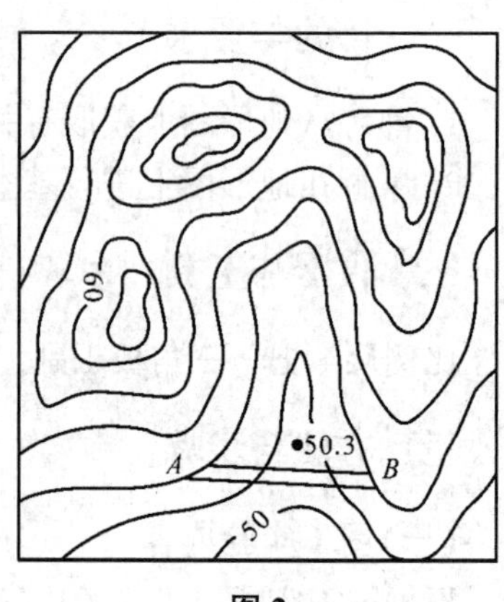


图 2

## 四、注意事项

1. 坐标量取时，应取至比例尺最大精度。

2. 计算坐标方位角时要判断象限。

# 实验 15　地形图的野外应用

## 一、目的与要求

1. 结合现场练习掌握地形图定向的基本方法。

2. 结合实际学会在地形图上确定站立点位置的方法。

3. 结合现场掌握对照读图的基本方法，并练习调绘填图。

## 二、仪器与工具

实验场地的地形图1张，地质罗盘仪1个，三角板1副，比例尺1把，野外调查手薄1本。

## 三、方法与步骤

1. 地图定向。在野外利用罗盘仪、直长地物或有方位目标的独立地物使地形图的东南西北方向与实地的方向一致，即使地形图上各方向线与实地相应的方向线在同一竖直面内。

2. 确定站立点。地形图定向后，根据站立点至明显地物点的距离、方向及地形，比较判定其在图上的位置。也可用距离交会法或后方交会法确定站立点的位置。

3. 对照读图。由左到右，由近及远，由点到线，由线到面，将地形图上各种地物符号和等高线与实地地物、地貌的形状、大小及相互位置关系一一对应起来，判明地形的基本情况。如从水系、地貌、土质、植被、居民地、交通网、境界线、独立地物等方面进行对照读图。

4. 调绘填图。通过对照读图，在对站立点周围地理要素认识的基础上着手调绘填图。调绘填图是指将新增的地物用规定的符号和注记填绘在地形图上，并删除已消失的地物以及对地貌改变较大或不准确的地方进行修绘。

直接利用地形图来调绘，确定碎部点的图上平面位置应尽量采用比较法。当用该法不能定位时，可视具体情况采用极坐标法、直角坐标法、距离交会法或前方交会法等方法。

## 四、注意事项

1. 在地形图野外应用前，先确定野外调绘的内容、地点和路线。

2. 服从指导教师安排，遵守纪律，爱护现场的花草、树木和农作物，爱护周围的各种公共设施，不得任意砍折、踩踏或损坏，否则应予赔偿。

3. 调绘时，应注意图面整洁，除必要的填图外，不得在图上用钢笔乱涂乱改。

4. 在地形图野外应用过程中，应注意人身安全。

# 实验16　建筑物轴线测设

## 一、目的与要求

掌握用经纬仪测设建筑物轴线的方法。

## 二、仪器及工具

经纬仪1台，脚架1个，测杆1根，钢尺1把，标记笔1支，计算器1个，记录板1块。

### 三、实验方法与步骤

1. 布设建筑基线。如图12-4和图12-5所示，建筑基线不少于3个点。建筑基线可根据已有控制点采用平面点位测设方法进行测设，也可根据建筑红线进行测设，测设后应进行检查，即距离误差不超过1/3000，角度与90°或180°之差不超过±20″，否则进行校正。

2. 布设建筑方格网。建筑方格网又称矩形施工控制网，对于建筑场地较大、建(构)筑物多且规则，宜建立建筑方格网。建筑方格网布设应根据设计总平面图、建(构)筑物的分布情况及建(构)筑物的轴线进行。每条主轴线不少于3个点，相邻点间距为100~300 m，网点坐标设计成整米数。主轴线经检查校正后以此为基础进一步测设网点。精度要求应符合《工程测量标准》(GB 50026—2020)。

### 四、注意事项

1. 确定垂直方向时应测左、右角以提高测量精度。
2. 如用钢尺量距时尺要拉紧、拉平。

## 实验17　高程测设与坡度线测设

### 一、目的与要求

1. 掌握已知高程的测设方法。
2. 掌握已知坡度线的测设方法。

### 二、仪器及工具

水准仪1台，脚架1个，水准尺1根，标记笔1支，记录板1块。

### 三、实验方法与步骤

1. 在实验场地上选择相距80 m的$A$、$B$两点，先选一点$A$打上木桩，然后选一方向，在此方向上量取80 m，定出$B$点。假定$A$点高程$H_A=20.000$ m，$AB$的坡度为-1%，要求在$AB$方向上每隔10 m定出一点，使各桩点高程在同一坡度线上，则$B$点的设计高程为$H_B=H_A+i_{AB}D_{AB}=20.000-1\%\times80=19.200$ m。

2. $B$点高程测设。将水准仪安置在$A$、$B$之间，读取$A$点水准尺的读数为$a$，则仪器高程为$H_i=H_A+a$。计算出$B$点的前视读数$b=H_i-H_B$，再上下移动$B$点的水准尺，使水准尺读数为$b$，紧靠水准尺底部画一横线，即为测设的$B$点高程$H_B$。

3. $AB$坡度线测设。在$A$点安置水准仪，使其中一个脚螺旋大致在$AB$方向上，另两个脚螺旋连线大致垂直于$AB$方向，量得仪器高$i$。视线照准$B$点的水准尺后，转动$AB$方向上的脚螺旋，使$B$点水准尺的读数等于仪器高$i$，此时视线就平行于设计的坡度线$AB$了。然后，在$AB$之间每隔10 m定出1、2、3，…各点，打入木桩，在各点的桩上立水准尺，使水准尺读数均等于仪器高$i$，则各木桩的桩顶连线即为设计的坡度线。

### 四、注意事项

1. 高程校核时，观测高差与设计高差不应超过5 mm。

2. 测设高程时，每次读数前均应使符合气泡严格居中。

## 五、记录格式

已知高程的测设

日期：　　　　　　　　　班级：　　　　　　　　　小组：　　　　　　　　　姓名：

| 测点 | 水准点号 | 水准点高程 | 后视读数 | 视线高程 | 设计标高 | 水准尺应读数 | 水准尺实读数 | 备　注 |
|---|---|---|---|---|---|---|---|---|
| | | | | | | | | |
| | | | | | | | | |
| | | | | | | | | |
| | | | | | | | | |

# 实验 18　圆曲线测设

## 一、目的与要求

1. 掌握圆曲线主点的测设方法。
2. 掌握用偏角法测设圆曲线细部点的方法。

## 二、仪器及工具

经纬仪 1 台，脚架 1 个，钢尺 1 根，标杆 2 根，榔头 1 把，木桩及小钉若干。

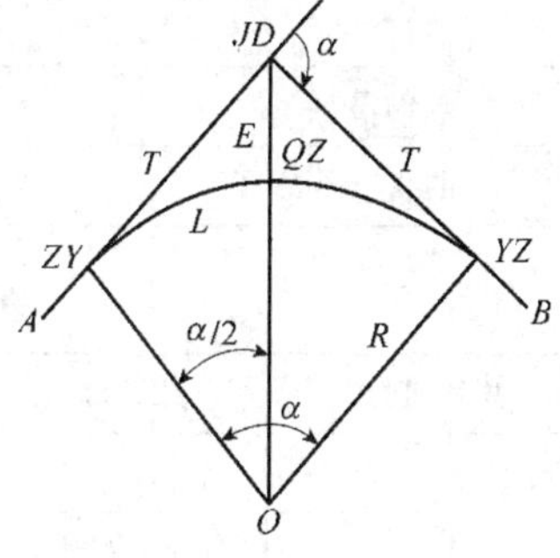

图 1　圆曲线及其主要元素

## 三、实验方法与步骤

### (一) 曲线主点的测设

1. 在实验场地上选定 3 点 $A$、$JD$、$B$，如图 1 所示，以 $JD$ 作为路线交点，$AJD$、$JDB$ 作为两个直线方向，$JD$ 距 $AB$ 的距离大于 40 m，转折角 $\beta$ 约为 120°。在 3 点打上木桩，钉上小钉。设圆曲线的设计半径 $R=50$ m，设 $JD$ 桩号为 1+200.00。

2. 测定转向角。在 $JD$ 安置经纬仪，用测回法一测回测出转折角 $\beta$，则路线的转向角 $\alpha=180°-\beta$。

3. 圆曲线主点测设。由设计的曲线半径 $R$ 和转向角 $\alpha$ 计算切线长 $T$，曲线长 $L$，外矢距 $E$ 和切曲差 $q$，并计算主点桩号。

4. 测设步骤。将经纬仪安置在交点 $JD$ 上，沿切线方向量取切线长 $T$，定出曲线起点 $ZY$ 和曲线终点 $YZ$。用经纬仪后视 $ZY$ 点(或前视 $YZ$ 点)方向，测设水平角$(180°-\alpha)/2$，并沿该方向量取外矢距 $E$，定出曲线中点 $QZ$。

### (二) 圆曲线细部点测设

要求在圆曲线上测设里程桩号为整 10 m 的各细部点。用偏角法测设细部点。

1. 测设数据计算。根据半径 $R$ 和选定的弦长 $l$ 计算各点的偏角 $\delta_i$，以及各点之间的弦长 $S_i$。

2. 细部点测设。安置经纬仪于 $ZY$ 点，照准 $JD$，使水平度盘读数为 0°0′000″。转动照准部使水平度盘读数为 $\delta_1$，定出 $P_1$ 点的方向，自 $ZY$ 点用钢尺量取弦长 $S_1$(m)，定出 $P_1$ 点；转动照准部使水平度盘读数为 $\delta_2$，定出 $P_2$ 的方向，自 $P_1$ 点量取弦长 $S_2$，在 $P_2$ 方向上定出 $P_2$ 点。同法可定出其他各点。

测设至 $YZ$ 点，以作校核，测设出的 $YZ$ 点与测设圆曲线主点所定的点位一致，若不重合，应在允许的偏差之内。

## 四、注意事项

1. 测设数据应检查无误后才能使用。

2. 用偏角法测设圆曲线时，当曲线较长，为了缩短视线长度，提高测设精度，可自 $ZY$ 点及 $YZ$ 点分别向 $QZ$ 点测设，分别测设出曲线上一半细部点。

## 五、记录格式

**表 1　圆曲线元素计算**

| 交点 $JD$ | | 切线长 $T$ | |
|---|---|---|---|
| 转折角 $\beta$ | | 曲线长 $L$ | |
| 偏角 $a$ | | 外矢距 $E$ | |
| 曲线半径 $R$ | | 切曲差 $q$ | |

**表 2　圆曲线细部点偏角法测设数据计算**

| 里程桩号 | 相邻桩点弧长(m) | 偏角 | 弦长(m) | 相邻桩点弦长(m) |
|---|---|---|---|---|
| | | | | |
| | | | | |
| | | | | |
| | | | | |
| | | | | |
| | | | | |
| | | | | |